高等职业教育“十四五”规划教材

植物生长环境

第 4 版

杨净云　宋志伟　田春丽　主编

中国农业大学出版社
· 北京 ·

内 容 简 介

本教材系统阐述了植物生长的水、肥、气、热、土、光、气候等环境与植物生长的关系，以及如何合理调控植物的生长发育，实现优质高产。教材内容包括 12 个学习情境，按照“学习情境—活动”体例编写，每一学习情境包括情境创设、活动内容、师生互动、知识拓展、考证提示等栏目，突出思政与课程内容融合，突出“三新”引领示范，突出岗位职业技能训练，按工作任务环节或流程进行编写，以满足工学结合、校企合作教学的需要。

本书可作为高等职业教育植物生产类、园林类、林业类、生态环境类等专业的教材，也可供相关专业的教师、农技推广人员、工程技术人员参考。

图书在版编目(CIP)数据

植物生长环境/杨净云，宋志伟，田春丽主编. --4 版. --北京：中国农业大学出版社，2024. 9. --ISBN 978-7-5655-3286-3

Ⅰ. Q945.3

中国国家版本馆 CIP 数据核字第 20247BY898 号

书　　名　植物生长环境　第 4 版

作　　者　杨净云　宋志伟　田春丽　主编

策划编辑　张　玉　郭建鑫　　**责任编辑**　郭建鑫

封面设计　中通世奥图文设计中心

出版发行　中国农业大学出版社

社　　址　北京市海淀区圆明园西路 2 号　　**邮政编码**　100193

电　　话　发行部 010-62733489，1190　　读者服务部 010-62732336

编辑部 010-62732617，2618　　出　版　部 010-62733440

网　　址　http://www.caupress.cn　　**E-mail** cbsszs@cau.edu.cn

经　　销　新华书店

印　　刷　河北朗祥印刷有限公司

版　　次　2024 年 9 月第 4 版　　2024 年 9 月第 1 次印刷

规　　格　185 mm×260 mm　16 开本　18.75 印张　465 千字

定　　价　48.00 元

编审人员

主　编　杨净云（云南农业职业技术学院）
　　　　宋志伟（河南农业职业学院）
　　　　田春丽（河南农业职业学院）

副主编　李　涛（云南农业职业技术学院）
　　　　崔志钢（铜仁职业学院）
　　　　宋卢郏（黄河勘测规划设计研究院有限公司）
　　　　汪祖礼（咸宁职业技术学院）
　　　　杨　芳（江西农业工程职业学院）
　　　　张　涛（德阳农业科技职业学院）
　　　　张维玲（广东农工商职业学院）

参　编　褚素贞（云南农业职业技术学院）
　　　　任树廷（铜仁职业学院）
　　　　谢秀凤（广东农工商职业学院）
　　　　杜丽君（河北旅游职业学院）
　　　　尹　琼（贵州农业职业学院）
　　　　黄慧燕（赣州职业技术学院）
　　　　张儒令（铜仁职业学院）

主　审　闫凌云（河南农业职业学院）
　　　　徐进玉（舞钢市农业农村局）
　　　　赵　燕（云南农业职业技术学院）

前　言

根据国务院《国家职业教育改革实施方案》，以及教育部《职业院校教材管理办法》《关于在院校实施“学历证书＋若干职业技能等级证书”制度试点方案》《高等职业学校专业教学标准》等文件相关精神，在第1版、第2版、第3版基础上，充分吸收土壤肥料、农业气象等领域的新知识、新技术、新成果、新工艺，我们编写了《植物生长环境》(第4版)教材。其主要特色如下：

1. 简化编写体例。本教材编写时，保留了第3版的“学习情境—活动”简化体例。全书共设置了12个学习情境、48个活动。每一学习情境包括情境创设、活动内容、师生互动、知识拓展、考证提示等栏目，每一活动按活动目标、活动准备、相关知识、操作过程、问题处理等体例编写，实现“理实一体、教学做一体”，使教材简练、实用，较传统该类教材有重大突破。

2. 融入课程思政。聚焦职业教育特色，反映职业能力发展需要，在教材情境创设、活动目标等栏目中，将课程思政元素融入教材，使学生在学习和实践中培养爱岗敬业的职业素养、精益求精的工匠精神、勇攀高峰的科学精神等。

3. 融合各科内容。以基础知识“必需”、基本理论“够用”、基本技术“会用”为原则，打破土壤肥料、农业气象等课程界限，按“阐述植物生长的水、肥、气、热、土、光、气候等环境与植物生长的关系，合理调控植物的生长发育，获得植物优质高产”理念，删繁就简、融合创新、重构体系，有机融合成适应1＋X证书制度教学需要的教材。

4. 突出职业特色。在强调巩固基础知识、基本理论的基础上，突出职业岗位技能环节，较其他同类教材重视岗位知识的实践应用技能。每一活动的操作规程按照工作任务的环节或流程以任务表单形式进行，突出操作环节和质量要求，体现教学与职业岗位的“零距离对接”。考虑各学校实训条件差异，本次修订将主要实训内容以二维码形式对接短视频示范，让学生更容易进行实操训练。

5. 技术引领示范。教材内容新颖，增强实用性。新版教材增加了“植物生产的农业要素”“设施条件下温度、光照、水分等环境的调控”“微生物肥料合理施用”“新型水溶肥料”等活动，将原来的“测土配方施肥技术应用”扩展为“作物科学施肥新技术应用”，增加了“作物水肥一体化技术应用”“作物化肥减量增效新技术”等活动，及时将新知识、新技术、新成果、新工艺融入教材，并增加不同作物的应用案例，起到引领示范作用。

6. 突出“互联网＋”应用。为了方便教师教学和学生学习，在纸质教材中设置了二维码，通过短视频、彩色图片、案例展示等形式对内容难点、实训过程、拓展知识进行展现，让学生随时随地进行学习，方便教师授课。

7. 构建多元编审队伍。 教材编审人员体现多元性，由高职院校、企业、农业推广机构的教师、专家及技术人员组成编审队伍，进行教材编写和审核，使教材内容更具有前瞻性、针对性、实用性、广泛性，更体现生产实际需要，更具有行业和职业特色。

本教材由杨净云、宋志伟、田春丽主编，由宋志伟、杨净云统稿，由闫凌云教授、徐进玉研究员、赵燕教授主审。在编写过程中，得到中国农业大学出版社、河南农业职业学院、云南农业职业技术学院、广东农工商职业学院、铜仁职业学院、黄河勘测规划设计研究院有限公司、咸宁职业技术学院、江西农业工程职业学院、德阳农业科技职业学院、河北旅游职业学院、贵州农业职业学院、赣州职业技术学院等单位大力支持，在此一并表示感谢。

本教材在编写体例和内容组织上较以往的土壤肥料、农业气象、植物生长环境方面的教材有很大改变，是一种创新与尝试。由于编写者水平有限，加之编写时间仓促，书中错误和疏漏之处在所难免，恳请广大读者批评指正，以便今后修改完善。对教材内容有疑惑或有好的建议，欢迎与主编联系，主编电子邮箱地址：676615070@qq.com。

编　者

2024 年 2 月

目　录

学习情境一　植物的生长环境认识

【情境创设】

学习情境一　植物的生长环境认识		活动一　认识植物生长与发育 活动二　认识植物生长的环境条件 活动三　认识植物生长的农业要素
能力目标	专业能力	1. 能熟练进行相关的植物生长发育规律调查； 2. 能熟练进行当地自然环境条件现状调查； 3. 能熟练进行当地农业要素调查
	方法能力	1. 具备获取信息、收集资料的能力； 2. 具备制订计划、执行计划的能力； 3. 具备自主学习、发现问题、解决问题的能力
	社会能力	1. 具备良好的团队协作、配合能力； 2. 具备良好的与人沟通、协调能力； 3. 具备一定的综合、创新能力
知识目标	1. 了解植物生长发育知识，认识植物生长周期性和相关性规律； 2. 了解环境相关知识，熟悉植物生长的自然环境条件； 3. 熟悉当地农业要素概况	
思政目标	1. 在教师授课、学生学习和实践中，结合“两山”理念及习近平生态文明思想的有关论述，树立生态环保、绿色生产意识； 2. 结合一些农事谚语、科学家事迹、新型农民创新案例，培养学农爱农精神，树立服务“三农”意识	
教学条件	多媒体课件、多媒体教室、实验实训室、图书馆、网络	
教学方法	课堂讲授、资料查阅、现场训练、课外活动	
考核评价	学习过程考核	计划制订(20%)、师生释疑(10%)、完成任务(50%)、检查评价(20%)
	拓展能力考核	工作态度(20%)、岗位技能(50%)、拓展能力(20%)、团队合作(10%)
考核方式	教师评价(70%)、小组互评(20%)、学生自评(10%)	

活动一　认识植物生长与发育

1.活动目标

知识目标：了解植物生长、分化和发育概念；认识植物生长周期性和相关性规律。

能力目标：能进行植物生长大周期规律观察；能进行植物生长相关性调查及应用。

思政素养：树立“绿水青山就是金山银山”的生态文明、绿色生产意识。

2.活动准备

(1)准备发芽的绿豆种子10粒、培养箱、滤纸、毛笔、绘图墨水、直尺等。

(2)查阅当地种植的农作物、蔬菜、果树等，了解其生长的相关性的基本情况。

3.相关知识

地球上的生命诞生至今，经历了近35亿年漫长的发展和进化过程，形成了约200万种的现存生物，其中有50余万种属于植物。

(1)植物的生长发育　尽管植物种类繁多，但绝大多数植物具有共同的结构组成——细胞，其具有细胞壁；能进行光合作用；具有无限生长的特性，能不断产生新的器官或新的组织结构；体细胞具有全能性。

①生长。在植物的生命周期中，植物的细胞、组织和器官的数目、体积或干重的不可逆增加过程称为生长。它是通过原生质的增加、细胞分裂和细胞体积的扩大来实现的，如根、茎、叶、花、果实和种子的体积扩大或干重的增加都是典型的生长现象。

通常将营养器官(根、茎、叶)的生长称为营养生长；生殖器官(花、果实、种子)的生长称为生殖生长。植物的营养生长进行到一定程度，就会进入生殖生长阶段。花芽开始分化(穗分化)是生殖生长开始的标志。在植物生长发育过程中，营养生长和生殖生长是两个不同阶段，但二者相互重叠，不能截然分开，它们之间往往有一个过渡时期，即营养生长和生殖生长并进期。

②分化。从一种同质的细胞类型转变成形态、结构和功能与原来不相同的异质细胞类型的过程称为分化。它可在细胞、组织、器官等不同水平上表现出来。如从生长点转变成叶原基、花原基；从形成层转变为输导组织、机械组织、保护组织等。

③发育。在植物生命周期中，植物的组织、器官或整体在形态结构和功能上有序变化的过程称为发育。如从叶原基的分化到长成一片成熟叶片的过程是叶的发育；从根原基的发生到形成完整根系的过程是根的发育；由茎端的分生组织形成花原基，再由花原基转变成花蕾以及花蕾长大开花，就是花的发育；受精的子房膨大、果实形成和成熟则是果实的发育。

生长、分化和发育之间关系密切，有时交叉或重叠在一起。生长是量变、是基础，分化是质变，而发育则是器官或整体有序的一系列的量变与质变。一般认为发育包含了生长和分化。

(2)植物生长的周期性　植物生长的周期性是指植株或器官生长速率随昼夜或季节变化发生有规律变化的现象。植物生长的周期性主要包括生长大周期、昼夜周期、季节周期等。

①植物的生长大周期。在植物生命周期中，植物器官或整株植物的生长全过程称为生长大周期。如果以植物(或器官)的体积对生长时间作图，可得到植物的生长曲线。生长曲线表

示植物在生命周期中的生长变化趋势。典型的有限生长曲线呈“S”形，表现出“慢—快—慢”的规律(图 1-1)。农业生产上要求做到“不误农时”就是这个道理。如果树育苗要使树苗生长健壮，必须在其生长前期加强肥水管理，使其早生快发，形成大量的枝叶，积累较多的光合产物。

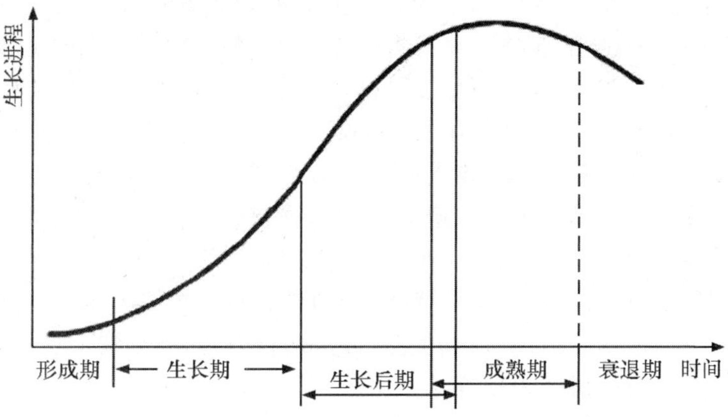

图 1-1 植物生长进程示意图

②植物生长的昼夜周期。在自然条件下，温度变化表现出日温较高、夜温较低的周期性，植物的生长速率随昼夜温度变化而发生有规律变化的现象称为植物生长的昼夜周期，也称温周期。一般来说，在夏季，植物生长一般白天较慢，夜间较快；而在冬季，植物生长则白天较快，夜间较慢。

③植物生长的季节周期。季节周期是指植物生长在一年四季中随季节的变化而呈现一定的周期性规律。季节周期是与温度、光照、水分等因素的季节性变化相适应的。春天日照时间延长、气温回升，为植物芽或种子的萌发提供了基本条件；到了夏天，日照时间进一步延长、温度不断升高，夏熟作物开始成熟，其他作物则进一步旺盛生长，并开始孕育生殖器官；秋天来临，日照时间缩短、气温下降，叶片接受短日照信号后，将有机物运向生殖器官中，或贮藏在根和芽等器官中，同时体内糖分与脂肪等物质含量提高，组织含水量下降，原生质趋向凝胶状态；生长素、赤霉素、细胞分裂素等由游离态转变为束缚态，而脱落酸等激素含量增加，最终导致落叶。一年生植物完成生殖生长后，种子成熟进入休眠，营养体死亡。而多年生植物，如落叶木本植物，其芽进入休眠状态。

(3)植物生长的相关性 植物各部分之间相互联系、相互制约、协调发展的现象称为植物生长的相关性，主要有地上部与地下部的相关性、主茎与侧枝生长的相关性、营养生长与生殖生长的相关性等。

①地上部与地下部的相关性。地上部与地下部的相关性常用根冠比(R/T)来表示。根冠比是指植物地下部分与地上部分干重或鲜重的比值，它能反映植物的生长状况，以及环境条件对地上部与地下部生长的不同影响。不同物种有不同的根冠比，同一物种在不同的生育期根冠比也有变化。多年生植物的根冠比还有明显的季节变化。

一是根和地上部相互促进。根的生长有赖于叶子的同化物质，尤其是糖类的供给；而地上部的生长，有赖于根所吸收的水分及矿物质营养的供给。地上部与地下部之间还存在类似于动物神经系统那样的信息传递系统。一般而言，植物根系发达，地上部才能很好地生长，所谓“根深叶茂”“本固枝荣”就是这个道理。在生产上，幼苗移栽时，如果进行摘叶或子叶受到损害，就会减少根的生长量，延迟缓苗。如番茄采取晚打杈的办法，促进刚定植的幼苗扩大根系范围。

二是根和地上部相互抑制。主要表现在对水分和营养的竞争上，可通过根冠比来反映，它受土壤水分、营养状况、温度、光照等因子影响。土壤水分缺乏时，植物生长受到抑制，根冠比增加；土壤水分较多时，根冠比下降。水稻生产上出现"旱生根、水长苗"现象就是这个道理。氮素营养充足时根冠比下降，缺乏时则增加。低温可使根冠比增加。光照增强常使根冠比增加。农业生产上，常用水肥措施来调控植物的根冠比，促进收获器官的生长，达到增产目的。

②主茎与侧枝生长的相关性。主要表现为顶端优势。顶端优势是指由于植物的顶端生长占优势而抑制侧枝或侧根生长的现象。草本植物，如向日葵、麻类、玉米、高粱、甘蔗等顶端优势非常明显；木本植物，如杉树、圆柏等顶端优势也较明显；水稻、小麦等植物顶端优势较弱或没有。在生产上，有时需保持和利用顶端优势，如圆柏、松树、杉树等用材树，麻类、烟草、玉米、甘蔗、高粱等作物。有时则需要打破顶端优势，促进侧枝发育，如果树的整形修剪、棉花的摘心整枝、番茄的打顶、香椿与茶树的去顶等。

③营养生长与生殖生长的相关性。营养生长与生殖生长的关系主要表现为以下两方面：一是依赖关系，生殖生长需要以营养生长为基础。花芽必须在一定的营养生长的基础上才分化。生殖器官生长所需的养料，大部分是由营养器官供应的，营养器官生长不好，生殖器官的发育自然也不会好。二是对立关系，营养器官生长过旺，会影响生殖器官的形成和发育；生殖生长抑制营养生长。一次开花植物开花后，营养生长基本结束；多次开花植物虽然营养生长和生殖生长并存，但在生殖生长期间，营养生长明显减弱。

营养生长和生殖生长并进阶段两者矛盾大，在生殖生长期，营养生长仍在进行，要注意控制，促进作物高产。如在果树生产上，可采取疏花疏果等措施，调节营养生长与生殖生长之间的矛盾，克服"大小年"现象，达到年年丰产的目的。

4.操作过程

(1)植物生长大周期的观察　植物或其各器官的生长常只局限于某些区域，通过对植物生长区域的观察，可以加深对植物生长大周期的认识，可以用画线法来测定植物生长区域(表 1-1)。

表 1-1　植物生长大周期规律观察

工作环节	操作规程	质量要求
种子发芽	将准备发芽的种子置于培养皿中，加水覆盖，使其发芽	尽量选择大小一致、无损伤的绿豆种子
选择发芽种子	选择根系生长较好的发芽种子 2 粒	发芽种子根适宜长度为 1.5～2.0 cm
根系画线	用滤纸将根上水分吸干，然后从根尖起，用绘图墨水画线 10 道，彼此间隔 1 mm	画线时小心不要使幼根受伤
恒温培养	待墨水干后，把种子放入铺有湿滤纸的培养皿中，盖上盖，写上标签，放入恒温箱中培养 1～2 d，观察根的生长情况	温度一般控制在 20～25 ℃
测量根长，绘制生长曲线图	绘图表示培养前后根的差别，量出各道线间的距离，记录观察结果，说明根的生长区域在幼根的哪一部分	准确测量，认真绘图

(2)植物生长相关性调查 生产中植物生长存在着很多相关性，如何合理调节根冠比、顶端优势等，直接影响植物产量和品质(表 1-2)。

表 1-2 植物生长相关性调查及应用

工作环节	操作规程	质量要求
地上部分与地下部分的相关性调查及应用	(1)调查当地农作物、果树、蔬菜等作物生长中地上部分与地下部分生长存在抑制的现象。以日光温室番茄生长为例。图 1-2 为不少菜农日光温室番茄生产中出现的情况。由于菜农在番茄定植后盲目追求肥水猛促，造成营养生长过旺，生殖生长受到了严重抑制；本该第一、第二穗果坐住，第三穗花开的时期，却出现了空秧现象，造成产量损失。 在果菜类生产中，结实数量的多少，直接影响着营养生长(图 1-3)。如前期番茄留果过多，果实也会向根部争夺养分，而影响根系的生长，从而抑制茎、叶的生长，会导致植株卷叶，早衰。所以结实多的丰产田，更应注意肥水的供应。 (2)根冠比的合理调控。生产中主要通过以下措施进行调控。 一是土壤水分适宜。如水稻栽培中的落干烤田以及旱田雨后的排水松土，由于能降低地下水位，增加土壤中含氧量而有利于根系生长，因而能提高根冠比。 二是光照适宜。强光照使根冠比增大；光照不足则根冠比降低。 三是矿质营养。不同营养元素或不同的营养水平对根冠比的影响有所不同。 四是温度适宜。通常根部的活动与生长所需要的温度比地上部分低些，故在气温低的秋末至早春，植物地上部分的生长处于停滞期时，根系仍有生长，根冠比因而加大；但当气温升高，地上部分生长加快时，根冠比就下降。 五是修剪与整枝。修剪与整枝去除了部分枝叶和芽，当时的效应是增加根冠比，其后的效应是减少根冠比。 六是中耕与移栽。中耕引起部分断根，降低了根冠比，并暂时抑制了地上部分的生长。苗木、蔬菜移栽时也有暂时伤根，以后又促进发根的情况。 七是使用生长调节剂。三碘苯甲酸、整形素、矮壮素、缩节胺等生长抑制剂或生长延缓剂对茎的顶端或亚顶端分生组织的细胞分裂和伸长有抑制作用，使节间变短，可增大植物的根冠比。赤霉素(GA)、芸苔素等生长促进剂，能促进叶菜类如芹菜、菠菜、苋菜等茎、叶的生长，降低根冠比而提高产量	(1)土壤水分不足根冠比增大，土壤水分过多根冠比减少。 (2)在一定范围内，光强提高则光合产物增多，对根与冠的生长都有利。 (3)氮素缺少时根冠比增大；氮素充足根冠比降低。磷、钾肥通常能增加根冠比。 (4)修剪和整枝刺激了侧芽和侧枝的生长，使大部分光合产物或贮藏物用于新梢生长，削弱了对根系的供应。此外，地上部分减少，留下的叶与芽从根系得到的水分和矿质(特别是氮素)的供应相应地增加，因此地上部分生长要优于地下部分的生长。 (5)中耕断根后地上部分对根系的供应相对增加，土壤又疏松通气，这样为根系生长创造了良好的条件，促进了侧根与新根的生长，因此，其后效应是增加根冠比。 (6)在农业生产上，常通过肥水来调控根冠比，对甘薯、胡萝卜、甜菜、马铃薯等以收获地下部分为主的作物，在生长前期应注意氮肥和水分的供应，以增加光合面积，多制造光合产物，中后期则要施用磷、钾肥，并适当控制氮素和水分的供应，以促进光合产物向地下部分的运输和积累

续表 1-2

工作环节	操作规程	质量要求
主茎和侧枝的相关性调查及应用	(1)调查当地农作物、果树、蔬菜等作物生长中哪些作物顶端优势明显,哪些作物顶端优势不明显。分别举例顶端优势十分明显、顶端优势较为明显、顶端优势不明显的 2～3 种作物。 (2)顶端优势的应用。 一是生产上有时需要利用和保持顶端优势,如麻类、向日葵、烟草、玉米、高粱等作物以及用材树木。 二是需消除顶端优势,如棉花打顶和整枝、瓜类摘蔓、果树修剪等;花卉打顶去蕾,可控制花的数量和大小;茶树栽培中弯下主枝可长出更多侧枝;绿篱修剪可促进侧芽生长,而形成密集灌丛状;苗木移栽时的伤根或断根,则可促进侧根生长。 三是使用植物生长调节剂。使用三碘苯甲酸可抑制大豆顶端优势,促进腋芽成花,提高结荚率;比久(B9)对多种果树有克服顶端优势、促进侧芽萌发的效果	(1)顶端优势强的作物,需控制其侧枝生长,而使主茎强壮,挺直。 (2)有些作物需要消除顶端优势,促进侧芽发枝、分蘖成穗。 (3)使用植物生长调节剂应注意浓度和使用时期
营养生长与生殖生长的相关性调查及应用	(1)调查当地农作物、果树、蔬菜等作物生长中营养生长与生殖生长的不协调现象。如稻、麦若前期肥水过多,则引起茎、叶徒长,延缓幼穗分化,增加空瘪率,若后期肥水过多,则造成恋青迟熟,影响粒重;大豆、果树、棉花等,如枝叶徒长,往往不能正常开花结实,或者导致花、荚、果严重脱落。由于开花结果过多而影响营养生长的现象在生产上经常遇到,如果树上的大小年,又如某些种类的竹子在大量开花结实后会衰老死亡,这在肥水不足的条件下更为突出。 (2)协调营养生长和生殖生长的关系。生产上积累了很多经验。例如,在果树生产中,适当疏花、疏果以使营养上收支平衡,并有积余,以便年年丰产,消除大小年。对于以营养器官为收获物的植物,如茶树、桑树、麻类及叶菜类,则可通过供应充足的水分,增施氮肥,摘除花芽等措施来促进营养器官的生长,而抑制生殖器官的生长	(1)生殖器官生长抑制营养器官生长的主要原因可能是花、果是当时的生长中心,对营养物质的竞争力强。 (2)加强肥水管理,既可防止营养器官的早衰;又可不使营养器官生长过旺

图 1-2　日光温室番茄旺长现象

图 1-3　日光温室番茄留果过多早衰现象

5.问题处理

活动结束后,完成以下工作:

(1)将观察数据填入表 1-3,并根据平均值进行判断。

表 1-3 培养后各段根的长度

mm

幼根	1	2	3	4	5	6	7	8	9	10
1										
2										
3										
平均值										

(2)以当地农作物为例调查植物生长的相关性,以“植物生长的相关性与农作物生产应用”为题写一篇 800 字左右的综述。

活动二 认识植物生长的环境条件

1.活动目标

知识目标:了解环境、环境条件、生态因子、植物环境等知识;熟悉植物生长的自然环境条件。

能力目标:能进行当地植物生长的自然环境条件现状调查。

思政素养:树立使植物生长服务于当地的生态建设与环境保护的意识。

2.活动准备

将全班按 2 人一组分为若干组,通过网络查询、期刊查询、图书借阅等途径,了解当地某村的土壤、养分、生物、光、热、水、空气等资源的基本情况。

3.相关知识

(1)环境 植物生存地点周围空间的一切因素就是植物的环境。构成植物环境的各个因素称为环境因子。环境因子不一定对植物都有作用,而对植物的生长、发育和分布产生直接或间接作用的环境因子常称为生态因子。对植物起直接作用的生态因子有光、温度、水、土壤、大气、生物 6 大因子。

环境是一个非常复杂的体系,依据不同的角度有不同的分类方法(表 1-4)。

表 1-4 环境的不同类型

分类依据	环境类型
环境主体	人类环境和生物环境
环境范围	体内环境、小环境、生境、区域环境、地球环境和宇宙环境
环境要素	自然环境(大气环境、水环境、土壤环境、生物环境、地质环境等)和社会环境(聚落环境、生产环境、交通环境、文化环境等)
植物对象	自然环境、半自然环境和人工环境

(2)植物环境 植物环境包括自然环境、半自然环境和人工环境。植物生长的自然环境，根据其范围由大到小可分为宇宙环境、地球环境、区域环境、生境、小环境和体内环境(表 1-5)。

表 1-5 自然环境的类型

类型	内容
宇宙环境	包括地球在内的整个宇宙空间。目前宇宙空间内仅有地球已知存在生命
地球环境	以生物圈为中心，以及与之相互作用、紧密联系的大气圈、水圈、岩石圈、土壤圈共 5 个圈层
区域环境	指不同区域由于生物圈、大气圈、水圈、岩石圈、土壤圈 5 大圈层不同的交叉组合所形成的不同环境。如海洋(沿岸带、半深海带、深海带和深渊带)和陆地(高山、高原、平原、丘陵、江河、湖泊等)
生境	又称为栖息地，是生物生活空间和其中全部生态因素的综合体
小环境	指对生物有着直接影响的邻接环境，如接近植物个体表面的大气环境、植物根系接触的土壤环境等
体内环境	指植物体各个组成部分如叶片、茎、根系等的内部结构

半自然环境是指通过人工调控管理自然环境，使其更好地发挥其作用的环境，包括人工草地环境、人工林地环境、农田环境、人为开发管理的自然风景区、人工建造的园林生态环境等。

人工环境是指人类创建并受人类强烈干预的环境。如温室、塑料大棚及各种无土栽培液、人工照射条件、温控条件、湿控条件等。

(3)自然环境条件 植物生长的自然环境条件指的是直接决定植物生长发育的环境要素。缺少其中一个，植物就不能生存，其组成有 7 个：生物、光、温度、水分、空气、土壤、养分。

①生物。生物包括植物、动物和微生物。

动物对植物生长既有利又有害，有些动物对植物生长具有破坏作用，如践踏、取食、为害植物等，造成植物减产甚至绝收；而有些动物对植物生长具有益处，可消灭害虫、松动土壤等促进植物生长。

微生物可通过促进团粒结构形成、影响土壤养分转化、提高土壤有机质含量、生物固氮、降解毒性等改善植物生长的土壤条件，进而促进植物生长发育。

植物一方面是农业生产与经营活动的主体，是农业要素的本体；另一方面杂草影响农作物、果树、蔬菜、园林植物的正常生长。

②光。光对植物生长有直接作用和间接作用。

直接作用是指光对植物形态建成的作用。如黄化植株的转绿、叶绿素的形成，光促进需光种子的萌发、幼叶展开、叶芽与花芽的分化等。由于光形态建成只需短时间、较弱的光照就能满足，因此，光形态建成对光的需要是一种低能反应。

间接作用即为光合作用。光是绿色植物进行光合作用不可缺少的能量来源。只有在光照条件下，植物才能正常生长、开花和结实；光合作用对光能的需要是一种高能反应。

植物开花与光照时间长短有关，这种不同长短的昼夜交替对植物开花结实的影响称为光周期现象。植物开花要求一定的日照长度，这种特征与其在原产地生长季节的日照长度有关。短日照植物均起源于低纬度地区；长日照植物则起源于高纬度地区；在中纬度地区，各种光周期类型的植物均可生长，只是开花季节不同而已。

③温度。植物是变温生物，其体温与周围环境的温度相平衡，各器官的温度也受土温、气温、光照、风、雨等影响。

温度不仅影响植物的生长发育，也影响植物的分布和数量。主要体现在积温、极端温度、最适宜温度和节律性变温上。植物的生长发育与有效积温有极大的关系。当植物正常发育所需的有效积温不能满足时，它们就不能发育成熟，甚至导致植物的死亡。超过极端温度，植物就会死亡，包括最高温度和最低温度。不同植物所能忍受的高温、低温的极限是不同的。每种植物都有自己生长的最适宜温度，在适宜温度条件下植物生长发育较为迅速、生命力较强。

一年内有四季温度变化，一天内昼夜温度也不一样，自然界中这种有规律性的温度变化称为节律性变温。各种植物长期适应这种节律性变温而能协调地生活。例如在温带地区，大多数植物春季发芽、生长，夏季抽穗开花，秋季果实成熟，秋末低温条件下落叶，随后进入休眠期。这种发芽、生长、开花、结实、成熟、休眠等植物生长发育的时期称为物候期。作物的物候期同耕作管理有密切关系。

④水分。植物生长对水分供应最为敏感。植物的生长发育只有在一定的细胞水分状况下才能进行，细胞的分裂和增大都受水分亏缺的抑制，因为细胞主要靠吸收水分来增加体积。

水对植物的生态作用是通过不同形态、数量和持续时间三个方面的变化而实现的。不同形态是指固、液、气三态；数量是指降水特征量（降水量、强度和变率等）和大气温度高低；持续时间是指降水、干旱、淹水等的持续天数。以上三方面的变化都能对植物的生长发育产生重要的生态作用，进而影响植物的产量和品质。降水量或降水特征既影响植物生长发育、产量品质而起直接作用，又引起光、热、土壤等生态因子的变化而起间接作用。空气湿度，特别是空气相对湿度对植物的生长发育有重要作用。如空气相对湿度降低时，使蒸腾和蒸发作用增强，甚至可引起气孔关闭，降低光合效率。

⑤空气。空气中某些成分量的变化（如二氧化碳和氧等浓度的增减）和质的改变（如有毒气体、挥发性物质的增多和水汽的增减等）都能直接影响植物的生长生育。

氧气是植物地上部和根系进行呼吸必不可少的成分。植物呼吸时吸收氧气，分解复杂的有机物，最后成为二氧化碳，同时释放贮藏的能量，以满足植物生命活动的需要。氧在植物环境中还参与土壤母质、土壤、水发生的各种氧化反应，从而影响植物。土壤空气中的氧常因土壤板结或含水太多，不能充分供应植物根系，成为种子、根系和土壤微生物代谢作用的限制因子。如土壤缺氧，将影响微生物活动，妨碍植物根系对水分和养分的吸收，根系无法深入土中生长，甚至坏死；土壤长期缺氧还会形成一些有毒物质，从而影响植物的生长发育。

二氧化碳是植物光合作用最主要的原料，它对光合作用速率有较大影响。大气中二氧化碳含量对植物光合作用来说是不充分的，特别是高产田更感不足，已成为增产的主要障碍。研究发现，当太阳辐射强度是全太阳辐射强度的30%时，大气中二氧化碳的平均浓度，已成为植物光合作用强度提高的限制因子。因此，人为提高空气中二氧化碳浓度，常能显著促进植物生长。但在通气不良的土壤中，因根部呼吸引起的二氧化碳大量积聚不利于根系生长。

另外，大气中的水蒸气含量变动很大，会通过影响蒸腾作用而改变植物的水分状况，从而影响植物生长。人类活动产生的许多大气污染物质（如二氧化硫、氟化氢等）也能影响植物的正常生长。

⑥土壤。土壤在植物生长和农业生产中有以下不可替代的重要作用：一是营养库作用。植物需要的氮、磷、钾及中量、微量元素主要来自土壤。二是养分转化和循环作用。地球表层系统中，通过土壤养分元素的复杂转化过程，实现着营养元素与生物之间的循环周转，保持了生物的周期性生长与繁衍。三是雨水涵养作用。土壤是地球陆地表面具有生物活性和多孔结

构的介质，具有很强的吸水和持水能力，可接纳或截留雨水。四是生物的支撑作用。绿色植物通过根系在土壤中伸展和穿插，获得土壤的机械支撑，稳定地站立于大自然之中；土壤中有种类繁多、数量巨大的生物群。五是稳定和缓冲环境变化的作用。土壤处于大气圈、水圈、岩石圈及生物圈的交界面，这种特殊的空间位置，使得土壤具有抗外界温度、湿度、酸碱性、氧化还原性变化的缓冲能力；对进入土壤的污染物能通过土壤生物的代谢、降解、转化、消除或降低毒性，起着“过滤器”和“净化器”作用。

⑦养分（肥料）。养分是指植物生长发育必需的化学营养元素，主要有大量元素（碳、氢、氧、氮、磷、钾、硫、钙、镁）和微量元素（铁、锰、锌、铜、钼、硼、氯）。土壤中的养分数量有限，不能完全满足植物生长需要，要想达到高产优质的目的，必须投入人工养分，即肥料。

肥料是植物的粮食，是土壤养分的主要来源，是重要的农业生产物资，在植物生产中起着重要作用：改良土壤，提高土壤肥力；肥料不仅可以促进植物整株生长，也可促进植株某一部位生长；联合国粮食及农业组织统计表明，肥料在提高植物产量方面的贡献额为 40%～60%；肥料还在改善植物的商业品质、营养品质和观赏品质等方面有着重要意义。

(4)植物生长对环境的适应 植物既需要适应物理环境，也需要适应生物环境。如果它们不适应，就不能生存。如落叶树的季节性落叶，就是植物对环境季节性变化进行适应的一种生理调节机制。

①植物的生活型。不同种植物长期生活在同一区域或相似区域，对该地区环境的共同适应，可以从外貌上反映出来。如在荒漠地区，植物种类少，对该环境的适应结果是形成了相同的生活型；而在复杂的森林群落内，由于环境复杂，植物对该环境的适应形成了不同的生活型，表现为成层现象。

Raunkiaer 把高等植物划分为高位芽植物、地上芽植物、地面芽植物、地下芽植物和一年生植物 5 大生活型（图 1-4）。其中，高位芽植物的更新芽位于距地表 25 cm 以上，如乔木、灌木和一些生长在热带潮湿气候条件下的草本等；地上芽植物的更新芽不高于地表以上 25 cm，多为小灌木、半灌木（茎仅下部木质化）或草本；地面芽植物在生长不利季节，地上部分全部死亡，更新芽位于地面，被土壤或凋落物保护；地下芽植物的更新芽埋在地表以下或位于水体中；一年生植物在不良季节，地上、地下器官全部死亡，以种子形式度过不良季节。

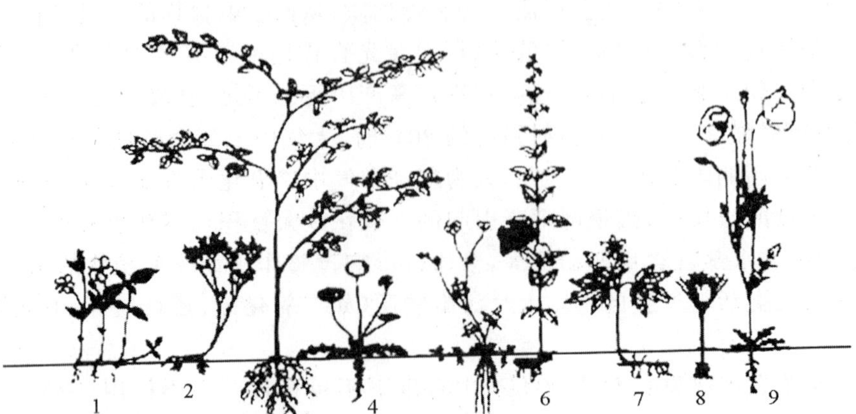

1. 高位芽植物　2、3. 地上芽植物　4、5、6. 地面芽植物　7、8. 地下芽植物　9. 一年生植物

图 1-4　植物的生活型

②植物的生态型。同种植物的不同种群由于长期分布在不同环境中，在生态适应过程中发生变异与分化，形成不同的形态、生理和生态特征，并通过遗传固定下来，从而分化为不同的种群类型，即生态型(图 1-5)。生态型的形成有许多因素，通常按照形成生态型的主导因素将其划分为气候生态型、土壤生态型、生物生态型和人为生态型 4 类(表 1-6)。

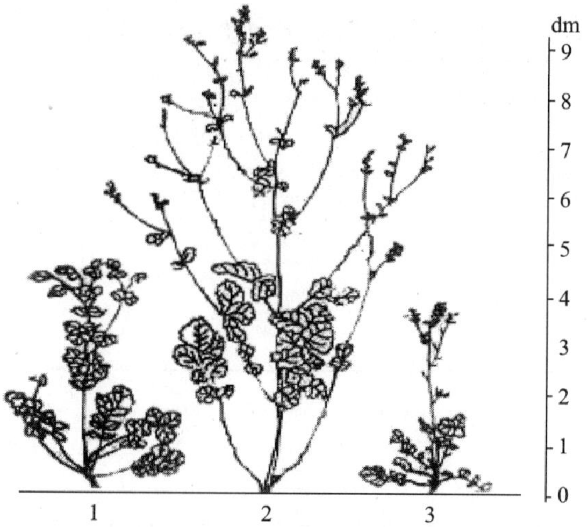

1. 海岸生境　2. 中山生境　3. 高山生境

图 1-5　同一植物生长在不同生境中的 3 个生态型

表 1-6　植物的 4 种生态型

类型	特征
气候生态型	植物长期受气候因素影响所形成的生态型，表现为形态上的差异、生理上的差异或二者兼有
土壤生态型	由于长期受不同土壤条件的作用而产生的生态型，如地处河洼地和碎石堆上的牧草鸭茅，因土壤水分差异而形成两个生态型：河洼地上的生长旺盛、高大、叶厚、色绿、产量高；而碎石堆上的植株矮小、叶小、色淡、萌发力极弱、产量低
生物生态型	主要由于种间竞争、动物的传播以及生物生殖等因素的作用所产生的生态型
人为生态型	人类利用杂交、嫁接、基因重组、组织培养等技术培育筛选的生态型

(5)植物适应环境的方式　植物对环境的适应取决于植物所处的环境条件以及与其他生物之间的关系，常表现为：一般环境的适应组合、极端环境的休眠及随环境变化而变化的驯化。

①适应组合。在一般环境条件下，植物对环境的适应往往表现为一组或一整套彼此相互关联的适应方式，甚至存在协同和增效作用。这一整套协同的适应方式就是适应组合。如沙漠植物为适应环境，不但表皮增厚、气孔减少、叶片卷曲，而且有的植物还形成了贮水组织等。

②休眠。在极端环境条件下，植物常采用一个共同的适应方式——休眠。休眠是植物抵御暂时的不利环境条件的一种非常有效的生理机制。如热带、亚热带树木在干旱季节脱落叶片进入短暂的休眠期，温带阔叶树则在冬季来临前落叶以避免干旱与低温的威胁等。

③驯化。驯化是指植物对某一环境条件的适应是随着环境变化而不断变化的，表现为范围的扩大、缩小和移动。植物驯化分为自然驯化和人工驯化。自然驯化往往是植物所处的环境条件发生明显变化而引起的，被保留下来的植物能更好地适应新的环境条件。人工驯化是

在人类作用下使植物的适应方式改变或适应范围改变的过程，是植物引种和改良的重要方式。如将不耐寒的南方植物经低温驯化引种到北方。

4.操作过程

在查阅资料的基础上，走访群众、农业生产部门技术人员等，完成表1-7内容。

表1-7　某村植物生产自然要素基本情况

自然要素	基本情况	生产优势	存在问题
土壤			
养分			
生物			
光			
温度			
水分			
空气			

5.问题处理

活动结束后，完成以下工作：

请用不少于800字写出你所了解的某村植物生产的自然要素基本情况，并在教师的组织下与同学们交流。

活动三　认识植物生长的农业要素

1.活动目标

知识目标：了解土地、劳动力、资本、科技、管理等农业要素对植物生长的影响，并熟悉当地农业要素概况。

能力目标：能进行当地农业要素调查。

思政素养：树立植物生产过程绿色、安全理念，学习新型职业农民的创业、创新事迹。

2.活动准备

将全班按2人一组分为若干组，通过网络查询、期刊查询、图书借阅等途径，了解当地某村的土地、劳动力、资本、科学技术和管理等农业要素的基本情况。

3.相关知识

(1)植物生产　植物生产是以植物为对象，以自然环境条件为基础，以人工调控植物生长为手段，以社会经济效益为目标的社会性产业。植物生产以土地为基本生产资料，受自然条件的影响较大，生产的周期较长，与其他社会物质生产相比，具有以下特点。

①系统的复杂性。植物生产是一个有序列、有结构的复杂系统，受自然和人为等多种因素的影响和制约。它由各个环节(子系统)组成，既是一个大的复杂系统，又是一个统一的整体。

②技术的实用性。植物生产主要研究解决植物生产中的实际问题，所研究形成的技术必须具有适用性和可操作性，力争做到简便易行，省时省工，经济安全。

③生产的连续性。植物生产的每个周期内，各个环节之间相互联系，互不分离；前者是后者的基础，后者是前者的延续，是一个长期的周年性社会产业。

④植物生长的规律性。植物生长发育过程形成了显著的季节性、有序性和周期性。

⑤明显的季节性。植物生产是依赖于大自然的生产周期较长的社会产业。而一年四季的光、热、水等自然资源的状况是不同的，所以植物生产不可避免地受到季节的强烈影响。

⑥严格的地域性。地区不同，其纬度、地形、地貌、气候、土壤、水利等自然条件不同，其社会经济、生产条件、技术水平等也有差异，从而构成了植物生产的地域性。

(2)主要农业要素 农业要素是指促进农业生产力不断增长的要素，包括土地、劳动力、资本、科技、管理5项。它们可以改善、组装、优化并发挥植物生活要素的作用；可以促使农业全面持续增产增收，提高生产力与经济效益。它们的特点是可塑性、活跃性强。

①土地。土地是人类生存、发展和进行生产活动不可缺少的物质基础，也是植物生长发育及农业生产难以替代的平台。其作为农业要素，具有三个特点：一是土地数量的有限性，人类不能大量制造土地。二是土地空间位置的固定性，不能移动，不能置换。这一特点要求植物生产必须因地制宜、扬长避短。三是土地生产的可持续性。只要合理使用，土地就能成为永久性的生产资料。

②劳动力。劳动力是对农业生产起决定性作用的要素，没有它的参与，其他要素就无法形成社会生产力。它的主要作用有：第一，植物生产过程体现为通过劳动把自然和人工要素转化为人们可以直接利用的产品，在这个过程中，劳动力是主导力量和能量要素，决定生产效率的高低。第二，劳动力要素是其他农业要素的使用者、创新者和发展者。第三，劳动力是植物生产系统结构与功能的调节者，决定了系统的生产力、经济力与生态力。第四，农村劳动力不仅是植物生产的主力，而且是工业等其他国民经济部门的后备劳动力。

③资本。资本的出现是人类在改造自然方面的重大进步，在农业现代化过程中具有不可替代的重要作用。资本是人工的物质性要素，是促进农业发展的最活跃的现代要素。在经济不发达地区，资本属于稀缺要素，增加资本投入是提高植物生产效率，促进农村发展、农民致富的关键。

④科技。“科学技术是第一生产力。”科学技术可以改善各种农业要素的质量，如改良生产工具、改善农业装备水平、变革生产工艺、提高劳动者素质等；科学技术可以扩大劳动对象的种类和范围，通过新技术使原来不能利用的资源可以被人们利用、使原来的未知领域变为可知领域(如基因工程等)；科学技术还可以改造传统产业、产品、农作制度，促使农业实现现代化、商品化。

⑤管理。管理涉及土地所有制、农业组织形式、规模、经营、流通、市场、专业化、劳动力管理、农业政策法律等方面。农业生产管理的主体是农户、企业，或者是政府、社团和集体。管理能够充分发挥农业各种要素的作用，以提高生产力；农业主体将生产与经营联系起来，以提高生产效率并增加经济效益；通过宏观管理可以将众多的生产主体联系起来，以协调、改善、提高总体的生产力与经济力，促进农业现代化与可持续发展。

4.操作过程

在查阅资料的基础上，进一步通过走访群众、农业生产部门技术人员等，选择一个以果树种植为主的自然村和一个以蔬菜种植为主的自然村，在教师指导下，完成表1-8内容。

表 1-8 农作物种植为主村和蔬菜种植为主村的农业要素

自然村	人口/人	劳动力/人	土地面积/hm^2	耕地面积/hm^2	灌溉面积/hm^2	每公顷耕地动力/kW	每公顷化肥/kg	每公顷资金/元	每公顷产量/kg
果树种植为主村									
蔬菜种植为主村									
政策	落实的农业政策包括：								
科技	推广的农业先进技术包括：								

5. 问题处理

活动结束后，完成以下工作：

请用不少于800字写出你所了解的两个村的农业要素基本情况，并在教师的组织下与同学们交流。

【师生互动】

1. 在教师指导下，利用业余时间进行调查，完成表1-9内容。

表 1-9 植物生长发育规律的应用

植物生长规律	生产应用举例	应用范围
植物生长大周期		
昼夜周期		
季节周期		
地上部与根相关性		
主茎与侧枝相关性		
营养生长与生殖生长相关性		

2. 在教师指导下，利用业余时间进行调查，写一篇当地某乡或县植物生长的自然环境条件和农业增长要素现状综述。

知识拓展

如果同学们想了解更多的知识，可以通过以下渠道进行学习：

1. 阅读杂志

《植物》《中国土壤与肥料》《中国农业气象》《农村经济》

2. 浏览网站

中国肥料信息网(http://www.natesc.gov.cn/)；中国气象台(http://www.nmc.gov.cn/)；中国农业经济信息网(http://www.cnagrinet.com.cn/)。

3. 通过本校图书馆借阅有关土壤肥料、农业气象、农业经济方面的书籍。

考证提示

要获得农业技术员、农作物植保员，以及有关涉农企业的 1+X 证书等职业资格证书，需具备以下知识和能力：

1. 植物生长周期性和相关性规律；
2. 植物生长的自然环境条件和农业生产的农业增长要素；
3. 植物生长相关性的生产应用；
4. 当地植物生长的自然环境条件和当地农业增长要素。

学习情境二　土壤基本组成与植物生长

【情境创设】

学习情境二 土壤基本组成与植物生长		活动一　认识土壤与植物生长 活动二　认识土壤基本组成
能力目标	专业能力	1.能熟练进行土壤样品的采集与制备； 2.能熟练进行土壤有机质含量的测定，并进行调控
	方法能力	1.具备获取信息、收集资料的能力； 2.具备制订计划、执行计划的能力； 3.具备自主学习、发现问题、解决问题的能力
	社会能力	1.具备良好的团队协作、配合能力； 2.具备良好的与人沟通、协调能力； 3.具备一定的综合、创新能力
知识目标	1.了解土壤、土壤肥力概念，熟悉土壤对植物生长发育的影响； 2.认识土壤固相、土壤空气和水分组成特点，熟悉土壤组成对植物生长发育的影响	
思政目标	1.在教师授课、学生学习和实践中，结合习近平生态文明思想、党的二十大报告中关于土壤污染治理的论述，树立生态农业、绿色生产意识； 2.结合当地高产农田建设典型案例，树立扎根农业、吃苦耐劳、建设美丽家乡的精神	
教学条件	多媒体课件、多媒体教室、实验实训室、图书馆、网络	
教学方法	课堂讲授、资料查阅、现场训练、课外活动	
考核评价	学习过程考核	计划制订(20%)、师生释疑(10%)、完成任务(50%)、检查评价(20%)
	拓展能力考核	工作态度(20%)、岗位技能(50%)、拓展能力(20%)、团队合作(10%)
考核方式	教师评价(70%)、小组互评(20%)、学生自评(10%)	

活动一　认识土壤与植物生长

1. 活动目标

知识目标：了解土壤、土壤肥力概念，熟悉土壤对植物生长发育的影响。

能力目标：能熟练进行土壤样品的采集与制备。

思政素养：树立培育健康土壤、绿色安全生产理念，结合学习“土壤三普”中科技人员野外采样，树立正确的科学观。

2. 活动准备

根据班级人数，按 2 人一组分为若干组，每组准备以下材料和用具：取土钻或小铁铲、布袋(塑料袋)、标签、铅笔、钢卷尺、制样板、木棍、镊子、土壤筛(18 目、60 目)、广口瓶、研钵、样品盘等。

3. 相关知识

(1)土壤与土壤肥力　土壤是指发育于地球陆地表面能够生长绿色植物的疏松多孔表层。土壤是由岩石风化后再经成土作用形成的，是生物、气候、母质、地形、时间等自然因素和人类活动综合作用的产物。

土壤表面能够生长绿色植物是因为土壤具有肥力。土壤肥力是土壤能经常适时供给并协调植物生长所需的水分、养分、空气、热量和其他条件的能力。土壤肥力是土壤最基本的特征。

(2)土壤是农业生产的基础　“民以食为天，食以土为本”，精辟地概括了人类、农业、土壤之间的关系。农业是人类生存的基础，而土壤是农业生产的基础，同时土壤又是地球环境的重要组成部分。农业生产的基本任务是发展人类赖以生存的绿色植物生产。

①土壤是植物生长发育的基础。植物生长需五个基本要素：光、热量、空气、水分和养分，除光外，水分和养分主要来自土壤，空气和热量中的一部分也通过土壤获得。植物扎根于土壤，靠根系伸长固着于土壤中，并从土壤中获得必需的各种生活条件，完成生长发育的全过程(图 2-1)。归纳起来，土壤在植物生长和农业生产中具有营养库作用、养分转化和循环作用、雨水涵养作用、生物的支撑作用、稳定和缓冲环境变化的作用等。

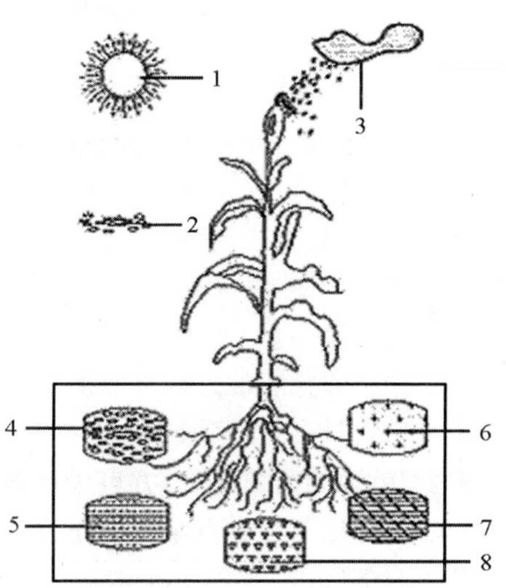

1. 光照　2. 空气　3. 降水　4. 土壤空气
5. 水分　6. 温度　7. 养分　8. 扎根

图 2-1　植物生长因子与土壤的关系

②土壤是地球表层系统自然地理环境的重要组成部分。地球表层系统中大气圈、生物圈、岩石圈、水圈和土壤圈是构成自然地理环境的五大要素。其中，土壤圈覆盖于地球陆地表面，处于其他圈层的交界面，成为连接它们的纽带，构成了结合无机界和有机界，即生命和非生命联系的中心环境(图 2-2)。

③土壤是陆地生态系统的重要组成部分。土壤

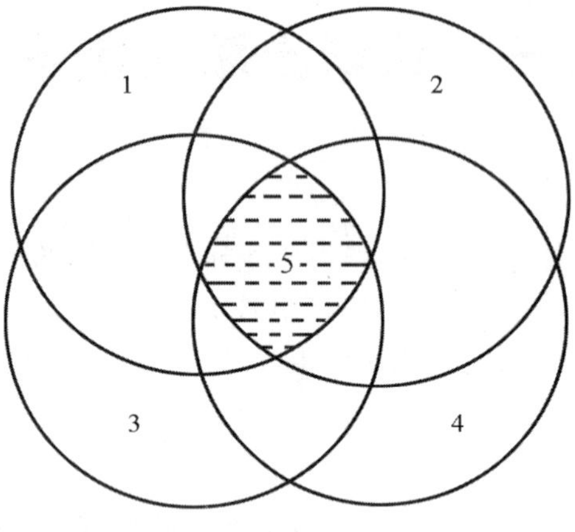

1.大气圈　2.生物圈　3.岩石圈　4.水圈　5.土壤圈

图 2-2　土壤圈的地位

在陆地生态系统中起着极其重要的作用:具有生命力的多孔介质,对动、植物生长和粮食供应至关重要;净化与储存水分;具有复杂物理、化学和生物及生物化学过程的自然体,直接影响养分循环和有机废弃物的处理;土壤陆地与大气界面上气体与能量的调节器,如温室气体的排放和土壤生物化学过程密不可分;生物的栖息地和生物多样性的基础;环境中巨大的自然缓冲介质;常用的工程建筑材料。

④土壤是地球上最珍贵的自然资源。首先,土壤作为资源,和水资源、大气资源一样是可再生、可持续利用的资源。其次,从数量来看,土壤又是不可再生的,是有限的自然资源。我国受海陆分布、地形地势、气候、水分配和人口增长、城镇化、工业化扩展的影响,耕地土壤资源短缺,后备耕地土壤资源不足,人均耕地面积还可能继续下降。土壤资源的有限性已成为制约经济、社会发展的重要特性,有限的土壤资源供应能力与人类对土壤总需求之间的矛盾日趋尖锐。

4.操作过程

(1)土壤样品的采集和处理原则　土壤样品的采集必须遵循随机、多点混合和具有代表性的原则,严格按照要求和目的进行操作。因此,通过多点采集,使土样具有代表性;根据农化分析对样品的要求,将采集的代表土样制成一定的细度,以保证分析结果的可比性;采用四分法以保证样品制备和取舍时的随机性。

土壤样品的采集与制备

①样品的代表性。采样时必须按照一定的采样路线进行。采样点的分布尽量做到"均匀"和"随机";布点的形式以蛇形为好,在地块面积小、地势平坦、肥力均匀的情况下,方可采用对角线或棋盘式采样路线(图 2-3)。

②四分法。将各点采集的土样捏碎混匀,铺成四方形或圆形,按对角线分成四份,然后去掉其中两份(占二分之一),或去掉四堆中的一堆(占四分之一)。可反复进行类似的操作,直至数量符合要求(图 2-4)。

(2)土壤样品采集与处理　选择种植农作物、蔬菜、果树、花卉、园林树木、草坪、牧草、林木等场所,进行耕层土壤混合样品采集(表 2-1)。

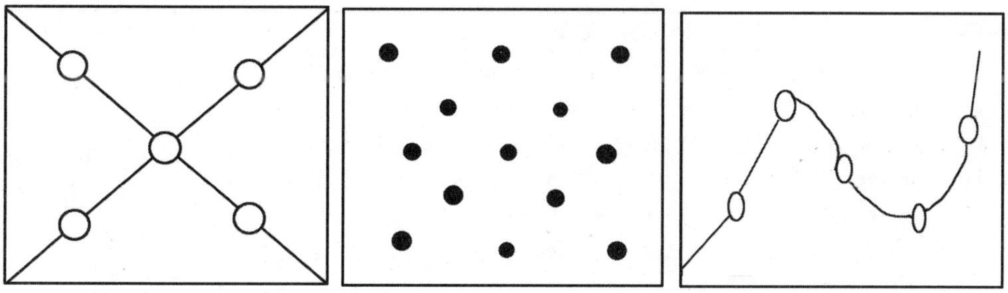

图 2-3 采样点分布法

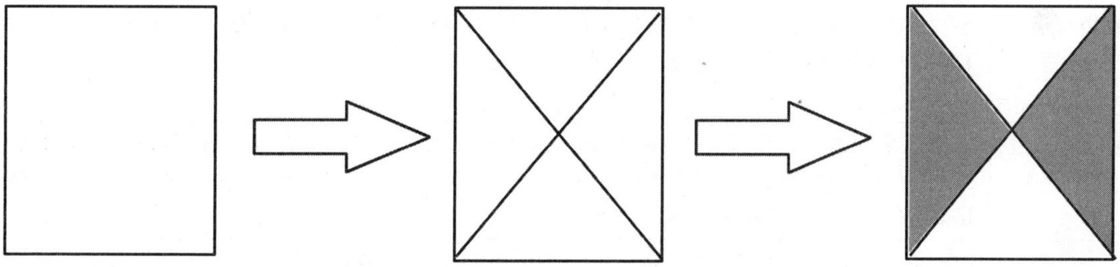

图 2-4 四分法取舍样品

表 2-1 土壤样品的采集与处理

工作环节	操作规程	质量要求
合理布点	(1)布点方法。为保证样品的代表性,采样前应确定采样点,可根据地块面积大小,按照一定的路线进行选取。采样的方向应该与土壤肥力的变化方向一致,采样线路一般分为对角线式、棋盘式和蛇形三种。 (2)采样点确定。保证采样点"随机"和"均匀",避免特殊取样。一般以5～20个点为宜。 (3)采样时间。采样目的不同,采样时间不同。根据土壤测定需要,应随时采样。供养分普查的土样,可在播种前采集混合样品。供缺素诊断用的样品,要在病株的根部附近采集土样,单独测定,并和正常的土壤对比。为了摸清养分变化和作物生长规律,可按作物生育期定期取样;为了制订施肥计划,供施肥诊断用的土样,除在前作物收获后或施基肥、播前采集土样,以了解土壤养分起始供应水平外,还可在作物生长季节定期连续采样,以了解土壤养分的动态变化。若要了解施肥效果,则在作物生长期间,施肥的前后进行采样	(1)一般面积较大,地形起伏不平,肥力不均,采用蛇形布点;面积中等,地形较整齐,肥力有些差异,采用棋盘式布点;面积较小,地形平坦,肥力较均匀,采用对角线法布点。 (2)每个采样点的选取是随机的,尽量分布均匀,每点采取土样深度一致,采样量一致。 (3)将各点土样均匀混合,提高样品代表性。 (4)采样点要避免设置在田埂、路旁、沟边、挖方、填方、堆肥地段及特殊地形部位

续表 2-1

工作环节	操作规程	质量要求
正确取土	在选定采样点上,先将 2～3 mm 表土杂物刮去,然后用土钻或小铁铲垂直入土 15～20 cm。用小铁铲取土,应挖一个一铲宽和 20 cm 深的小坑,坑壁一面修光,然后从光面用小铲切下约 1 cm 厚的土片(土片上下厚度应一致),然后集中起来,混合均匀。每点的取土深度、质量应尽量一致。如果测定微量元素,应避免用含有所测定的微量元素的工具来采样,以免造成污染	(1)样品具代表性,取土深度、质量一致。 (2)采集剖面层次分析标本,分层取样,依次由下而上逐层采取土壤样品
样品混合	将采集的土样在盛土盘上集中起来,剔除石砾、虫壳、根系等物质,混合均匀,量多时采用四分法,弃去多余的土,直至所需要的数量为止,一般每个混合土样的质量以 1 kg 左右为宜	四分法操作时,初选剔杂后土样混合均匀,土层摊开,底部平整,薄厚一致
装袋与填写标签	混合好后的土样装入布袋中,用铅笔写好标签,标签一式两份,一份系在布袋外,一份放入布袋内。标签注明采样地点、日期、采样深度、土壤名称、编号及采样人等,同时做好采样记录	装袋量以大半袋(1 kg 左右)为宜
风干剔杂	从野外采回的样品要及时放在样品盘上,将土样内的石砾、虫壳、根系等物质进一步仔细剔除,捏碎土块,摊成薄薄一层,置于干净整洁的室内通风处自然风干	土样置阴凉处风干,严禁暴晒,并注意防止酸、碱、气体及灰尘的污染,同时要经常翻动
磨细过筛	(1)16 目(1 mm 筛孔)样品制备。将完全风干的土样平铺在制样板上,用木棍先行碾碎。经初步磨细的土样,用 16 目筛过筛,不能通过筛分的,则用研钵继续研磨,直到全部通过 16 目筛为止,装入具有磨口塞的广口瓶中,称为 1 mm 土样或 16 目样。 (2)60 目(0.25 mm 筛孔)样品制备。继续用研钵研磨,至全部通过 60 目筛,按四分法取出 200 g 左右,供有机质、全氮测定之用。将土样装瓶,称为 0.25 mm 土样或 60 目样	石砾和石块少量可弃去,多量时,必须收集起来称重,称其质量,计算其百分含量,在计算养分含量时考虑进去。过 16 目筛后的土样经充分混匀后,供 pH、速效养分等测定用
装瓶贮存	装样后的广口瓶中,内外各附标签一张,标签上写明土壤样品编号、采样地点、土壤名称、深度、筛号、采集人及日期等。制备好的样品要妥为保存,若需长期贮存最好用蜡封好瓶口	在保存期间避免日光、高温、潮湿及酸碱气体的影响或污染,有效期 1 年

5.问题处理

活动结束后,完成以下问题:

(1)为什么说随机采样和四分法可以提高样品的代表性?

(2)在土样采集和制备过程中,应注意哪些问题?

(3)为什么不能直接在磨细通过 18 目筛的土样中筛出一部分作为通过 60 目筛的土样?

活动二　认识土壤基本组成

1.活动目标

知识目标:认识土壤矿物质、有机质和生物等固相组成特点,了解土壤空气和水分组成特点，熟悉土壤组成对植物生长发育的影响。

能力目标：能熟练进行土壤有机质含量的测定，并进行土壤有机质的调控。

思政素养：树立培育健康土壤、绿色安全生产理念，结合学习当地创建高产农田典型案例，培养职业道德。

2. 活动准备

将全班按 2 人一组分为若干组，每组准备以下材料和用具：硬质试管（Φ18 mm×180 mm）、油浴锅或远红外消解炉、铁丝笼、温度计（300 ℃）、分析天平或电子天平（感量 0.0001 g）、电炉、滴定管（25 mL）、弯颈小漏斗、三角瓶（250 mL）、量筒（10 mL、100 mL）、移液管（10 mL）。

3. 相关知识

土壤由固相、液相和气相三相物质组成。固相物质是土壤矿物质、土壤有机质及土壤生物，而分布于土壤的大小孔隙中的成分为土壤液相（土壤水分）和土壤气相（土壤空气）。

(1) 土壤矿物质 土壤中所有无机物质的总和称为土壤矿物质，主要来自岩石与矿物的风化物。一切自然产生的化合物或单质称为矿物，如石英、白云母、黑云母、长石、金刚石、蒙脱石、伊利石、高岭石等。

土壤矿物质按产生方式不同可分为原生矿物和次生矿物。原生矿物是指岩浆冷凝后留在地壳上没有改变化学组成和结晶结构的一类矿物，如长石、石英、云母、角闪石、辉石、橄榄石等。原生矿物经过风化作用使其组成和性质发生变化而新形成的矿物称为次生矿物，主要有蒙脱石、伊利石、高岭石等。土壤中常见矿物的组成和风化特点见表 2-2。

表 2-2 土壤中常见矿物的性质

名称	物理性质	风化特点和分解产物
石英	无色、乳白色或灰色，硬度大	不易风化，是沙粒的主要来源
正长石	正长石呈肉红色，斜长石为灰色或乳白色，硬度次于石英	较易风化，风化产物主要是高岭土、二氧化硅和无机盐，是土壤钾素、黏粒的主要来源
斜长石		
白云母	白云母无色或浅黄色，黑云母黑色或黑褐色。均呈片状，有弹性，硬度低	白云母不易风化，黑云母易风化，是钾素和黏粒的来源之一
黑云母		
角闪石	黑色、墨绿色或棕色，硬度仅次于长石。角闪石为长柱状，辉石为短柱状	易风化，风化后产生含水氧化铁、氧化硅及黏粒，并释放少量钙、镁等
辉石		
橄榄石	含有铁、镁硅酸盐，颜色黄绿	易风化，风化后形成褐铁矿、二氧化硅以及蛇纹石等
高岭石	均为细小片状结晶，易粉碎，干时为粉状，滑腻，易吸水呈糊状	长石、云母风化形成的次生矿物，颗粒细小，土壤黏粒的主要来源
蒙脱石		
伊利石		

(2) 土壤生物与土壤有机质 土壤生物是指全部或部分生命周期在土壤中生活的生物。土壤有机质是存在于土壤中的所有含碳有机化合物的总称，包括土壤中各种动植物、微生物残体，土壤生物的分泌物与排泄物，以及这些有机物质分解和转化后的物质。土壤生物在土壤有机质转化中具有重要地位。

①土壤生物。土壤生物主要包括动物、植物、微生物等（图 2-5）。土壤动物种类繁多，包括众多的脊椎动物、软体动物、节肢动物、螨类、线虫和原生动物等，如蚯蚓、线虫、蚂蚁、蜗牛、螨类等，一般为土壤生物量的 10%～20%。土壤微生物占绝大多数，种类多、数量大，是土壤

生物中最活跃的部分；土壤微生物包括细菌、真菌、放线菌、藻类和原生动物等类群，其中细菌数量最多，放线菌、真菌次之，藻类和原生动物数量最少。土壤植物是土壤的重要组成部分，就高等植物而言，主要是指地下部分，包括植物根系、地下块茎(如甘薯、马铃薯等)。越是靠近根系的土壤，其微生物数量也越多。通常把受到根系明显影响的土壤范围称为根际，一般距根表 2 mm 范围内的土壤属于根际土。

土壤生物的主要功能：一是影响土壤结构的形成与土壤养分的循环，如微生物的分泌物可促进土壤团粒结构的形成，也可分解植物残体释放碳、氮、磷、硫等养分；二是影响土壤无机物质的转化，如微生物及其生物分泌物可将土壤中难溶性磷、铁、钾等养分转化为有效养分；三是固持土壤有机质，提高土壤有机质含量；四是通过生物固氮，改善植物氮素营养；五是可以分解转化农药、激素等在土壤中的残留物质，降解毒性，净化土壤。

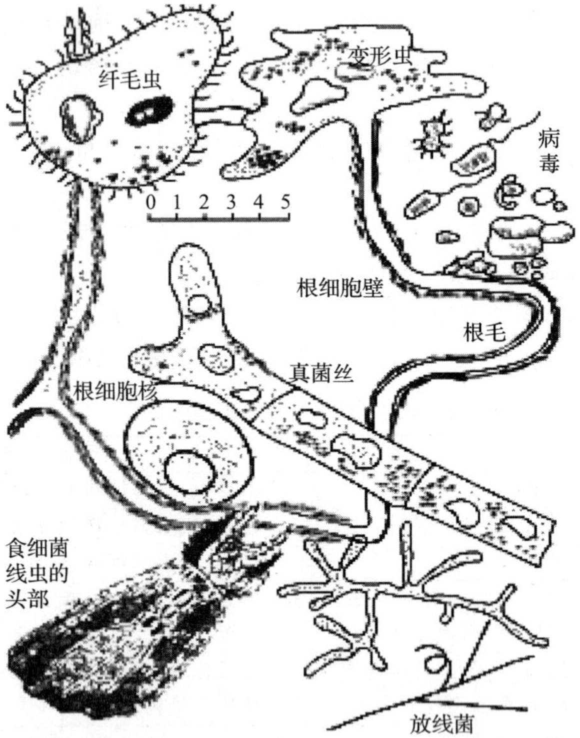

图 2-5　土壤生物的主要类群

②土壤有机质。自然土壤中有机质主要来源于生长在土壤上的高等绿色植物，其次是生活在土壤中的动物和微生物；农业土壤中有机质的重要来源是每年施用的有机肥料、作物残茬和根系及分泌物、工农业副产品的下脚料、城市垃圾、污水等。我国大部分农田土壤有机质的含量在 10～40 g/kg。

土壤有机质主要由腐殖质和非腐殖质组成，其中腐殖质占 85%～90%。非腐殖质主要是一些较简单、易被微生物分解的糖类、有机酸、氨基酸、氨基糖、木质素、蛋白质、纤维素、半纤维素、脂肪等高分子物质。腐殖质是一类经过土壤微生物作用后，由酚类和醌类物质聚合，由芳环状结构和含氮化合物、碳水化合物组成的复杂多聚体，是性质稳定、新形成的深色高分子化合物，主要成分有胡敏酸、富里酸、胡敏素等。

土壤有机物质在土壤生物，特别是土壤微生物的作用下发生的分解与合成作用称为土壤有机质的转化，有矿化和腐殖化两种类型(图 2-6)。矿化过程是指有机质在土壤生物特别是在土壤微生物的作用下所发生的分解作用；腐殖化过程是指土壤有机质在土壤微生物的作用下转化为土壤腐殖质的过程。

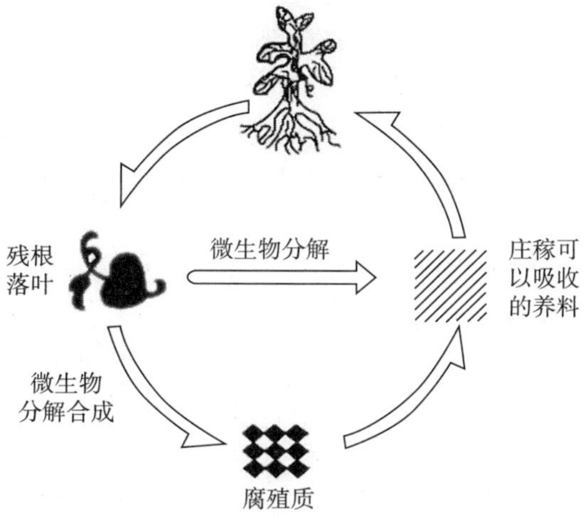

图 2-6　土壤有机质转化示意

土壤有机质具有重要作用：第一，提供作物所需的养分。土壤有机质不仅能提供植物所需的养分，而且能促进土壤其他矿质养分的转化。第二，提高土壤的保肥性和供肥能力。有机质是一种两性胶体、络合物(配位化合物)或螯合物，可提高土壤保肥和供肥能力；同时有机质又是一种缓冲体系，能增强土壤的缓冲性。第三，改善土壤物理性质。有机质通过促进大小适中、紧实度适合的良好土壤结构的形成，改善土壤孔隙状况，协调土壤通气透水性与保水性之间的矛盾；由于降低了黏粒之间的团聚力，降低了土壤耕作阻力，改善了土壤的耕性。第四，其他作用。如能够促进微生物的活动；部分小分子量的腐殖酸具有一定的生理活性，能够促进种子发芽、增强根系活力，促进作物生长。

(3)土壤水分与土壤空气　土壤水分和空气存在于土壤孔隙中，二者此消彼长，即水多气少、水少气多。土壤水分和空气是土壤的重要组成物质，也是土壤肥力的重要因素，是植物赖以生存的生活条件。土壤水分并不是纯水，而是含有多种无机盐与有机物的稀薄溶液，是植物吸水的最主要来源，也是自然界水循环的一个重要环节，处于不断变化和运动中，它是土壤表现出各种性质和进行各种过程不可缺少的条件。具体内容在学习情境五中有详细阐述。

①土壤空气组成与特点。土壤空气来自大气，但在土壤内，由于根系和微生物等的活动，以及土壤空气与大气的交换受到土壤孔隙性质的影响，土壤空气的成分与大气有一定的差别(表 2-3)。

表 2-3　土壤空气与大气的体积组成　　%

气体类型	氮(N_2)	氧(O_2)	二氧化碳(CO_2)	其他气体
土壤空气	78.8～80.24	18.00～20.03	0.15～0.65	约 1
大气	78.05	20.99	0.03	约 1

与大气相比，土壤空气的组成特点如下：土壤空气中的二氧化碳含量高于大气；土壤空气中的氧气含量低于大气；土壤空气的相对湿度比大气高；土壤空气中有时甲烷等还原性气体的含量远高于大气；土壤空气各成分的浓度在不同季节和不同土壤深度内变化很大。

②土壤通气性。土壤空气与大气的交换能力或速率称为土壤通气性。如交换速度快，则土壤的通气性好；反之，土壤的通气性差。土壤空气与大气之间的交换机理：一是土壤空气的整体交换。土壤空气在一定的条件下整体或全部移出土壤或大气以同样的方式进入土壤称为土壤空气的整体交换。二是土壤空气的扩散。一般情况下土壤空气扩散的方向是氧气从大气向土壤、二氧化碳从土壤向大气、还原性气体从土壤向大气、水汽从土壤向大气。

③土壤空气与作物生长。土壤空气状况是影响土壤肥力的重要因素之一，并影响植物生长发育。

第一，影响种子萌发。对于一般作物种子，土壤空气中的氧气含量大于10%则可满足种子萌发需要；如果小于5%种子萌发将受到抑制。

第二，影响根系生长和吸收功能。所有植物根系均为有氧呼吸，氧气含量低于12%会明显抑制根系的生长。植物根系的生长状况影响根系对水分和养分的吸收。

第三，影响土壤微生物活动。在水分含量较高的土壤中，微生物以厌氧活动为主，反之，微生物以有氧呼吸为主。

第四，影响植物生长的土壤环境状况。通气良好时，有利于有机质矿化和土壤养分释放；通气不良时，有机质分解不彻底，可能产生还原性有毒气体。

4.操作过程

(1)土壤有机质测定原理　土壤有机质含量一般通过测定有机碳的含量计算求得，将有机碳含量乘以常数1.724，即为土壤有机质总量。在加热条件下，用稍过量的重铬酸钾-硫酸溶液氧化土壤有机碳，剩余的重铬酸钾用硫酸亚铁溶液滴定，以土样和空白样消耗硫酸亚铁标准溶液的量的差值可以计算出土壤有机碳含量，进一步可计算土壤有机质的含量，其反应式如下：

土壤有机质
含量的测定

$$2K_2Cr_2O_7+3C+8H_2SO_4 \longrightarrow 2K_2SO_4+2Cr_2(SO_4)_3+3CO_2\uparrow+8H_2O$$

$$K_2Cr_2O_7+6FeSO_4+7H_2SO_4 \longrightarrow K_2SO_4+Cr_2(SO_4)_3+3Fe_2(SO_4)_3+7H_2O$$

用 Fe^{2+} 滴定剩余的 $Cr_2O_7^{2-}$ 时，以邻菲罗啉为氧化还原指示剂。在滴定过程中指示剂的变色过程如下：开始时溶液以重铬酸钾的橙色为主，此时指示剂在氧化条件下呈淡蓝色，被重铬酸钾的橙色掩盖，滴定时溶液逐渐呈绿色（Cr^{3+}），至接近终点时变为灰绿色。当 Fe^{2+} 溶液过量半滴时，溶液则变成棕红色，表示滴定已达终点。

(2)试剂准备与配制　测定前应提前进行下列试剂的配制：

①0.4 mol/L 重铬酸钾-硫酸溶液。称取40.0 g重铬酸钾溶于600～800 mL水中，用滤纸过滤到1 L量筒内，用水洗涤滤纸，并加水至1 L。将此溶液转移至3 L大烧杯中；另取密度为1.84 g/L的化学纯浓硫酸1 L，慢慢倒入重铬酸钾溶液内，并不断搅拌。每加约100 mL浓硫酸后稍停片刻，待冷却后再加另一份浓硫酸，直至全部加完。此溶液可长期保存。

②0.2 mol/L 硫酸亚铁溶液。称取化学纯硫酸亚铁55.60 g溶于600～800 mL蒸馏水

中，加化学纯浓硫酸 20 mL，搅拌均匀，加水定容至 1 000 mL，贮于棕色瓶中保存备用。

③0.2 mol/L 重铬酸钾标准溶液。称取经 130 ℃烘 1.5 h 以上的分析纯重铬酸钾 9.807 g，先用少量水溶解，然后无损地移入 1 L 容量瓶中，加水定容。

④硫酸亚铁溶液的标定。准确吸取 3 份 0.2 mol/L $K_2Cr_2O_7$ 标准溶液各 20 mL 于 250 mL三角瓶中，加入浓硫酸 3～5 mL 和邻菲罗啉指示剂 3～5 滴，然后用 0.2 mol/L $FeSO_4$ 溶液滴定至产生棕红色为止，其浓度计算式为：

$$c = (6 \times 0.2000 \times 20) \div V$$

式中：c 表示硫酸亚铁溶液摩尔浓度，mol/L；V 为滴定用去硫酸亚铁溶液体积，mL；6 为 6 mol/L $FeSO_4$ 与 1 mol $K_2Cr_2O_7$ 完全反应的物质的量的比值。

⑤邻菲罗啉指示剂。称取化学纯硫酸亚铁 0.695 g 和分析纯邻菲罗啉 1.485 g 溶于 100 mL 蒸馏水中，贮于棕色滴瓶中备用。

⑥其他试剂。石蜡（固体）或磷酸或植物油 2.5 kg；浓 H_2SO_4（化学纯，密度 1.84 g/L）。

(3)土壤有机质含量测定与调控 选取土壤分析样品，进行下列全部或部分内容（表 2-4）。

表 2-4 土壤有机质含量测定与调控

工作环节	操作规程	质量要求
称样	用分析天平准确称取通过 60 目筛的风干土样0.05～0.5 g（精确到 0.0001 g），放入干燥的硬质试管底部，记下土样质量	一般有机质含量＜20 g/kg，称量土样 0.4～0.5 g；20～70 g/kg，称量 0.2～0.3 g；70～100 g/kg，称量 0.1 g；100～150 g/kg，称量 0.05 g
加氧化剂	用移液管准确加入重铬酸钾-硫酸溶液 10 mL，小心将土样摇散，贴上标签，盖上小漏斗，将试管插入铁丝笼中待加热	此法只能氧化 90%的有机质，所以在计算分析结果时氧化校正系数为 1.1
加热氧化	将铁丝笼放入预先加热至 185～190 ℃的油浴锅或远红外消解炉中，此时温度控制在 170～180 ℃，自试管内大量出现气泡开始计时，保持溶液沸腾 5 min，取出铁丝笼，待试管稍冷后，用卷纸或废报纸擦净试管外部油液，冷却至室温	加热时产生的二氧化碳气泡不是真正沸腾，只有待溶液真正沸腾时才能开始计算时间
溶液转移	将试管内含物用蒸馏水少量多次洗入 250 mL 的三角瓶中，总体积控制在 60～70 mL，加入邻菲罗啉指示剂 3～5 滴，摇匀	要用水冲洗试管和小漏斗，转移时要做到无损；最后使溶液的总体积达 50～60 mL，酸度为 2～3 mol/L
滴定	用硫酸亚铁溶液滴定 250 mL 三角瓶的内含物。溶液颜色由橙色（或黄绿）经绿色、灰绿色变成棕红色即为终点	指示剂变色敏锐，临近终点时，要放慢滴定速度
空白试验	必须同时做两个空白试验，取其平均值，空白试验用石英砂或灼烧后的土代替土样，其余操作同上	如果试样滴定所用硫酸亚铁溶液的体积不到空白实验所消耗的硫酸亚铁溶液体积的 1/3，则有氧化不完全的可能，应减少土样称样量并重做

续表 2-4

工作环节	操作规程	质量要求
结果计算	土壤有机质含量 $=\dfrac{(V_0-V)\times c_2\times 0.003\times 1.724\times 1.1}{m}\times 10$ 式中：V_0 为滴定空白时消耗的硫酸亚铁溶液体积，mL；V 为滴定样品时消耗的硫酸亚铁溶液体积，mL；c_2 为硫酸亚铁溶液的浓度，mol/L；0.003 为 1/4 碳原子的毫摩尔质量，g；1.724 为由有机碳换算为有机质的系数；1.1 为氧化校正系数；m 为烘干土样质量，g	平行测定结果允许误差：有机质含量 <10 g/kg，允许绝对误差≤0.5 g/kg；有机质含量 10～40 g/kg，允许绝对误差≤1.0 g/kg；有机质含量 40～70 g/kg，允许绝对误差≤3.0 g/kg；有机质含量 >100 g/kg，允许绝对误差≤5.0 g/kg
土壤有机质调控	(1)合理施肥。一是增施有机肥料、秸秆覆盖还田、种植绿肥、归还植物凋落物等。二是适量施用氮肥。 (2)适宜耕种。一是适宜免耕、少耕。二是实行绿肥或牧草与植物轮作、旱地改水田。 (3)调节土壤水、气、热状况。可通过农田基本建设、合理灌溉排水、适时覆盖、适宜耕作、合理施肥、设施农业等措施调节土壤水分、土壤通气性、土壤热量状况	(1)施用的有机肥原则上要腐熟，以免烧苗。避免氮肥过量施用。 (2)免耕、少耕的采用一定要结合当地生产情况；适时调整作物轮作、水旱轮作，避免连作。 (3)只有土壤温度、湿度适宜，并有适当的通气条件时，才能使矿质化和腐殖化过程协调

5. 问题处理

活动结束后，完成以下问题：

(1)可将各次测定结果记入表 2-5 中，便于计算。

表 2-5　土壤有机质测定时数据记录

土样号	土样质量 /g	初读数 /mL	终读数 /mL	净体积 /mL	有机质含量 /(g/kg)	平均含量 /%
样品 1						
样品 2						
样品 3						
空白 1						
空白 2						

(2)怎样确定样品的质量？消煮后的溶液颜色偏绿说明什么问题？应该怎么办？如果在滴定时忘记加指示剂会出现什么结果？加入硫酸银的作用是什么？

【师生互动】

将全班分为若干团队，每队 5～10 人，利用业余时间，进行下列活动：

1. 调查并讨论当地土壤的主要成土矿物有哪些。
2. 调查并讨论当地利用土壤生物改良土壤有哪些经验。
3. 调查并讨论当地提高土壤有机质含量的经验有哪些。
4. 调查并讨论当地土壤通气性如何影响植物生长发育。

知识拓展

如果同学们想了解更多的知识，可以通过下面渠道进行学习：

1. 阅读杂志

(1)《中国土壤与肥料》

(2)《土壤通报》

(3)《土壤》

(4)《土壤学报》

2. 浏览网站

(1)中国科学院南京土壤研究所网(http://www.issas.ac.cn/)

(2)中国肥料信息网(http://www.natesc.gov.cn/)

(3)中国农业科学院土壤肥料研究所网(http://sfi.caas.ac.cn/)

3. 通过本校图书馆借阅有关土壤、土壤肥料方面的书籍。

考证提示

获得农业技术员、农作物植保员，以及有关涉农企业的 1＋X 证书等职业资格证书，需具备以下知识和能力：

1. 土壤、土壤肥力，土壤与植物生长；
2. 土壤矿物质等主要类型及其性质；
3. 土壤有机质组成、性质、作用及调节措施；
4. 土壤生物种类、作用，微生物种类与作用；
5. 土壤空气组成特点、土壤通气性及调节；
6. 土壤样品的采集与制备；
7. 土壤有机质含量的测定。

学习情境三　土壤基本性质与植物生长

【情境创设】

<table>
<tr><td colspan="2">学习情境三
土壤基本性质与植物生长</td><td>活动一　土壤质地测定与调控
活动二　土壤容重与孔隙度测定及调节
活动三　土壤结构观察与改善
活动四　土壤耕性判断与改善
活动五　土壤吸收性能判断与调节
活动六　土壤酸碱性测定与调节</td></tr>
<tr><td rowspan="3">能力目标</td><td>专业能力</td><td>1.能熟练应用简易比重计法和手测法判断当地土壤质地类型；
2.能熟练准确测定当地土壤容重，计算土壤孔隙度；
3.根据当地土壤情况，能正确判断各类土壤结构体；
4.根据土壤和植物，能正确判断土壤耕性好坏；
5.根据当地土壤胶体状况，能进行土壤吸收性能调节；
6.能用电位法、混合指示剂法快速判断土壤 pH</td></tr>
<tr><td>方法能力</td><td>1.具备获取信息、收集资料的能力；
2.具备制订计划、执行计划的能力；
3.具备自主学习、发现问题、解决问题的能力</td></tr>
<tr><td>社会能力</td><td>1.具备良好的团队协作、配合能力；
2.具备良好的与人沟通、协调能力；
3.具备一定的综合、创新能力</td></tr>
<tr><td>知识目标</td><td colspan="2">1.了解土壤质地分类，熟悉土壤质地对植物生长发育的影响；
2.熟悉土壤孔性对植物生长发育的影响；
3.熟悉常见土壤结构体及其对土壤肥力的影响；
4.了解土壤物理机械性，熟悉常见土壤耕性类型；
5.了解土壤胶体，熟悉土壤吸收性类型及阳离子交换作用；
6.了解土壤酸碱性与缓冲性，熟悉土壤酸碱性对土壤肥力与植物生长的影响</td></tr>
<tr><td>思政目标</td><td colspan="2">1.开展土壤基本性质测定与观察等实训活动，学习土壤学家攀登科学高峰的事迹，培养不惧困难、求真创新精神；
2.学习土壤基本性质，参观当地高产农田建设活动，学习当地农业科技人员良好的职业道德</td></tr>
<tr><td>教学条件</td><td colspan="2">多媒体课件、多媒体教室、实验实训室、图书馆、网络</td></tr>
</table>

教学方法	课堂讲授、资料查阅、现场训练、课外活动	
考核评价	学习过程考核	计划制订(20%)、师生释疑(10%)、完成任务(50%)、检查评价(20%)
	拓展能力考核	工作态度(20%)、岗位技能(50%)、拓展能力(20%)、团队合作(10%)
考核方式	教师评价(70%)、小组互评(20%)、学生自评(10%)	

活动一　土壤质地测定与调控

1.活动目标

知识目标:了解土壤质地分类,熟悉土壤质地对植物生长发育的影响。

能力目标:能熟练应用简易比重计法和手测法判断当地农田、菜园、果园、绿化地、林地、草地的土壤质地类型,为耕作、播种、灌溉等提供依据。

思政素养:树立培育高产肥沃的健康土壤,坚持绿色生产,保障人民群众食品安全的观念。

2.活动准备

将全班按2人一组分为若干组,每组准备以下材料和用具:

(1)用具准备　量筒(1 000 mL、100 mL)、特制搅拌棒、甲种比重计(鲍氏比重计)、温度计(100 ℃)、带橡皮头玻棒、烧杯(50 mL)、天平(感量0.01 g)、角匙、称样纸、500 mL三角瓶、电热板、滴管、表面皿等。

(2)土壤样本　沙土、壤土、黏土等已知质地名称的土壤样本和待测土壤样本。

3.相关知识

(1)土壤粒级　土壤是由各种大小不同的矿质土粒组成的,它们单独或相互团聚成土粒聚合体存在于土壤中,前者称为单粒,后者称为复粒。国际上土壤粒级的分级标准有很多,但一般将土粒由粗到细分成石砾、沙粒、粉沙粒和黏粒4组,表3-1中列出了国内常用的粒级分级标准。卡庆斯基制中将粒径小于1 mm、大于0.01 mm的土粒称为物理性沙粒,而将粒径小于0.01 mm的土粒称为物理性黏粒,这种分级方法在生产上使用较为方便。不同粒级土粒中的矿物类型相差很大,沙粒和粉沙粒主要是由石英和其他原生矿物组成的,而黏粒中绝大部分矿物是次生矿物。

表3-1　常用土粒分级标准　　mm

国际粒级制		卡庆斯基制	
粒级名称	粒径	粒级名称	粒径
石砾	>2	石块	>3
		石砾	3～1

续表 3-1

国际粒级制			卡庆斯基制			
粒级名称		粒径	粒级名称			粒径
沙粒	粗沙粒	2～0.2	物理性沙粒	沙粒	粗沙粒	1～0.5
	细沙粒	0.2～0.02			中沙粒	0.5～0.25
					细沙粒	0.25～0.05
粉沙粒		0.02～0.002	物理性黏粒	粉粒	粗粉粒	0.05～0.01
					中粉粒	0.01～0.005
					细粉粒	0.005～0.001
黏粒		＜0.002		黏粒	粗黏粒	0.001～0.0005
					中黏粒	0.0005～0.0001
					细黏粒	＜0.0001

(2)土壤质地分类 土壤质地是指土壤中各粒级土粒含量(质量)百分率的组合,又称为土壤机械组成,是土壤最基本物理性质之一。土壤质地分类是根据土壤的粒级组成对土壤颗粒组成状况进行的类别划分,土壤质地分类制主要有国际制、卡庆斯基制、美国制和中国制,生产实际中以卡庆斯基制使用较为方便。

卡庆斯基土壤质地分类制是依据物理性黏粒或物理性沙粒的含量,并参考土壤类型,将土壤质地分成沙土类、壤土类和黏土类;然后再根据各粒级含量的变化进一步细分(表 3-2)。对我国而言,一般土壤可选用草原土类及红黄壤类的分类级别。

表 3-2 卡庆斯基土壤质地分类制 %

质地分类		物理性黏粒含量			物理性沙粒含量		
类别	名称	灰化土类	草原土类及红黄壤类	碱化及强碱化土类	灰化土类	草原土类及红黄壤类	碱化及强碱化土类
沙土	松沙土	0～5	0～5	0～5	100～95	100～95	100～95
	紧沙土	5～10	5～10	5～10	95～90	95～90	95～90
壤土	沙壤土	10～20	10～20	10～15	90～80	90～80	90～85
	轻壤土	20～30	20～30	15～20	80～70	80～70	85～80
	中壤土	30～40	30～45	20～30	70～60	70～55	80～70
	重壤土	40～50	45～60	30～40	60～50	55～40	70～60
黏土	轻黏土	50～65	60～75	40～50	50～35	40～25	60～50
	中黏土	65～80	75～85	50～65	35～20	25～15	50～35
	重黏土	＞80	＞85	＞65	＜20	＜15	＜35

(3)土壤质地的肥力特性与生产性状 土壤质地对土壤的许多性质和过程均有显著影响,首先是土壤的孔隙状况和表面性质受土壤质地的控制,而这些性质又影响土壤的通气与排水、有机物质的降解速率、土壤溶质的运移、水分渗漏、植物养分供应、根系生长、出苗、耕作质量等。沙质土、壤质土和黏质土在上述各方面都有明显差异(表 3-3)。

表 3-3　土壤质地对土壤性质和过程的影响

性质	沙质土	壤质土	黏质土
保水性	低	中至高	高
毛管上升高度	低	高	中
通气性	好	较好	不好
排水速度	快	较慢	慢或很慢
有机质含量	低	中	高
有机质降解速率	快	中	慢
养分含量	低	中等	高
供肥能力	弱	中等	强
污染物淋洗	允许	中等阻力	阻止
防渗能力	差	中等	好或很好
胀缩性	小或无	中等	大
可塑性	无	较低	强或很强
升温性	易升温	中等	较慢
耕性	好	好或较好	较差或恶劣
有毒物质	无	较低	较高

土壤质地不同，对土壤的各种性状影响也不相同，因此其农业生产性状（如肥力状况、耕作性状等）也不相同（表 3-4）。

表 3-4　不同质地土壤的生产性状

生产性状	沙质土	壤质土	黏质土
通透性	颗粒粗，大孔隙多，通气性好	良好	颗粒细，大孔隙少，通气性不良
保水性	饱和导水率高，排水快，保水性差	良好	饱和导水率低，保水性强，易内涝
肥力状况	养分含量少，分解快	良好	养分多，分解慢，易积累
热状况	热容量小，易升温，昼夜温差大	适中	热容量大，升温慢，昼夜温差小
耕作性状	耕作阻力小，宜耕期长，耕性好	良好	耕作阻力大，宜耕期短，耕性差
有毒物质	对有毒物质富集弱	中等	对有毒物质富集强
植物生长状况	出苗齐，发小苗，易早衰	良好	出苗难，易缺苗，贪青晚熟

4. 操作过程

（1）简易比重计法

①测定原理。简易比重计法测定土壤质地，就是取一定量的土壤，经物理、化学处理后分散成单粒，将其制成一定容积的悬浊液，让分散的土粒在悬浊液中自由沉降。根据粒径越大下沉速度越快的原理，应用斯托克斯定律计算出某一粒级土粒下沉所需时间。在这个时间下，用特制的甲种比重计测得土壤悬液中所含小于某一粒级土粒的数量，经校正后可计算出该粒级土粒在土壤中的质量百分数，然后查表确定其质地名称（表 3-5、表 3-6）。

土壤质地的测定

表 3-5　小于某粒径土粒的沉降时间

温度/℃	<0.05 mm			<0.01 mm			<0.005 mm			<0.001 mm		
	h	min	s	h	min	s	h	min	s	h	m	s
10		1	18		35		2	25		48		
11		1	15		34		2	25		48		
12		1	12		33		2	20		48		
13		1	10		32		2	15		48		
14		1	10		31		2	15		48		
15		1	8		30		2	15		48		
16		1	6		29		2	5		48		
17		1	5		28		2	0		48		
18		1	2		27	30	1	55		48		
19		1	0		27		1	55		48		
20			58		26		1	50		48		
21			56		26		1	50		48		
22			55		25		1	50		48		
23			54		24	30	1	45		48		
24			54		24		1	45		48		
25			53		23	30	1	40		48		
26			51		23		1	35		48		
27			50		22		1	30		48		
28			48		21	30	1	30		48		
29			46		21		1	30		48		
30			45		20		1	28		48		

表 3-6　甲种比重计温度校正值　℃

温度	校正值	温度	校正值	温度	校正值
6.0～8.5	−2.2	18.5	−0.4	26.5	+2.2
9.0～9.5	−2.1	19.0	−0.3	27.0	+2.5
10.0～10.5	−2.0	19.5	−0.1	27.5	+2.6
11.0	−1.9	20.0	0	28.0	+2.9
11.5～12.0	−1.8	20.5	+0.15	28.5	+3.1
12.5	−1.7	21.0	+0.3	29.0	+3.3
13.0	−1.6	21.5	+0.45	29.5	+3.5
13.5	−1.5	22.0	+0.6	30.0	+3.7
14.0～14.5	−1.4	22.5	+0.8	30.5	+3.8
15.0	−1.2	23.0	+0.9	31.0	+4.0
15.5	−1.1	23.5	+1.1	31.5	+4.2

续表 3-6

温度	校正值	温度	校正值	温度	校正值
16.0	−1.0	24.0	+1.3	32.0	+4.6
16.5	−0.9	24.5	+1.5	32.5	+4.9
17.0	−0.8	25.0	+1.7	33.0	+5.2
17.5	−0.7	25.5	+1.9	33.5	+5.5
18.0	−0.5	26.0	+2.1	34.0	+5.8

②试剂配制。进行实验前应提前配制以下试剂：

0.5 mol/L NaOH 溶液：称取 20 g 化学纯氢氧化钠，加蒸馏水溶解后，定容至 1 000 mL，摇匀。

0.25 mol/L 草酸钠溶液：称取 33.5 g 化学纯草酸钠，加蒸馏水溶解后，定容到 1 000 mL，摇匀。

0.5 mol/L 六偏磷酸钠溶液：称取化学纯六偏磷酸钠 51 g，加蒸馏水溶解后，定容到 1 000 mL，摇匀。

2%碳酸钠溶液：称取 20 g 化学纯碳酸钠溶于 1 000 mL 的蒸馏水中。

异戊醇：$(CH_3)_2CHCH_2CH_2OH$，化学纯。

软水的制备：将 200 mL 2%碳酸钠溶液加入 15 000 mL 自来水中，静置过夜，上清液即为软水。

③质地测定。选取土壤分析样品，进行下列全部或部分内容(表 3-7)。

表 3-7 简易比重计法测定土壤质地

工作环节	操作规程	质量要求
称样	称取通过 1 mm 筛孔的风干土样 50 g(沙质土称 100 g)，置于 500 mL 三角瓶中，供分散处理用	样品称量精确到 0.01 g
样品分散	根据土壤 pH 选择加入相应的分散剂(石灰性土壤加 0.5 mol/L六偏磷酸钠 60 mL；中性土壤加 0.25 mol/L 草酸钠 20 mL，酸性土壤加 0.5 mol/L 氢氧化钠 40 mL)。再加入 100～150 mL 软水，用带橡皮头的玻璃棒充分搅拌至少 5 min，再静置 0.5 h 以上	样品分散，除研磨法外，也可使用煮沸法、振荡法处理，但一定要分散彻底
悬浊液制备	将分散后的土壤悬浊液用软水无损地洗入 1 000 mL 量筒中，该量筒作为沉降筒	应少量多次无损洗至 800～900 mL，再定容
测量悬浊液温度	将温度计插入待测量的悬浊液中，记录悬浊液温度	应注意手持温度计进行测量，防止损坏
自由沉降	用搅拌棒在沉降筒内沿上下方向充分搅拌土壤悬浊液 1 min 以上，搅拌结束后计时，让土粒在沉降筒内自由沉降	约上下各 30 次，搅拌棒的多孔片不要提出液面
测悬浊液密度	根据表 3-5 和悬浊液温度查待测土粒所需的沉降时间，提前 30 s 小心地将甲种比重计放入沉降筒内，如沉降筒内泡沫较多，可加入几滴异戊醇消泡。沉降时间到则读数，并记录。然后小心取出比重计，让土粒继续自由沉降，供下一粒级测定用	每次读数应以弯月面上缘为准，取出的比重计应放在清水中洗净备用

续表 3-7

工作环节	操作规程	质量要求
结果计算	(1)将风干土样重换算成烘干土样重。 $$烘干土样重=\frac{风干土样重}{吸湿水占比+1}$$ (2)比重计读数的校正。 校正值=分散剂校正值+温度校正值 校正后读数=比重计读数-校正值 分散剂校正值=分散剂体积×分散剂摩尔浓度×分散剂相对分子质量 (3)土粒含量。 $$小于某粒径土粒含量=\frac{校正后读数}{烘干土样重}\times 100\%$$ 某粒径范围内土粒含量为两相邻粒径土粒含量的差。 (4)查表确定质地名称。查卡庆斯基土壤质地分类标准得到所测土样的质地名称	计算正确,查表得到所测土样的质地名称
土壤质地改善	(1)因地制宜,合理利用。不同植物对土壤质地有一定的适应性。要根据质地情况选择植物种类。 (2)增施有机肥,改良土性。施用有机肥料后,可以促进沙粒的团聚,而降低黏粒的黏结力,达到改善土壤结构的目的。 (3)掺沙掺黏,客土调剂。若沙地附近有黏土、胶泥土、河泥等,可采用搬黏掺沙的办法;若黏土附近有沙土、河沙等,可采取搬沙压淤的办法,逐年以客土改良。 (4)引洪漫淤,引洪漫沙。对于沿江沿河的沙质土壤,采用引洪漫淤方法;对于黏质土壤,采用引洪漫沙方法。 (5)翻淤压沙,翻沙压淤。在具有"上沙下黏"或"上黏下沙"质地层次的土壤中可采用此法。 (6)种树种草,培肥改土。 (7)因土制宜,加强管理。对于大面积过沙土壤,营造防护林,种树种草,防风固沙;选择宜种植物。对于大面积过黏土壤,根据水源条件种植水稻或水旱轮作等	(1)农作物对土壤质地适应范围广,蔬菜适宜壤质土,花卉适应范围较窄;果树适应范围南北方有差异,块茎类、瓜果类植物适宜较粗质地。 (2)改良后使土壤质地达到三泥七沙或四泥六沙的壤土质地范围。 (3)引洪漫沙是将畦口开低,每次不超过 10 cm,逐年进行,可使大面积黏质土壤得到改良。 (4)可根据种植植物情况,采取平畦宽垅,播种宜深,播后镇压,早施肥、勤施肥,勤浇水,水肥宜少量多次等措施

(2)手测法 手测法是以手指对土壤的感觉为主,结合视觉和听觉来确定土壤质地名称。简易比重计法能迅速测定土壤质地类型,既省时,又有相当的精确性,适用于生产上大量样本的质地测定工作;手测法是最简便的土壤质地测定法,广泛应用于野外、田间土壤质地的鉴定。

①干测法。取玉米粒大小的干土块,放在拇指与食指间使之破碎,并在手指间摩擦,根据指压和摩擦时感觉来判断(表 3-8)。

表 3-8 土壤质地手测法判断标准(干测法)

质地名称	干燥状态下在手指间挤压或摩擦的感觉	湿润条件下揉搓塑形时的表现
沙土	几乎由沙粒组成,感觉粗糙,研磨时沙沙作响	不能成球形,用手捏成团,但一松即散,不能成片

续表 3-8

质地名称	干燥状态下在手指间挤压或摩擦的感觉	湿润条件下揉搓塑形时的表现
沙壤土	沙粒为主，混有少量黏粒，很粗糙，研磨时有响声，干土块稍用力即可捏碎	勉强可成厚而极短的片状，能搓成表面不光滑的小球，不能搓成条
轻壤土	干土块稍用力挤压即碎，手捻有粗糙感	片长不超过 1 cm，片面较平整，可搓成直径约 3 mm 的土条，但提起后易断裂
中壤土	干土块用较大力才能挤碎，为粗细不一的粉末，沙粒和黏粒的含量大致相同，稍感粗糙	可成较长的薄片，片面平整，但无反光，可以搓成直径约 3 mm 的小土条，弯成直径 2～3 cm 的圆形时会断裂
重壤土	干土块用大力才能破碎成为粗细不一的粉末，黏粒的含量较多，略有粗糙感	可成较长的薄片，片面光滑，有弱反光，可以搓成直径约 2 mm 的小土条，能弯成直径 2～3 cm 的圆形，压扁时有裂缝
黏土	干土块很硬，用力不能压碎，细而均一，有滑腻感	可成较长的薄片，片面光滑，有强反光，可以搓成直径约 2 mm 的细条，能弯成 2～3 cm 的圆形，且压扁时无裂缝

②湿测法。取一小块土，放在手中捏碎，加入少许水，以土粒充分浸润为度（水分过多或过少均不适宜），根据能否搓成球、条及弯曲时断裂等情况加以判断（表 3-9）。

表 3-9　土壤质地野外手测鉴定分级标准（湿测法）

质地名称		手捏	手刮	手挤
卡庆斯基制	国际制			
沙土	沙土	不管含水量为多少，都不能搓成球	不能成薄片，刮面全部为粗沙粒	不能挤成扁条
壤沙土	沙壤土	能搓成不稳定的土球，但搓不成条	不能成薄片，刮面留下很多细沙粒	不能挤成扁条
轻壤	壤土	能搓成直径 3～5 mm 粗的小土条，拿起时摇动即断	较难成薄片，刮面粗糙似鱼鳞状	能勉强挤成扁条，但边缘缺裂大，易断
中壤	黏壤土	小土条弯曲成圆环时有裂痕	能成薄片，刮面稍粗糙，边缘有少量裂痕	能挤成扁条，摇动易断
重壤	壤黏土	小土条弯曲成圆环时无裂痕，压扁时产生裂痕	能成薄片，刮面较细腻，边缘有少量裂痕，刮面有弱反光	能挤成扁条，摇动不易断
黏土	黏土	小土条弯曲成圆环时无裂痕，压扁时也无裂痕	能成薄片，刮面细腻平滑，无裂痕，光亮	能挤成卷曲扁条，摇动不易断

测定时按照先摸后看，先沙后黏，先干后湿的顺序，用手测法对土壤进行测定；先摸后看就是首先目测，观察有无坷垃、坷垃多少和硬软程度。质地粗的土壤一般无坷垃，质地越细坷垃越多越硬。沙质土壤比较粗糙，无滑感，黏重的土壤正好相反。

5.问题处理

活动结束后,完成以下问题:

(1)为什么测定土壤质地时要先将样本进行分散处理?

(2)分散处理的好坏对测定结果有什么影响?

(3)如何选定分散剂?

(4)在应用简易比重计法测定土壤质地时,为提高测定结果的准确度,应注意哪些问题?

活动二　土壤容重与孔隙度测定及调节

1.活动目标

知识目标:了解土壤容重的概念与用途,熟悉土壤孔性对植物生长发育的影响。

能力目标:能熟练准确测定当地农田、菜园、果园、绿化地、林地、草地等土壤容重,并能计算土壤孔隙度,判断土壤孔隙状况,为土壤管理提供依据。

思政素养:树立培育高产肥沃的健康土壤,坚持绿色植物生产,保障人民群众食品安全的观念。

2.活动准备

将全班按2人一组分为若干组,每组准备以下材料和用具:环刀(容积100 cm^3)、天平(感量0.01 g和0.1 g)、恒温干燥箱、削土刀、小铁铲、铝盒、乙醇(酒精)、草纸、剪刀、滤纸等。

3.相关知识

土壤中土粒或团聚体之间以及团聚体内部的空隙称为土壤孔隙。土壤孔性,也称为土壤孔隙性,是土壤孔隙的数量、大小、比例和性质的总称。土壤孔隙度通常是用间接的方法,测定土壤密度、容重后计算出来的。

(1)土壤密度和容重　土壤密度是指单位体积原状土(不包括粒间孔隙)所含烘干土的质量,单位是 g/cm^3;一般情况下,土壤密度常以2.65 g/cm^3 表示。土壤容重是指在田间自然状态下,单位体积原状土(包括粒间孔隙)所含烘干土的质量,单位也是 g/cm^3 或 t/m^3;多数土壤容重在1.0～1.8 g/cm^3,沙土多在1.4～1.7 g/cm^3,黏土一般在1.1～1.6 g/cm^3,壤土介于二者之间。土壤密度与土壤容重的区别如图3-1所示。

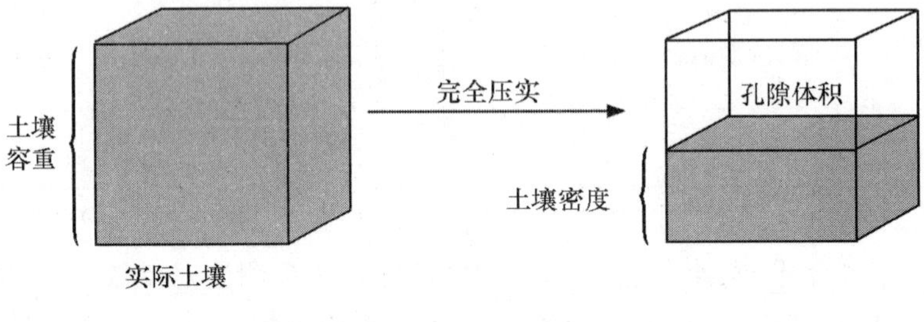

图3-1　土壤密度与土壤容重的区别

土壤容重是一个十分重要的基本数据，主要应用在以下几方面。

①计算土壤质量。利用土壤容重可以计算单位面积土壤的质量。如测得土壤容重为 1.20 g/cm^3，求 1 hm^2（1 hm^2＝10 000 m^2）耕层土壤（深度为 20 cm）的质量为多少？

$$m=1.20\times 10\ 000\times 0.2=2\ 400(t)$$

另外，根据以上计算，可知一定面积土地上填土或挖土的实际土方量，可作为土石方工程设计及预算的依据。

②计算土壤组分储量。根据 1 hm^2 耕层土壤质量可计算单位面积土壤中水分、有机质、养分、盐分等质量。例如，上例中测得土壤有机质含量为 15 g/kg，则 1 hm^2 耕层土壤（深度为 20 cm）的有机质的储量为：

$$m_o=2\ 400\times 15\div 1\ 000=36(t)$$

③计算灌水（或排水）定额。如测得土壤实际含水量为 10%，要求灌水后达到 20%，则 1 hm^2 耕层土壤（深度为 20 cm）的灌水量为：

$$m_w=2\ 400\times(20\%-10\%)=240(t)$$

④判断土壤的松紧程度。对于大多数土壤来讲，含有机质多而结构好的耕作层土壤容重宜在 1.1～1.3 g/cm^3，在此范围内，有利于幼苗的出土和根系的生长（表 3-10）。另外水田土壤的容重（称为浸水容重）宜在 0.5～0.6 g/cm^3，如果大于 0.6 g/cm^3，水田会出现淀浆板结；如小于 0.5 g/cm^3，则易起浆，水层混浊。

表 3-10 旱地土壤容重、孔隙度和松紧状况的关系

土壤容重/(g/cm^3)	<1.00	1.0～1.14	1.14～1.26	1.26～1.30	>1.30
孔隙度/%	>60	60～55	55～52	52～50	<50
松紧状况	极松	疏松	适度	稍紧	紧密

对于质地相同的土壤来说，容重过小则表明土壤处于疏松状态，容重过大则表明土壤处于紧实状态；对于植物生长发育来说，土壤过松过紧都不适宜，过松则通气透水性强，易漏风跑墒；过紧则通气透水性差，妨碍根系延伸。

(2)土壤孔隙度 土壤孔隙数量常以孔隙度来表示。土壤孔隙度是指自然状况下，单位体积土壤中孔隙体积占土壤总体积的百分数。实际工作中，可根据土壤密度和容重计算得出。

$$土壤孔隙度=(1-\frac{土壤容重}{土壤密度})\times 100\%$$

根据土壤孔隙的通透性和持水能力，将其分为三种类型，如表 3-11 所示。

表 3-11 土壤孔隙类型及性质

孔隙类型	通气孔隙	毛管孔隙	无效孔隙（非活性孔隙）
当量孔径	>0.02 mm	0.02～0.002 mm	<0.002 mm
土壤水吸力	<15 kPa	15～150 kPa	>150 kPa

续表 3-11

孔隙类型	通气孔隙	毛管孔隙	无效孔隙(非活性孔隙)
主要作用	起通气透水作用,常被空气占据	水分受毛管力影响,能够移动,可被植物吸收利用,起到保水蓄水作用	水分移动困难,不能被植物吸收利用,空气及根系不能进入

土壤孔隙度的变幅一般在30%～60%,适宜植物生长发育的土壤孔隙度指标是:耕层的总孔隙度为50%～56%,通气孔隙度在10%以上,如能达到15%～20%更好。土体内孔隙垂直分布为"上虚下实",耕层上部(0～15 cm)的总孔隙度为55%左右,通气孔隙度为10%～15%;下部(15～30 cm)的总孔隙度为50%左右,通气孔隙度为10%左右。"上虚"有利于通气透水和种子发芽、破土;"下实"则有利于保水和扎稳根系。

4.操作过程

(1)测定原理 土壤容重采用质量法进行测定。先称出已知容积的环刀重,然后带环刀到田间取原状土,立即称重并测定其自然含水量,通过前后差值换算出环刀内的烘干土重,求得容重值,再利用公式计算出土壤孔隙度。

(2)孔隙度测定 选取农田、果园、菜园、林地、绿化地等,并按表3-12操作。

表3-12 土壤孔隙度测定及改善

工作环节	操作规程	质量要求
称空重	检查每组环刀与上下盖和环刀托是否配套(图3-2),用纸擦净环刀,加盖称重,记下编号;同时称重干净的铝盒,编号记录,然后带上环刀、铝盒、削土刀、小铲或铁锹到田间取样	称量精确到0.1 g;要注意环刀与上下盖、铝盒及盖要保持对应
选点	若测耕作层土壤容重,则在待测田间选择代表性地点,除去地表杂物,用铁锹铲平地表,去掉约1 cm的最表层土壤,然后取土,重复3次。 若测土壤剖面不同层次的容重,则需先在田间选择挖掘土壤剖面的位置,然后挖掘土壤剖面,按剖面层次,自下而上分层采样,每层重复3次	取样有代表性
取土	将环刀托放在已知质量的环刀上,套在环刀无刃口一端,将环刀刃口向下垂直压入土中,至环刀筒中充满土样为止。环刀压入时要平稳,用力要一致	要用力均匀,使环刀入土;在用小刀削平土面时,应注意防止切割过分或切割不足;多点取土时取土深度应保持一致
称重	用小铁铲或铁锹挖去环刀周围的土壤,在环刀下方切断,取出已装满土的环刀,使环刀两端均留有多余的土壤。用小刀削去环刀两端多余的土壤,使两端的土面恰与刃口平齐,并擦净环刀外面的土,立即称重。若带回室内称重,则应在田间立即将环刀两端加盖,以免水分蒸发影响称重	若不能立即称重,带回室内称重,则应立即将环刀两端加盖,以免水分蒸发影响称重

续表 3-12

工作环节	操作规程	质量要求
测定土壤含水量	在田间环刀取样的同时，在同层采样处，用铝盒采样(20 g 左右)或者直接从称重后的环刀筒中取土(约 20 g)测定土壤含水量	酒精燃烧法测定土壤含水量
土壤容重计算	按下式计算土壤容重： $土壤容重=\frac{(M-G)\times 100}{V(100+W)}$ 式中：M 为环刀+湿土重，g；G 为环刀重，g；V 为环刀容积，cm^3；W 为土壤含水量，%	此法重复测定不少于三次，允许绝对误差<0.03 g/cm^3，取算术平均值
土壤孔隙度计算	土壤孔隙度(P_1，%)、土壤毛管孔隙度(P_2，%)、土壤非毛管孔隙度(P_3，%)计算方法如下： $P_1=(1-\frac{土壤容重}{土壤密度})\times 100\%$ $P_2=土壤田间持水量(水重)\times 土壤容重$ $P_3=(P_1-P_2)\times 100\%$ 式中，土壤密度采用 2.65 g/cm^3	
孔性改善	(1)防止土壤压实。应在宜耕的水分条件下进行田间作业；应尽量实行农机具联合作业，降低作业成本；尽量采用免耕或少耕，减少农机具压实。 (2)合理轮作和增施有机肥。实行粮肥轮作、水旱轮作，增施有机肥料等措施。 (3)合理耕作。深耕结合施用有机肥料，再配合耙耱、中耕、镇压等措施。 (4)工程措施。采用工程措施改造或改良铁磐、砂姜、漏沙、黏土等障碍土层	(1)土壤压实是指在播种、田间管理和收获等作业过程中，因农机具的碾压和人、畜践踏而造成的土壤由松变紧的现象。 (2)改善土壤孔隙状况，提高土壤通气透水性能。 (3)通过合理耕作，使过紧或过松土壤达到适宜的质地范围。 (4)消除障碍层，创造一个深厚疏松的根系发育土层，对果树、园林树木等深根植物尤为重要

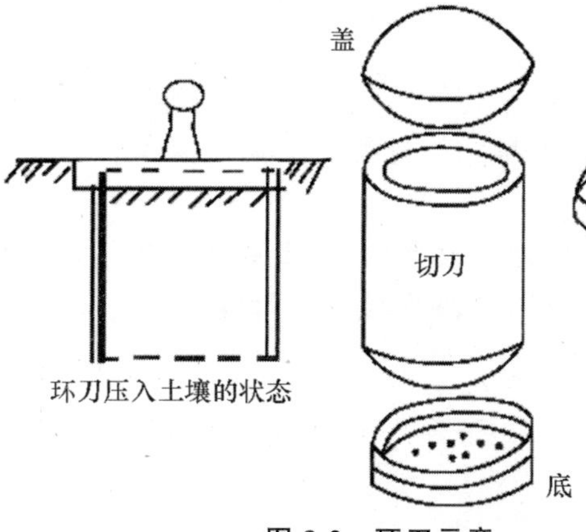

图 3-2　环刀示意

5.问题处理

活动结束后,完成以下问题:

(1)可将各次称重结果记录入表3-13中,便于计算。

表3-13　土壤容重测定记录表

土样编号	环刀重/g	(环刀+湿土)重/g	铝盒重/g	(铝盒+湿土)重/g	(铝盒+干土)重/g	含水量/%	容重/(g/cm^3)	孔隙度/%

(2)测定土壤容重时,为什么要保持土样的自然状态?

(3)测定中应注意哪些问题?

(4)你测定的土样的容重及孔隙状况是否符合良好的农业土壤的要求?

活动三　土壤结构观察与改善

1.活动目标

知识目标:了解土壤结构有关概念,熟悉常见土壤结构体及其对土壤肥力的影响。

能力目标:根据当地土壤情况,能正确判断各类土壤结构体,并提出改良不良结构体的建议。

思政素养:通过参观具有不良土壤结构的低产田改良活动,了解当地人民群众改良低产田的成效,学习他们艰苦奋斗的高尚品质。

2.活动准备

全班分为若干个项目小组,查阅有关土壤肥料书籍、杂志、网站,走访当地有经验的农户和专家,总结当地土壤不良结构体有哪些特征。

3.相关知识

土壤结构包含土壤结构体和土壤结构性。土壤结构体是指土壤颗粒(单粒)团聚形成的具有不同形状和大小的土团和土块。土壤结构性是指土壤结构体的类型、数量、稳定性以及土壤的孔隙状况。

(1)土壤结构体　按照土壤结构体的大小、形状和发育程度可分为团粒结构、粒状结构、块状结构、核状结构、柱状结构、棱柱状结构、片状结构等,各种结构体的特点如图3-3和表3-14所示。

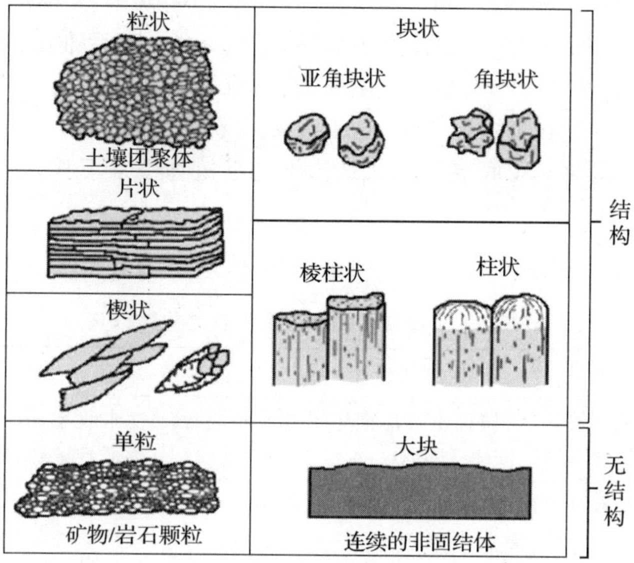

图 3-3　土壤结构体的主要类型

表 3-14　各种土壤结构体的特点

名称	俗称	产生条件	特点
团粒结构	蚂蚁蛋、米糁子	有机质含量较高、质地适中的土壤	近似球形且直径在 0.25～10 mm 的土壤结构体；是农业生产中最理想的结构体
粒状结构		有机质含量不高、质地偏沙的耕作层土壤	土粒团聚成棱角比较明显、水稳性与机械稳定性较差、大小与团粒结构相似的土团
块状结构	坷垃	有机质含量较低或黏重的土壤	结构体呈不规则的块状，长、宽、高大致相近，边、面不明显，结构体内部较紧实
核状结构	蒜瓣土	黏土，缺乏有机质的心土层和底土层	外形与块状结构体相似，体积较小，但棱角、边、面比较明显，内部紧实坚硬，泡水不散
柱状结构	立土	水田土壤、典型碱土、黄土母质的下层	结构体呈立柱状，纵轴大于横轴，比较紧实，孔隙少
棱柱状结构		质地黏重而水分又经常变化的下层土壤	外形与柱状结构体很相似，但棱角、边、面比较明显，结构体表面覆盖胶膜物质
片状结构	卧土	表层遇雨或灌溉后出现的结皮、犁底层	结构体形状扁平、成层排列，呈片状或板状
楔状结构	透镜状结构	潮湿的土壤、淤泥壤土，以及与霜冻的影响有关	大致呈椭圆形，带有以锐角终止的互锁透镜，中间最厚，边缘最薄

（2）土壤结构与土壤肥力　团粒结构是良好的土壤结构体，具体表现在：土壤孔隙度适中，持水孔隙与通气孔隙并存，并有适当的数量和比例，使土壤中的固相、液相和气相处于协调状态，因此，团粒结构多是土壤肥沃的标志之一。

块状结构体间孔隙过大，不利于蓄水保水，易透风跑墒，出苗难；出苗后易出现“吊根”现象，影响水肥吸收；耕层下部的“暗坷垃”内部紧实，会影响扎根，使根系发育不良。

核状结构具有较强的水稳性和力稳性，但因其内部紧实、小孔隙多、大小孔隙不协调，耕性不好。

柱状、棱柱状结构内部甚为坚硬，孔隙小而多，通气不良，根系难以深入；结构体间于干旱时收缩，形成较大的垂直裂缝，成为水肥下渗通道，造成跑水跑肥。

片状、楔状结构多在土壤表层形成板结，不仅影响耕作与播种质量，而且影响土壤与大气的气体交换，阻碍水分运动。犁底层的片状结构不利于植物根系下扎，限制养分吸收。

4.操作过程

通过收集不同结构体或利用教师提供的结构体样本，按表3-15操作。

表3-15 土壤结构体观察及不良结构体改良

工作环节	操作规程	质量要求
土壤结构体收集	通过土壤耕作、挖掘土壤剖面等措施收集当地不同类型的结构体样本	要求收集的土壤结构体要具有典型特征，样本完好，便于观察
观察土壤结构体样本	根据教师提供的土壤结构体样本，可将土壤加水湿润，用手测法来鉴别，并记录所观察样本的特点，并正确判断土壤结构体类型	具体标准参见表3-16、表3-17
土壤结构体状况调查	通过土壤耕作、挖掘土壤剖面等措施调查当地土壤不良结构体状况	主要说明当地土壤中团粒结构存在情况，以及主要有哪些不良结构体
不良土壤结构的改良	(1)增施有机肥料。有机质是良好的土壤胶结剂，是团粒结构形成不可缺少的物质，我国土壤有机质含量低，缺少水稳性团粒结构，因此需增施优质有机肥来增加土壤有机质，促进土壤团粒结构的形成。 (2)调节土壤酸碱度。对酸性土壤施用石灰、碱性土壤施用石膏，在调节土壤酸碱度的同时，增加钙离子，促进良好结构的形成。 (3)合理耕作。适时深耕、耙耱、镇压、中耕等，有利于破除土壤板结，破碎块状与核状结构。 (4)合理轮作。一是用地植物和养地植物轮作；二是每隔3～4年就要更换一次植物品种或植物类型。 (5)合理灌溉、晒垡、冻垡。有条件的地区采用沟灌、喷灌或地下灌溉为好；在休闲季节采用晒垡或冻垡。 (6)施用土壤结构改良剂。用量一般只占耕层土重的0.01%～0.1%，喷施或干粉撒施，然后耙耱均匀即可，创造的团粒结构能保持2～3年之久	(1)有机肥一定要腐熟后施用，施用量应根据种植的植物和当地土壤肥力高低确定。 (2)施用石灰或石膏时，要根据土壤酸碱性和种植植物类型确定合理用量，并尽量与土壤充分混合。 (3)耕作要注意结合土壤墒情和植物生长情况适时进行，达到疏松土壤、加厚耕作层、增加非水稳性团粒结构体的目的。 (4)适时采取粮食植物与绿肥或牧草植物轮作，避免长期连作，促进土壤养分平衡，减轻植物病害。 (5)一是避免大水漫灌；二是灌后要及时疏松表土，防止板结。 (6)使用土壤结构改良剂时要求土壤含水量在田间持水量的70%～90%，效果最好
总结当地土壤结构改良经验	根据上述观察情况，总结当地土壤结构状况，并撰写一份调查报告	报告内容简洁、事实确凿、论据充足、建议合理

表 3-16 常见土壤结构类型手测法判别标准

结构类型		结构形状		直径(厚度)/cm	结构名称
团聚体类型	立方体状	裂面和棱角不明显	形状不规则,表面不平整	>100 50～100 5～50	大块状 块状 碎块状
		裂面和棱角明显	形状较规则,表面较平整,棱角尖锐	>5	核状
			近圆形,表面粗糙或平滑	<5	粒状
		形状浑圆,表面平滑,大小均匀		1～10	团粒状
	柱状	裂面和棱角不明显	表面不平滑,棱角浑圆,形状不规则	30～50 >50	拟柱状 大拟柱状
		裂面和棱角明显	形状规则,侧面光滑,顶底面平行	30～50 >50	柱状 大柱状
			形状规则,表面平滑,棱角尖锐	30～50 >50	棱柱状 大棱柱状
	板状	呈水平层状		>5 <5	楔状 片状
	微团聚体			<0.25	微团聚体
单粒类型		土粒不胶结,呈分散单粒状			单粒

表 3-17 第三次全国土壤普查土壤结构描述

形状大小(指结构单元最小维度的尺度)			
描述	大小/mm	描述	大小/mm
片状、鳞片状		角块状、团块状、核状	
很薄	<1	很小	<5
薄	1～2	小	5～10
中	2～5	中	10～20
厚	5～10	大	20～50
很厚	≥10	很大	≥50
柱状、棱柱状、楔状		粒状、团粒状	
很小	<10	很小	<1
小	10～20	小	1～2
中	20～50	中	2～5
大	50～100	大	5～10
很大	≥100	很大	≥10
发育程度描述			
很弱	保留大部分母质特性		
弱	保留部分母质特性		
中	保留少量母质特性		
强	基本没有母质特性		
很强	没有母质特性		

5.问题处理

活动结束后,完成以下问题:

(1)观察土壤结构时,能否强行用力将大土块分开?

(2)如何促使土壤形成较多的团粒结构体?

活动四　土壤耕性判断与改善

1.活动目标

知识目标:了解土壤物理机械性有关概念,熟悉常见土壤耕性类型。

能力目标:根据当地土壤类型和植物种植情况,能正确判断土壤耕性好坏。

思政素养:通过总结当地人民群众对土壤耕性的形象描述,学习人民群众的智慧。

2.活动准备

全班分为若干个项目小组,查阅有关土壤肥料的书籍、杂志、网站,走访当地有经验的农户和专家,总结当地土壤耕性判断的经验。

3.相关知识

土壤耕性是指耕作时土壤所表现的各种性质以及耕作后土壤的生产性能。它是土壤各种理化性质,特别是物理机械性在耕作时的表现;同时反映土壤的熟化程度。

(1)土壤物理机械性　包括土壤的黏结性、黏着性、可塑性、胀缩性等。土壤黏结性是指土壤颗粒之间由于黏结力作用而相互黏结在一起的性能。土壤的黏着性是指在一定含水量范围内,土壤黏附于外物上的性能。土壤可塑性是指在一定含水量范围内可以被塑造成任意形状,并且在干燥或者外力解除后仍能保持所获得形状的能力。土壤胀缩性是指土壤含水量发生变化而引起的或者在含有水分的情况下因温度变化而发生的土壤体积变化。

土壤水分含量影响土壤物理机械性,从而影响土壤耕性(表 3-18)。土壤质地与耕性的关系也很密切,黏重的土壤其黏结性、黏着性和可塑性都比较强,干时表现极强的黏结性,水分稍多时又表现黏着性和可塑性,因而宜耕范围窄。

表 3-18　土壤湿度与耕性的关系

土壤湿度	干燥	湿润	潮湿	泞湿	多水	极多水
土壤状况	坚硬	酥软	可塑	黏韧	浓浆	稀浆
土壤特征	固态,黏结性强,无黏着性和可塑性	疏松,黏结性弱,无黏着性和可塑性,易散碎	有可塑性,黏结性和黏着性极弱	有可塑性和黏着性,黏结性极弱	可塑性消失,但有黏着性,黏结性极弱	易流动,可塑性、黏结性、黏着性消失
耕作阻力	大	小	大	大	大	小
耕作质量	成硬土块,不散碎	易散碎,成小土块	不散碎,成大土块	不散碎,成大土块,易黏农具	泥泞状的浓泥浆	成稀泥浆
宜耕性	不宜	宜旱地耕作	不宜	不宜	不宜	宜水田耕作

(2)土壤耕性的类型　生产实践中,常把旱作土壤的耕性称为“口性”,一般分为五级:

一是口紧。土壤质地多为中壤至重壤,较坚实,黏性强,耕作费劲,干耕起块,湿时成泥条,宜耕期很短。一般只有 3～7 d。

二是口松。土壤质地为轻壤偏沙，易耕作，耕时不沾农具，耕后松而不结块，宜耕期为 20 d 左右。

三是口合适。土壤质地为轻壤偏中，是耕作上最理想的口性，干湿都好耕，耕后土活而不松散，也不起块，耕作省劲，宜耕期为 10～15 d。

四是口太紧。土壤质地为黏土，土壤坚实，耕作困难，耕作后成大块，耕作质量极差。宜耕期极短，只有 2～3 d。

五是口太松。土壤质地为沙壤偏沙至沙土，耕时很省劲，耕后不起块，但过于松散以至不能起垄。宜耕期极长。

(3)土壤耕性的判断 群众在长期实践中衡量土壤耕性好坏的标准如下：

第一，耕作的难易程度。指耕作时土壤对农机具产生的阻力大小，它影响耕作作业和能源的消耗。群众常将省工省劲易耕的土壤称为“土轻”“口松”“绵软”，而将费工费劲难耕的土壤称为“土重”“口紧”“僵硬”。

第二，耕作质量的好坏。指耕作后所表现的状况及其对植物的影响。耕性良好的土壤，耕作时阻力小，耕后疏松、细碎、平整，有利于植物的出苗和根系的发育；耕性不良的土壤，耕作费力，耕后起大坷垃，不易破碎，会影响播种质量、种子发芽和根系生长。

第三，宜耕期的长短。宜耕期是指保持适宜耕作的土壤含水量的时间。如沙质土宜耕期长，表现为“干好耕，湿好耕，不干不湿更好耕”；黏质土则相反，宜耕期很短，表现为“早上软，晌午硬，到了下午锄不动”。

4.操作过程

选取即将耕作的地块，进行耕性判断，完成表 3-19 操作。

表 3-19 土壤耕性判断及改良

工作环节	操作规程	质量要求
选取需要耕作田块	根据植物种植规划和播种或移栽时间，提前选取地块	一般要求耕作前一周进行判断
耕作阻力判断	选取即将耕翻的地块，进行试犁，并判断耕作难易程度	主要根据土壤质地、土壤墒情进行综合判断，要求易耕作、阻力小
耕作质量评判	根据试犁后土垡松散情况、坷垃大小进行综合判断	耕后土垡松散容易耙碎、不成坷垃、土壤疏松、孔隙状况良好
宜耕期的判断	(1)眼看。观察雨后和灌溉后地表干湿状况。 (2)犁试。观察“犁花”。 (3)手感。扒开二指表土，取一把土能握紧成团，在 1 m 高处松手，观察落地情况	(1)地表呈“喜鹊斑”，即外白里湿，黑白相间，出现“鸡爪裂纹”或“麻丝裂纹”，半干半湿状态是土壤的宜耕状态。 (2)用犁试耕后，土垡能被抛撒而不黏附农具，即出现“犁花”时，即为宜耕状态。 (3)落地后散碎成小土块的，表示土壤处于宜耕状态，应及时耕作

续表 3-19

工作环节	操作规程	质量要求
综合评判当地土壤耕性好坏	根据对当地土壤耕性的观察判断情况，评判土壤耕性好坏	按土壤耕性观察与判断的质量要求进行判断
土壤耕性改良	(1)掌握耕作时土壤适宜含水量。通过眼看、犁试和手感三种方法使土壤含水量保持在宜耕期范围内。 (2)增施有机肥料。施有机肥料可提高土壤有机质含量，降低黏质土壤的黏结性、黏着性，增强沙质土的黏结性、黏着性。 (3)改良土壤质地。黏土掺沙，可减弱黏重土壤的黏结性、黏着性、可塑性和起浆性；沙土掺黏，可增加土壤的黏结性，并减弱土壤的淀浆板结性。 (4)创造良好的土壤结构。通过增施有机肥料、调节土壤酸碱度、合理耕作、合理轮作、合理灌溉晒垡冻垡、施用土壤结构改良剂等措施，培育团粒结构	(1)宜耕期的判断。 (2)施用有机肥一定要腐熟后施用，施用量应根据种植的植物和当地土壤肥力高低进行确定。 (3)改良后使土壤质地达到三泥七沙或四泥六沙的壤土质地范围。 (4)符合土壤结构改良的质量要求
总结当地土壤耕性改良经验	根据上述观察情况，总结当地土壤耕性改良状况，并撰写一份调查报告	报告内容简洁、事实确凿、论据充足、建议合理

5.问题处理

活动结束后，完成以下问题：

(1)当地土壤耕性如何？

(2)如何因地制宜改善土壤耕性？

活动五　土壤吸收性能判断与调节

1.活动目标

知识目标：了解土壤胶体的组成、类型及特点，熟悉土壤吸收性类型及阳离子交换作用。

能力目标：根据当地土壤类型和植物种植情况，结合胶体状况，提出土壤吸收性能调节的方案。

思政素养：通过了解当地建设高产农田活动，学习当地农业科技人员的优秀品质。

2.活动准备

全班分为若干个项目小组，查阅有关土壤肥料的书籍、杂志、网站，走访当地有经验的农户和专家，总结当地土壤吸收性能调节的经验。

3.相关知识

(1)土壤胶体　土壤胶体是指粒径在 1～1 000 nm(长、宽、高三个方向上至少有一个方向在此范围内)的土壤颗粒。土壤胶体分散系统是由胶体微粒(分散相)和微粒间溶液(分散介质）两大部分构成的，构造上从内到外可分为微粒核、决定电位离子层、补偿离子层三部分（图3-4）。

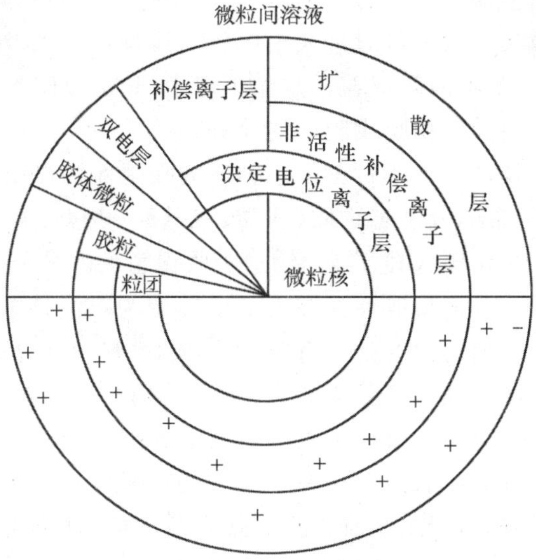

图 3-4　土壤胶体结构示意图

微粒核（胶核）是土壤胶体微粒的核心部分，由黏粒矿物或腐殖质等物质组成。根据微粒核的物质种类可以对土壤胶体分类。在微粒核表面由于分子的解离而产生带有某种电荷的离子，该离子层称为决定电位离子层。决定电位离子层必然要吸附分散介质中与其电荷相反的离子以达到平衡，该电荷相反的离子层称为补偿离子层。

①土壤胶体种类。根据微粒核的组成物质不同，可以将土壤胶体分为三大类：一是无机胶体，微粒核是无机物质，主要包括成分复杂的各种次生铝硅酸盐黏粒矿物和成分简单的氧化物及含水氧化物。二是有机胶体，微粒核是有机质。三是有机-无机复合胶体，微粒核是土壤矿物质和有机质的结合体。

②土壤胶体特性。土壤胶体是土壤固相中最活跃的部分，对土壤理化性质和肥力状况有巨大影响，这是因为土壤胶体具有以下 3 个主要特性：

第一，有巨大的比表面和表面能。土壤胶体的比表面越大，表面能就越大，对分子和离子产生较大的吸引力，吸附能力就越强。因此质地越黏重的土壤，其保肥能力越强，反之，越弱。

第二，带有一定的电荷。根据电荷产生机制不同，可将土壤胶体产生电荷分为永久电荷和可变电荷。

第三，具有一定的凝聚性和分散性。土壤胶体有两种存在状态，一种是胶体微粒分散在介质中形成胶体溶液，称为溶胶；另一种是胶体微粒相互团聚在一起而呈絮状沉淀，称为凝胶。胶体的两种存在状态在一定条件下可以进行转化。

生产上采取耕翻晒垡、烤田、冻垡等措施，就是提高土壤溶液中的电解质浓度，促使土壤胶体的凝聚和团粒结构的形成。当土壤胶体处于凝胶状态时，有助于团粒结构的形成；而当土壤胶体处于溶胶状态时不利于良好结构的形成，通气透水性能受到影响。

(2)土壤吸收性能　土壤吸收性能是指土壤能吸收和保持土壤溶液中的分子、离子、悬浮颗粒、气体(CO_2、O_2)以及微生物的能力。土壤吸收性能是土壤的重要性质之一,能保存施入土壤中的肥料,并持续地供应植物需要;同时影响土壤的酸碱度、缓冲能力,以及土壤的结构性、耕性、水热状况。根据土壤对不同形态物质吸收、保持方式的不同,可分为5种类型:

①机械吸收。机械吸收是指土壤对进入土体的固体颗粒的机械阻留作用。土壤是个多孔体系,可将不溶于水中的一些物质阻留在一定的土层中,起到保肥作用。这些物质中所含的养分在一定条件下可以转化为供植物吸收利用的养分。

②物理吸收。物理吸收是指土壤对分子态物质的吸附保持作用。土壤利用分子引力吸附一些分子态物质,如有机肥中的分子态物质(尿酸、氨基酸、醇类、生物碱)、铵态氮肥中的氨气分子(NH_3)及大气中的二氧化碳(CO_2)等。物理吸收保蓄的养分能被植物吸收利用。

③化学吸收。化学吸收是指易溶性盐在土壤中转变为难溶性盐而保存在土壤中的过程,也称为化学固定。如把过磷酸钙肥料施入石灰性土壤中,有一部分磷酸二氢钙会与土壤中的钙离子发生反应,生成难溶性的磷酸钙、磷酸八钙等物质,不能被植物吸收利用。

④离子交换吸收。离子交换吸收是指土壤溶液中的阳离子或阴离子与土壤胶粒表面扩散层中的阳离子或阴离子进行交换后而保存在土壤中的过程,又称物理化学吸收。这种吸收作用是土壤胶体所特有的性质,由于土壤胶粒主要带有负电荷,因此绝大部分土壤发生的是阳离子交换吸收。离子交换吸收是土壤保肥供肥最重要的方式。

⑤生物吸收。生物吸收是指土壤中的微生物、植物根系以及一些小动物可将土壤中的速效养分吸收保留在体内的过程。生物吸收的养分可以通过其残体重新回到土壤中,且经土壤微生物的作用,转化为植物可吸收利用的养分。因此这部分养分是缓效性的。

(3)土壤阳离子交换作用 阳离子交换作用是指土壤溶液中的阳离子与土壤胶粒表面扩散层中的阳离子进行交换而保存在土壤中的作用。土壤中常见的交换性阳离子有Fe^{3+}、Al^{3+}、H^+、Ca^{2+}、Mg^{2+}、NH_4^+、K^+、Na^+等。阳离子交换作用的特点:

①可逆反应。吸附过程和解吸过程同时进行,一般能迅速达到动态平衡,但是当溶液的浓度和组成发生改变时,则会打破这种平衡,继续发生吸附和解吸,建立新的平衡。例如,土壤溶液增加了Fe^{3+},Fe^{3+}会进入土壤胶粒的扩散层中,而土壤胶粒扩散层中的其他离子则被代换下来。

②等电荷交换。即以相等电荷量进行交换,例如,1 mol K^+可以交换1 mol的NH_4^+或Na^+,1 mol的Ca^{2+}可以交换2 mol的NH_4^+或Na^+。

③反应迅速。离子交换反应迅速,在土壤水分能使补偿离子充分水化的情况下,一般几秒即可完成;若水分短缺到不能使补偿离子充分水化的程度,则交换反应较慢。

④受质量作用定律支配。化合价较低、交换力弱的离子,若提高其在土壤溶液中的离子浓度,也可交换出化合价高、交换力强的离子。

各种阳离子交换能力的大小顺序为:$Fe^{3+} > Al^{3+} > H^+ > Ca^{2+} > Mg^{2+} > NH_4^+ > K^+ > Na^+$,这个顺序与阳离子对胶体的凝聚力顺序是一致的。

阳离子交换量是指在中性条件下,每千克烘干土所吸附的全部交换性阳离子的厘摩尔数,单位为cmol/kg。阳离子交换量的大小反映了土壤保肥能力的大小,阳离子交换量越大,则土壤的保肥性越强。一般认为,阳离子交换量大于20 cmol/kg,土壤保肥能力强;10~20 cmol/kg,保肥能力中等;小于10 cmol/kg,保肥能力弱。

4. 操作过程

根据当地土壤的吸收性能状况，采取适当措施进行调节，以适应当地农作物、果树、蔬菜、花卉、林木等植物生长（表 3-20）。

表 3-20 土壤吸收性能调节

工作环节	操作规程	质量要求
改良土壤质地	通过增施有机肥料、黏土掺沙或沙土掺黏，来改良土壤质地，增加土壤的吸收性能	改良后使土壤质地达到三泥七沙或四泥六沙的壤土质地范围
增施有机肥料	增施有机肥料、秸秆还田、种植绿肥等，提高土壤有机质含量，改善土壤保肥性能和供肥性能	有机肥料一定要腐熟后施用，施用量应根据种植的植物和当地土壤肥力高低确定
合理施用化肥	在施用有机肥料基础上，合理施用化肥，可以起到"以无机（化肥）促有机（增加有机胶体）"作用，改善土壤供肥性能	化肥施用量一定要适当，防止过多施用，造成土壤污染和植物徒长
合理耕作	适当的翻耕和中耕可改善土壤通气性和蓄水能力，促进微生物活动，加速有机质及养分转化，增加有效养分	中耕、镇压、垄作等要依据种植植物情况适时进行
合理灌排	施肥结合灌水，可充分发挥肥效；及时排出多余水分，以透气增温，促进养分转化	要注意灌水时期和灌水量；排水要提早进行
调节交换性阳离子组成	酸性土壤施用石灰或草木灰，碱性土壤施用石膏，均可增加钙离子浓度，增强离子交换性能	施用石灰或石膏时，要根据土壤酸碱性和种植植物类型确定合理用量，并尽量与土壤充分混合
总结当地土壤吸收性能调控经验	根据上述调控情况，总结当地土壤吸收性能调控经验，并撰写一份调查报告	报告内容简洁、事实确凿、论据充足、建议合理

5. 问题处理

活动结束后，完成以下问题：

（1）当地土壤吸收性能如何？

（2）如何因地制宜调节当地土壤吸收性能？

活动六 土壤酸碱性测定与调节

1. 活动目标

知识目标：了解土壤酸碱性与缓冲性，熟悉土壤酸碱性对土壤肥力与植物生长的影响。

能力目标：能用电位法测定或用混合指示剂法快速判断农田、菜园、果园、绿化地、林地、草地等土壤 pH，为合理利用土壤提供依据。

思政素养：通过总结我国“南酸北碱”差异及适宜种植的作物类型，学习人民群众的因土适种的智慧。

2.活动准备

将全班按2人一组分为若干组，每组准备以下材料和用具：酸度计（附甘汞电极、玻璃电极或复合电极）、高型烧杯（50 mL）、量筒（25 mL）、天平（感量0.1 g）、洗瓶、磁力搅拌器、白瓷比色板、玛瑙研钵等。

3.相关知识

(1)土壤酸碱性 土壤酸性或碱性通常用土壤溶液的pH来表示。土壤的pH表示土壤溶液中H^+浓度的负对数值，即$pH=-lg[H^+]$。一般我国土壤的pH变动范围在4～9，多数土壤的pH在4.5～8.5，极少有低于4或高于10的。“南酸北碱”概括了我国土壤酸碱性的地区性差异。

①土壤酸性指标。土壤中H^+的存在形式有两种：一是存在于土壤溶液中，二是吸附于胶粒表面。因此，土壤酸度可分为两种基本类型：

一是活性酸度。活性酸度是由土壤溶液中氢离子浓度直接反映出来的酸度，又称有效酸度，通常用pH表示。表3-21中土壤的酸碱度分级即是指活性酸度。

表3-21 土壤的酸碱度分级

土壤pH	<4.5	4.5～5.5	5.5～6.5	6.5～7.5	7.5～8.5	8.5～9.5	>9.5
酸碱度级别	极强酸性	强酸性	酸性	中性	碱性	强碱性	极强碱性

二是潜性酸度。潜性酸度是指致酸离子（H^+、Al^{3+}）被交换到土壤溶液后引起的土壤酸度，通常用每1 kg烘干土中氢、铝离子的厘摩尔数表示，单位为cmol/kg。根据测定潜性酸度时所用浸提液的不同，将潜性酸度又分为交换性酸度和水解性酸度。用过量的中性盐溶液浸提土壤而使胶粒表面吸附的H^+、Al^{3+}进入土壤溶液后所表现的酸度称为交换性酸度；而用弱酸强碱的盐类溶液浸提土壤而使胶粒吸附的H^+、Al^{3+}进入土壤溶液所产生的酸度称为水解性酸度。二者常被用作改良酸性土壤时计算石灰施用量的参考依据。

②土壤碱性指标。土壤碱性除用pH表示外，还可用总碱度和碱化度两个指标表示。我国北方多数土壤pH为7.5～8.5，而含有碳酸钠、碳酸氢钠的土壤，pH常在8.5以上。

总碱度是指土壤溶液中碳酸根和重碳酸根离子的总浓度，常用中和滴定法测定，单位为cmol/L。

通常把土壤中交换性钠离子的数量占交换性阳离子数量的百分比称为土壤碱化度。一般碱化度为5%～10%为轻度碱化土壤；10%～15%为中度碱化土壤；15%～20%为强度碱化土壤；>20%为碱土。

③土壤酸碱性与植物生长。不同植物对土壤酸碱性有一定的适应范围（表3-22），如茶树适合在酸性土壤上生长，棉花、苜蓿则耐碱性较强，但一般植物在弱酸、弱碱和中性土壤上（pH为6.0～8.0）都能正常生长。

表 3-22 主要栽培植物适宜的 pH 范围

适宜 pH 范围	栽培植物
7.0～8.0	苜蓿、田菁、大豆、甜菜、芦笋、莴苣、花椰菜、大麦
6.5～7.5	棉花、小麦、大麦、大豆、苹果、玉米、蚕豆、豌豆、甘蓝
6.0～7.0	蚕豆、豌豆、甜菜、甘蔗、桑树、桃树、玉米、苹果、苕子、水稻
5.5～6.5	水稻、油菜、花生、紫云英、柑橘、芝麻、小米、萝卜菜、黑麦
5.0～6.0	茶树、马铃薯、荞麦、西瓜、烟草、亚麻、草莓、杜鹃

④土壤酸碱性与土壤肥力。土壤中氮、磷、钾、钙、镁等养分的有效性受土壤酸碱性变化的影响很大，微生物对土壤酸碱性有一定的适应范围，土壤酸碱性对土壤理化性质也有影响。土壤酸碱度与土壤肥力的关系见表 3-23。

表 3-23 土壤酸碱度与土壤肥力的关系

<table>
<tr><td colspan="2">土壤酸碱度</td><td>极强酸性</td><td>强酸性</td><td>酸性</td><td>中性</td><td>碱性</td><td>强碱性</td><td>极强碱性</td></tr>
<tr><td colspan="2">pH</td><td>3.0　4.0</td><td>4.5　5.0</td><td>5.5　6.0</td><td>6.5　7.0</td><td>7.5　8.0</td><td>8.5　9.0</td><td>9.5 ⟶</td></tr>
<tr><td colspan="2">主要分布区域或土壤</td><td>华南沿海的泛酸田</td><td colspan="2">华南黄壤、红壤</td><td>长江中下游水稻土</td><td>西北和北方石灰性土壤</td><td colspan="2">含碳酸钙的碱土</td></tr>
<tr><td rowspan="10">肥力状况</td><td>土壤物理性质</td><td colspan="4">越偏酸，因钙、镁离子减少，氢离子增多，土壤结构易破坏，妨碍土壤中水分和空气的调节</td><td colspan="3">盐碱土中由于钠离子的作用，土粒分散，湿时泥泞不透水，干时坚硬</td></tr>
<tr><td>微生物</td><td colspan="3">越偏酸，有益细菌活动越弱，而真菌的活动越强</td><td colspan="2">适宜于有益细菌的生长</td><td colspan="2">越偏碱有益细菌活动越弱</td></tr>
<tr><td>氮素</td><td colspan="3">硝态氮的有效性降低</td><td colspan="2">氨化作用、硝化作用、固氮作用最为适宜，氮的有效性高</td><td colspan="2">越偏碱氮的有效性越低</td></tr>
<tr><td>磷素</td><td colspan="3">越偏酸磷易被固定，磷的有效性降低</td><td>磷的有效性最高</td><td colspan="2">磷的有效性降低</td><td>磷的有效性增加</td></tr>
<tr><td>钾、钙、镁</td><td colspan="3">越偏酸有效性含量越低</td><td colspan="2">有效性含量随 pH 增加而增加</td><td colspan="2">钙、镁的有效性降低</td></tr>
<tr><td>铁</td><td colspan="3">越偏酸铁越多，植物易受害</td><td colspan="4">越偏碱有效性越低</td></tr>
<tr><td>硼、锰、铜、锌</td><td colspan="3">越偏酸有效性越高</td><td colspan="4">越偏碱有效性越低（但 pH 8.5 以上，硼的有效性最高）</td></tr>
<tr><td>钼</td><td colspan="3">越偏酸有效性越低</td><td colspan="4">越偏碱有效性越高</td></tr>
<tr><td>有毒物质</td><td colspan="3">越偏酸铝离子、有机酸等有毒物质越多</td><td colspan="4">盐土中过多的可溶性盐类以及碱土中的碳酸钠对植物有毒害作用</td></tr>
<tr><td colspan="2" style="display:none"></td></tr>
<tr><td colspan="2">指示植物</td><td colspan="3">酸性土：铁芒萁、杜鹃、石松等</td><td colspan="4">钙质土：蜈蚣草、铁线蕨、南天竹等
盐土：虾须草、盐蒿、柽柳等
碱土：剪刀股、碱蓬、寸草等</td></tr>
<tr><td colspan="2">化肥施用</td><td colspan="3">宜施用碱性肥料</td><td colspan="4">宜施用酸性肥料</td></tr>
</table>

(2)土壤缓冲性 土壤缓冲性是指土壤抵抗外来物质引起酸碱性剧烈变化的能力。由于土壤具有缓冲性，可使土壤的酸碱度经常保持在一定范围内，避免因施肥、根系呼吸、微生物活动、有机质分解等引起土壤 pH 的显著变化。

土壤缓冲性的机理为：一是交换性阳离子的缓冲作用。当酸碱物质进入土壤后，可与土壤中交换性阳离子进行交换，生成水和中性盐。二是弱酸及其盐类的缓冲作用。土壤中大量存在碳酸、磷酸、硅酸、腐殖酸及其盐类，它们构成一个良好的缓冲体系，可以起到缓冲酸或碱的作用。三是两性物质的缓冲作用。土壤中的蛋白质、氨基酸、胡敏酸等都是两性物质，既能中和酸又能中和碱，因此具有一定的缓冲作用。

土壤缓冲性在生产上有重要作用。土壤 pH 保持相对稳定，有利于维持适宜植物生活的环境。生产上采用增施有机肥料及在沙土中掺入塘泥等方法，以提高土壤的缓冲能力。

4.操作过程

(1)电位法

①测定原理。电位法是用水或中性盐溶液提取土壤中水溶性氢离子或交换性氢离子、铝离子，再用指示电极（玻璃电极）和参比电极（甘汞电极）测定该浸出液的电位差。由于参比电极的电位是固定的，电位差的大小取决于试液中的氢离子活度。在酸度计上可直接读出 pH。

②试剂配制。测定前应提前配制以下试剂：

pH 4.01 标准缓冲液：称取经 105 ℃烘干 2～3 h 的邻苯二甲酸氢钾（$C_8H_5KO_4$，分析纯）10.21 g，用蒸馏水溶解稀释定容至 1 000 mL，即为 pH 4.01、浓度 0.05 mol/L 的邻苯二甲酸氢钾溶液。

pH 6.87 标准缓冲液：称取经 120 ℃烘干的磷酸二氢钾（KH_2PO_4，分析纯）3.39 g 和无水磷酸氢二钠（Na_2HPO_4，分析纯）3.53 g，溶于蒸馏水中，定容至 1 000 mL。

pH 9.18 标准缓冲液：称取 3.80 g 硼砂（$Na_2B_4O_7$，分析纯）溶于无二氧化碳的蒸馏水中，定容至 1 000 mL，此溶液的 pH 容易变化，应注意保存。

1 mol/L 氯化钾溶液：称取化学纯氯化钾（KCl）74.6 g，溶于 400 mL 蒸馏水中，用 10%氢氧化钾和盐酸调节 pH 至 5.5～6.0，然后稀释至 1 000 mL。

③测定土壤酸碱性。选择当地土壤，进行下列全部或部分操作，见表 3-24。

表 3-24 电位法测定土壤酸碱性

工作环节	操作规程	质量要求
仪器校准	(1)将待测液与标准缓冲液调到同一温度，并将温度补偿器调到该温度值。 (2)用标准缓冲液校正仪器时，先将电极放入与所测试样 pH 相差不超过 2 个 pH 单位的标准缓冲液，启动读数开关，调节定位器使读数刚好为标准缓冲液的 pH，反复几次至读数稳定。 (3)取出电极，洗净，用滤纸条吸干水分，再插入第二个标准缓冲液中，进行校正	(1)长时间存放的电极用前应在水中浸泡 24 h，使之活化后才能正常反应。 (2)电极暂时不用可浸泡在水中，长期不用应干燥保存。两次校准之间允许偏差 0.1 个 pH 单位，如超过则应检查仪器电极或标准缓冲液是否有问题。 (3)仪器校准无误后，方可用于样品测定

续表 3-24

工作环节	操作规程	质量要求
土壤水浸液 pH 测定	(1)称取通过 1 mm 筛孔的风干土样 25.0 g 于 50 mL 烧杯中，用量筒加入无二氧化碳蒸馏水 25 mL，在磁力搅拌器上（或用玻璃棒）剧烈搅拌 1～2 min，使土体充分分散，静置 30 min 后进行测定。 (2)将电极插入待测液中，轻轻摇动烧杯以除去电极上水膜，使其快速平衡，静置片刻，按下读数开关，待读数稳定后记下 pH。 (3)放开读数开关，取出电极，用水洗涤，用滤纸条吸干水分，再进行第二个样品的测定	(1)放置 30 min 时应避免空气中 NH_3 或挥发性酸等的影响。 (2)每测 5～6 个样品后需用标准缓冲液检查定位。 (3)电极位置应在上部清液中，尽量避免与泥浆接触。操作过程中避免酸碱蒸气侵入。 (4)待测批量样品时，最好按土壤类型等将 pH 相差大的样品分开测定。 (5)标准缓冲液在室温下可保存 1～2 个月，在 4 ℃冰箱中可延长保存期限，发现混浊、沉淀则不能再使用。 (6)此法测定应不少于三次重复，平行测定结果允许绝对偏差：中性、酸性土壤≤0.1 个 pH 单位；碱性土壤≤0.2 个 pH 单位
土壤氯化钾浸液 pH 测定	当土壤 pH<7 时，应测定土壤氯化钾浸液 pH。测定方法除用 1 mol/L 氯化钾溶液代替无二氧化碳蒸馏水以外，其他步骤与水浸液 pH 测定相同	

(2)混合指示剂法

①测定原理。混合指示剂法测定是利用指示剂在不同 pH 的溶液中可显示不同颜色的特性，根据其显示颜色与标准酸碱比色卡进行比色，即可确定土壤溶液的 pH。

②试剂配制。测定前应提前配制以下试剂：

pH 4～8 混合指示剂：分别称取溴甲酚绿、溴甲酚紫及甲酚红各 0.25 g 于玛瑙研钵中加 15 mL 0.1 mol/L 的氢氧化钠溶液及 5 mL 蒸馏水，共同研匀，再加蒸馏水稀释至 1 000 mL，此指示剂的 pH 变色范围如表 3-25 所示。

表 3-25　pH 4～8 混合指示剂显色情况

pH	4.0	4.5	5.0	5.5	6.0	6.5	7.0	8.0
颜色	黄色	绿黄色	黄绿色	草绿色	灰绿色	灰蓝色	蓝紫色	紫色

pH 4～11 混合指示剂：称取 0.2 g 甲基红、0.4 g 溴百里酚蓝、0.8 g 酚酞，在玛瑙钵中混合研匀，溶于 95%的 400 mL 乙醇中，加蒸馏水 580 mL，再用 0.1 mol/L 氢氧化钠调至 pH 7（草绿色），用 pH 计或标准溶液校正，最后定容至 1 000 mL，其变色范围如表 3-26 所示。

表 3-26　pH 4～11 混合指示剂显色情况

pH	4.0	5.0	6.0	7.0	8.0	9.0	10.0	11.0
颜色	红色	橙黄色	稍带绿	草绿色	绿色	暗蓝色	紫蓝色	紫色

③测定土壤酸碱性。选择当地土壤，完成下列全部或部分内容，见表 3-27。

表 3-27 混合指示剂法测定土壤酸碱性

工作环节	操作规程	质量要求
试样制备	取黄豆大小待测土壤样品，置于清洁白瓷比色板穴中，加指示剂 3～5 滴，以能全部湿润样品而稍有剩余为宜，水平振动 1 min，静置片刻	为了方便而准确，事先配制成不同 pH 的标准缓冲液，每隔半个或一个 pH 单位为一级，取各级标准缓冲液 3～4 滴于白瓷比色板穴中，加混合指示剂 2 滴，混匀后，即可出现标准色阶，用颜料配制成比色卡备用
pH 测定	待稍澄清后，倾斜瓷板，观察溶液色度，与标准比色卡比色，确定 pH	

(3)土壤酸碱性调节 根据土壤酸碱性测定或判断结果，进行合理调节(表 3-28)。

表 3-28 土壤酸碱性调节

工作环节	操作规程	质量要求
土壤酸碱性测定	根据当地土壤类型和种植规划，选取样点，分别测定土壤 pH	参见土壤酸碱性测定的质量要求
酸性土壤改良	(1)施用的石灰大多数是生石灰，施入土壤中发生中和反应和阳离子交换反应。生石灰碱性很强，因此不能和植物种子或幼苗的根系接触，否则易灼烧致死。 (2)在沿海地区宜用含钙质的贝壳灰改良；我国四川、浙江等地也有用钙质紫色页岩粉改良酸性土的经验。另外，草木灰既是钾肥又是碱性肥料，可用来改良酸性土。 (3)目前我国多用熟石灰作为酸性土壤的化学改良剂，其用量有两种计算方法：一是按土壤交换性酸度或水解性酸度来计算；二是按土壤盐基饱和度来计算，方法见中微量元素肥料的合理施用	(1)确定石灰使用量的经验做法是：土壤 pH 4～5，石灰用量为 750～2 250 kg/hm^2；pH 5～6，石灰用量为 375～750 kg/hm^2。 (2)旱地可结合犁田整地时施用石灰，也可采用局部条施或穴施。石灰不能与氮、磷、钾、微肥等混合施用，一般先施石灰，几天后再施其他肥料。石灰肥料有后效，一般隔 3～5 年施用一次
碱性土壤的改良	(1)石膏作为碱土改良剂施用时其用量计算见中微量元素肥料的合理施用。 (2)生产上用石膏、黑矾、硫黄粉、明矾、腐殖酸肥料等改良碱性土，一方面中和了碱性，另一方面增加了多价离子，促进土壤胶粒的凝聚和良好结构的形成。另外，在碱性或微碱性土壤上栽培喜酸性的花卉，可加入硫黄粉、硫酸亚铁来降低土壤碱性，使土壤酸化	(1)重碱地施用石膏应采取全层施用法。 (2)花碱地，其碱斑面积在 15%以下，可将石膏直接施在碱斑上。 (3)灰碱地宜在春、秋季平整土地后，耕作时将石膏均匀施在犁垡上，通过耙地，使之与土混匀，再行播种
总结当地土壤酸碱性调节经验	根据上述调控情况，总结当地土壤酸碱性调节经验，并撰写一份调查报告	报告内容简洁、事实确凿、论据充足、建议合理

5. 问题处理

活动结束后，完成以下问题：

(1)为了方便计算，结果记录可填入表 3-29。

表 3-29　土壤 pH 记录

土样编号	风干土重/g	浸提液用量/mL	土壤 pH

(2)用电位法测土壤酸碱度时，以蒸馏水和氯化钾作浸提剂分别测得的土壤酸碱度有什么不同？

【师生互动】

1. 调查当地土壤质地情况，完成表 3-30 中内容。并根据当地种植的主要植物，判断其适宜的土壤质地类型是什么？有无不良质地？如何进行合理改良？

表 3-30　三种不同土壤质地的特点和农业生产特性

性质与生产特性	沙土	黏土	壤土
通气透水性			
保水保肥性			
养分含量			
供肥性能			
土温变化			
植物生长特性			
适宜作物(3 种)			

2. 调查当地土壤，比较四类土壤结构体的特性、发生条件，填入表 3-31 中。当地农户有哪些增加土壤团粒结构的好经验？

表 3-31　土壤结构体特性及发生条件

结构类型	特性	俗称	发生条件
团粒结构			
块状结构			
柱状结构			
片状结构			

3. 调查走访当地农户与园林工作者，并实地测量 5 处土壤容重，提出当地主要植物生长适宜的土壤孔隙度是多少？

4. 描述当地土壤的质地、孔性、结构等，并探讨其有哪些改善或调控措施。

5. 调查当地土壤的吸收性能如何，土壤的保肥与供肥方式主要是什么，当地常采取哪些措施来改善土壤的保肥与供肥性能。

6. 用混合指示剂法测当地土壤 pH，并判断其与种植植物有何关系，调查当地曾如何改良过酸或过碱土壤，你的团队能提出哪些改进意见。

知识拓展

如果同学们想了解更多的知识,可以通过以下渠道进行学习:

1. 阅读杂志

(1)《中国土壤与肥料》

(2)《土壤通报》

(3)《土壤》

(4)《土壤学报》

2. 浏览网站

(1)中国科学院南京土壤研究所网(http://www.issas.ac.cn/)

(2)中国肥料信息网(http://www.natesc.gov.cn/)

(3)中国农业科学院土壤肥料研究所网(http://sfi.caas.ac.cn/)

3. 通过本校图书馆借阅有关土壤、土壤肥料等方面的书籍。

考证提示

获得农业技术员、农作物植保员,以及有关涉农企业的 1+X 证书等职业资格证书,需具备以下知识和能力:

1. 土壤质地的测定;
2. 土壤质地的利用与改良;
3. 土壤容重和孔隙度及其对植物生长的影响;
4. 土壤结构体的特点,团粒结构的特点与培育;
5. 土壤耕性好坏的判断,适耕期的选择及土壤耕性的改良;
6. 土壤胶体与吸收性能关系,如何调节土壤保肥与供肥性能;
7. 土壤酸碱性对植物生长与土壤肥力的影响,过酸过碱土壤的改良;
8. 当地土壤 pH 测定及应用。

学习情境四　土壤利用管理与植物生长

【情境创设】

学习情境四 土壤利用管理与植物生长		活动一　我国土壤资源退化与防治 活动二　土壤剖面观测与肥力性状调查 活动三　农业土壤的利用与管理 活动四　非农业土壤的利用与管理
能力目标	专业能力	1.熟悉当地土壤退化的防治； 2.能正确进行土壤剖面的设置、挖掘和观察记载； 3.能熟练进行旱地土壤、水田土壤的利用与管理； 4.能熟练进行城市土壤等非农业土壤的利用与管理
	方法能力	1.具备获取信息、收集资料的能力； 2.具备制订计划、执行计划的能力； 3.具备自主学习、发现问题、解决问题的能力
	社会能力	1.具备良好的团队协作、配合能力； 2.具备良好的与人沟通、协调能力； 3.具备一定的综合、创新能力
知识目标	1.了解土壤形成、当地主要土壤资源，认识土壤退化类型； 2.了解自然土壤剖面、耕作土壤剖面的层次及特点； 3.熟悉农业土壤、非农业土壤的类型及特点	
思政目标	1.通过调查了解第三次全国土壤普查活动，学习当地科技人员科学严谨、求真务实的职业精神； 2.在教师授课、学生学习和实践中，结合“两山”理念及习近平生态文明思想有关论述，树立生态环保、绿色生产意识	
教学条件	多媒体课件、多媒体教室、实验实训室、图书馆、网络	
教学方法	课堂讲授、资料查阅、现场训练、课外活动	
考核评价	学习过程考核	计划制订(20%)、师生释疑(10%)、完成任务(50%)、检查评价(20%)
	拓展能力考核	工作态度(20%)、岗位技能(50%)、拓展能力(20%)、团队合作(10%)
考核方式	教师评价(70%)、小组互评(20%)、学生自评(10%)	

活动一　我国土壤资源与土壤退化

1.活动目标

知识目标:了解土壤形成,熟悉当地主要土壤资源,认识土壤退化类型。

能力目标:熟悉土壤退化危害,掌握当地土壤退化防治方法。

思政素养:通过参观总结当地土壤退化防治典型经验,学习当地人民群众艰苦奋斗、建设高产农田的先进事迹。

2.活动准备

根据班级人数,按4人一组分为若干组,小组共同调研,制订各类土壤退化防治方案,共同研讨,并进行小组评价。

3.相关知识

(1)土壤形成与发育

①成土母质。岩石经过物理风化、化学风化及生物风化等风化过程形成成土母质。成土母质是指岩石、矿物风化形成的风化产物。按其搬运动力与沉积特点不同可分为以下几种类型(表4-1)。

表4-1　成土母质的主要类型与性质

母质类型	成因	性质
残积物	就地风化未经搬运的风化物	分布在山地和丘陵上部;性质受基岩影响;未磨圆,棱角分明
坡积物	风化物在重力或流水的作用下,被搬运到山坡的中下部而堆积	分布在山坡或山麓;层次稍厚,无分选性;坡积物的性质决定于山坡上部的岩性
洪积物	山洪搬运的碎屑物在山前平原形成的沉积物	扇形,扇顶沉积物分选性差,往往石砾、黏粒与沙粒混存;在扇缘,沉积物多为黏粒及粉沙粒,水分条件好,养分也较丰富
冲积物	河水中夹带的泥沙,在中下游两岸或入海口沉积而成	具有明显的成层性和条带性;上游粗,下游细,含卵石、砾石;养分丰富
湖积物	由湖泊的静水沉积而成	沉积物细,质地偏黏,夹杂大量的生物遗体
海积物	海边的海相沉积物	各处粗细不一,质地细的养分含量较高,粗的则养分少,而且都含有盐分,形成滨海盐土
风积物	由风力将其他成因的堆积物搬运沉积而成	质地粗、沙性大,形成的土壤肥力低

②土壤形成因素。自然土壤是在母质、气候、生物、地形和时间等五大成土因素的综合作用下逐渐发育形成的;而在人类活动起主导作用的情况下,自然土壤的发生发展过程便进入了一个新的更高级的阶段,即开始了农业土壤的发生发展过程(表4-2)。各种成土因素相互作用、相互影响,导致土壤的发生条件趋向多样性和复杂性,使某些土壤产生了一些分异性,形成各种各样的土壤类型。

表 4-2 成土因素对土壤形成的影响

成土因素	对土壤形成的影响
母质	母质的化学组成对土壤的形成、性状和肥力有明显影响；土壤母质的机械组成决定了土壤质地；母质的层次性可长期保存于土壤剖面构造中
气候	气候决定着土壤的水、热条件；气候影响土壤有机质的积累与分解；气候直接参与母质的风化过程和土壤淋溶化学过程
地形	地形重新对土壤水分、热量进行再分配；地形可以对母质进行再分配；地形影响土壤的形成和分布
生物	主要表现在有机质积累和腐殖质形成方面，具体表现为：植物对养分的富集和选择性吸收；生物固氮作用；微生物和土壤动物分解转化有机质的作用
时间	土壤的形成和发展随时间的推移而不断深化；土壤形成的母质、气候、生物和地形等因素的作用程度和强度都随时间的延长而加深的
人类活动	人类活动对土壤形成、演化的影响远远超过自然成土因素；人类活动可定向培育土壤，使土壤肥力特性发生巨大变化；人类活动对土壤的影响具有两重性：合理利用有利于肥力提高，不合理利用导致土壤资源破坏和肥力下降

土壤的形成是在母质基础上产生和发展土壤肥力的过程，也就是在母质上使植物生长发育所需要的养分、水分、空气、热量不断积累和协调的过程。由于成土条件的复杂性，使土壤发育形成中物质与能量的迁移、转化、累积、交换各不相同，从而产生了各种各样的成土过程，如黏化过程、熟化过程、钙化过程、富铁铝化过程、潜育化过程、潴育化过程、盐碱化过程、白浆化过程、腐殖质积累过程等。

(2)我国主要土壤的分布与特征 我国土壤资源极其丰富，不同土类间存在显著差异。根据《第三次全国土壤普查暂行土壤分类系统(试行)》，现将我国一些重要土壤类型的分布与特征总结如下(表 4-3)。

表 4-3 我国部分土类的分布和主要性质

土类	分布	主要性质
砖红壤	主要分布于北纬 22°以南的热带北缘的海南、广东雷州半岛以及广西、云南、台湾南部的部分地区	母质主要有玄武岩、花岗岩、砂页岩的风化物和浅海沉积物；成土过程主要有脱硅富铝化过程、腐殖质积累过程；土体深厚，一般 2 m 以上；通体为红色，在高湿环境下呈黄色或橙色；剖面分为耕作层或腐殖质层、淀积层、母质层；质地多为黏土或沙质黏壤土；呈强酸性，pH 4.6～5.4，交换性铝占交换性酸总量 90%以上，盐基高度不饱和；有机质和养分含量低；黏粒矿物以高岭石、赤铁矿、三水铝石为主；生长橡胶及多种热带植物
赤红壤	主要分布于北纬 22°～25°的狭长地带，主要包括粤西、桂南和西南、闽南、滇西南、琼中西部及台湾南部	母质主要有玄武岩、花岗岩、流纹岩、砂岩、页岩、石灰岩的风化物和第四纪红色黏土；成土过程主要有脱硅富铝化过程(强度介于砖红壤和红壤之间)、腐殖质积累过程；剖面分为腐殖质层或耕作层、淀积层或风化层、母质层；质地多为壤质至黏质；呈强酸性，pH 4.5～5.5，交换性铝占交换性酸总量 60%～95%；有机质含量低，矿质养分贫乏；阳离子交换量低，保肥性差；黏粒矿物以高岭石为主，伴有针铁矿、少量水云母和极少量三水铝石；生长龙眼、荔枝等植物

续表 4-3

土类	分布	主要性质
红壤	分布于长江以南广阔的低丘陵地区，北纬 24°～32°，包括江西、湖南、福建、浙江等大部，广东、广西、云南等北部，以及江苏、安徽、湖北、贵州、四川、西藏等南部，以江西、湖南两省分布最广	母质主要有玄武岩、花岗岩、砂页岩及各种变质岩的风化物和第四纪红色黏土；成土过程主要有脱硅富铝化过程、强烈的生物富集与矿化分解；红色土体深厚，剖面分为腐殖质层或耕作层、淀积层、母质层；淀积层呈红色、红棕色、橙色；多块状或棱块状结构，部分土壤底层可见深厚红、黄、白相间的网纹；质地黏重，主要为黏壤质至壤黏质；呈强酸性，pH 小于 6.0，盐基饱和度小于 35%；黏粒矿物以高岭石、伊利石为主，并含大量铁、铝氧化物；生长柑橘、油桐、油茶、茶等植物
黄壤	分布范围较广，北纬 18°20′～32°40′，东经 92°～121°20′；以贵州、四川、重庆、云南等分布最广	母质主要有砂页岩、泥质岩类、碳酸盐岩类、石英岩类、基性岩、紫色岩、花岗岩等风化物及部分老风化壳等；成土过程主要有中度脱硅富铁铝化和盐基淋失、土壤黄化作用、生物富集；黄色土体比红壤浅薄，剖面分为腐殖质层或耕作层、淀积层、母质层；淀积层呈黄色至黄棕色；土壤有机质积累较高，平均含量 30～50 g/kg，pH 不高于 6.5，盐基饱和度较低；多为林地，少量耕种
黄棕壤	分布在棕壤以南，红壤土类的黄红壤亚类、棕红壤亚类以北地区	母质主要有酸性-中性为主的岩石风化物和下蜀黄土；成土过程主要有强烈的淋溶-淀积过程（黏化过程）、弱度（脱硅）富铁铝化过程、较强烈的生物物质循环过程；黄棕壤土体不十分深厚，剖面分为腐殖质层或耕作层、黏化层、母质层；具有明显黏化层，表土层上部颜色为暗灰色的腐殖质层和下段的颜色为浅黄棕色；土体呈弱酸性，pH 5.5～6.5；有较厚的枯枝落叶层和浅薄的腐殖质层；下蜀黄土母质发育的黄棕壤，土体无石灰反应
黄褐土	分布在秦岭-淮河以南至长江中下游沿岸，一般地势较低，以河南、安徽面积最大，其次为陕南、鄂北、江苏和川东北等	母质主要是第四纪更新世的黏质黄土及黄土状物质，陕南、豫西和四川还有洪积冲积物，石灰岩残、坡积物以及含有钙质的黄色黏土和红色棕黏土；成土过程主要有黏化过程、弱富铁铝化过程和铁锰的淋淀过程；土体深厚，土壤呈黄褐色或黄棕色，剖面分为腐殖质层或耕作层、黏化层、母质层；黏化淀积明显，质地黏重，有时可形成胶结黏磐，可散见石灰结核；棱块状结构，结构体间垂直裂隙发达，表面有暗棕色黏粒胶膜和铁锰胶膜；表层土壤 pH 6.5～7.0，底层 7.5，盐基饱和度大于 75%；土体透水性差；有机质和氮素含量偏低，钾素丰富，磷素贫乏
棕壤	集中分布于辽东半岛和山东半岛低山丘陵，向南延伸到苏北丘陵，华北平原、黄土高原、内蒙古高原、淮阳山地、四川盆地、云贵高原和青藏高原等地的山地垂直带谱中也有广泛分布	成土过程主要有淋溶与黏化过程、生物富集与分解过程；剖面分为腐殖质层或耕作层、黏化层、母质层，自然植被下，表层有凋落物层，耕作后形成明显的耕作熟化层；土壤颜色多为棕色或红棕色，质地多为壤土至壤黏土；黏化层多为棱块状结构，结构面常覆被铁锰胶膜，有时结构体中可见铁锰胶核；表层土壤 pH 6.0～7.0，盐基饱和度大于 50%；黏土矿物以水云母、蛭石和蒙脱石等为主

续表 4-3

土类	分布	主要性质
暗棕壤	水平地带性分布于东北针阔叶混交林区，包括小兴安岭和长白山系，以及大兴安岭东坡，此外秦岭、神农架、川西北、滇北的高山地区也有分布	成土过程主要有腐殖质积累过程、弱酸性淋溶过程；土体分异明显，剖面分为凋落物有机层、腐殖质层、淀积层、母质层，腐殖质层厚 10～20 cm，色暗，有机质含量高；弱酸性淋溶，铁铝轻微下移，向下过渡不明显；结构面常见铁锰胶膜；常多砾，黏粒有所增加但不黏化；呈弱酸性反应，盐基饱和度 60%～80%；可见硅酸粉末附着于结构体或石砾表面，使土壤干态显浅灰色至灰棕色
白浆土	主要分布区北起黑龙江省黑河，南到沈-丹铁路沿线东北部，东起乌苏里江沿岸，西至小兴安岭东坡；大兴安岭东坡也有分布	成土过程主要有白浆化过程、生物富集与分解过程；有明显的剖面发生层理，剖面分为腐殖质层或耕作层、白浆层、淀积层、母质层；剖面腐殖质以下具有一层明显的白色漂洗土层（白浆层），质地较轻，淀积层质地黏重，具有明显淀积黏土膜，呈暗棕色；未开垦的白浆土地表尚有 5 cm 厚的草根层，森林植被下的白浆土多有 2～3 cm 厚的枯枝落叶和半腐解的有机质层；腐殖质层多呈暗灰色或灰黑色，粒状及团粒结构，土体厚度 10～30 cm；白浆层为浅灰色或灰白色，呈片状结构，厚度 10～40 cm；淀积层以暗棕色为主，壤质黏土，棱块状结构，结构面有胶膜；全剖面 pH 5.5～6.5，呈微酸性，铁的游离性较高
黑土	主要分布在东北平原，北起黑龙江右岸，南至辽宁的昌图，西与松辽平原的草原和盐渍化草甸草原接壤，东可延伸至小兴安岭和长白山山区的部分山间谷地以及三江平原的边缘	母质为第四纪更新世沙砾黏土层，黏土厚度 10～40 cm，质地黏细，以粗粉沙和黏粒为主；成土过程主要为腐殖质积累过程、物质淋溶与转化过程；土体深厚，剖面分异明显，拥有腐殖质层或耕作层、过渡层、淀积层、母质层；耕种黑土尚有耕作层和较紧密的厚度不大的亚耕层；腐殖质层暗灰色，黏壤质，厚度一般为 30～70 cm，有机质含量 30～60 g/kg；结构性好，多为团粒状或团块状结构，疏松多孔，多植物根，常见鼠穴；腐殖质舌状向下延伸，有铁锰结核；过渡层厚 20～50 cm，多呈暗褐色，核块状结构，结构面有胶膜淀积和白色硅粉附着物，可见黑棕色的铁锰结核；母质层具轻度滞水还原淋溶特征，见硅粉，盐基饱和度在 80%以上，pH 6.5～7.0
褐土	主要分布区北起燕山、太行山山前地带，东抵泰山、沂山的西北部和西南部山前低丘，南达秦岭北麓及黄河一线，西至晋东南和陕西关中盆地	母质以黄土、黄土状物质和其他石灰性成土母质为主；成土过程主要为弱腐殖质积累过程、黏化过程、碳酸盐淋溶与淀积过程、人为活动与气候变迁叠加过程；剖面发育明显，拥有浅色腐殖质层（淋溶层）或耕作层、黏化层（钙积层）、母质层；腐殖质层和淋溶层厚度 20～30 cm，土壤有机质 20 g/kg 以下，质地多为壤质土，屑粒状至小团粒结构，有较多植物根系，有石灰反应；黏化层（钙积层）厚度 30～50 cm，颜色多为褐色，质地多为粉沙质壤土至壤黏土，多具块状或核状结构，结构体表面有褐色或红棕色胶膜，通常有石灰质假菌丝状新生体，土壤石灰反应中等，pH 7～7.5，盐基饱和度达 80%以上，有时过饱和；黏土矿物以伊利石为主

续表 4-3

土类	分布	主要性质
灰褐土	主要分布在山西的五台山、吕梁山，内蒙古的大青山，宁夏的贺兰山、六盘山，甘肃的祁连山、兴隆山，青海的青石山、唐古拉山，新疆的西部天山，帕米尔高原、西昆仑山等山地的阴坡、半阴坡部位	成土过程主要为腐殖质积累过程、残积黏化过程、碳酸盐淋溶与淀积过程；剖面分异明显，拥有枯枝落叶层、腐殖质层、黏化层、钙积层、母质层；表层有厚 20～40 cm 黑褐色或棕褐色的暗色腐殖层，团粒结构，土壤有机质 30～240 g/kg；在腐殖质层下，形成 30～50 cm 厚的发育不明显的黏化层，质地常为壤土、壤黏土，残积黏化明显，腐殖质层和心土层黏粒含量无明显差异；淀积黏化作用较弱，常见模糊的黏粒胶膜；土体 pH 7.0～8.0，有时有白色菌丝状体，自上而下呈中性至弱碱性
草甸土	广泛分布于东北平原、内蒙古高原、藏北高原以及西北的河谷平原沿河两岸，也见于长白山、大兴安岭、祁连山等山地丘陵间的河谷平原以及藏东高山峡谷的底部	母质多为河流冲积物，可分为石灰性和非石灰性两类；成土过程主要为草甸化过程，具有腐殖质积累与氧化还原交替特征，个别土壤还附加白浆化过程、潜育化过程、盐化过程和碱化过程；土体一般深厚，拥有腐殖质层、锈色斑纹层、母质层；腐殖质层厚 20～60 cm、土壤有机质 30～80 g/kg；锈色斑纹层一般出现在 50～80 cm 土层；常出现不同程度的盐化或碱化、潜育化特征；流水沉积的分选性使草甸土的质地层次变化很大，沉积物的颗粒组成及厚度不一，因而出现不同的质地层次构型；草甸土经长期耕种后，腐殖质层变为旱耕层和亚耕层，旱耕层由于有机质矿化和风蚀作用等影响，土壤有机质含量减少，土色变淡
潮土	主要分布在黄淮海平原，以及长江、珠江、辽河中下游的开阔河谷及平原区，黄河河套平原也有连片集中分布	母质多为河流冲积物；成土过程主要为潴育化过程、旱耕熟化过程；土体比较深厚，层次分化不十分明显，一般有旱耕熟化耕层、氧化还原层、母质层；耕作层厚 15～25 cm、土壤有机质 10～15 g/kg，浅棕色至暗棕色，屑粒、块状、团块结构；亚耕层厚 5～10 cm，颜色与耕层接近，片状、块状结构；氧化还原层结构面、孔隙间形成棕色锈纹锈斑、灰蓝色铁锰斑、雏形铁锰结核，多为块状结构；一般为中性至弱碱性
砂姜黑土	主要分布在黄淮海平原南部，即安徽和河南两省的淮北平原、山东省的胶莱平原和临郯苍平原、江苏省的徐淮平原，河南省的南阳盆地	成土母质为河湖沉积物；成土过程主要为腐殖质积累过程、脱沼泽与长期耕作过程、砂姜积累过程；土体深厚，拥有耕作层、亚耕层、残留黑土层、氧化还原层、含有砂姜的母质层；土体呈橄榄棕色或黄棕色，块状或棱块状结构，夹有黄棕色斑纹、灰斑；砂姜呈黄白色、灰色，形状呈姜块核状或浑圆状大小不等；面砂姜（雏形钙质结核）一般出现在 70 cm 左右，刚砂姜（完形钙质结核）在 1 m 左右，砂姜磐在 3 m 左右出现；呈中性至微碱性反应；质地以壤质黏土、粉沙质黏壤土及黏土为主，质地层次分异不明显

续表 4-3

土类	分布	主要性质
水稻土	遍及我国 26 个省份，以长江中下游平原、四川盆地和珠江三角洲地区分布最为集中，近年东北地区有明显增加	在原来成土母质或母土的特性有重大改变后形成的；成土过程主要为水耕熟化过程、周期性的氧化还原交替与铁锰淋淀过程、盐基淋溶与复盐基过程；剖面主要有耕作层、犁底层、潴育层、潜育层、漂白层、母质层；具有碎块状或团粒结构的耕作层和较为紧实的犁底层，具有棕红色的氧化铁锰斑纹；土壤酸碱度向中性演变
灌淤土	主要分布在河套平原、昆仑山北麓和天山南北麓的河流冲积平原及河成阶地、河西走廊和湟水河谷平原，坝下洋河及桑干河河谷平原、西藏西部亚高山地带的河谷	成土过程主要是耕作熟化过程，由于长期灌水落淤、耕作熟化，逐渐形成厚度超过 50 cm 的灌淤层，从根本上改变了原来的土壤层次，常在此基础上叠加黏化过程、氧化还原过程、盐分淋溶与积累过程、次生盐化过程等；土体深厚，拥有灌淤层、埋藏层；灌淤层剖面形态以及土壤颜色、质地、结构、有机质含量等性状比较均一，质地一般为壤土，结构多为团块、块状、棱块状结构，土壤颜色为黄橙色、灰棕色；灌淤层下是原母质层、古耕作层或腐殖质层，原母土层多为洪积、冲积物
紫色土	分布范围很广，南起海南，北抵秦岭，西至横断山系，东达东海之滨，其中以四川盆地规模最大、分布最为集中；其分布跨热带、亚热带，常与水稻土、地带性土壤组成复区	成土母质为紫色母岩；成土过程以侵蚀强烈的风化过程、生物过程为主；土体较薄、剖面层次分化不明显，一般具有表土层、过渡层、母质层，基本保持了母岩理化性质特征；土壤剖面通体呈稳定的紫色、紫棕色、棕紫色、红棕紫色、红紫色、黄紫色等；母质富含矿质养分，且风化迅速，为良好的肥沃土壤
黄绵土	主要分布于水土流失严重的黄土丘陵沟壑区，以陕西北部分布最广，其次是陇中、陇东、宁南、晋西北与晋东南；青海东部、内蒙古南部、河北西南部、河南西部也有少量分布	典型地形为黄土高原的塬、梁、峁、川等，成土母质为黄土，黄土在沉积过程中，由西北向东南，风力渐减，沉积颗粒逐渐变细；成土过程除表土层可能有较明显的腐殖质化过程外，发育微弱，剖面无明显发生层次；土层深厚疏松，土质地多为均一的粉沙壤土，拥有表土层、底土层；有机质含量低，一般在 5 g/kg 以下，通体黄棕色；富含碳酸钙，但无明显钙淋溶与累积；磷钾储量丰富，但有效性低；在修筑水平梯田和自然植被覆盖较好的情况下，土壤侵蚀减弱，有机质有不同程度积累，碳酸钙也有弱度淋移，剖面初显微弱发育特征
风沙土	主要分布于古尔班通古特、塔克拉玛干、腾格里、乌兰察布、库布齐沙漠，毛乌素、科尔沁、海拉尔沙地，柴达木盆地，嫩江及其支流沿岸河成阶地，黄河下游故道及其现代河漫滩的高滩地，雅鲁藏布江及其支流的河成阶地，以及东南沿海滨海滩地	成土过程主要有风蚀与堆积过程、植被固沙的生草化过程、风沙土形成过程（流动风沙土阶段、半固定风沙土阶段、固定风沙土阶段）；成土母质为风积物，包括岩石就地风化产物、河流冲积物、湖泊沉积物、海潮堆积物、洪积物和坡积物；剖面无明显发生层次，一般拥有表土层、半固定；多呈固定、半固定或流动沙丘状；流动阶段土壤剖面分异不明显，呈灰黄色或淡黄色，单粒状结构；固定和半固定阶段的土壤剖面层次有微弱的分化，地表有褐色结皮层；腐殖质层棕色或灰棕色，弱块状结构；母质层深厚，黄色、淡黄色或灰白色，单粒状结构；通体为壤质沙土，无石灰反应，草甸风沙土的心、底土有锈纹锈斑，并偶见石灰淀积现象

续表 4-3

土类	分布	主要性质
草甸盐土	广泛分布在我国干旱、半干旱甚至荒漠、半荒漠地区的泛滥平原、河谷盆地以及湖、盆洼地中。南起长江口，最北到松辽平原，东与滨海盐土相接，往西直达新疆塔里木盆地	成土过程主要有盐分积累过程，潮化、草甸化或沼泽化过程；土体深厚，剖面分异不明显，拥有含盐表土层、母质层；地表多具盐结皮或盐霜，表层含盐量大于 6 g/kg，高者可达 20～30 g/kg，心、底土含盐量相对较低；盐分组成复杂，有氯化物、硫酸盐、硫酸盐-氯化物或氯化物-硫酸盐，也有含苏打和重碳酸盐的，可因地形、水文地质等条件而变化；剖面中下部有锈纹、锈斑，沼泽化剖面中可见蓝灰色的潜育或潴育层
滨海盐土	滨海盐土沿着我国 1.8 万余千米海岸线呈宽窄不等的平行状分布，在沿海 11 个省份均有分布	成土过程主要有盐分积累过程，潮化、草甸化或沼泽化过程；母质为滨海沉积物，全土体含有氯化物为主的可溶性盐，拥有表土层、母质层；滨海盐土的土壤和地下水的盐分组成与海水基本一致，氯盐占绝对优势，次为硫酸盐和重碳酸盐；盐分中以钠、钾离子为主，钙、镁次之，土壤含盐量 20～50 g/kg，土壤积盐强度依距海由近至远、从南到北而逐渐增强；土壤 pH 7.5～8.5，长江以北的土壤富含游离碳酸钙
碱土	碱土常与盐渍土或其他土壤组成复区。碱土在我国的分布相当广泛，从内蒙古到长江以北的黄淮海平原，从东北松嫩平原到新疆的准噶尔盆地，均有局部分布	成土过程为土壤碱化过程；土体比较深厚，剖面分异不明显，一般拥有腐殖质层、碱化层、母质层；表层暗灰棕，pH 为 9 以上，颜色较浅质地较轻；碱化层暗棕，有柱状结构并有裂隙，质地黏重紧实，并往往有上层悬移而来的硅粉末覆于上部的结构体外；盐分与石膏积聚层 pH 较高

(3)土壤退化 土壤退化是指土壤数量减少和质量降低，数量减少表现为表土丧失，或整个土体毁坏；质量降低表现在土壤物理、化学、生物学方面的质量下降。

①土壤退化的分类。中国科学院南京土壤研究所根据我国情况，将土壤退化分为土壤侵蚀、土壤沙化、土壤盐化、土壤污染等(表 4-4)。

表 4-4 土壤退化分类

一级	二级
土壤侵蚀	水蚀，冻融侵蚀，重力侵蚀
土壤沙化	悬移风蚀，推移风蚀
土壤盐化	盐渍化和次生盐渍化，碱化
土壤污染	无机物污染，农药污染，有机废物污染，化学废料污染，污泥、矿渣和粉煤灰污染，放射性物质污染，寄生虫、病原菌和病毒污染
土壤性质恶化	土壤板结，土壤潜育化和次生潜育化，土壤酸化，土壤养分亏缺
耕地非农业占用	

②土壤退化的危害。我国土壤侵蚀严重，水蚀、风蚀面积占国土面积的 1/3，流失土壤每年约 50 亿 t，占世界总流失量的 1/5；截至 2019 年，荒漠化土地面积 257.37 万 km^2；盐碱地面积 9913 万 hm^2，可利用的盐碱地约 330 万 hm^2；环境恶化，工业“三废”、化肥、农药、植物调节

剂、地膜等严重污染土壤。因此，我们要坚持山水林田湖草沙一体化保护和系统治理，统筹生态保护、绿色低碳发展、精准科学净土，特别是要加强土壤污染源头防控，防止土壤进一步退化。

土壤退化发生广、强度大、类型多、发展快、影响深远（表 4-5），因此应积极采取措施，进行有效防治。

表 4-5　各种土壤退化的含义、危害

类型	含义	危害
土壤侵蚀	土壤及其母质在水力、风力、冻融、重力等外力作用下，被破坏、剥蚀、搬运和沉积的全过程	土壤质量退化；生态环境恶化；引起江河湖库淤积
土壤沙化	因风蚀，土壤细颗粒物质丧失，或外来沙粒覆盖原有土壤表层，造成土壤质地变粗的过程	严重影响农牧业生产；使大气环境恶化；危害河流、交通；威胁人类生存
土壤盐渍化	易溶性盐在土壤表层积累的现象或过程	引起植物生理干旱；降低土壤养分有效性；恶化土壤理化性质；影响植物吸收养分
土壤潜育化	土壤处于受积滞水分的长期浸渍，土体内氧化还原电位过低，并出现青泥层、腐泥层、泥炭层或灰色斑纹层的过程	还原物质较多；土性冷；养分有效性低；结构不良
土壤污染	人类活动所产生的污染物，通过不同途径进入土壤，其数量和速度超过了土壤的容纳能力和净化速度的现象	导致严重经济损失；导致农产品污染超标、品质不断下降；导致大气环境次生污染；导致水体富营养化并成为水体污染的祸患；成为农业生态安全的克星

4. 操作过程

必须牢固树立和践行“两山”理念，牢牢守住十八亿亩耕地红线，加强土壤侵蚀、沙化、污染源头防控，开展新技术治理，逐步把永久基本农田全部建成高标准农田。依据上述理念，根据当地发生的土壤退化类型情况，选做表 4-6 中内容。

表 4-6　土壤退化的防治

工作环节	操作规程	质量要求
土壤侵蚀的预防与治理	（1）调查当地土壤侵蚀现状和危害。 （2）总结当地土壤侵蚀预防与治理经验，制订治理方案。 ①水利工程措施：坡面治理、沟道治理和小型水利工程。 ②生物措施：种草种树、绿化荒山、农林牧综合经营。 ③耕作措施：一是改变地面微小地形，如横坡耕作、沟垄种植、水平犁沟、筑埂作垄、等高种植、丰产沟等；二是增加地面覆盖，如间作套种、草田轮作、草田带状间作、宽行密植、利用秸秆杂草等进行生物覆盖、免耕或少耕等；三是增加土壤入渗，如增施有机肥、深耕改土、纳雨蓄墒，并配合耙耱、浅耕等	达到土壤肥力明显提高；森林覆盖率显著提高；生态环境明显改善

续表 4-6

工作环节	操作规程	质量要求
土壤沙化的预防与治理	(1)调查当地土壤沙化现状和危害。 (2)总结当地土壤沙化预防与治理经验,制订治理方案。 ①营造防沙林带:建立封沙育草带、前沿阻沙带、草障植物带、灌溉造林带、固沙防火带。 ②实施生态工程:建立农林草生态复合经营模式。 ③合理开发水资源:调控河流上、中、下游流量,挖蓄水池、打机井、多管井、开挖"马槽井"等。 ④控制农垦:控制载畜量,控制农垦。 ⑤采取综合治沙:活沙障、机械固沙、化学固沙等技术	达到大气环境明显改善;小气候环境明显改善;人类生存条件有所好转
土壤盐渍化的预防与治理	(1)调查当地土壤盐渍化现状和危害。 (2)总结当地土壤盐渍化预防与治理经验,制订治理方案。 ①水利工程措施:排水、灌溉洗盐、放淤压盐。 ②农业改良措施:种植水稻、耕作改良与增施有机肥料。 ③生物措施:植树造林、种植绿肥牧草。 ④化学改良措施:施用石膏、磷石膏、硫酸亚铁、沥青等	达到土壤肥力明显提高;物理性状得到显著改善;作物生长良好,产量显著提高
土壤潜育化的预防与治理	(1)调查当地土壤沙化现状和危害。 (2)总结当地土壤沙化预防与治理经验,制订治理方案。 ①排水除渍:开挖截洪沟、环田沟、"十"字形或"非"字形沟,排除山洪水、冷泉水、铁锈水、渍水和矿毒水。 ②合理轮作:改单作为水旱轮作,粮肥轮作。 ③合理耕作:冬季耕作层犁翻晒白,且早耕早晒,晒白晒透。 ④合理施肥:宜施磷、钾、硅肥。 ⑤多种经营:采取稻田养殖(鱼、鸭)或种植藕、荸荠等	达到土壤肥力明显提高;物理性状得到显著改善;作物生长良好,产量显著提高
土壤污染的预防与治理	(1)调查当地土壤沙化现状和危害。 (2)总结当地土壤沙化预防与治理经验,制订治理方案。 ①减少污染源:加强对土壤污染的调查和监测、控制和消除工业"三废"、控制化学农药使用、合理施用化肥。 ②综合治理:一是采取客土、换土、隔离法、清洗法、热处理等工程措施;二是采取生物吸收、生物降解、生物修复等生物措施;三是加入沉淀剂、抑制剂、消除剂、拮抗剂、修复剂等改良剂;四是增施有机肥料、控制土壤水分、选择合适形态化肥、种植抗污染品种、改变耕作制度、改种木本植物和工业用植物;五是完善法制,发展清洁生产	达到土壤肥力明显提高;物理性状得到显著改善;作物生长良好,产量显著提高;土壤中污染物质逐渐消除;农产品中无有害物质残留

5. 问题处理

活动结束后,完成以下问题:

(1)当地土壤资源退化的类型有哪些?

(2)当地土壤资源退化防治有哪些好的方法?还有哪些方面需改进?

活动二　土壤剖面观测与肥力性状调查

1.活动目标

知识目标:了解自然土壤剖面、耕作土壤剖面的层次及特点。

能力目标:能正确进行土壤剖面的设置、挖掘和观察记载,并能较准确地鉴别土壤生产性状,找出限制生产的障碍因素,为合理的改良利用土壤提供依据。

思政素养:参观当地“土壤三普”中科技人员野外进行剖面挖掘活动,学习当地农业科技人员的优秀工作精神。

2.活动准备

将全班按 4 人一组分为若干组,每组准备以下材料和用具:铁锹、土铲、锄头、剖面刀、放大镜、铅笔、钢卷尺、小刀、橡皮、白瓷比色板、土壤剖面记载表、10%盐酸溶液、酸碱混合指示剂、赤血盐(铁氰化钾)等。

3.相关知识

从地表向下所挖出的垂直切面称为土壤剖面。土壤剖面一般是由平行于地表、外部形态各异的层次组成的,这些层次称为土壤发生层或土层。土壤剖面形态是土壤内部性质的外在表现,是土壤发生、发育的结果。不同类型的土壤具有不同的剖面特征。

(1)自然土壤剖面　自然土壤剖面一般可分为四个基本层次:腐殖质层、淋溶层、淀积层和母质层。每一层次又可细分若干层,如图 4-1 所示。

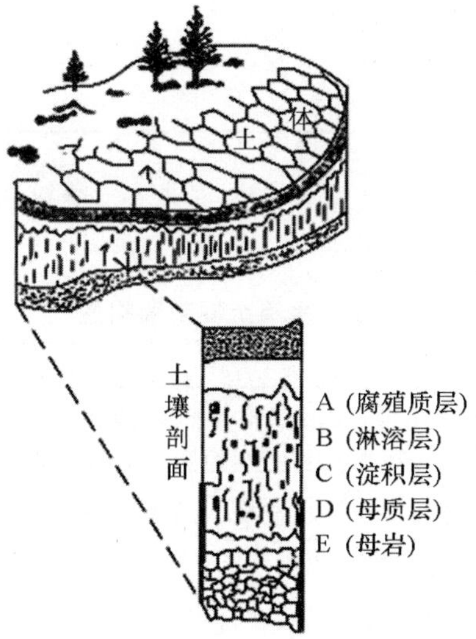

图 4-1　自然土壤剖面

由于自然条件和发育时间、程度的不同,土壤剖面构型差异很大,有的可能不具有以上所有的土层,其组合情况也可能各不相同。如发育处在初期阶段的土壤类型,剖面中只有 A—C 层,或 A—AC—C 层;受侵蚀地区表土冲失,产生 B—BC—C 层的剖面;只有发育时间很长,成土过程也很稳定的土壤才有可能出现完整的 A—B—C 式的剖面。有的在 B 层中还有 Bg 层(潜育层)、BCa 层(碳酸盐聚积)、Bs 层(硫酸盐聚积)等。

(2)耕作土壤剖面 旱地土壤剖面一般也分为四层:耕作层(表土层)、犁底层(亚表土层)、心土层及底土层(图 4-2、表 4-7)。

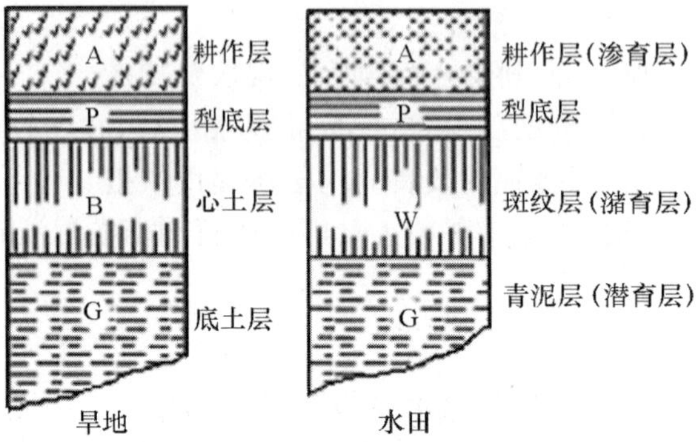

图 4-2 耕作土壤剖面

表 4-7 旱地土壤剖面构造

层次	代号	特征
耕作层	A	又称为表土层或熟化层,厚 15～20 cm。受人类耕作生产活动影响最深,有机质含量高,颜色深,疏松多孔,理化与生物学性状好
犁底层	P	厚约 10 cm,受农机具影响常呈片状或层状结构,通气透水不良,有机质含量显著下降,颜色较浅
心土层	B	厚度为 20～30 cm,土体较紧实,有不同物质淀积,通透性差,根系少量分布,有机质含量极低
底土层	C	一般在地表 50～60 cm 及以下,受外界因素影响很小,但受降雨、灌排和水流影响仍很大

一般水田土壤土层可分为:耕作层(渗育层)、犁底层、斑纹层(潴育层)、青泥层(潜育层)等(表 4-8)。

表 4-8 水田土壤剖面构造

层次	代号	特征
渗育层	A	水稻土的耕作层,长期在水耕熟化和旱耕熟化交替进行条件下,有机质积累增加,颜色变深,在根孔和土壤裂隙中有棕黄色或棕红色锈斑
犁底层	P	受农机具影响常呈片状或层状结构,可起到托水托肥作用
潴育层	W	干湿交替、淋溶淀积作用活跃,土体呈棱柱状结构,裂隙间有大量锈纹锈斑淀积
潜育层	G	长期处于饱和还原条件,铁、铝氧化物还原,土层呈蓝灰色或黑灰色,土体分散,呈糊状

4.操作过程

选择当地主要农业土壤,进行表 4-9 全部或部分内容。

表 4-9 土壤剖面挖掘与观察

工作环节	操作规程	质量要求
土壤剖面设置	剖面位置的选择一定要有代表性。对某类土壤来说，只有在地形、母质、植被等成土因素一致的地段上设置剖面点，才能准确地反映土壤的各种性状	避免选择在路旁、田边、沟渠边及新垦搬运过的地块上
土壤剖面挖掘	(1)选好剖面点后，先画出剖面的挖掘轮廓，然后挖土。 (2)在平原与盆地等平缓地区，剖面观察面宽度为 1.2 m，观察面深度为 1.2～2 m(如遇岩石则挖到岩石面)、观察面长度为 2～4 m(一般 2 m)，见图 4-3。 (3)山地与丘陵区受地形和林灌植被等影响，在无法选取相对平缓、植被遮挡少的景观部位挖掘剖面时，可选择裸露的断面或坡面作为剖面挖掘的点位，但是为了保证剖面的完整性和样品免受污染，修整剖面时，应向自然断面或坡面内部延伸 30 cm 以上，直至裸露出新鲜、原状土壤	(1)剖面挖掘地点应在景观部位、土壤类型、土地利用等方面具有代表性； (2)剖面的观察面要垂直向阳，避免阴影遮挡； (3)剖面的观察面上部严禁人员走动或堆置物品和土壤，以防止土壤压实或土壤物质发生位移，干扰观测和采样； (4)观察面的对面要挖成阶梯状。所挖出表土和底土分别堆放在土坑的两侧，以便回填时先填底土，再填表土，尽可能恢复原状
剖面照片采集	(1)剖面挖掘完成后，观察面左边的，1/3 宽度范围内修整为自然结构面（或称为毛面)，用剖面刀自上而下修整，避免留下刀痕；观察面右边的 2/3 宽度范围内保留为光滑面。自然结构面可直观反映土壤结构、质地、斑纹特征以及根系丰度、砾石含量、孔隙状况、土壤动物痕迹等；光滑面则可更加清晰地反映土壤边界过渡、颜色差异、结核等特征。 (2)自上而下垂直放置和固定好帆布标尺，标尺起始刻度要与观察面上沿齐平。 (3)剖面照片须用专业数码相机拍摄，避免出现颜色失真(图 4-4)。 (4)剖面摄影时，摄影者可趴在地面上进行拍摄，尽可能保持镜头与观察面垂直。 (5)晴天拍摄时注意遮住观察面的阳光，避免曝光过度和出现部分阴影	标准剖面照片应当清晰、真实完整地呈现土壤形态学描述特征
剖面层次划分	根据剖面形态特征差异，结合对土壤发生过程的理解，划分各个土壤发生层。剖面形态特征观察主要从目视特征和触觉特征两个角度进行： (1)目视特征：观察肉眼可见的土壤形态学差异，包括颜色，根系，砾石，斑纹、胶膜、结核等新生体，土壤结构体的类型和大小，砖瓦、陶瓷等人造物侵入体石灰反应强弱，亚铁反应强弱等的差异； (2) 触觉特征：通过手触可感受到的土壤质地、土体和结构体坚硬度或松紧度、干湿情况等的差异	根据剖面样点的土壤发生层特点，依据基本发生层类型及其附加特性命名并记录土壤发生层名称与符号，可参照《第三次全国土壤普查外业调查与采样技术规范(修订版)》

续表 4-9

工作环节	操作规程	质量要求
剖面形态观察记载	(1)土壤颜色:土壤颜色使用芒塞尔色系表征,野外统一获取润态土壤颜色,可使用喷水壶调节土壤湿度。如果野外不具备比色条件,带回室内,利用采集的纸盒土壤标本,需先比干态颜色,再滴水比润态颜色。若同一土层两种物质相互混杂,有两种以上土壤底色时,对不同底色分别加以描述	确定土壤颜色时,旱田以干状态时为准,水田以观察时的土色为准。土壤颜色信息获取统一使用《中国标准土壤色卡》
	(2)土壤质地:野外测定土壤质地,一般用手测法,其中有干测法和湿测法两种,可相互补充,一般以湿测法为主。野外调查中主要记载土壤结构的类型、大小和发育程度	见土壤质地测定与调控
	(3)土壤结构:用挖土工具把土挖出,让其自然落地散碎或用手轻捏使土块分散,然后观察被分散开的个体形态的大小、硬度、内外颜色及有无胶膜、锈纹、锈斑等,最后确定结构类型	见土壤结构观察与改善
	(4)松紧度:野外鉴定土壤松紧可根据小刀插入土体的难易和阻力大小来判断,有条件的可用土壤紧实度仪测定	松:小刀易入土,基本无阻力;散:稍加力,小刀即可插入土体;紧:用力较大,小刀才能插入土体;紧实:用力很大,小刀才能插入土体;坚实:十分费力,用大力小刀也难以插入土体
	(5)土壤干湿度:按各土层的自然含水状态分级	干:土壤呈干土块状,手试无凉感,嘴吹时有尘土扬起;润:手试有凉感,嘴吹无尘土扬起;潮:有潮湿感,手握成土团,落地即散,放在纸上能使纸变湿;湿:放在手上使手湿润,握成土团后无水流出
	(6)新生体:新生体是在土壤形成过程中产生的物质,如铁锰结核、石灰结核等(图 4-5、图 4-6)	反映土壤形成过程中物质的转化情况
	(7)侵入体:是外界侵入土壤中的物体,如瓦片、砖渣、炭屑等	其存在与土壤形成过程无关
	(8)根系:反映植物根系分布状况	多量:1 cm^2有 10 条根以上的;中量:1 cm^2有 5～10 条根;少量:1 cm^2有 2 条根左右;无根:见不到根痕
	(9)石灰性反应:用 10%稀盐酸,直接滴在土壤上,观察气泡产生情况,判断其石灰含量	无石灰质:无气泡、无声音;少石灰质:徐徐产生小气泡,可听到响声,含量为 1%以下;中量石灰质:明显产生大气泡和响声,但很快消失,含量为 1%～5%;多石灰质:发生剧烈沸腾现象,产生大气泡,响声大,历时较久,含量为 5%以上
	(10)亚铁反应:用赤血盐直接滴加测定;土壤酸碱度:土壤酸碱度的测定用混合指示剂法	见土壤酸碱度测定与调节

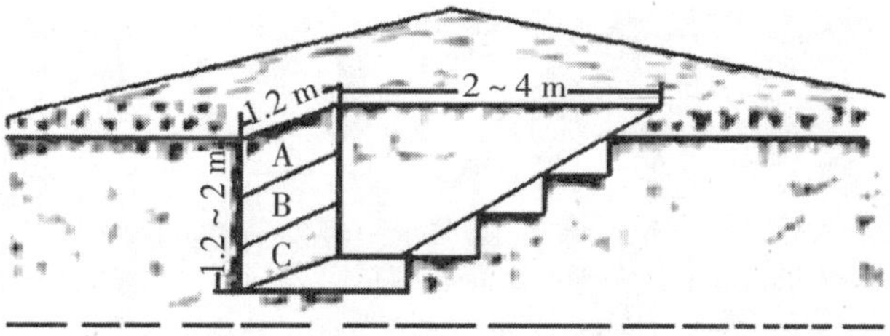

图 4-3　平原与盆地区标准土壤剖面示意图

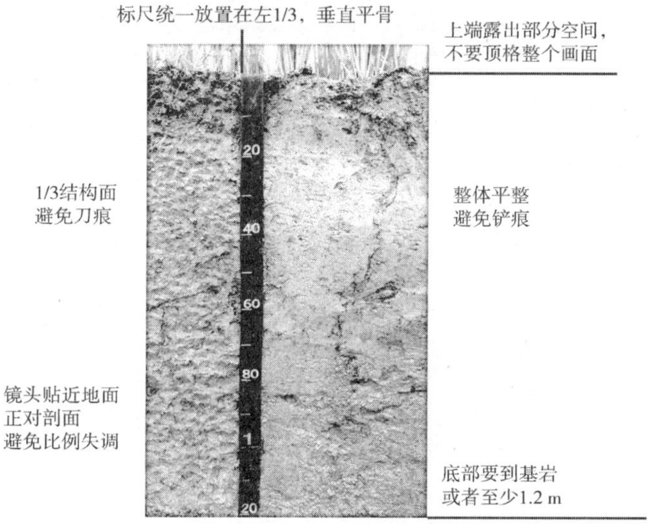

图 4-4　剖面照片示例

图 4-5　新生体-铁锰斑纹

5. 问题处理

活动结束后，完成以下问题：

将上述观察结果记录于土壤剖面观察记载表（表 4-10）。

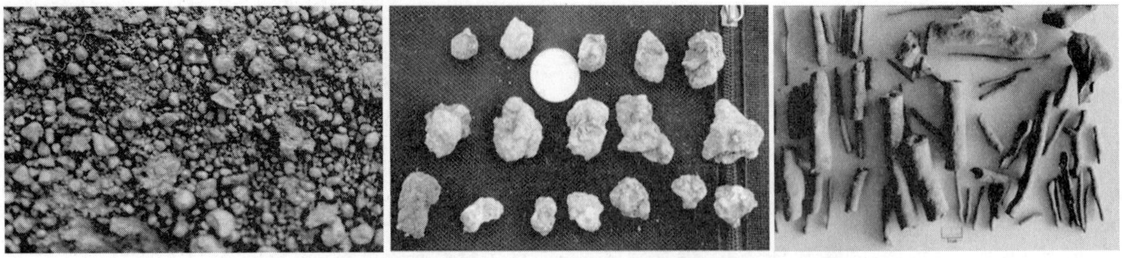

图 4-6　新生体-铁锰结核（左）、砂姜（碳酸钙结核中）、铁管（右）

表 4-10　土壤剖面观察记载表

剖面野外编号________室内编号________地点：____县____乡____村　调查时间：____年____月____日

土壤名称：当地名称__________最后定名________　代表面积__________

（一）土壤剖面环境

1. 地形__________　2. 海拔__________　3. 成土母质__________　4. 自然植被__________

5. 农业利用方式__________　6. 灌溉方式__________　7. 排水条件__________　8. 地下水位__________

9. 地下水水质__________　10. 侵蚀情况__________

（二）土壤生产性能

1. 耕作制度__________　3. 施肥水平　4. 植物生长表现__________

2. 产量水平　(1)__________　5. 耕作性能__________

(1)__________　(2)__________　6. 障碍因素________

(2)__________　(3)__________　7. 肥力等级________

（三）土壤剖面示意

（四）土壤剖面描述

剖面图	层次代号	深度/cm	质地	新生体			紧实度	植物根系	侵入体	孔隙度
				类别	形态	数量				
剖面图	层次代号	深度/cm	亚铁反应	石灰反应	pH	全氮/%	碱解氮/(mg/kg)	速效磷/(mg/kg)	速效钾/(mg/kg)	有机质/(g/kg)

活动三　农业土壤的利用与管理

1.活动目标

知识目标：了解我国土壤资源特点及存在的问题，熟悉旱地农业土壤类型及特点。

能力目标：能熟练进行旱地农田、果园、菜园等土壤的利用与管理。

思政素养：学习党的二十大报告中关于土壤治理、美丽乡村建设等论述，总结当地不同农业土壤的利用管理经验。

2.活动准备

根据班级人数，按 4 人一组分为若干组，小组共同调研，制订旱地农田、果园、菜园等土壤培肥改良计划或方案，共同研讨，并进行小组评价。

3.相关知识

(1)我国土壤资源的特点　土壤资源是指具有农、林、牧生产性能的土壤类型的总称，是人类生产和生活最基本、最广泛、最重要的自然资源。土壤资源具有一定的生产力。不同种类和性质的土壤对农、林、牧具有不同的适应性。

①土壤资源丰富、类型多样。我国的土壤资源极为丰富，类型多样，有 14 个土纲 141 个土类。不但具有世界上主要的森林土壤，而且具有肥沃的黑土、黑钙土以及其他草原土壤，同时具有世界上特有的青藏高原土壤，因此对发展农、林、牧生产具有广泛的应用价值。

②山地面积多，平原面积少。我国是一个多山的国家，平原面积小，平原、盆地只占国土面积的 26%，丘陵占 10%，山地占 64%，而且许多海拔在 2000 m 以上。寒漠、冰川有 2×10^4 km²，沙漠、戈壁约 1.1×10^6 km²，石质山面积约 4.3×10^5 km²。所以我国土地面积中有 20%在开发利用上是有困难的，但从另一个角度来看，广阔的丘陵、山地，复杂多变的山地气候，也为我国发展多种果林、药材等经济作物以及开发牧场提供了场所。

③耕地面积少、分布不平衡。据统计，全国耕地面积约 1.0×10^6 km²，只占全国总土地面积的 10.41%，占世界同类耕地的 7%。同时分布上又很不平衡，大部分分布在温带、暖温带和亚热带的湿润、半湿润地区。总体来说，我国人均耕地不仅少，而且分布过于集中。

(2)我国土壤资源存在的问题

①耕地逐年减少，人地矛盾突出。耕地面积减少是一个世界性的问题。我国人地矛盾更突出，从 1950 年至 1980 年，人均占有耕地少了 677 m²。

②土壤侵蚀严重，危害巨大。由于植被破坏，利用不当，土壤侵蚀现象越来越严重。我国 20 世纪 50 年代初水土流失面积为 1.16×10^6 km²，目前扩大到 1.9×10^6 km²，增长了 64%，占国土面积约 20%。水土流失涉及全国 1 000 个县。

③土壤资源退化，肥力下降。由于土壤侵蚀和耕植利用不合理，使土壤退化，生产力下降。由于人类在最近 50 年内对土壤的影响，现在的腐殖质损失量比农业文明以来平均腐殖质损失量高约 24.3 倍。

④土壤盐碱化、沙化加剧。我国盐碱土主要分布在黄淮平原、东北西部、河套地区、西北内陆干旱半干旱地区以及滨海地带，估计总面积在 2.0×10^5 km²以上。我国是世界上沙漠化最

严重的国家之一，北方地区沙漠、戈壁、沙漠化地区的面积已经达到 1.49×10^6 km²，占国土面积的15.5%，其中沙漠化土地面积为 3.34×10^5 km²，涉及212个旗、县，断续约5 500 km长。

⑤土壤污染日益严重，农田生态破坏。工业废弃物以及农药化肥的大量使用，加上管理不善，进入土壤的有机物质逐年增多，达到危害植物正常生长发育的程度，并通过食物链的传递影响人类的健康。

(3)旱地土壤 农业土壤包括农田土壤和园艺土壤。农田土壤是在自然土壤基础上，通过人类开垦耕种，加入人工肥力演变而成的，分为旱地土壤和水田土壤；园艺土壤是栽培果树、蔬菜等园艺植物的农田土壤。各类旱地土壤特征如表4-11所示。

表4-11 各类旱地土壤资源的特征

利用形式	土壤特征
旱地高产田	适宜的土壤环境：山区梯田化，平原园田化、方田化。协调的土体构型：上虚下实的剖面构型，耕作层深厚、疏松、质地较轻。适量协调的土壤养分。良好的物理性状，有益微生物数量多、活性强，无污染
旱地中低产田	干旱灌溉型：降雨量不足或季节分配不合理，缺少必要调蓄工程，或土壤保蓄能力差
	盐碱耕地型：土壤中可溶性盐含量超标，影响植物生长
	坡地梯改型：具有流、旱、瘦、粗、薄、酸等特点
	渍涝排水型：地势低洼，排水不畅，常年或季节性渍涝
	沙化耕地型：主要障碍因素为风蚀沙化
	障碍层次型：如土体过薄，剖面上有夹沙层、砾石层、铁磐层、砂姜层、白浆层等障碍层次
果园土壤	(1)南方果园：土壤类型多，有机质含量低，质地黏重，耕性不良，养分含量较低，土壤酸性；(2)北方果园：土层深厚，质地适中，灌排条件好，肥力较高，无盐碱化
菜园土壤	熟化层深厚；有机质含量高，养分含量丰富；土壤物理性状良好；保肥供肥能力强
设施土壤	土壤温度高；土壤水分相对稳定、散失少；土壤养分转化快、淋失少；土壤溶液浓度易偏高；土壤微生态环境恶化；营养离子平衡失调；易产生气体危害和土壤消毒造成的毒害

(4)水田土壤 水田土壤是在一定的自然环境及人们种植水稻或水生植物后，采用各种栽培措施的影响下形成的。它由于长期灌溉和干湿交替，形成了不同于旱地的土壤性状，主要表现在：一是具有特殊的土壤剖面构型。典型的水田土壤剖面层次，通常可分为耕作层、犁底层、潴育层、潜育层等。一般来说，耕作层较厚(15～20 cm)；犁底层较软而不烂；潴育层具有锈纹、锈斑，地下水位不高；潜育层位于70～80 cm。二是水热状况比较稳定。水田淹水期，水层增大了土壤热容量，水热动态稳定。三是氧化还原电位较低，物质的化学变化较大。一般水田土壤多处于还原状态，淹水时间越长，还原物质越多，氧化还原电位较低，可降到100 mV以下，而在晒田和排水落干收获期则可达300 mV以上。四是厌氧微生物为主，有机质积累多。淹水减少了土壤中氧气含量，厌氧微生物占据优势，导致有机质分解速度缓慢，使有机质较快积累起来。

4.操作过程

根据当地的旱地农田、果园、菜园、水田等土壤类型，进行表4-12中操作。

表 4-12　农业土壤利用与管理

工作环节	操作规程	质量要求
旱地高产田的培肥与管理	(1)当地高产土壤环境现状评估。调查当地高产土壤的类型，培肥管理中存在哪些问题，有何典型经验。 (2)总结当地高产田培肥管理经验，制订培肥与管理措施。 ①增施有机肥料，科学施肥。以有机肥为主、化肥为辅、有机无机相配合。 ②合理灌排。适时适量地按需供水、均匀灌水、节约用水。 ③合理轮作，用养结合。合理搭配耗地植物、自养植物、养地植物。 ④深耕改土，加速土壤熟化。深耕结合施用有机肥料，并与耙耱、施肥、灌溉等耕作管理措施相结合。 ⑤防止土壤侵蚀，保护土壤资源	经过培肥管理，达到高产土壤肥力标准： (1)山区梯田化，平原园田化、方田化。 (2)具有上虚下实的较厚耕层；水田有适度发育的犁底层。 (3)土壤养分丰富，有机质含量适中，全氮、速效磷、速效钾含量较高。 (4)具有良好土壤孔隙和结构，团粒结构多，水热状况良好。 (5)有益微生物丰富，土壤不存在污染、退化等
旱地中低产田的培肥管理	(1)当地中低产土壤环境现状评估。调查当地中低产土壤的类型，培肥管理中存在哪些问题，有何改良利用的典型经验。 (2)总结当地中低产田培肥管理经验，制订培肥与管理措施。 ①干旱灌溉型的要通过发展灌溉加以改造，并做到合理灌溉。 ②盐碱耕地型的可建设排水工程，干沟、支沟、斗沟、农沟配套成网；井灌井排，深浅井合理分布，咸水、淡水综合利用；平整土地，防止地表积盐；进行淤灌；旱田改水田；耕作培肥。 ③坡地梯改型可通过植树造林、种植绿肥牧草、坡面工程措施(等高沟埂、梯田、治沟保坡，沟坡兼治等)、推广有机旱作种植技术、发展灌溉农业等措施。 ④渍涝排水型要建设骨干排水工程(干沟、支沟)进行排水；田间建设沟渠(斗沟、农沟)配套成网。 ⑤沙化耕地型可通过：营建防护林网；种植牧草绿肥；平整土地，全部格田化；发展灌溉；土壤培肥，秸秆还田，增施有机肥，补施磷、钾肥等。 ⑥障碍层次型可在坡地采用等高种植；采用深松、深翻加深耕层，混合上下土层，消除障碍层；增施有机肥，秸秆还田，平衡施肥，培肥土壤	
果园土壤的培肥管理	(1)当地果园土壤环境现状评估。调查当地果园土壤的类型，培肥管理中存在哪些问题，有何改良利用的典型经验。 (2)总结当地果园土壤培肥管理经验，制订培肥与管理措施。 ①加强果园土、肥、水管理：山丘果园修筑梯田，平地果园挖排水沟；增施有机肥，平衡施用氮、磷、钾及微量元素肥料。 ②适度深翻，熟化土壤：深耕结合增施有机肥料；中耕除草与培土。 ③增加地面覆盖：地膜覆盖和春、秋覆草有效配合；果园种植绿肥。 ④黄河故道等沙荒地，要设置防风林网，种植绿肥增加覆盖，培土填淤	
菜园土壤的培肥管理	(1)当地菜园土壤环境现状评估。调查当地菜园土壤的类型，培肥管理中存在哪些问题，有何改良利用典型经验。 (2)总结当地菜园土壤培肥管理经验，制订其培肥与管理措施。 ①改善灌排条件，防止旱涝危害：采用渗灌、滴灌、雾灌等节水灌溉技术，高畦深沟种植。 ②深耕改土：施用有机肥基础上，每2～3年深翻一次。 ③合理轮作：改单一品种连作为多种蔬菜轮作。 ④增施有机肥，减少化肥施用，二者比例以5∶5为宜	

续表 4-12

<table>
<tr><th>工作环节</th><th>操作规程</th><th>质量要求</th></tr>
<tr><td>设施土壤的培肥管理</td><td>(1)当地设施土壤环境现状评估。调查当地设施土壤的类型,培肥管理中存在哪些问题,有何改良利用典型经验。
(2)总结当地设施土壤培肥管理经验,制订培肥与管理措施。
①施足有机底肥。
②整地起垄:提早进行灌溉、翻耕、耙地、镇压,最好进行秋季深翻。
③适时覆膜,提高地温。
④膜下适量浇水。
⑤控制化肥追施量:适当控制氮肥用量,增施磷、钾肥。
⑥多年设施栽培连茬种植前最好进行土壤消毒</td><td></td></tr>
<tr><td>一般水稻土的培肥管理</td><td>(1)搞好农田基本建设,这是保证水稻土的水层管理和培肥的先决条件。
(2)增施有机肥料,合理使用化肥。水稻的植株营养主要来自土壤,所以增施有机肥,包括种植绿肥在内,是培肥水稻土的基础措施。合理使用化肥,除养分种类全面考虑以外,在氮肥的施用方法上也应考虑反硝化作用,应当以铵类化肥进行深施为宜。
(3)水旱轮作与合理灌排。合理灌排可以调节土温,一般称为:“深水护苗,浅水发棵”。北方水稻土地区,春季刮北风时灌深水可以防止温度下降以护苗;刮南风时宜灌浅水。水稻分蘖盛期或末期要排水烤田</td><td rowspan="2">经过培肥管理,达到以下目标:
(1)良好的土体构型:耕作层超过20 cm;有良好发育的犁底层,厚5～7 cm,以利于托水托肥;心土层应该垂直节理明显,利于水分下渗和处于氧化状态。地下水位以在80～100 cm及以下为宜,以保证土体的水分浸润和通气状况。
(2)适量的有机质和较高的土壤养分含量。一般土壤有机质以20～50 g/kg为宜。肥沃水稻土必须有较高的养分贮量和供应强度。
(3)适当的渗漏量和适宜的地下日渗漏量在北方水稻土宜为10 mm/d左右,利于氧气随渗漏水带入土壤中。适宜的地下水位是保证适宜渗漏量和适宜通气状况的重要条件</td></tr>
<tr><td>低产水稻土的培肥管理</td><td>低产水稻土的特性主要有冷、黏、沙、盐碱、毒害和酸等。
(1)冷:低洼地区地下水位高的水稻土如潜育水稻土,冷浸田在秋季水稻收割后,土壤水分长期饱和甚至积水,这样于次年春季插秧后,土温低,影响水稻苗期生长,不发苗,造成低产。改良方法是开沟排水,增加排水沟密度和沟深,改善排水条件,降低地下水位。
(2)黏和沙:质地过黏和过沙对水分渗漏不利,前者过小,后者过大,均能对水稻生育产生不良影响,也不利于耕作管理。具有这两类特性的水稻土,耕耙后很快澄清,地表板而硬,插秧除草都困难。改良方法是加入客土,前者掺入沙土,后者掺入黏质土,如黄土性土壤或黑土等。
(3)盐碱、毒害:盐碱和工业废水的影响,主要是在排水的基础上,加大灌溉量以对盐碱、毒害进行冲洗。
(4)酸度改良:主要是一些土壤酸度过大的水稻土应当适量施用石灰</td></tr>
</table>

5. 问题处理

活动结束后，完成以下问题：

(1)完成表 4-13 内容。

(2)当地农业土壤利用中存在的主要问题是什么？

(3)对于当地农业土壤利用与管理你有什么好建议？

表 4-13 当地农业土壤利用现状及建议

土壤利用形式	当地土壤区域环境状况(当地气候、地形地势、地下水、污染情况、周围社会环境)	土壤利用状况(种植制度、植物种类、管理方式)	肥力性状(质地、结构、孔隙度、酸碱度、有机质、养分含量)	利用与管理状况(利用现状、改良现状、进一步采取的措施)
旱田土壤				
水田土壤				
设施农业土壤				
果园土壤				
菜园土壤				
水田土壤				

活动四 非农业土壤的利用与管理

1. 活动目标

知识目标：了解草原土壤、森林土壤、城市土壤的基本特点。

能力目标：能熟练进行草原土壤、森林土壤、城市土壤等非农业土壤的利用与管理。

思政素养：学习“两山”理念，在学习当地不同非农业土壤的利用管理中树立生态、绿色、环保意识。

2. 活动准备

根据班级人数，按 4 人一组分为若干组，小组共同调研，制订草原土壤、森林土壤、城市土壤培肥改良计划或方案，共同研讨，并进行小组评价。

3. 相关知识

(1)草原土壤 草原土壤是在天然草类覆盖下发育而成的土壤。草原土壤现大多为天然放牧地。我国草原土壤多分布在温带、暖温带半干旱、半湿润和干旱气候区。草原土壤具有以下特征：

①资源丰富，类型多样。我国草原土壤总面积为 4×10^8 hm²，约占国土面积的 45.5%，主要分布在内蒙古、青藏高原、东北和西北部分地区，面积较大的有西藏、内蒙古、新疆、青海、四川、甘肃、云南、广西、黑龙江 9 省(自治区)，面积达 3.32×10^8 hm²，占全国草原土壤的 83%。我国草原土壤类型众多，主要有黑土、黑钙土、栗钙土、棕钙土、灰钙土、草甸土、山地草甸土、草毡土、黑垆土等。

②水热条件不协调，肥力特性较差。我国草原土壤一半分布在北方温带草原区，1/3 分布在青藏高原高寒区。水热条件从东到西、从南到北差异很大。北方温带地区的降水量从东南部的 500～700 mm 降低到西北部的 50 mm 以下；从≥10 ℃积温来看，西北地区热量资源高于东部地区，只有分布面积很小的亚热带和热带草原土壤水热条件同步。所以，华北、西北地区广阔的草原土壤受淋溶作用弱，土壤水分以蒸发为主，土壤盐基物质较多，土壤有明显的碳酸钙累积或石膏成分的累积，土壤反应大部分显碱性。

③肥力水平相差较大，并且不稳定。草原土壤腐殖质含量较低，腐殖质厚度除黑土外，大部分较薄，土壤养分含量较低；质地较粗，结构性较差，易引起风蚀沙化。肥力水平从东到西、从南到北逐渐降低，草地生产力水平也表现出同样趋势。年际间降水量变化较大，季节降水量也不均匀，造成土壤生产力水平不稳定。

(2)森林土壤 森林土壤是指森林覆盖下发育而成的土壤。在我国主要分布在东北、西南广大地区，主要沿大兴安岭—六盘山—青藏高原东部边缘一线，其他地区主要分布在高山阴坡，面积较小。我国森林土壤面积为 1.34×10^4 hm^2。森林土壤特征如下：

①气候湿润，水分条件较好。森林土壤分布区降水量较多，蒸发量小于降水量，土壤水分运动为淋溶型，土壤所受淋溶作用较强，土壤中盐基离子较少，交换性盐基呈不饱和状态，土壤中钾、钠、钙、镁较少。土壤养分表现出钾、钙不足。

②表层有机营养丰富，物质循环较快。森林土壤表层存在较多的森林凋落物，生物富集作用较强，土壤与凋落物之间营养物质循环较快，土壤表层腐殖质形成较多，土壤有机营养较丰富，尤其是土壤氮素较丰富，而钾、钠、钙、镁含量较少，尤其是钾、钙不足。

③土壤反应趋向酸性，盐基饱和度较低。森林土壤处于湿润气候区，淋溶作用较强，土壤中盐基离子淋失较多，凋落物分解形成的有机酸较多，土壤盐基饱和度较低，土壤胶体吸附较多的铝离子和氢离子，从而使土壤显酸性。

④生物资源丰富，生态环境良好。森林与森林土壤是许多珍稀动物赖以生存、生活的基础，良好的土壤环境条件维持着森林良好生长，保护着地下水、地表水和各类生物资源，保护着良好的森林生态环境，以保证动物生存、生活所需的环境条件。

(3)城市土壤 城市土壤是自然土壤被城市占据，在人类强烈活动影响下形成的。随着我国城市化进程不断加快，城市迅速扩大，重视城市土壤资源的特征与管理是一项重要的任务。城市土壤具有以下特征：

①人为影响大，肥力性状差。自然土壤或耕作土壤经城市占用并受人类活动的影响，土壤性状会发生明显的变化。城市土壤微生物数量较少，植被类型明显减少；土壤生物量大幅度降低，土壤生物多样性下降；土壤物质流和能量流循环失衡，土壤物质运行受到阻隔；土壤腐殖质逐渐减少；土壤团粒结构被破坏，土壤结构趋向块状和片状，渣砾增多；土壤紧实度加剧，土壤容重明显变大，孔隙状况不良，总孔隙度小，土壤持水能力降低；土壤酸性或碱性加剧，营养元素含量下降。

②土壤污染严重。城市化伴随工业发展，城市人口密度和数量增大，各种化学用品不断增加，生活垃圾、工程废料和生活废水及工业污染物排放等都是污染土壤的因素。

③净化功能明显降低，有害成分增加。城市土壤由于腐殖质呈明显的下降趋势，土壤生物活性明显降低，土壤黏土矿物更新过程放缓，所以土壤降解、转化污染物的能力大大降低，土壤过滤器和净化器的功能明显减弱。各类污染物易进入地下水或通过生物链进入动物、植物体

内，造成城市地下水体污染和城市植物有害成分增加。

4.操作过程

(1)草原土壤 土壤类型较多，我国最典型的草原土壤主要是黑钙土、栗钙土和黑垆土等，其土壤管理措施见表4-14。

表4-14 草原土壤利用与管理

工作环节	操作规程	质量要求
加强草原土壤资源利用方向的管理	草原土壤资源利用的方向必须坚持以牧为主，长期保持天然草地生态功能的稳定，对滥开垦草原土壤发展种植业和其他各类破坏草原的经营活动应加强管理，坚持退耕还草还牧	草原土壤最适宜发展天然畜牧业，不适宜发展种植业
合理利用，加强保护	(1)必须加强以草定畜、以草配畜、增产增畜、草畜平衡为基础的草地畜牧业管理。 (2)严禁滥垦、滥牧。在草地经营中应加强对随意开垦农用、矿产开发、过度采集根用药材、砍伐防护林、居住地建设、公路建设等的管理，实行草原土壤资源开发与保护草地补偿恢复制度等	草地与畜群在适度放牧条件下，能使草畜两旺，保持草地的良性循环和发展
科学放牧，建设人工草地	(1)推行划区轮牧和季节性放牧，并且加强放牧时间与放牧次数的管理，推行季节性休牧和家庭饲养相结合的管理办法。 (2)适当发展人工草地，充分发挥草地生产潜力，提升草地畜牧业发展水平，保证牲畜秋冬饲料供应。人工草地首先选择在退化草地上，并且推广留高茬刈割，有利于保护土壤，抑制风蚀沙化	依据天然草场植被生长的特点，必须实行科学的放牧制度

(2)森林土壤 土壤类型较多，自北向南依次分布为寒温带的灰化土，温带的暗棕壤和灰色森林土，暖温带的棕壤和褐土，亚热带的黄棕壤、红壤和黄壤，热带的砖红壤。森林土壤管理措施见表4-15。

表4-15 森林土壤利用与管理

工作环节	操作规程	质量要求
加强森林土壤资源保护	森林是保护生态环境最有效的天然屏障，是生物多样性的重要组成部分。我国森林覆盖率为17.9%，保护好森林土壤资源是保护我国天然林的主要任务。我国现存森林土壤应严禁开垦从事农业、牧业利用，对火灾后的迹地应及时进行人工补植或保护自然恢复	宜林土地区应加强封山育林管理，非更新采伐期严禁采伐
加强森林地面凋落物保护	森林土壤物质的循环主要依赖凋落物的分解归还土壤，所以保存凋落物是维持土壤肥力的主要措施，加强对林地土壤表层凋落物的管理，严禁大量收集用作燃料和供牲畜食用，否则会导致土壤物质循环链中断，引起土壤肥力下降	在林区通过适当发展人工薪炭林解决燃料问题是保护凋落物的有效途径
加强森林抚育管理	森林生长周期长，林冠郁闭度大，地面凋落物较多，各树种混杂后成熟期不一致。应加强采伐、整枝，促进营养物质良性循环，淘汰劣质树种，保留优势树种，保护林下植被，可以促进森林良好生长发育，对土壤肥力提高、防止水土流失是非常重要的	有条件的林区可以发展多种经营，但要保护生态不受破坏

(3)城市土壤 城市园林土壤是在当地自然土壤或农业土壤基础上形成的，依据当地土壤情况完成表 4-16。

表 4-16 城市土壤利用与管理

工作环节	操作规程	质量要求
合理利用城市土壤	根据土壤类型选择适宜植物栽培。绿化用地在绿化前，要进行园林绿化设计，在运用植物造景进行植物配置时，力求做到适地适树。在施工过程中发现土壤条件不适宜设计上安排的树种，要及时改换其他树种栽植	紧实土壤或带宽小于 2 m，要选择适应性强的树种栽植；渣、砾多的土壤要栽植喜气耐肥树种；水位高潮湿土壤上要栽植喜湿树种；盐碱地要选用耐盐碱的树种；楼北的地方要选种耐阴树种
适时改良城市土壤	(1)改土。如果遇到松散土壤或极紧土壤不适宜树木栽植，要进行改土。改土是将土坑按规格要求挖好后，有渣砾要去掉，坑内施基肥换好土栽植，栽植第二年后要在树坑外围环状改土。在可能情况下，改土后经 2～3 年再在树的周围用同样方法扩大改土面积。 (2)改土复壮。对已栽植多年的因土壤渣砾多或土壤紧实而造成长势弱的植株要进行改土复壮。改土方法基本同上，但要将环状改土分 2～3 年完成，每年可改一部分土，减少树根损伤。 (3)改善土壤环境。石灰渣土在植树前要将坑内的土全部换成好土。盐渍化土要采取挖沟排盐、灌水洗盐等措施降低土壤含盐量。水湿土壤要在绿化前挖沟排水或垫土抬高地面。 (4)生物改良土壤。种植白三叶既可以实施绿化，又可以通过固氮改良土壤	改土规格是在树坑外围挖宽 0.8 m 左右，深 0.8 m 左右的环状沟。沟挖完后，视土壤情况确定土壤处理方法。多渣土壤要筛除渣砾，换上好土，掺入草炭、有机肥、锯末等保水保肥物质；紧实土壤可掺些树木屑、枝叶、沙砾等松土物质
因地制宜土壤培肥	(1)增加土壤养分。要将每年修剪的枝叶收集粉碎以备改土使用。贫瘠土壤或营养面积不足的绿地，要施足基肥及时追肥。城市建筑占用肥力高的土壤，可将表土储备起来用作绿化地改土换土使用。 (2)改善土壤通气状况。紧实土壤进行松土并掺一些能增加土壤透气性的物质。条件允许的情况下人行道铺装改成透气铺装。 (3)调节土壤水分。根据土壤墒情做到适时浇水。保水性差的可改土增加土壤保水性。扩大城市地表水面积，减少铺装，提高土壤含水量。 (4)加强土壤管理。禁止在绿地挖土、堆放杂物。禁止建筑垃圾埋入绿地。防止有害物质污染土壤。禁止人为践踏土壤	(1)肥料要选用专用树肥或多元素无机肥，与有机肥混施效果最佳。施肥时间、深度、范围和施肥量等确定要有利于植物根系吸收为益。 (2)保水差的土壤浇水要少量多次；板结土壤应在根区松土筑埂浇水

5.问题处理

活动结束后，完成以下问题：

(1)简述当地草原土壤、森林土壤、城市土壤利用情况。

(2)当地草原土壤、森林土壤、城市土壤利用中存在的主要问题是什么?

(3)对于当地草原土壤、森林土壤、城市土壤的利用与管理你有什么好建议?

【师生互动】

1.根据当地实际情况,以县、乡或村为单位,调查存在哪些土壤退化类型?有何防治典型经验?

2.根据当地实际情况,以县、乡或村为单位,调查其分布有哪些土壤类型,了解其特征及利用、改良经验,写出课外活动小结。

3.当地农业或非农业土壤存在哪些主要问题?有何典型管理经验?

4.选取当地典型土壤类型,采取土壤样品并进行有关室内分析,挖掘土壤剖面,对该土壤生产性状进行描述。

知识拓展

如果同学们想了解更多的知识,可以通过下面的渠道进行学习:

1.阅读杂志

(1)《中国土壤与肥料》

(2)《土壤通报》

(3)《土壤》

(4)《土壤学报》

2.浏览网站

(1)中国科学院南京土壤研究所网(http://www.issas.ac.cn/)

(2)中国肥料信息网(http://www.natesc.gov.cn/)

(3)中国农业科学院土壤肥料研究所网(http://sfi.caas.ac.cn)/

3.通过本校图书馆借阅有关土壤、土壤利用等方面的书籍。

考证提示

获得农业技术员、农作物植保员,以及有关涉农企业的1+X证书等职业资格证书,需具备以下知识和能力:

1.当地主要土壤的特点、利用与改良;

2.当地土壤退化的主要类型、特点与防治;

3.土壤剖面的挖掘与观察;

4.当地主要农田土壤、果园土壤、菜园土壤、设施土壤、水田土壤等农业土壤的利用与管理;

5.当地草原土壤、森林土壤或城市土壤等非农用土壤的利用与管理。

学习情境五　水分环境与植物生长

【情境创设】

学习情境五 水分环境与植物生长		活动一　认识水分与植物生长 活动二　植物生长土壤水分环境 活动三　植物生长大气水分环境 活动四　一般条件下植物生长的水分环境调控 活动五　设施条件下植物生长的水分环境调控
能力目标	专业能力	1.熟练准确地进行植物蒸腾强度的测定； 2.熟练测定土壤自然水分含量、土壤田间持水量； 3.熟练准确地进行空气湿度、降水量与蒸发量的观测； 4.熟练进行一般条件和设施条件下的水分环境调控
	方法能力	1.具备获取信息、收集资料的能力； 2.具备制订计划、执行计划的能力； 3.具备自主学习、发现问题、解决问题的能力
	社会能力	1.具备良好的团队协作、配合能力； 2.具备良好的与人沟通、协调能力； 3.具备一定的综合、创新能力
知识目标	1.认识植物吸水原理，了解植物蒸腾、植物需水规律和合理灌溉指标； 2.熟悉土壤水分形态、有效性与表示方法； 3.熟悉空气湿度、水汽凝结有关知识，熟悉降水的表示方法与种类； 4.了解植物对水分环境的适应，熟悉水分环境调控的主要措施	
思政目标	1.在教师授课、学生学习和实践中，学习习近平总书记关于生态文明的论述，树立节约用水、保护水体、建设美丽乡村意识； 2.通过参观当地正在进行的农田水利建设活动，学习当地农业科技人员尊重科学、乐于实践、吃苦耐劳的职业精神	
教学条件	多媒体课件、多媒体教室、实验实训室、图书馆、网络	
教学方法	课堂讲授、资料查阅、现场训练、课外活动	
考核评价	学习过程考核	计划制订(20%)、师生释疑(10%)、完成任务(50%)、检查评价(20%)
	拓展能力考核	工作态度(20%)、岗位技能(50%)、拓展能力(20%)、团队合作(10%)
考核方式	教师评价(70%)、小组互评(20%)、学生自评(10%)	

活动一 认识水分与植物生长

1.活动目标

知识目标：了解水分对植物生长的影响，理解植物细胞吸水和植物吸水的原理，认识植物蒸腾、植物需水规律等有关知识。

能力目标：熟练准确进行植物蒸腾强度的测定。

思政素养：学习习近平总书记关于治水的重要论述，理解“水利是农业的命脉”的含义。

2.活动准备

根据班级人数，按 2 人一组分为若干组，每组准备以下材料和用具：各种植物幼嫩叶、电子天平（感量 0.0001 g）、医用瓷盘、玻璃板、计时器、干燥器、恒温干燥箱、干燥管、剪刀、镊子、蒸腾夹装置、滤纸；配制 5%氯化钴溶液：准确称取 5 g 氯化钴，溶于 100 mL 蒸馏水中。

3.相关知识

(1)水分对植物生长的影响 水是植物的重要组成成分，水利是农业的命脉，水对植物的生命具有决定性作用。

①水分是植物新陈代谢过程的重要物质。细胞原生质含水量在 70%以上，才能保持新陈代谢活动正常进行，随着细胞内水分减少，植物的生命活动就会大大减弱。水是植物光合作用、合成有机物的重要原料，植物有机物质的合成及分解过程必须有水分参与。其他生物化学反应，如呼吸作用中的许多反应，脂肪、蛋白质等物质的合成和分解反应，也需要水参与。没有水，这些重要的生化过程都不能正确进行。

②水是植物进行代谢作用的介质。细胞内外物质运输，植物体内的各种生理生化过程，矿质元素的吸收与运输，气体交换，光合产物的合成、转化和运输，以及信号物质的传导等都需要以水分作为介质。土壤中的无机物和有机物需要溶解在水中才能被植物吸收。许多生化反应也要在水介质中才能进行。植物体内物质的运输是与水分在植物体内不断流动同时进行的。

③能使植物体保持固有的姿态。植物细胞含有的大量水分，可产生静水压力，以维持细胞的紧张度，保持膨胀状态，使植物枝叶挺立，花朵开放，根系得以伸展，从而有利于植物体获取光照、交换气体、吸收养分等。如水分供应不足，植物便萎蔫，不能正常生活。

④水分具有重要的生态作用。水分作为生态因子，在维持适合植物生活的环境方面起着特别重要的作用。例如，植物可通过蒸腾散热调节体温，以减少烈日的伤害；水温变化幅度小，在寒冷的环境中也可保持体温不下降得太快。如遇干旱时，也可通过灌水来调节植物周围的空气湿度，改善田间小气候。水有很大的表面张力和附着力，对于物质和水分的运输有重要作用。水是透明的，可见光和紫外光可透过，这对于植物叶子吸收太阳光进行光合作用很重要。此外，可以通过调节水分促进肥料的释放，从而调节养分的供应速度。

俗话说：“有收无收在于水”，可见水对植物的生长具有决定性作用，是农业的命脉。因此，降水（或灌溉）适时、适量是确保稳产、高产、优质的重要条件。

(2)植物对水分的吸收 主要有两种：一是细胞吸水，二是根系吸水。

①细胞吸水。一切生命活动都是在细胞内进行的，吸水也不例外。植物细胞吸水有三种方式：

第一，渗透吸水。渗透吸水是指含有液泡的细胞吸水，如根系吸水、气孔开闭时保卫细胞的吸水，主要是由于溶质势的下降而引起的细胞吸水过程。当液泡的水势高于外液的水势，易引起细胞质壁分离(图 5-1)。质壁分离是指由于细胞壁的伸缩性有限，而原生质层的伸缩性较大，当细胞不断失水时，原生质层便和细胞壁慢慢分离开的现象。细胞质壁分离易引起植物萎蔫，长期持续下去，植物就会死亡。

图 5-1　植物细胞的质壁分离现象

第二，吸胀吸水。主要是细胞壁和原生质体内有很多亲水物质，如纤维素、蛋白质等，它们的分子结构中有亲水基，因而能够吸附水分子，从而使细胞吸水。

第三，降压吸水。主要是指因压力势的降低而引发的细胞吸水。如蒸腾旺盛时，木质部导管和叶肉细胞的细胞壁都因失水而收缩，使压力势下降，从而引起这些细胞水势下降而吸水。

②根系吸水。植物吸收水分的主要器官是根，而根系吸水的主要区域是根毛区。植物根系吸收土壤水分后，便进行运输，其运输途径为：土壤中的水→根毛→根的皮层→根的内皮层→根的中柱鞘→根的导管或管胞→茎的导管→叶柄导管→叶脉导管→叶肉细胞→叶细胞间隙→气孔下腔→气孔→大气(图 5-2)。

植物根系吸水的动力主要有根压和蒸腾拉力两种。根压是指由于植物根系生理活动而促使液流从根部上升的压力。根压可使根部吸进的水分沿导管输送到地上部分，同时土壤中的水分又不断地补充到根部，从而形成了根系的主动吸水。多数植物根压为 0.1～0.2 MPa，有些木本植物可达 0.6～0.7 MPa。蒸腾拉力是指因叶片蒸腾作用而产生的使导管中水分上升的力量。当植物叶片蒸腾时，导致水分从土壤通过根毛、皮层、内皮层，再经中柱薄壁细胞进入导管，使叶脉导管失水，产生压力梯度，从而形成根的被动吸水现象。蒸腾拉力是比根压更强的一种吸水动力，可达到根压的十几倍，是植物吸水的主要动力。

植物根系吸水一方面取决于根系的生长状况，另一方面又受土壤状况影响，并且土壤状况对根系吸水的影响很大。一是水分，土壤水分状况与植物吸水有密切关系，植物吸收的水分是土壤中的有效水，当土壤干旱时，有效水含量减少，植物便发生萎蔫现象。如果土壤干旱严重，失去更多有效水，植物便发生永久萎蔫现象，植株便会死亡。二是温度，一般情况下，在适宜温度范围内，土壤温度升高，植物根系吸水增加；土壤温度降低，根系吸水受阻。但不同植物对温度敏感程度不同。另外土壤温度急剧下降比逐渐降温对根系吸水影响更大。三是通气状况，土壤通气良好时，根系呼吸作用旺盛，根系吸水能力较强；通气不良时，根系代谢活动不能正常进行，根系吸水受到限制，在植物生产上，旱田的中耕松土、水田的排水晒田、增施有机肥料使

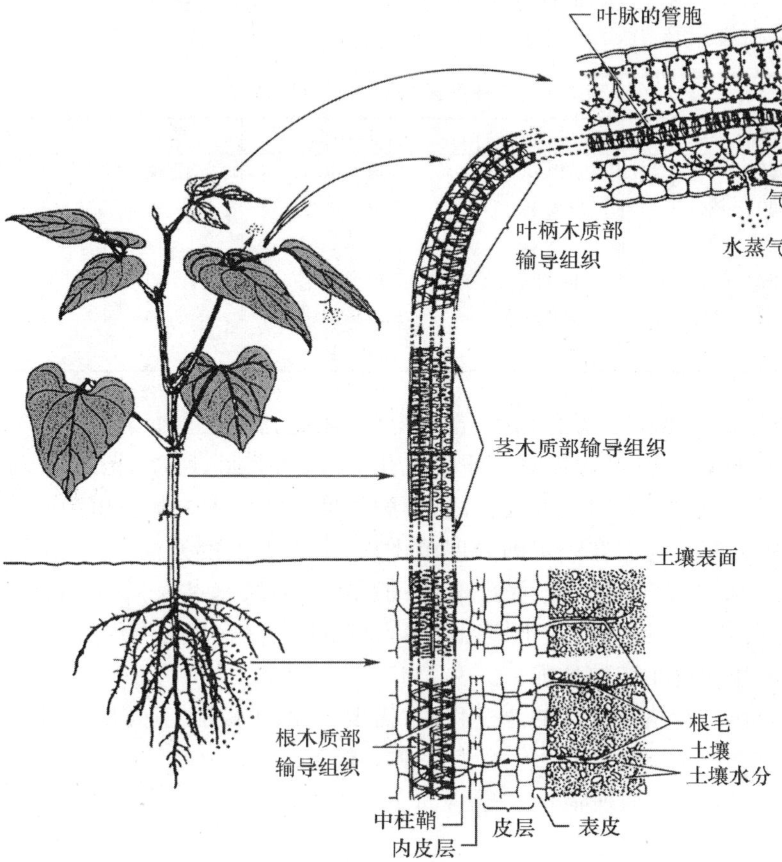

图 5-2 水分从根部向上运输的途径

土壤形成较多的团粒结构等措施，就是通过改善通气条件，提高根系吸水和吸肥的能力。四是土壤浓度，一般情况下，土壤溶液浓度较低，水势较高，根系易于吸水。盐碱地上，水中盐分浓度高，水势低，植物吸水困难。植物生产中，如施肥过多或过于集中，也可使土壤溶液浓度过高，水势下降，阻碍根系吸水，甚至会导致根细胞水分外流，而产生“烧苗”。

(3)植物的蒸腾 植物蒸腾作用是指植物体内的水分以气态散失到大气中去的过程。蒸腾作用虽然会造成植物体内水分的亏缺，甚至会引起危害，但它对植物的生命活动有很大的益处：蒸腾作用产生的蒸腾拉力是植物吸水的主要动力；根系吸收的矿物质或合成的物质可随着水分上升在植物体内转运；蒸腾作用散失大量水分，高温环境中可降低植物体的温度，避免高温危害；叶片进行蒸腾作用时，气孔开放，二氧化碳易进入叶内被同化，促进光合产物的积累。

①蒸腾作用的方式。植物进行蒸腾作用的部位主要是叶片。叶片的蒸腾作用方式有两种：一是角质蒸腾，是指植物体内的水分通过角质层而蒸腾的过程；二是气孔蒸腾，是指植物体内的水分通过气孔而蒸腾的过程。植物以气孔蒸腾为主。

②蒸腾作用的指标。蒸腾作用的强弱常用蒸腾速率、蒸腾效率和蒸腾系数来表示。

蒸腾速率，又称为蒸腾强度，是指植物在单位时间内，单位叶面积上通过蒸腾作用散失的水量。大多数植物白天的蒸腾速率为 15～250 g/(m^2 · h)，夜晚为 1～20 g/(m^2 · h)。蒸腾效率是指植物每蒸腾 1 kg 水时所形成的干物质的质量(g)。蒸腾效率一般为 1～8 g/kg。蒸腾系数是指植物每制造 1 g 干物质所消耗水分的质量(g)。蒸腾系数在 125～1 000 g/g(表 5-1),蒸腾系数越小,则表示该植物利用水分的效率越高。

表 5-1　几种主要植物的蒸腾系数 g/g

植物	蒸腾系数	植物	蒸腾系数	植物	蒸腾系数
小麦	450～600	棉花	300～600	蔬菜	500～800
燕麦	600～800	大麻	600～800	松树	450
玉米	250～300	亚麻	400～500	云杉	500
荞麦	500～800	向日葵	500～600	橡树	560
黍	200～250	牧草	500～700	油柿	800
水稻	500～800	马铃薯	300～600	白蜡	850

③影响蒸腾作用的因素。主要有光照、空气湿度、风速、温度、土壤条件等。光照除影响气孔开闭外,还可通过改变气温、叶温而影响水的汽化、扩散与蒸腾;所以,光照强度高,蒸腾强度随之升高。但光照强度过高,会引起气孔关闭,蒸腾强度则会大大下降。植物叶片与空气之间的水势差越大,蒸腾强度越高。在一定的温度范围内,随着温度的升高,蒸腾作用加强。适当增加风速,能促进叶面水蒸气的扩散,促进蒸腾;但是,如果风速过大,气孔关闭,反而抑制蒸腾。影响根系吸水的各种土壤条件如土壤温度等,都间接地影响蒸腾作用;地下部的水分供应充足,地上部的蒸腾作用也相应地加强。

(4)植物需水规律　在植物生活的全过程中,需要大量的水分,不同植物或同一植物不同品种,其需水量不同。如 1 hm^2 玉米一生需消耗 9×10^6 kg 的水;而 1 hm^2 小麦约需 4×10^6 kg 的水。植物每制造 1 kg 干物质所消耗水分的量(g),称为需水量。植物生活全过程中,往往有两个关键需水时期。

①植物需水临界期。指植物在生命周期中对水分缺乏最敏感,最易受害的时期。如小麦一生中有两个临界期:孕穗期和乳熟末期。

②植物最大需水期。指植物在生命周期中对水分需要量最多的时期。而植物最大需水期多在植物生长旺盛时期,即生活中期。

(5)合理灌溉的指标　植物是否需要灌溉可依据气候特点、土壤墒情、作物形态、生理指标等加以判断。

①土壤指标。适宜植物正常生长发育的根系活动层(0～90 cm),其土壤含水量为田间持水量的 60%～80%,如果低于此含水量,应及时进行灌溉。

②形态指标。植物幼嫩的茎叶在中午前后易发生萎蔫;生长速度下降;叶、茎颜色呈绿色或有时变红等情况下,要及时进行灌溉。

③生理指标。常用植物叶片的细胞液浓度、渗透势、水势和气孔开度等作为灌溉的生理指标。不同植物的灌溉生理指标临界值见表 5-2。

表 5-2　不同植物的灌溉生理指标临界值

作物生育期	叶片渗透势/MPa	叶片水势/MPa	叶片细胞液质量分数/%	气孔开度/μm
冬小麦				
分蘖-孕穗期	−1.1～−1.0	−0.9～−0.8	5.5～6.5	
孕穗-抽穗期	−1.2～−1.1	−1.0～−0.9	6.5～7.5	

续表 5-2

作物生育期	叶片渗透势/MPa	叶片水势/MPa	叶片细胞液质量分数/%	气孔开度/μm
灌浆期	−1.5～−1.3	−1.2～−1.1	8.0～9.0	
成熟期	−1.6～−1.3	−1.5～−1.4	11.0～12.0	
春小麦				
分蘖—拔节期	−1.1～−1.0	−0.9～−0.8	5.5～6.5	6.5
拔节—抽穗期	−1.2～−1.1	−1.0～−0.9	6.5～7.5	6.5
灌浆期	−1.5～−1.3	−1.2～−1.1	8.0～9.0	5.5
棉花				
花前期		−1.2		
花期—棉铃期		−1.4		
成熟期		−1.6		

4.操作规程和质量要求

选取当地种植农作物、蔬菜等植物的农田，进行以下操作（表 5-3）。

表 5-3　植物蒸腾强度的测定

工作环节	操作规程	质量要求
田间取样	在田间选择要测定的材料，用打孔器（已知孔口面积）取样	选取的材料要有代表性
称样计时	用 50 mg 扭力天平（准确到 0.1 mg）进行测定。用秒表准确计时。从取样起到 1 min 时，第一次读数；再过 3 min，第二次读数	在采用离体称重法时，必须防止植株上附着的尘土对结果的影响。所以在剪取材料前，应轻轻拍掉植株上的浮土
结果计算	由两次质量差计算蒸腾强度或以后次质量计算蒸腾强度。计算式为： $蒸腾强度1=\frac{(前次重-后次重)\times 60}{3\times 面积}$ $蒸腾强度2=\frac{(前次重-后次重)\times 60}{3\times 后次重}$	测定时，应同时测定气温、日照、风速、空气湿度，以便测定结果的相互比较
植物蒸腾调节	（1）减少蒸腾面积。移栽植物时，可去掉一些枝叶。 （2）降低蒸腾速率。在午后或阴天移栽植物，或栽后搭棚遮阳，或实行设施栽培。 （3）使用抗蒸腾剂。如使用苯汞乙酸、硅酮、乳胶、聚乙烯蜡、高岭土等，减少蒸腾量	（1）去掉枝叶可减少蒸腾面积，降低蒸腾失水量，有利于成活。 （2）避开促进蒸腾的外界条件、使用抗蒸腾剂，都能降低移栽植物的蒸腾速率

5.问题处理

活动结束后，完成以下问题：

（1）田间取样的时候应注意什么？

（2）比较蒸腾强度的两种计算方法有何区别？

（3）测定植物蒸腾强度有何意义？

活动二　植物生长的土壤水分环境

1.活动目标

知识目标：了解土壤水分形态和有效性，熟悉土壤水分的表示方法以及土壤水分的管理。

能力目标：熟练准确地测定土壤自然水分含量，为土壤耕作、播种、土壤墒情分析和合理排灌等提供依据；能够熟练准确地测定土壤田间持水量，为确定灌水定额、指导农业生产等提供依据。

思政素养：学习有关土壤水体污染的论述，树立建设健康土壤、确保绿色生产意识。

2.活动准备

根据班级人数，按 2 人一组分为若干组，每组准备以下材料和用具：烘箱、天平(感量为0.01 g和 0.001 g)、干燥器、称样皿、玻璃皿、量筒(10 mL)、烧杯、滴管、滤纸、纱布、橡皮筋、环刀($100\ cm^3$)、铝盒、剖面刀、铁锹、小锤子、铁框或木框(1 m×1 m 或 2 m×2 m，高 20～25 cm)、水桶、土钻、无水乙醇等。

3.相关知识

土壤水分以固态、液态和气态三种形态存在。植物直接吸收利用的是液态水。土壤水并非纯净水，而是稀薄的溶液，不仅溶有各种溶质，而且还有胶粒悬浮或分散于其中。

(1)土壤水分的形态　根据水分在土壤中的物理状态、移动性、有效性和对植物的作用，常把土壤水分划分为吸湿水、膜状水、毛管水、重力水等不同的形态(图 5-3)。

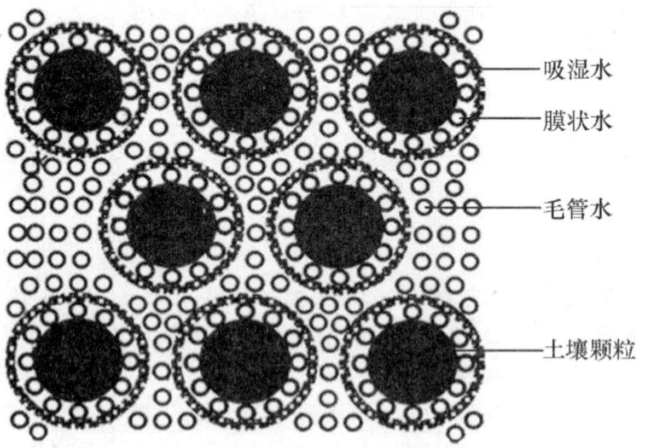

图 5-3　土壤水分形态模式示意

①吸湿水。由于固体土粒表面的分子引力和静电引力对空气中水汽分子的吸附力而被紧密保持的水分称为吸湿水。其厚度只有 2～3 个水分子层，分子排列紧密，不能自由移动，无溶解力，也不能为植物吸收，属于无效水分。

土壤吸湿水的多少，一方面决定于周围的物理条件，主要是大气湿度与温度。当土壤空气中水汽达到饱和时，土壤吸湿水可达最大值，这时的含水量为最大吸湿量，也称为吸湿系数。一般土壤质地越细，有机质含量越高，土壤吸湿水含量也就越高。

②膜状水。膜状水是指土粒靠吸湿水外层剩余的分子引力从液态水中吸附一层极薄的水膜。膜状水受到的引力比吸湿水小，因而有一部分可被植物吸收利用。但因其移动缓慢，只有被植物根系接触到时才能被吸收利用。吸湿水和膜状水合称为束缚水。

膜状水达到最大量时的土壤含水量，称为最大分子持水量。通常在膜状水没有被完全消耗之前，植物已呈萎蔫状态；当植物因吸不到水分而发生萎蔫时的土壤含水量称为萎蔫系数（或称为凋萎系数），它包括全部吸湿水和部分膜状水，是植物可利用的土壤有效水分的下限。

③毛管水。土壤依靠毛管引力的作用将水分保持在毛管孔隙中的水，称为毛管水。毛管水是土壤中最宝贵的水分，也是土壤的主要保水形式。根据毛管水在土壤中存在的位置不同，可分为毛管悬着水和毛管上升水。毛管悬着水是指在地下水位较低的土壤，当降水或灌溉后，水分下移，但不能与地下水联系而“悬挂”在土壤上层毛细管中的水分；毛管上升水是指地下水随毛管引力作用而保持在土壤孔隙中的水分。

当毛管悬着水达到最大量时的土壤含水量，称为田间持水量；它代表在良好的水分条件下灌溉后的土壤所能保持的最高含水量，是判断旱地土壤是否需要灌水和确定灌水量的重要依据（表 5-4）。毛管上升水达到最大量时的土壤含水量，称为毛管持水量；当地下水位适当时，毛管上升水可达根系分布层，是植物所需水分的重要来源之一。

表 5-4 不同质地和耕作条件下的田间持水量 %

土壤质地	沙土	沙壤土	轻壤土	中壤土	重壤土	黏土	二合土	
							耕后	紧实
田间持水量	10～14	13～20	20～24	22～26	24～28	28～32	25	21

④重力水。当土壤中的水分超过田间持水量时，不能被毛管引力所保持，而受重力作用的影响，沿着非毛管孔隙（空气孔隙）自上而下渗漏的水分称为重力水。土壤为重力水所饱和时的含水量，称为全蓄水量（或饱和含水量）。全蓄水量包括了土壤的重力水、毛管水、膜状水和吸湿水。全蓄水量是计算稻田淹灌水量的依据。

(2)土壤水分的有效性 对某一土壤来说，土壤所保持的各种水分形态类型的最大数值变化极小或基本恒定，称为土壤水分常数。吸湿系数、凋萎系数、田间持水量等都是常见的水分常数。土壤水分常数不仅反映了土壤的持水量和含水量的大小，也反映了土壤的吸持和运动状态以及可被植物利用的难易程度，对研究土壤水分状况及其对植物的有效性有重要意义。

土壤中各种形态的水分中可以被植物吸收利用的水分称为有效水；不能被植物吸收利用的水分称为无效水。土壤水分对植物是否有效，主要取决于土壤对水分的保持力及植物根系的吸水力。当植物根系的吸水力大于土壤水分的保持力时，土壤水分就能被植物利用；反之，则不能被植物利用。多数土壤水分必须在土壤中流动一段路程，才能达到根部。当土壤水分含量充足，土壤水吸力较小时，植物吸水容易。随着水分的蒸发和被植物吸收，根际土壤水分越来越少，土壤水吸力越来越大，植物吸水就会越来越困难。如果没有水从附近流向根际，最后土壤水吸力将趋向于和植物根部水吸力平衡，植物吸水就会停止，要使附近水流向根部，不仅要它的水吸力低于植物根部，还要以足够速率流向根部，以补偿植物蒸腾的需要。如果流动速率不能满足植物的需要，植物就会萎蔫。

土壤含水量大于凋萎系数，但又低于毛管断裂含水量时（土壤含水量小于田间持水量的70％时），因水的运动缓慢，难于及时满足植物的需求量，则属无效水。在毛管断裂含水量至田间持水量或毛管持水量之间的毛管水，因运动速度快，供水量大，能及时满足植物的需要，属速效水。土壤有效水的多少与土壤质地、有机质含量有密切关系。一般而言，质地过沙或过黏的土壤，有效水少；壤质土，有机质含量高，结构好的土壤，有效水则多，见表 5-5。

表 5-5　土壤质地、有机质与有效水的关系　　　　%

墒情类型	田间持水量	凋萎系数	有效水
沙土	3～6	0.2～0.3	2.8～5.7
沙壤土	6～12	0.3～3.0	5.7～9.0
壤土	12～23	3.0～12.0	9.0～11.0
黏土	21～23	12.0～15.0	9.0～8.0
泥炭土	160～200	60.0～80.0	100.0～120.0

(3)土壤含水量的表示方法　主要有质量含水量、容积含水量、相对含水量等。

①质量含水量。指土壤水分质量占烘干土壤质量的比值，标准单位是 g/kg，通常用百分数来表示。即：

$$\text{质量含水量}=\frac{\text{水分质量}}{\text{烘干土质量}}\times 100\%$$

②容积含水量。指土壤中水的容积占土壤容积的百分数，用以说明土壤水分占孔隙容积的比值，了解土壤水分与空气的比例关系。

$$\text{土壤容积含水量}=\frac{\text{水的体积}}{\text{土壤体积}}\times 100\%=\text{土壤含水量}\times\text{土壤容重}$$

例如，某土壤含水量为 20.3%，土壤容重为 1.2 g/cm^3，则土壤容积含水量＝20.3%×1.2＝24.4%。又如，土壤孔隙度为 55%，则空气所占体积为 55%－24.4%＝30.6%。

③相对含水量。指土壤实际含水量占该土壤田间持水量的百分数。土壤相对含水量以土壤实际含水量占该土壤田间持水量的百分数来表示。一般认为，土壤含水量为田间持水量的 60%～80%时，最适于旱地植物的生长发育。

$$\text{土壤相对含水量}=\frac{\text{土壤实际含水量}}{\text{田间持水量}}\times 100\%$$

例如，某土壤的田间持水量为 24%，今测得该土壤实际含水量为 12%，则：

$$\text{土壤相对含水量}=\frac{12}{24}\times 100\%=50\%$$

土壤水分的测定

4.操作过程

表示土壤水分状况的指标常用有土壤自然含水量、土壤田间持水量等。

(1)酒精燃烧法测定土壤自然含水量

①测定原理。酒精燃烧法测定土壤含水量原理：利用酒精在土壤中燃烧放出的热量，使土壤水分蒸发干燥，通过燃烧前后质量之差计算土壤含水量。在火焰熄灭的前几秒钟，即火焰下降时，土温才迅速上升到 180～200 ℃。然后温度很快降至 85～90 ℃，再缓慢冷却。由于高温阶段时间短，样品中有机质及盐类损失很少，故此法测定的土壤水分含量有一定的参考价值。

②测定过程。选择种植农作物、蔬菜、果树、花卉、园林树木、草坪、牧草、林木等的土壤，完成表 5-6 内容。

表 5-6 酒精燃烧法测定土壤自然含水量

工作环节	操作规程	质量要求
新鲜样品采集	用小铲子在田间挖取表层土壤 1 kg 左右装入塑料袋中，带回实验室以便测定	最好多点、随机采取，增加土样的代表性
称空重	用感量为 0.01 g 的天平对洗净烘干的铝盒称重，记为铝盒重(W_1)，并记下铝盒的盒盖和盒体上的号码	应注意铝盒的盒盖和盒体相对应，避免出错
加湿土并称重	将塑料袋中的土样倒出约 200 g，在实验台上用小铲子将土样稍研碎混合。取 10 g 左右的土样放入已称重的铝盒中，称重，记为铝盒加新鲜土样重(W_2)	应将土样内的石砾、虫壳、根系等物质仔细剔除，以免影响测定结果
酒精燃烧	将铝盒盖开口朝下扣在实验台上，铝盒放在铝盒盖上。用滴管向铝盒内加入工业酒精，直至将全部土样覆盖。用火柴点燃铝盒内酒精，任其燃烧至火焰熄灭，稍冷却；小心用滴管重新加入酒精至全部土样湿润，再点火任其燃烧；重复燃烧三次	酒精燃烧法不适用于有机质含量高的土壤样品的测定。燃烧过程中严控温度，注意防止土样损失，以免出现误差
冷却称重	燃烧结束后，待铝盒冷却至不烫手时，将铝盒盖盖在铝盒上，待其冷却至室温，称重，记为铝盒加干土重(W_3)	冷却后应及时称重，避免土样重新吸水
结果计算	平行测定结果用算术平均值表示，保留小数点后一位。 $\text{土壤含水量} = \dfrac{W_2 - W_3}{W_3 - W_1} \times 100\%$	平行测定结果的允许绝对偏差：水分含量＜5%，允许绝对偏差≤0.2%；水分含量为5%～15%，允许绝对偏差≤0.3%；水分含量＞15%，允许绝对偏差≤0.7%

(2)烘干法测定土壤自然含水量

①测定原理。烘干法测定水分的原理：在(105±2)℃下，水分从土壤中全部蒸发，而结构水不被破坏，土壤有机质也不致分解。因此，将土壤样品置于(105±2)℃下烘至恒重，根据烘干前后质量之差，可计算出土壤水分含量。

②测定过程。选择种植农作物、蔬菜、果树、花卉、园林树木、草坪、牧草、林木等的土壤，完成表 5-7 内容。

表 5-7 烘干法测定土壤自然含水量

工作环节	操作规程	质量要求
称空重	用感量为 0.001 g 的天平对洗净烘干的铝盒称重，记为铝盒重(W_1)，并记下铝盒的盒盖和盒体上的号码	应注意铝盒的盒盖和盒体相对应，避免出错
加风干土并称重	取 10 g 左右的土样放入已称重的铝盒中，称重，记为铝盒加新鲜土样重(W_2)	应将土样内的石砾、虫壳、根系等物质仔细剔除，以免影响测定结果
烘干	将铝盒放入预先将温度升至(105±2)℃的电热烘箱内烘 6～8 h。稍冷却后，将铝盒盖盖上，并放入干燥器中进一步冷却至室温	燃烧过程中严控温度，注意防止土样损失，以免出现误差

续表 5-7

工作环节	操作规程	质量要求
冷却称重	待铝盒冷却至不烫手时，将铝盒盖盖在铝盒上，待其冷却至室温，称重，记为铝盒加干土重(W_3)	冷却后应及时称重，避免土样重新吸水
结果计算	平行测定结果用算术平均值表示，保留小数点后一位。 $$土壤含水量=\frac{W_2-W_3}{W_3-W_1}\times100\%$$	平行测定结果的允许绝对偏差：水分含量＜5%，允许绝对偏差≤0.2%；水分含量为5%～15%，允许绝对偏差≤0.3%；水分含量＞15%，允许绝对偏差≤0.7%

(3)实验室法测定土壤田间持水量 选择种植农作物、蔬菜、果树、花卉、园林树木、草坪、牧草、林木等土壤，完成表 5-8 内容。

表 5-8 实验室法测定土壤田间持水量

工作环节	操作规程	质量要求
选点取土	在田间选择挖掘的土壤位置，用小刀修平土壤表面，按要求深度将环刀向下垂直压入土中，直至环刀筒中充满土样为止，然后用土刀切开环周围的土样，取出已充满土的环刀，细心削平环刀两端多余的土，并擦净环刀外表面	环刀取土时要保持土壤的原样，不能压实土壤，否则引起数值不准确
湿润土样	在环刀底端放大小合适的滤纸 2 张，用纱布包好后用橡皮筋扎好，放在玻璃皿中。玻璃皿中事先放 2～3 层滤纸，将装土环刀放在滤纸上，用滴管不断地滴加水于滤纸上，使滤纸经常保持湿润状态，至水分沿毛管上升而全部充满达到恒重为止(W_2)	湿润土样时，一定要注意使滤纸经常保持湿润状态
测定含水量	取出装土环刀，去掉纱布和滤纸，取出一部分土壤放入已知质量的铝盒(W_1)内称重，放入 105～110 ℃烘箱中，烘至恒重，取出称重(W_3)	参照水分测定要求
结果计算	质量田间持水量=(湿土重－烘干土重)÷烘干土重×100% 容积田间持水量=质量田间持水量×容积	平行测定结果以算术平均数值表示，保留小数点后一位；允许绝对偏差≤1%

(4)田间测定法测定土壤田间持水量 选择种植农作物、蔬菜、果树、花卉、园林树木、草坪、牧草、林木等的土壤，完成表 5-9 内容。

表 5-9 田间测定法测定土壤田间持水量

工作环节	操作规程	质量要求
选择地点	在田间选择代表性的地块，样方大小可为 1 m×1 m，或 2 m×2 m，将地表弄平	地点选择要注意代表性，应远离道路、大树、坑、建筑物等
筑埂	在四周筑起内外两层坚实的土埂(或用木棍)，土埂高 20～25 cm，内外埂相距 0.25 m(沙质土壤)或 1 m(黏土)，内外土埂之间为保护带，带中地面应与内埂中测量区一样平	筑埂时一定要拍实，防止渗漏或串水

续表 5-9

工作环节	操作规程	质量要求
计算灌溉所需水量并灌水	一般按总孔隙度的一倍计算，然后按照需水量进行灌水	为防止水分蒸发，灌水后要用秸秆、塑料布进行及时覆盖
取样	灌水后沙壤土及轻壤土经 1～2 d，重壤土及黏土经 3～4 d，在所需深度用土钻进行取样。于测定区，按正方形对角线打钻，每次打 3 个钻孔，从上至下按土壤发生层分别采土 15～20 g	取样时铺上木板，人站在木板上工作
测定含水量	将所采土壤迅速装入已知质量(W_1)的铝盒中盖紧，带回室内称重(W_2)，在电热板上干燥，再放在烘箱中 105 ℃烘至恒重(W_3)，计算含水量	参照土壤水分测定的要求
重复	经 1～2 d 再次取样，重复测定一次含水量，至土壤含水量的变化小于 1.5%时，此含水量即为田间持水量	重复是为了提高结果的代表性，一定要给予重视
结果计算	质量田间持水量=(湿土重－烘干土重)÷烘干土重×100% 容积田间持水量=质量田间持水量×容积	平行测定结果以算术平均数值表示，保留小数点后一位；允许绝对偏差≤1%

5. 问题处理

活动结束后，完成以下问题：

(1)土壤含水量测定数据记录格式参见表 5-10。运用酒精燃烧法测定土壤水分时，一般情况下要经过 3～4 次燃烧，土样才可达到恒重。

表 5-10 土壤含水量测定数据记录表

样品号	盒盖号	盒体号	铝盒重(W_1)	铝盒加新鲜土重(W_2)	铝盒加干土重(W_3)	含水量/%	平均值

(2)田间持水量数据记录格式参见表 5-11。

表 5-11 田间持水量测定结果记录表

铝盒号	铝盒质量/g	湿土加铝盒质量/g	烘干土加铝盒质量/g	水质量/g	烘干土质量/g	土壤质量含水量/%	田间持水量/%

活动三　植物生长的大气水分环境

1.活动目标

知识目标：熟悉空气湿度的表示方法与变化，了解水汽凝结有关知识，熟悉降水的表示方法与种类。

能力目标：能够熟练准确地进行空气湿度的观测，并依据观测结果正确使用“湿度查算表”查算空气湿度。能够熟练准确地进行降水量与蒸发量的观测，为以后正确进行水资源分析、评价奠定基础。

思政素养：观摩当地气象站科技人员观测空气湿度和降水量，学习其优秀的职业精神。

2.活动准备

根据班级人数，按2人一组分为若干组，每组准备以下观测仪器和用具：干湿球温度表、通风干湿表、毛发湿度表、毛发湿度计、雨量器、虹吸式雨量计（或翻斗式雨量计）、小型蒸发器、专用量杯和蒸馏水等。

3.相关知识

大气中的水分是大气组成成分中最富于变化的部分。大气中水分的存在形式有气态、液态和固态；多数情况下，水分是以气态存在于大气中的，三种形态在一定条件下可相互转化。

(1)空气湿度的表示方法　空气湿度是表示空气中水汽含量（即空气潮湿程度）的物理量。常用的表示方法有：

①水汽压(e)与饱和水汽压(E)。大气中水汽所产生的分压称为水汽压。水汽压是大气压的一个组成部分。通常情况下，空气中水汽含量多，水汽压大；反之，水汽压小。水汽压的单位常用百帕(hPa)表示。温度一定时，单位体积的空气中能容纳的水汽量是有一定限度的。若水汽含量正好达到了某一温度下空气所能容纳水汽的最大限度，则水汽已达到饱和，这时的空气称为饱和空气。饱和空气的水汽压称为饱和水汽压；未达到此限度的空气称为未饱和空气；超过这个限度的空气称为过饱和空气。一般情况下，超出饱和部分的水汽发生凝结。所以，在温度一定时，对应的饱和水汽压是确定的。温度增加（降低）时，饱和水汽压也随之增加（降低）。

②绝对湿度(a)。单位体积空气中所含水汽的质量称为绝对湿度，实际上就是空气中水汽的密度，单位为g/cm^3或g/m^3。空气中水汽含量越多，绝对湿度就越大，绝对湿度能直接表示空气中水汽的绝对含量。

③相对湿度(r)。指空气中实际水汽压与同温度下饱和水汽压的百分比，即：

$$r=e/E\times 100\%$$

相对湿度表示空气中水汽的饱和程度。在一定温度条件下，水汽压越大，空气越接近饱和。当$e=E$时，$r=100\%$，空气达到饱和，称为饱和状态；当$e<E$时，即$r<100\%$，称为未饱和状态；当$e>E$时，即$r>100\%$而无凝结现象发生时，称为过饱和状态。因饱和水汽压随温度变化而变化，所以在同一水汽压下，气温升高，相对湿度减少，空气干燥；相反，气温降低，相对湿度增加，空气潮湿。

④饱和差(d)。是指在一定温度下，饱和水汽压和实际水汽压之差，即：

$$d=E-e$$

饱和差表示空气中的水汽含量距离饱和的绝对数值。一定温度下，e 越大，空气越接近饱和，当 $e=E$ 时，空气达到饱和，这时候 $d=0$。

⑤露点(T_d)。气温越低，饱和水汽压就越小，所以对于含有一定量水汽的空气，在水汽含量和气压不变的情况下，降低温度，使饱和水汽压与当时实际水汽压值相等，这时的温度就称为该空气的露点温度，简称为露点，单位℃。实际气温与露点之差表示空气距离饱和的程度。如果气温高于露点，则表示空气未达饱和状态；气温等于露点时，则表示空气已达到饱和状态；气温低于露点，则表示空气达到过饱和状态。

(2)空气湿度的变化

①绝对湿度的变化。绝对湿度的日变化有两种类型：一是单波型日变化，即绝对湿度的日变化与温度的日变化一致。一天中有一个最大值和一个最小值。最大值出现在午后温度最高的时候，即 14～15 时；最小值出现在日出之前。单波型的日变化，多发生在温度变化不太大的海洋、海岸地区，寒冷季节的大陆和暖季潮湿地区。二是双波型日变化，在一天中有两个最大值和两个最小值，两个最大值分别出现在 8～9 时和 20～21 时；两个最低值分别出现在日出前和 14～15 时。双峰型的日变化常出现在温度变化较剧烈的内陆暖季及沙漠地区(图 5-4)。

绝对湿度的年变化与气温的年变化相似。在陆地上，最大值出现在 7 月份，最小值出现 1 月份。在海洋或海岸地方，绝对湿度最大值在 8 月份，最小值在 2 月份。

②相对湿度的变化。相对湿度的日变化与气温的日变化相反。相对湿度与水汽压及气温有关。当气温升高时，水汽压及饱和水汽压都随之增大，但是饱和水汽压的增大要比水汽压快，因而水汽压与饱和水汽压的百分比变小，也就是相对湿度变小。反之，气温降低时，相对湿度就增大。所以，一天中相对湿度的最大值出现在气温最低的清晨，最小值出现在 14～15 时(图 5-5)。

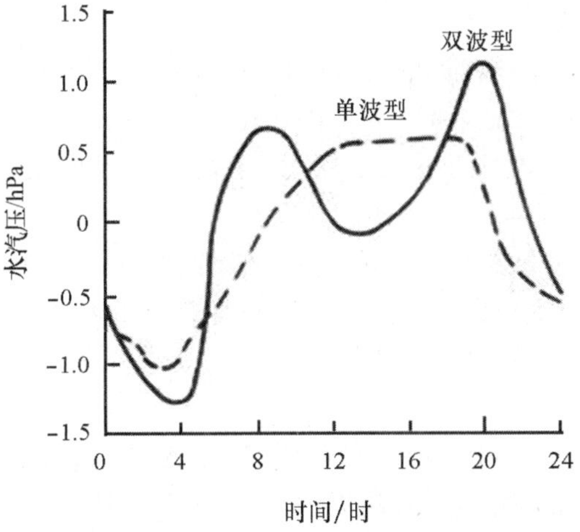

图 5-4　绝对湿度日变化

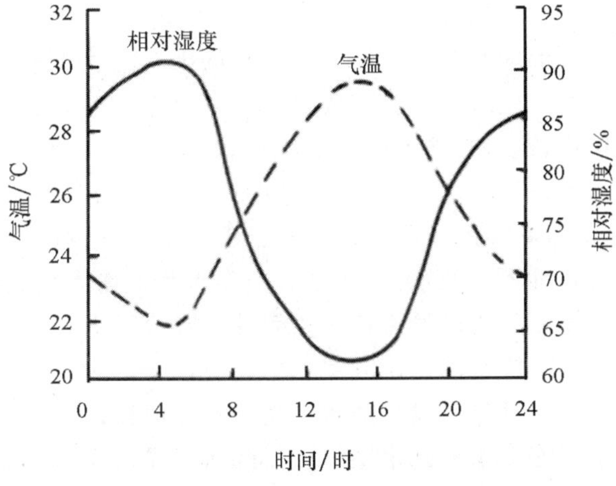

图 5-5　相对湿度日变化

相对湿度的年变化一般与气温的年变化相反。夏季最小，冬季度大。但在季风区由于夏季有来自海洋的潮湿空气，冬季有来自大陆的干燥空气，因此使相对湿度的年变化与温度年变化相似。

(3)水汽凝结 水汽由气态转变为液态或固态的过程称为凝结。自然界中，常会有水汽凝结成液态(露点温度在 0 ℃以上)或固态冰晶(露点温度在 0 ℃以下)的现象发生，而大气中的水汽需在一定的条件下才能发生凝结。大气中水汽发生凝结的条件有两个：一是大气中的水汽必须达到过饱和状态；二是大气中必须有凝结核，两者缺一不可。

水汽凝结物主要包括地面和地面物体表面上的凝结物(如露、霜、雾凇、雨凇等)、大气中的凝结物(如雾和云)。

①露和霜。露和霜是地面和地面物体表面辐射冷却，温度下降到空气的露点以下时，空气接触到这些冷的表面，而产生的水汽凝结现象。如露点高于 0 ℃，就凝结为露；如果露点低于 0 ℃，就凝结为霜。露和霜形成于强烈辐射的地面和地面物体表面。形成露和霜的条件是在晴朗、无风或微风的夜晚；导热率小的疏松土壤表面、辐射能力强的黑色物体表面、辐射面积大且粗糙的地面，晚间冷却较强烈，易于形成露或霜。此外，低洼的地方和植株的枝叶面上夜间温度较低而且湿度较大，所以露和霜较重。

②雾凇和雨凇。雾凇是一种白色松脆的似雪、易散落的晶体结构的水汽凝结物，它常凝结于地面物体，如树枝、电线、电线杆等的迎风面上，雾凇又称为树挂。雾凇是一种有害的天气现象。

雨凇是过冷却雨滴降落到 0 ℃以下的地面或物体上直接冻结而成的毛玻璃状或光滑透明的冰层。雨凇外表光滑或略有突起，多发生在严冬或早春，是我国北方的灾害天气。

③雾。当近地气层温度降低到露点以下时，空气中的水汽凝结成小水滴或水冰晶，弥漫在空气中，使水平方向上的能见度不到 1 km 的天气现象称为雾。雾削弱了太阳辐射、减少了日照时数、抑制了白天温度的升高、减少了蒸散，限制了根系吸收作用。

④云。云是自由大气中的水汽凝结或凝华而形成的微小水滴、过冷却水滴、冰晶或者它们混合形成的可见悬浮物。云和雾没有本质区别，只是云离地而雾贴地。形成云的基本条件：一是充足的水汽；二是有足够的凝结核；三是使空气中的水汽凝结成水滴或冰晶时所需的冷却条件。

形成云的主要原因是空气的上升运动把低层大气的水汽和凝结核带到高层，由于绝热冷却而产生降温。当温度降低到露点以下时，空气中的水汽达到过饱和状态，这时水汽便以凝结核为核心，凝结成微小的水滴或冰晶，即是云。反之，空气的下沉运动，由于绝热增温而使云消散。

(4)降水 降水是指从云中降落到地面的液态或固态水。广义的降水是地面从大气中获得各种形态的水分，包括云中降水和地面凝结物。形成较强的降水：一是要有充足的水汽；二是要使气块能够被持久抬升并冷却凝结；三是要有较多的凝结核。

①降水的表示方法。主要有以下两种：

一是降水量。降水量是指一定时段内从大气中降落到地面的未经蒸发、渗透和流失而在水平面上积聚的水层厚度。降水量是表示降水多少的特征量，通常以 mm 为单位。降水量具有不连续性和变化大的特点，通常以日为最小单位，进行降水日总量、旬总量、月总量和年总量的统计。

二是降水强度。降水强度是指单位时间内的降水量。降水强度是反映降水急缓的特征量，单位为 mm/d 或 mm/h。按降水强度的大小可将降水分为若干等级，如表 5-12 所示。

表 5-12 降水等级的划分标准

种类	时间	等级					
		小	中	大	暴	大暴	特大暴
雨	12 h	0.1～5.0	5.1～15.0	15.1～30.0	30.1～60.0	≥60.1	
	24 h	0.1～10.0	10.0～25.0	25.1～50.0	50.1～100	100.1～200.0	>200.0
雪	12 h	0.1～0.9	1.0～2.9	≥3.0	—	—	—
	24 h	≤2.4	2.5～5.0	>5.0	—	—	—

在没有测量雨量的情况下，我们也可以从当时的降雨状况来判断降水强度(表 5-13)。

表 5-13 降水强度等级的判断标准

降水强度等级	降雨状况
小雨	雨滴下降清晰可辨；地面全湿，落地不四溅，但无积水或洼地积水形成很慢，屋上雨声微弱，檐下只有雨滴
中雨	雨滴下降连续成线，落硬地雨滴四溅，屋顶有沙沙雨声；地面积水形成较快
大雨	雨如倾盆，模糊成片，雨滴四溅很高，屋顶有哗哗雨声；地面积水形成很快
暴雨	雨如倾盆，雨声猛烈，开窗说话时，声音受雨声干扰而听不清楚；积水形成特别快，下水道往往来不及排泄，常有外溢现象
中雪	积雪深达 3 cm 的降雪过程
大雪	积雪深达 5 cm 的降雪过程
暴雪	积雪深达 8 cm 的降雪过程

②降水的种类　按降水物态形状划分：一是雨，从云中降到地面的液态水滴，直径一般为 0.5～7 mm。下降速度与直径有关，雨滴越大，其下降速度也越快。二是雪，从云中降到地面的各种类型冰晶的混合物。雪大多是呈六角形的星状、片状或柱状晶体。三是霰，是白色或淡黄色不透明的而疏松的锥形或球形的小冰球，直径 1～5 mm。霰是冰晶降落到过冷却水滴的云层中，互相碰撞合并而形成，或是过冷却水在冰晶周围冻结而成的。由于霰的降落速度比雪花大得多，着落硬地常反跳而破碎。霰常见于降雪之前或与雪同时降落。直径小于 1 mm 的称为米雪，米雪的外形多比较扁长。四是雹，由透明和不透明冰层组成的坚硬的球状、锥状或形状不规则的固体降水物。雹块大小不一，其直径由几毫米到几十毫米，最大可达十几厘米。

按降水性质划分：一是连续性降水，强度变化小，持续时间长，降水范围大，多降自雨层云或高层云。二是间歇性降水，时小时大，时降时止，变化慢，多降自层积云或高层云。三是阵性降水，骤降骤止，变化很快，天空云层剧变，一般范围小，强度较大，主要降自积雨云。四是毛毛雨，雨滴极小，降水量和强度都很小，持续时间较长，多降自层云。

按降水强度划分：小雨、中雨、大雨、暴雨、特大暴雨、小雪、中雪、大雪、暴雪等(表 5-13)。

4.操作过程

(1)认识空气湿度与降水量测定仪器

①干湿球温度表。干湿球温度表是由两支型号完全一样的普通温度表组成的，放在同一

环境中(如百叶箱)。其中一支用来测定空气温度,称为干球温度表;另一支球部缠上湿的纱布,称为湿球温度表。湿球温度表的读数与空气湿度有关。当空气中的水汽未饱和时,湿球温度表球部表面的水分就会不断蒸发,消耗湿球及球部周围空气的热量,使湿球温度下降,干、湿球温度表示数出现差值,称为干湿差。所以,湿球温度表的示数要比干球温度表低,空气越干燥,蒸发越快,湿球示数低得越多,干湿差越大;反之,干湿差就越小。只有当空气中的水汽达到饱和时,干湿球温度才相等。

②毛发湿度表。毛发湿度表的感应部分是脱脂的毛发,它具有随空气湿度变化而改变其长度的特性。其构造如图 5-6 所示。当空气相对湿度增大时,毛发伸长,指针向右移动;反之,相对湿度降低时,指针向左移动。

③通风干湿表。通风干湿表携带方便,精确度较高,常用于野外测定气温和空气湿度。仪器构造如图 5-7 所示,干球、湿球温度表感应部分分别在 A、B 的双层辐射防护管内,防护管借三通管和两支温度表之间的中心圆管与风扇相通。工作时用插入通风器上特制的钥匙上发条,以开动风扇,在通风器的边沿有缝隙,使得从防护管口引入的空气经过缝隙排到外面去,这样风扇在温度表感应部分周围造成了恒定速度的气流(2.5 m/s),以促进感应部分与空气之间的热交换,减少辐射误差。

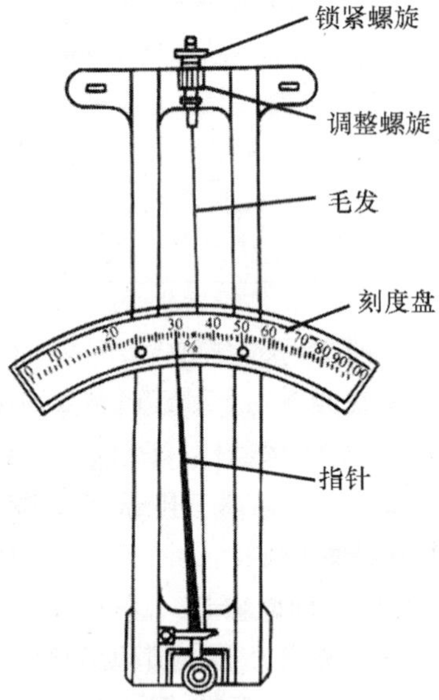

图 5-6　毛发湿度表

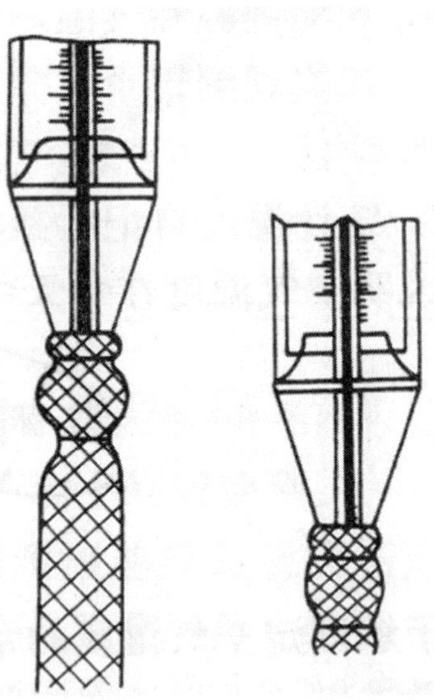

图 5-7　干球、湿球纱布包扎

④毛发湿度计。毛发湿度计由感应、传递放大和自记装置三部分组成,形同温度计。感应部分由一束脱脂毛发组成,当相对湿度增大时,发束伸长,杠杆曲臂使笔杆抬起,笔尖上移;反之,笔尖下降。这样,随时间连续记录出相对湿度的变化曲线。

⑤雨量器。主体为金属圆筒。目前我国所用的雨量器筒口直径为 20 mm,它包括盛水器、贮水器、漏斗和贮水瓶。每一个雨量器都配有一个专用的量杯,不同雨量器的量杯不能混用。盛水器为正圆形,器口为内直外斜的刀刃形,以防止落到盛水器以外的雨水溅入盛水器内。专用雨量杯上的刻度,是根据雨量器口径与雨量杯口径的比例确定的,每一小格为 0.1 mm,

每一大格为 1.0 mm(图 5-8)。

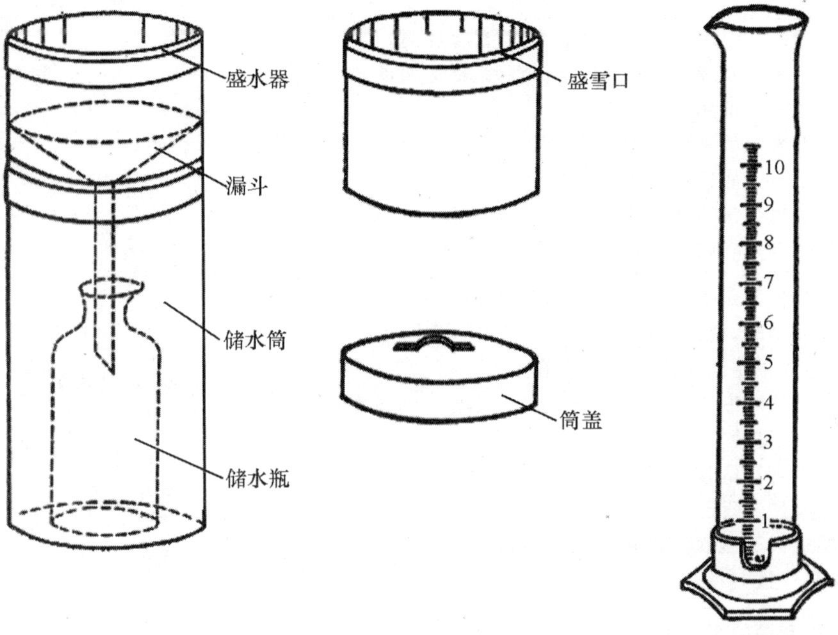

图 5-8　雨量器及量杯示意

⑥虹吸式雨量计。用来连续记录液态降水量和降水时数的自记仪器。由盛水器、浮子室、自记钟、虹吸管等组成。当雨水通过盛水器进入浮子室后,浮子室的水面就升高,浮子和笔杆也随之上升,于是自记笔尖就随着自记钟的转动,在自记纸上连续记录降水量的变化曲线,而曲线的坡度就表示降水强度。当笔尖达到自记纸上限时,借助虹吸管,使水迅速排出,笔尖回落到零位重新记录,笔尖每升降一次可记录 10.0 mm 降水量。自记钟给出降水量随时间的累积过程。

⑦翻斗式雨量计。可连续记录降水量随时间变化和测量累积降水量的有线遥测仪器。分感应器和记录器两部分,其间用电缆连接。感应器用翻斗测量,它是用中间隔板间开的两个完全对称的三角形容器,中隔板可绕水平轴转动,从而使两侧容器轮流接水,当一侧容器装满一定量雨水时(0.1 mm 或0.2 mm),由于重心外移而翻转,将水倒出,随着降雨持续,将使翻斗左右翻转,接触开关将翻斗翻转次数变成电信号,送到记录器,可在累积计数器和自记钟上读出降水资料。

⑧小型蒸发器。如图 5-9 所示,为一口径 20 cm、高约 10 cm 的金属圆盆,口缘做成内直外斜的刀刃形,并附有蒸发罩以防鸟兽饮水。

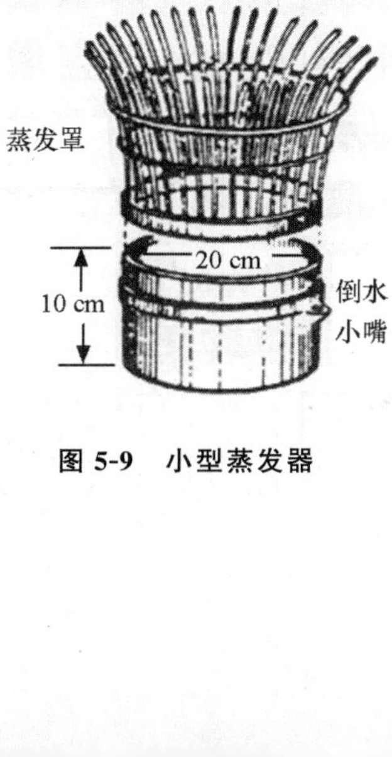

图 5-9　小型蒸发器

(2)空气湿度的观测　在气象观测场内进行下列全部或部分内容(表 5-14)。

表 5-14　空气湿度的观测

工作环节	操作规程	质量要求
安置仪器	(1)干湿球温度表的安装方法参考温度观测。 (2)毛发湿度表应垂直悬挂在温度表支架的横梁上，表的上部用螺丝固定。 (3)毛发湿度计要安置在大百叶箱内温度计后上方的架子上，底座保持水平。 (4)通风干湿表于观测前将仪器挂在测杆上(仪器温度表感应部分离地面高度视观测目的而定)	仪器安置正确、牢固
观测	(1)各仪器每天观测 4 次(2 时、8 时、14 时、20 时)。 (2)观测时，要保持视线与水银柱顶或刻度盘齐平，以免因视差而使读数偏高或偏低。 (3)观测顺序为：干球温度→湿球温度→毛发湿度表→湿度计。 (4)湿度计的读数压迫读取湿度计瞬时值，并做时间记号。每天 14 时换纸，换纸方法同温度计。 (5)通风干湿观测时间和次数与农田中观测时间和次数一致	(1)按时观测，严禁迟测、漏测、缺测。 (2)毛发湿度表，只有当气温降到 −10.0 ℃以下时才作正式记录使用，观测值要经过校正，以减小误差
查算	根据观测的干球温度值 T，在简化后的“湿度查算表”(表 5-15)中分别找到干球温度值 T 与 ΔT 交叉的各点数值，即为相应的相对湿度(r)值	查算准确，无误
记录观测结果	正确记录观测结果	(1)记录时，除温度、水汽压、饱和水汽压保留一位小数外，其他均为整数。 (2)记录要清楚，准确，不能主观臆造数据

表 5-15　湿度查算表　　%

T/℃	ΔT/℃															
	0	1	2	3	4	5	6	7	8	9	10	11	12	13	14	15
35	100	93	87	80	75	70	66	61	58	54	50	47	44	41	39	36
34	100	93	87	80	75	70	66	60	57	53	50	46	43	40	38	35
33	100	93	87	80	75	70	65	60	57	53	49	46	43	40	37	35
32	100	93	86	80	74	69	65	60	56	52	49	45	42	39	36	34
31	100	93	86	79	74	69	64	59	55	51	48	44	41	38	35	33
30	100	93	86	79	73	68	63	59	54	50	47	43	40	37	34	32
29	100	93	86	79	73	68	63	58	54	50	46	42	39	36	33	31
28	100	92	85	79	73	67	62	57	53	49	45	42	38	35	33	30
27	100	92	85	78	72	67	61	57	52	48	44	41	37	34	32	29
26	100	92	84	77	72	66	61	56	51	47	43	40	36	33	30	28
25	100	92	84	77	71	65	60	55	50	46	42	39	35	32	29	27
24	100	92	84	77	71	65	59	54	49	45	41	38	34	31	28	26

续表 5-15

T/℃	ΔT/℃															
	0	1	2	3	4	5	6	7	8	9	10	11	12	13	14	15
23	100	91	84	76	70	64	58	53	48	44	40	36	33	30	27	24
22	100	91	83	76	69	63	57	52	47	43	39	35	32	29	26	23
21	100	91	83	75	68	62	56	51	46	42	38	34	30	27	24	22
20	100	91	82	75	68	61	55	50	45	40	36	33	28	25	23	20
19	100	91	82	74	67	60	54	49	44	39	35	31	28	24	22	
18	100	90	81	73	66	59	53	48	42	38	34	30	25	23	20	
17	100	90	81	73	65	58	52	46	41	36	32	28	25	21		
16	100	90	80	72	64	57	51	45	40	35	30	26	23	20		
15	100	89	80	71	63	56	50	43	38	33	29	25	21			
14	100	89	79	70	62	55	48	42	36	31	27	23	19			
13	100	89	78	69	61	53	46	40	35	30	25	21				
12	100	88	78	68	60	52	45	39	33	28	23	19				
11	100	88	77	67	58	50	43	37	31	26	21	17				
10	100	88	76	66	57	49	41	35	29	23	19					
9	100	87	75	65	55	47	39	33	26	21						
8	100	87	74	64	54	45	37	30	24	18						
7	100	86	73	62	52	43	35	28	21							
6	100	85	72	61	50	41	33	25	19							
5	100	85	71	59	48	39	30	23	16							
4	100	84	70	57	46	36	27	20								
3	100	84	68	56	44	34	24	16								
2	100	83	67	54	41	31	21									
1	100	82	66	51	39	28	18									
0	100	81	64	49	36	25	14									
−1	100	80	62	47	33	21										
−2	100	79	60	44	30	17										
−3	100	78	58	41	26											
−4	100	77	56	38	22											
−5	100	75	53	36	18											
−6	100	74	51	31	14											
−7	100	72	48	27												
−8	100	71	46	23												
−9	100	69	42	18												
−10	100	67	38	18												

(3)降水量与蒸发量观测 在气象观测场内进行下列全部或部分内容(表5-16)。

表5-16 降水量与蒸发量的观测

工作环节	操作规程	质量要求
安置仪器	(1)雨量器要水平地固定在观测场上,器口距地面高度为70 cm。 (2)雨量计应安装在雨量器附近,盛水器口离地面的高度以仪器自身高度为准,器口应水平。 (3)小型蒸发器安装在雨量器附近终日受阳光照射的位置,并安装在固定铁架上,口缘离地70 cm,保持水平	仪器安置正确、牢固
实地观测	(1)降水量每天观测2次(8时、20时);蒸发量每天在20时观测1次。 (2)雨量器观测降水量。观测降水时,将瓶内的水倒入量杯,用食指和拇指平夹住量杯上端,使量杯自由下垂,视线与杯中水凹液面最低处齐平,读取刻度。若观测时仍在下雨,则应启用备用雨量器,以确保观测记录的准确性。 观测降雪时,要将漏斗、贮水瓶取出,使降雪直接落入贮水筒内,也可以将盛水器换成盛雪器。对于固体降水,必须用专用台秤称量,或加盖后在室温下等待固态物融化,然后,用专用量杯测量。不能用暴晒的方法融化固体降水。 (2)雨量计观测降水量。可从记录纸上直接读取降水量值。如果一日内有降水时(自记迹线≥0.1 mm),必须每天换自记纸一次;无降水时,自记纸可8~9 d换一次,在换纸时,人工加入1.0 mm的水量,以抬高笔尖,避免每天迹线重叠。 (3)观测蒸发量。首先,观测原量及蒸发量:用专用量杯测量前一天20时注入蒸发器内的20 mm清水(今日原量)经24 h蒸发后剩余的水量,并记录。然后倒掉余量,重新量取20 mm(干燥地区和干燥季节须量取30 mm)清水注入蒸发器内(次日原量)。 其次,用以下公式计算蒸发量:蒸发量=原量+降水量-余量。最后,水结冰的测量用称量法(方法和要求同降水测量)	(1)按时观测,严禁迟测、漏测、缺测。 (2)观测要规范、标准。观测数值要准确。 (3)在炎热干燥的天气下,降水停止后要及时补充观测,若降水强度大时,就增加观测次数,以保证观测的准确性。 (4)有降水时,应取下蒸发器的金属网罩;有强降水时,应随时注意从器内取出一定的水量,以防溢出,并将取出量记入总量
记录 观测结果	(1)计算蒸发量。计算公式:蒸发量=原量+降水量-余量。 (2)记录。将观测结果和计算结果填在表格里。记录降水量时,当降水量<0.05 mm,或观测前虽有微量降水,因蒸发过快,观测时没有积水,测量不到降水量,均记为0.0 mm;0.05 mm≤降水量≤0.1 mm时,记为0.1 mm。记录蒸发量时,因降水或其他原因,致使蒸发量为负值时,则记为0.0 mm;蒸发器内水量全部蒸发完时,记为>20.0 mm(如原量为30.0 mm,记为>30.0 mm)	记录时,降水量、蒸发量均要保留1位小数

5.问题处理

活动结束后,完成以下问题:

(1)"湿度查算表"的使用 根据观测的干球温度值T,在简化后的"湿度查算表"中确定待查找部分,在该部分内分别找到湿球温度T_w值与e、r、T_d交叉的各点数值,即为相应的水汽压(e)、相对湿度(r)、露点温度(T_d)值。饱和水汽压(E)值为该部分中湿球温度与干球温度相等时的水汽压值。

降水量的观测

(2)空气湿度观测记录见表 5-17。

表 5-17　空气湿度观测记录

观测结果	观测时间		
	7 时	13 时	17 时
干球温度表读数/℃			
湿球温度表读数/℃			
毛发湿度表/%			
相对湿度/%			

(3)注意经常清洗盛水器、蒸发器和贮水瓶。降水量、蒸发量观测记录参见表 5-18。

表 5-18　降水量、蒸发量观测记表

mm

观测时间	8 时	20 时
降水量		
原量		
余量		
蒸发量		

活动四　一般条件下植物生长的水分环境调控

1.活动目标

知识目标:了解植物对水分环境的适应,熟悉水分环境调控的主要措施。

能力目标:能熟练正确地进行一般条件下的水分环境调控。

思政素养:参观当地推广节水灌溉技术的实施效果,理解"科学技术是第一生产力"的理念。

2.活动准备

选择当地种植农作物、蔬菜、果树、花卉等的地块,调查水分条件,查阅当地有关改善水分环境的资料。

3.相关知识

(1)植物对水分环境的适应　由于长期生活在不同的水环境中,植物会产生固有的生态适应特征。根据水环境的不同以及植物对水环境的适应情况,可以把植物分为水生植物和陆生植物两大类。

①水生植物。生长在水体中的植物统称为水生植物。水体环境的主要特点是弱光、缺氧、密度大、黏性高、温度变化平缓,以及能溶解各种无机盐类等。水生植物类型很多,根据生长环境中水的深浅不同,可划分为沉水植物、浮水植物和挺水植物 3 类。

一是挺水植物,植物体大部分挺出水面,根系浅,茎秆中空;如荷花、芦苇、香蒲等。

二是浮水植物,其叶片漂浮在水面,气孔分布在叶的上面,微管束和机械组织不发达,茎疏松多孔,根漂浮或伸入水底;包括不扎根的浮水植物(如凤眼莲、浮萍等)和扎根的浮水植物(如睡莲、菱角和眼子菜等)。

三是沉水植物,整个植物体沉没在水下,与大气完全隔绝,根退化或消失,表皮细胞可直接吸收水体中的气体、营养和水分,叶绿体大而多,适应水体中的弱光环境,无性繁殖比有性繁殖发达。如金鱼藻、狸藻和黑藻等。

②陆生植物。生长在陆地上的植物统称为陆生植物,可分为旱生植物、湿生植物和中生植物 3 种类型。

一是旱生植物。指长期处于干旱条件下,长时间忍受水分不足,仍能维持水分平衡和正常生长发育的植物。这类植物在形态上或生理上有多种多样的适应干旱环境的特征,多分布在干热草原和荒漠区(图 5-10)。根据旱生植物的生态特征和抗旱方式,又可分为多浆液植物和少浆液植物两类。多浆液植物,又称为肉质植物,如仙人掌、番杏、猴面包树、景天、马齿苋等。这类植物蒸腾面积很小,多数种类叶片退化而由绿色的茎代替完成光合作用;其植物体内有发达的贮水组织,植物体的表面有一层厚厚的蜡质表皮,表皮下有厚壁细胞层,大多数种类的气孔下陷,且数量少;细胞质中含有一种特殊的五碳糖,提高了细胞质浓度,增强了细胞保水性能,大大提高了抗旱能力。少浆液植物,又称为硬叶旱生植物,如柽柳、沙拐枣、羽茅、梭梭、骆驼刺、木麻黄等。这类植物的主要特点是叶面积小,大多退化为针刺状或鳞片状;叶表具有发达的角质层、蜡质层或茸毛,以防止水分蒸腾;叶片栅栏组织多层,排列紧密,气孔量多且大多下陷,并有保护结构;根系发达,能从深层土壤内和较广的范围内吸收水分;维管束和机械组织发达,体内含水量很少,失水时不易显出萎蔫的状态,甚至在丧失 1/2 的含水量时也不会死亡;细胞液浓度高、渗透压高,吸水能力特强,细胞内有亲水胶体和多种糖类,抗脱水能力也很强。这类植物适于在干旱地区的沙地、沙丘中栽植;在潮湿地区只能栽培于温室的人工环境中。

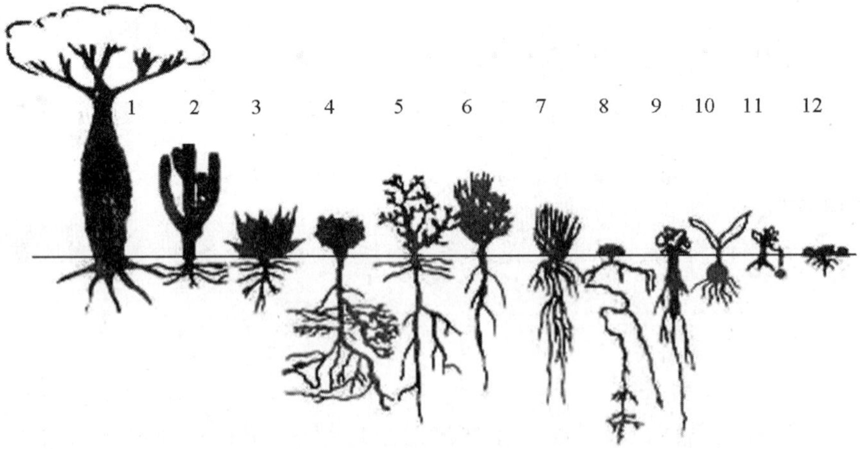

1. 树干贮水的面包树类 2. 茎贮水的仙人掌类 3. 叶贮水的龙舌兰类 4. 深主根系常绿树和灌木 5. 落叶、多刺灌木 6. 具叶绿素茎灌木 7. 丛生草 8. 垫状植物 9. 地下芽植物 10. 鳞茎植物 11. 一年生植物 12. 耐干化植物

图 5-10 植物对干旱的适应生存

二是湿生植物。指适于生长在潮湿环境,且抗旱能力较弱的植物。根据湿生环境的特点,还可以分为耐阴湿生植物和喜光湿生植物两种类型。耐阴湿生植物,也称为阴性湿生植物,主要生长在阴暗潮湿环境里。如多种蕨类植物、兰科植物,以及海芋、秋海棠、翠云草等植物。这

类植物大多叶片很薄，栅栏组织与机械组织不发达，而海绵组织发达，防止蒸腾作用的能力很小，根系浅且分枝少。它们适应的环境光照弱、空气湿度高。喜光湿生植物，也称为阳性湿生植物，主要生长在光照充足、土壤水分经常处于饱和状态的环境中。如池杉、水松、灯心草、半边莲、小毛茛以及泽泻等。它们虽然生长在经常潮湿的土壤上，但也常有短期干旱的情况，加之光照强度大、空气湿度较低，因此湿生形态不明显，有些甚至带有旱生的特征。这类植物叶片具有防止蒸腾的角质层等适应特征，输导组织也较发达；根系多较浅，无根毛，根部有通气组织，与茎、叶通气组织相连，木本植物多有板根或膝根。

三是中生植物。指适于生长在水分条件适中的环境中的植物。这类植物种类多，数量大，分布最广，它们不仅需要适中的水分条件，同时要求适中的营养、通气、温度条件。中生植物具有一套完整的保持水分平衡的结构和功能，其形态结构及适应性均介于湿生植物与旱生植物之间，其根系和输导组织均比湿生植物发达，随水分条件的变化，可趋于旱生方向，或趋于湿生方向。

(2)水分环境调控措施 在植物生产实践中，可以通过一些水分调控技术来提高农田土壤水分的生产效率，发展节水高效农业。

①沟垄覆盖集中保墒技术。沟垄覆盖集中保墒技术是指平地(或坡地沿等高线)起垄，农田呈沟、垄相间状态，垄作后拍实，紧贴垄面覆盖塑料薄膜，降雨时雨水顺薄膜集中于沟内，渗入土壤深层，沟要有一定深度，保证有较厚的疏松土层，降雨后要及时中耕以防板结，雨季过后要在沟内覆盖秸秆，以减少蒸发失水。

②喷灌。利用专门的设备将水加压，或利用水的自然落差将高位水通过压力管道送到田间，再经喷头喷射到空中散成细小水滴，均匀散布在农田上，达到灌溉目的。

③地下灌技术。把灌溉水输入地下铺设的透水管道或采用其他工程措施，抬高地下水位，依靠土壤的毛细管作用浸润根层土壤，供给植物所需水分的灌溉技术。

④膜上灌技术。在地膜栽培的基础上，把以往的膜旁侧灌水改为膜上灌水，水沿放苗孔和膜旁侧渗入进行灌溉。

⑤植物调亏灌溉技术。从植物生理角度出发，在一定时期内主动施加一定程度的有益的亏水度，使作物经历有益的亏水锻炼后，达到节水增产，改善品质的目的。通过调亏可控制地上部分的生长量，实现矮化密植，减少整枝等工作量。

⑥水肥耦合技术。根据不同水分条件，提倡灌溉与施肥在时间、数量和方式上合理配合，促进作物根系深扎，扩大根系在土壤中的吸水范围，多利用土壤深层贮水，并提高作物的蒸腾和光合强度，减少土壤的无效蒸发，以提高降雨和灌溉水的利用效率，达到以水促肥，以肥调水，增加作物产量和改善品质的目的。

4.操作过程

根据当地生产条件和种植作物情况，进行水分调控，满足植物生长需要(表5-19)。

表5-19 土壤墒情判断与水分环境调控技术

工作环节	操作规程	质量要求
植物生长根系土壤墒情判断	习惯上把农田土壤的湿度称为墒，把土壤湿度变化的状况称为墒情。在田间验墒时，既要看表层又要看下层。先量干土层厚度，再分别取土验墒。若干土层在3 cm左右，而以下墒情为黄墒，则可播种，且适宜植物生长；若干土层厚度达6 cm以上，且在其下墒情也差，则要及早采取措施，缓解旱情	在生产中根据土壤含水量的变化与土壤颜色及性状的关系，把墒情类型分为五级(表5-20)

续表 5-19

工作环节	操作规程	质量要求
土壤水分调控技术	(1)集水蓄水技术。在丘陵山区主要采用沟垄覆盖集中保墒技术、等高耕作种植等方法蓄积水分，提高土壤水分含量。 (2)推广节水灌溉技术。节水灌溉技术在植物生产上发挥着越来越重要作用，主要有喷灌、微灌、膜上灌、地下灌等技术等。喷灌可按植物不同生育期需水要求适时、适量供水，且具有明显的增产、节水作用。地下灌溉可减少表土蒸发损失，水分利用率高，与常规沟灌相比，一般可增产 10%～30%。微灌技术是一种新型的节水灌溉工程技术，包括滴灌、微喷灌和涌泉灌等。一般比地面灌溉省水 60%～70%，比喷灌省水 15%～20%。膜上灌适用于所有实行地膜种植的作物，与常规沟灌玉米、棉花相比，可省水 40%～60%，并有明显增产效果。调亏灌溉不仅适用于果树等经济作物，而且适用于大田作物。 (3)推广少耕免耕技术。少耕的方法主要有以深松代翻耕，以旋耕代翻耕、间隔带状耕种等。我国的松土播种法就是采用凿形或其他松土器进行松土，然后播种。带状耕作法是把耕翻局限在行内，行间不耕地，植物残茬留在行间。 免耕法一般由三个环节组成：利用前作残茬或播种牧草作为覆盖物；采用联合作业的免耕播种机开沟、喷药、施肥、播种、覆土、镇压一次完成作业；采用农药防治病虫、杂草。 (4)推广地面覆盖技术。一是秸秆覆盖，利用麦秸、玉米秸、稻草、绿肥等覆盖于已翻耕过或免耕的土壤表面。二是地膜覆盖，其效应表现在增温，保温、保水、保持养分、增加光效和防除病虫草等。有平畦覆盖、高垄覆盖、高畦覆盖、沟畦覆盖、沟种坡覆、穴坑覆盖等方法。 (5)耕作保墒技术。主要是适当深耕、中耕松土、表土镇压、创造团粒结构体、植树种草、水肥耦合技术、化学制剂保水节水技术等。 (6)推广水土保持技术。一是水土保持耕作技术，如等高耕种、等高带状间作、沟垄种植、坑田、半旱式耕作、水平犁沟、草田带轮作、覆盖耕作、少耕、免耕、草田轮作、深耕密植等。二是工程措施，主要有修筑梯田、等高沟埂（如地埂、坡或梯田）、沟头防护工程、谷坊等。三是林草措施，主要是封山育林、荒坡造林（水平沟造林、鱼鳞坑造林）、护沟造林、种草等	(1)适宜等高耕作种植的山坡要厚 1 m 以上，坡度在 6°～10°，带宽 10～20 m。 (2)喷灌可节省灌溉用工、占用耕地少、对地形和土质适应性强，能改善田间小气候等。微灌技术可根据不同的土壤渗透特性调节灌水速度，适用于山区、坡地、平原等各种地形条件。膜上灌投资少，操作简便，便于控制水量，加速输水速度，可减少土壤的深层渗漏和蒸发损失。 (3)免耕具有以下优点：省工省力；省费用、效益高；抗倒伏、抗旱、保苗率高；有利于集约经营和发展机械化生产。 (4)秸秆覆盖在两茬植物间的休闲期进行，或在植物生育期进行；可以将秸秆粉碎后进行，也可整株秸秆直接覆盖，播种时将秸秆扒开，形成半覆盖形式。 (5)应选择生长快的低矮匍匐型草种，1～2 年内进行必要的封育和抚育措施。造林应采用深根性与浅根性相结合的适合当地条件的速生乔木和灌木树种。 (6)耕作措施与工程措施应注意避免水土流失
空气湿度的调控	(1)采用先进灌溉技术。在植物茎、叶生长高温期间或空气湿度干燥期间，可通过喷灌、滴灌、雾灌等灌溉技术，进行叶面喷洒降温，调节茎、叶环境湿度。 (2)遮阳处理。对于一些需要遮阳的植物，可采取：一是搭建遮阳网；二是在荫棚四周搭架种植藤蔓作物如南瓜、莆瓜等，提高遮阳效果；三是在棚顶安装自动旋转自来水喷头或喷雾管，在每天上午 10 时至下午 4 时进行喷水增加湿度	(1)注意灌水量和时间，并且要注意喷洒均匀。 (2)遮阳处理主要用于花卉、食用菌等植物生产

表 5-20 土壤墒情类型和性状(轻壤土)

墒情类型	汪水	黑墒	黄墒	灰墒	干土面
土色	暗黑	黑至黑黄	黄	灰黄	灰至灰白
手感干湿程度	湿润,手捏有水滴出	湿润,手捏成团,落地不散,手有湿印	湿润,手捏成团,落地散碎,手微有湿印和凉爽之感	潮干,半湿润,捏不成团,手无湿印,而有微温暖的感觉	干,无湿润感,捏散成面,风吹飞动
含水量/%	>23	20～23	10～20	8～10	<8
相对含水量/%		70～100	45～70	30～45	<30
性状和问题	水过多,空气少,氧气不足,不宜播种	水分相对稍多,氧气稍嫌不足,为适宜播种的墒情上限,能保苗	水分、空气都适宜,是播种最好的墒情,能保全苗	水分含量不足,是播种的临界墒情,由于昼夜墒情变化,只有一部分种子出苗	水分含量过低,种子不能出苗
措施	排水,耕作散墒	适时播种,春播稍散墒	适时播种,注意保墒	抗旱抢种,浇水补墒后再种	先浇后播

5.问题处理

活动结束后,完成以下问题:

调查当地农业生产中如何进行土壤水分调控,写一篇 1 000 字左右的经验总结文章。

活动五 设施条件下植物生长的水分环境调控

1.活动目标

知识目标:了解设施条件下植物对水分的要求。

能力目标:能熟练正确地进行设施条件下水分环境调控。

思政素养:参观当地设施环境下智能化、水肥一体化技术实施效果,学习科技人员农业创新精神。

2.活动准备

选择当地种植设施蔬菜、果树、花卉等的地块,调查水分条件,查阅当地有关改善水分环境的资料。

3.相关知识

空气湿度和土壤水分共同构成设施内的湿度环境。设施内湿度过大,容易造成作物茎、叶徒长,影响正常生长发育。同时,高湿(90%以上)或结露常常是一些病害多发的原因。

(1)设施内空气湿度的形成 设施内的空气湿度是在设施密闭条件下,由土壤水分的蒸发和植物体内水分的蒸腾形成的。室内湿度条件与作物蒸腾、土壤表面和室内壁面的蒸发强度有密切关系。设施内作物生长相对湿度比露地栽培要高得多。白天通风换气时,水分移动的主要途径是土壤→作物→室内空气→外界空气。如果作物蒸腾速度比吸水速度快,作物体内缺水,气孔开度缩小,蒸腾速度下降。不进行通风换气时,设施内蓄积大量的水汽,空气饱和差下降，作物则不容易出现缺水，早晨或傍晚设施密闭时，外界气温低，室内空气骤冷会形成“雾”。

(2)设施内空气湿度特点 主要表现为：

①空气湿度较大。一般情况下，设施内空气相对湿度和绝对湿度均高于露地，平均相对湿度一般在90%左右，经常出现100%的饱和状态。日光温室及塑料大、中、小棚，由于设施内空间相对较小，冬春季节为保温很少通风，相对湿度经常达到100%。

②季节变化和日变化明显。季节变化一般是低温季节相对湿度高，高温季节相对湿度低。长江中下游地区，冬季(1～2月)平均空气相对湿度在90%以上，比露地高20%左右；春季(3～5月)相对湿度相对下降，一般在80%左右，比露地高10%左右。相对湿度的日变化表现为夜晚高、白天低，中午前后湿度最低。

③湿度分布不均匀。由于设施内温度分布存在差异，导致相对湿度分布也存在差异。一般情况下，温度较低的部位相对湿度较高，而且经常导致局部低温部位产生结露现象。

4.操作过程

根据当地生产条件和种植作物情况，进行设施条件下的水分调控，满足植物生长需要(表5-21)。

表5-21　设施条件下水分的调控

工作环节	操作规程	质量要求
设施环境土壤水分调控	(1)目前主要推广的是以管道灌溉为基础的多种灌溉方式，包括直接利用管道进行的输水灌溉，以及滴灌、微喷灌、渗灌等节水灌溉技术。 (2)大型智能化设施已开始普及，应用灌溉自动控制设备，根据设施内的温度、湿度、光照等因素以及植物生长不同阶段对水分的要求，采用计算机综合控制技术，及时进行灌溉。 (3)排水。如果设施内出现积水现象，则应开沟排水	大型智能化设施应尽量选择杂质少、位置近的水源，同时要对水源的水质进行处理，使其满足灌溉要求
设施环境下湿度的调控	(1)降低湿度。一是地膜覆盖，抑制土壤蒸发；二是寒冷季节控制灌水量，提高地温；三是通风降湿，通过通风调节改善设施内空气湿度；四是加温除湿；五是使用除湿机；六是热泵除湿。 (2)增加湿度。一是间歇采用喷灌或微喷灌技术；二是喷雾加湿；三是湿帘加湿	(1)采用通风降湿，冬季应注意减少次数与时间，春季应加大通风量。 (2)加湿的主要方法是灌水。加湿最好和降温结合应用

5.问题处理

活动结束后，完成以下问题：

(1)当地日光温室等设施如何调控土壤水分？

(2)当地日光温室等设施如何降低或增加环境内空气湿度？

【师生互动】

1.选择种植农作物、蔬菜、果树、园林植物等地块各一个，测定土壤水分含量，判断土壤墒情，调查整个生长季的灌水量，它们有何区别？你从中得到了哪些启示？

2.当地一年四季的空气相对湿度及降水量有什么变化规律？对种植植物有何指导意义？

3. 在教师指导下，收集相关资料，完成表 5-22 内容。

表 5-22　不同地区水分调控经验总结

地区类型	降水量	蒸发量	水分调控技术经验
干旱			
半干旱			
半湿润			
湿润			

知识拓展

如果同学们想了解更多的知识，可以通过下面的渠道进行学习：

1. 阅读杂志

(1)《气象》

(2)《中国农业气象》

(3)《气象知识》

(4)《中国气象》

(5)《贵州气象》《广东气象》《山东气象》《陕西气象》

2. 浏览网站

(1)农博天气(http://weather.aweb.com.cn/)

(2)中国天气网(http://www.weather.com.cn/)

(3)新气象(http://www.zgqxb.com.cn/)

(4)中国气象台(http://www.nmc.gov.cn/)

(5)××省(市)气象信息网

3. 通过本校图书馆借阅有关气象、农业气象、土壤水分等方面的书籍。

考证提示

获得农业技术员、农作物植保员，以及有关涉农企业的 1+X 证书等职业资格证书，需具备以下知识和能力：

1. 水分对植物生长的影响；
2. 植物吸水的原理；
3. 土壤水分、大气水分；
4. 土壤自然含水量和田间持水量的测定；
5. 植物的蒸腾强度测定；
6. 空气湿度、降水量与蒸发量的观测；
7. 植物生长水分环境的调控。

学习情境六　光环境与植物生长

【情境创设】

学习情境六 光环境与植物生长		活动一　认识植物生长的光环境 活动二　一般条件下植物生长的光环境调控 活动三　设施条件下植物生长的光环境调控
能力目标	专业能力	1.熟练进行光照强度、日照时数的观测； 2.熟练进行一般条件、设施条件下的光环境调控
	方法能力	1.具备获取信息、收集资料的能力； 2.具备制订计划、执行计划的能力； 3.具备自主学习、发现问题、解决问题的能力
	社会能力	1.具备良好的团队协作、配合能力； 2.具备良好的与人沟通、协调能力； 3.具备一定的综合、创新能力
知识目标	1.了解日地关系与季节、太阳辐射等知识，熟悉光对植物生长发育的影响； 2.了解叶的适光变态、植物对光环境的适应，熟悉植物的光合性能与光能利用率； 3.熟悉光环境调控的主要措施	
思政目标	1.学习党的二十大报告中关于“推进生态优先、节约集约、绿色低碳发展”的论述，树立绿色发展意识； 2.通过参观当地光伏农业现场，培养善于观察、分析、比较、解决具体问题的能力，养成协作、严谨的职业习惯	
教学条件	多媒体课件、多媒体教室、实验实训室、图书馆、网络	
教学方法	课堂讲授、资料查阅、现场训练、课外活动	
考核评价	学习过程考核	计划制订(20%)、师生释疑(10%)、完成任务(50%)、检查评价(20%)
	拓展能力考核	工作态度(20%)、岗位技能(50%)、拓展能力(20%)、团队合作(10%)
考核方式	教师评价(70%)、小组互评(20%)、学生自评(10%)	

活动一　认识植物生长的光环境

1.活动目标

知识目标：了解日地关系与季节、太阳辐射等知识；熟悉光对植物生长发育的影响。

能力目标：能熟练进行光照强度的测定；能进行日照时数的观测。

思政素养：总结当地利用光照促进植物生长的案例，学习科技人员的创新发展精神。

2.活动准备

根据班级人数，按 2 人一组分为若干组，每组准备以下材料和用具：照度计、日照计、笔（铅笔或钢笔）、白纸等。

3.相关知识

(1)光与植物生长　光是植物生长发育必需的重要条件之一，不同种类的植物在生长发育过程中要求的光照条件不同，植物长期适应不同光照条件又形成相应的适应类型。

①光质与植物生长发育。光质又称为光的组成，是指具有不同波长的太阳光谱成分。光质主要由紫外线、可见光和红外线组成，不同波长的光具有不同的性质，对植物的生长发育具有不同的影响。

第一，光质对光合作用的影响。植物光合作用对光能的利用是从叶绿素对光的吸收开始的，而叶绿素对光能的吸收以蓝紫光、红橙光为主。其中蓝紫光能被类胡萝卜素所吸收，红橙光和黄绿光则能被藻胆素吸收，而绿光为生理无效光。

第二，光质对植物生长的影响。一般长波光能促进植物伸长生长，短波光能抑制植物的伸长生长。在农业上，通过改变光质可影响植物生长，如有色薄膜育苗，红色薄膜有利于提高叶菜类产量，紫色薄膜对茄子有增产作用。红光下甜瓜植株加速发育，果实提前 20 d 成熟，果肉的糖分和维生素含量也有增加。

第三，光质对植物产品品质的影响。不同波长的光对植物的光合作用产物产生影响，红光有利于糖类的合成，蓝紫光有利于蛋白质和有机酸的合成。短波光能促进花青素的合成，使植物茎、叶、花果颜色鲜艳；但短波光能抑制植物生长，阻止植物的黄化现象，在蔬菜生产上可利用这一原理生产韭黄、蒜黄、豆芽、葱白等。

②光照强度与植物生长发育。光照强度依地理位置、地势高低、云量等的不同呈规律性的变化，即随纬度的增加而减弱，随海拔的升高而增强；一年之中以夏季光照最强，冬季光照最弱；一天之中以中午光照最强，早晚光照最弱。

第一，光照强度影响植物光合作用。光照强度是影响植物光合作用的重要因素。叶片只有处于光饱和点的光照下，才能发挥其最大的制造与积累干物质的能力；在光饱和点以上的光照强度不再对光合速率起促进作用（图 6-1）。

第二，光照强度与植物生长发育。一是光照强度对种子发芽有一定影响。植物种子的发芽对光照条件的要求各不相同，有的植物种子需要在光照条件下才能发芽，受影响的常是小种子。二是光照强度影响着植物的周期性生长。光照强度与温度等因子共同影响着植物生长，从而使植物生长表现出昼夜周期性和季节周期性。三是光照强度影响植物的抗寒能力。秋季

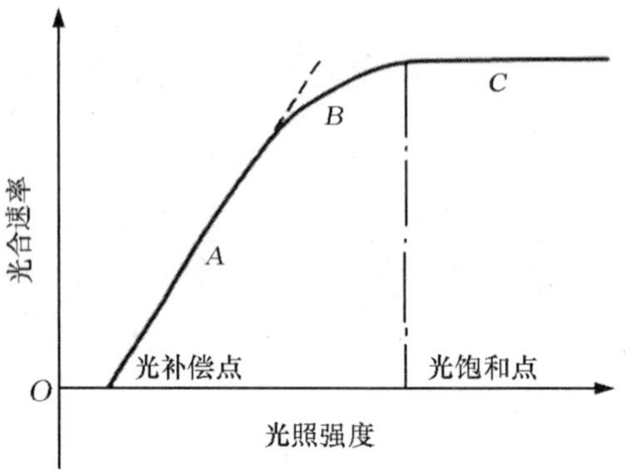

A. 光合速率随光照强度的增强而呈比例的增加

B. 光合速率随光照强度的增强速度转慢

C. 光照强度达到光饱和点，光合速率不随光照强度的增加发生变化

图 6-1　植物的光合速率和光照强度的关系

天气晴朗，光照充足，植物光合能力强，积累糖分多，使植物的抗寒能力较强。若秋季阴天时间较多，光照不足，积累糖分少，则植物抗寒能力差。四是光照强度影响植物的营养生长。强光对植物茎的生长有抑制作用，但能促进组织分化，有利于树木木质部的发育。光能促进细胞的增大和分化，控制细胞的分裂和伸长，植物体积的增大、质量的增加等。五是光照强度影响植物的生殖生长。适当的强光有利于植物生殖器官的发育，若光照减弱，营养物质积累减少，花芽的形成也减少，已经形成的花芽也会由于体内养分供应不足而发育不良或早期死亡。

第三，光照强度与植物产品品质。一是光照强度影响植物花的颜色及果实着色。在强光照射下，有利于花青素的形成，这样会使植物花朵、果实的颜色鲜艳。光照对植物花蕾的开放时间也有很大影响。如半枝莲、酢浆草的花朵只在晴天的中午盛开，月见草、紫茉莉、晚香玉只在傍晚开花，昙花在夜间开花，牵牛、亚麻只盛开在每日清晨日出时。二是光照强度影响植物叶的颜色。光照充足，叶绿素含量多，植物叶片呈现正常的绿色。如果缺乏足够的光照，叶片中叶绿素含量少，呈现浅绿、黄绿甚至黄白色。三是光照强度影响植物产品的营养成分。光照充足、气温较高及昼夜温差较大条件下，果实含糖量高，品质优良。

③光照时间与植物生长发育。一天中白天和黑夜的相对长度称为光周期。所谓相对长度是指日出至日落的理论日照时数(即可照时数)，而不是实际有阳光的时数。

第一，光照时间与植物开花。在光周期现象中，对植物开花起决定作用的是暗期的长短。也就是说，短日照植物必须长于某一临界暗期才能形成花芽，长日照植物必须短于某一临界暗期才能开花。用适宜植物开花的光周期处理植物，称为光周期诱导。经过足够时间的光周期诱导的植物，即使再处于不适合的光周期下，之前在适宜的光周期下产生的诱导效应也不会消失，植物仍能正常开花。

第二，光周期与植物休眠。光周期对植物的休眠有重要影响。一般短日照促进植物休眠而使生长减缓，长日照可以打破或抑制植物休眠，使植物持续不断地生长。

第三，光周期对植物其他方面的影响。光周期影响植物的生长。短日照植物置于长日照下，常常长得高大；而把长日照植物置于短日照下，则节间缩短，甚至呈莲座状。

光周期影响植物性别的分化。一般来说，短日照促进短日照植物多开雌花，长日照促进长日照植物多开雌花。

光周期对有些植物地下贮藏器官的形成和发育有影响。如短日照植物菊芋，在长日照下仅形成地下茎，但并不加粗，而在短日照下，则形成肥大的块茎。

植物对光周期的敏感性是各不相同的。通常木本植物对光周期的反应不如草本植物敏感。利用植物对光周期的不同反应，可通过人工控制光照时数调节植物的生长发育。

(2)日地关系与季节形成 地球是一个椭球体，其赤道半径为 6 378.1 km，极半径为 6 356.8 km。它不停地进行着绕太阳的公转，同时又绕地轴自西向东进行自转。

①日地关系。地球围绕太阳公转过程中，太阳光线垂直投射到地球上的位置不断变化，引起各地的太阳高度角和日照时间长短发生改变，一年中各纬度(主要是中高纬度)所接受的太阳辐射能也发生了变化。

②昼夜形成。在地球自转过程中，在同一时间里，总是有半个球面朝向太阳，半个球面背向太阳。朝向太阳的半球称为昼半球，背向太阳的半球称为夜半球，昼半球和夜半球的分界线称为晨昏线。当地球自西向东自转时，昼半球的东侧逐渐进入黑夜，夜半球的东侧逐渐进入白天，由此形成了地球上的昼夜交替现象(图 6-2)。

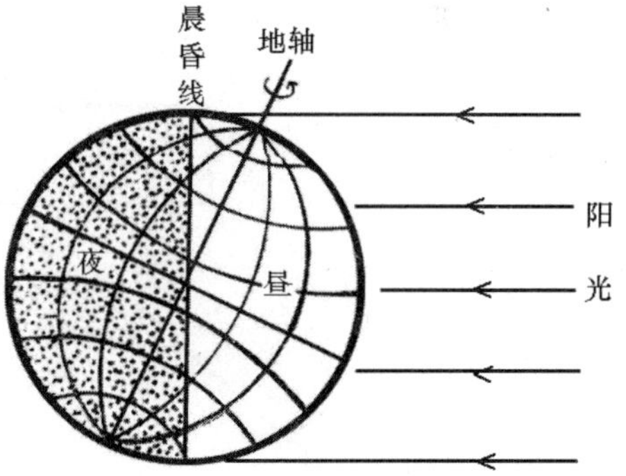

图 6-2 昼夜的形成

③日照长短。日照时间分为可照时数与实照时数。在天文学上，某地的昼长是指从日出到日落太阳可能照射的时间间隔，称为可照时数，也称为昼长，它是不受任何遮蔽时每天从日出到日落的总时数，以 h、min 为单位。可由气象常用表查得。实际上，由于受云雾等天气现象或地形和地物遮蔽的影响，太阳直接照射的实际时数会短于可照时数，将一日中太阳直接照射地面的实际时数称为实照时数，也称为日照时数。实照时数是用日照计测得的，日照计只能感应一定能量的太阳直接辐射，有遮挡时测不到。

在日出前与日落后的一段时间内，虽然没有太阳直射光投射到地面，但仍有一部分散射光到达地面，习惯上称为曙光和暮光。曙、暮光也有一定的光照强度，对植物的生长发育产生影响。把包括曙、暮光在内的昼长时间称为光照时间。即：

光照时间＝可照时数＋曙、暮光时间

生产上曙、暮光时间是指太阳在地平线以下 0°～6°的一段时间。当太阳高度降低至地平线以下 6°时，晴天条件下的光照强度约为 3.5 lx。曙、暮光持续时间长短因季节和纬度而异。全年以夏季最长，冬季最短。就纬度来说，高纬度要长于低纬度，夏半年尤为明显。例如在赤道上，各季的曙、暮光时间只有 40 多分钟，而在 60°的高纬度，夏季曙、暮光时间长达 3.5 h，冬季也有 1.5 h。

(3)太阳辐射 太阳以电磁波的形式向外放射巨大能量的过程称为太阳辐射，放射出来的能量称为太阳辐射能。太阳辐射是地面和大气最主要能量源，是一切生命活动的基础。

①太阳辐照度。太阳辐照度是反映太阳辐射强弱程度的物理量，是指单位时间内垂直投

射到单位面积上的太阳辐射能量的多少,单位是 J/(m^2·s)。太阳辐照度主要由太阳高度角和日照时间决定。太阳高度角大,日照时间长,则太阳辐照度强。

②光照强度。光照强度是表示物体被光照射明亮程度的物理量,是指可见光在单位面积上的光通量,单位是勒克斯(lx)。光照强度与太阳高度角、大气透明度、云量等有关。一般来说,夏季晴天中午地面的光照强度约为 1.0×10^5 lx,阴天或背阴处光照强度为(1.0×10^4)~(2.0×10^4)lx。

③太阳辐射光谱。太阳辐射能随波长的分布曲线称为太阳辐射光谱。在大气上界太阳辐射能量多数集中在 0.15~4.0 μm 波长,按其波长可分为紫外线(波长小于 0.4 μm)、可见光(波长 0.4~0.76 μm)和红外线(波长大于 0.76 μm)三个光谱区。其中可见光区的能量占太阳辐射总能量的 50%左右,由红、橙、黄、绿、青、蓝、紫 7 种光组成;红外线区占 43%左右;紫外线区占 7%左右(图 6-3)。由于大气吸收,地球表面测得的太阳辐射光谱波长在 0.29~5.3 μm,而且在空间和时间上都有变化。

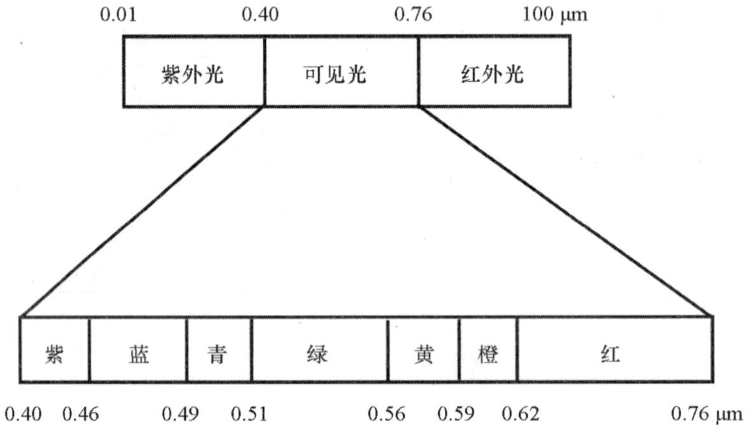

图 6-3 太阳辐射光谱

太阳辐射透过大气层后,由于大气的吸收、散射和反射作用而大大减弱。如果把射入大气上界的太阳辐射作为 100%,被大气和云层吸收的约占 14%,被散射回宇宙空间的约占 10%,被反射回宇宙空间的约占 27%,其余的到达地面,地面又反射回宇宙空间一部分太阳辐射,实际地面接收的太阳辐射能只有大气上界的 43%,包括 27%的直接辐射和 16%的散射辐射(图 6-4)。

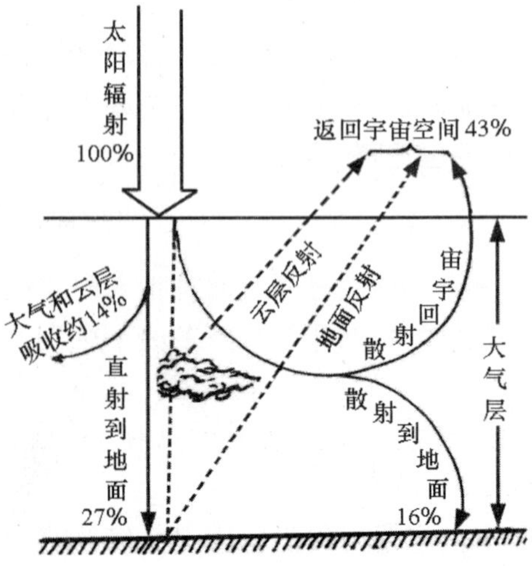

图 6-4 太阳辐射通过大气层的减弱情况

4.操作过程

(1)光照强度测定

①测定原理。光照强度大小取决于可见光的强弱,一天中正午最大,早晚较小;一年中夏季最大,冬季最小;而且,随纬度增加,光照强度减小。照度计是测定光照强度的仪器,它是利用光电效应的原理

制成的。整个仪器由感光元件(硒光电池)和微电表组成。当光线照射到光电池后,光电池即将光能转换为电能,反映在电流表上。电流的强弱和照射在光电池上的光照强度呈正相关,因此,电流表上测得的电流值经过换算即为光照强度。为了方便,把电流计的数值直接标成照度值,单位是勒克斯。

②测定方法。可选择操场上阳光直射的位置、树林内、田间、日光温室等场所,进行以下操作(表 6-1)。

表 6-1 光照强度的测定

工作环节	操作规程	质量要求
熟悉照度计的结构	ST-80C 数字照度计(图 6-5)由测光探头和读数单元两部分组成,两部分通过电缆用插头和插座连接。读数单元左侧有“电源”“锁定”“照度”“扩展”等操作键	学会各操作键的使用方法
测量光照强度	(1)压拉后盖,检查电池是否装好。然后调零,方法是完全遮盖探头光敏面,检查读数单元是否为零。不为零时仪器应检修。 (2)按下“电源”“照度”和任一量程键(其余键抬起),然后将大探头的插头插入读数单元的插孔内。 (3)打开探头护盖,将探头置于待测位置,光敏面向上,此时显示窗口显示数字,该数字与量程因子的乘积即为光照强度值,单位为 lx。 (4)如欲将测量数据锁定,可按下“锁定”键。(注意:不能在未按下量程键前按“锁定”键)读完数后应将“锁定”键抬起恢复到采样状态。 (5)测量完毕将电源键抬起(关)。再用同样方法测定其他测点照度值。全部测完则抬起所有按键,小心取出探头插头,盖上探头护盖,照度计装盒带回	(1)根据光的强弱选择适宜的量程。 (2)电缆线两端严禁拉动而松脱,测点转移时应关闭电源键,盖上探头护盖。 (3)测量时应避免人为遮挡等影响,探头应水平放置并使光敏面向上。 (4)每个测点连测三次,取平均值
整理数据	分不同时间测定场所内的光照强度,记录测定数据,最后求出平均光照强度	数据记录一般采用表格形式

图 6-5 ST-80C 数字照度计

(2)日照时数的测定

①测定原理。可照时数指某地从日出到日落的时间，日照时数指太阳直接照射地面的实际时数，日照时数与可照时数的百分比称为日照百分率。测定日照时数多用乔唐日照计(又称暗筒式日照计)。它是利用太阳光通过仪器上的小孔射入筒内，使涂有感光药剂的日照纸上留下感光迹线，然后根据感光迹线的长度来计算日照时数。

②测定方法。选择露地、林荫下、建筑物前后等场所，进行下列全部或部分内容(表 6-2)。

表 6-2　日照时数的测定

工作环节	操作规程	质量要求
熟悉日照计的构造	乔唐日照计由暗筒、底座、隔光板、进光孔、筒盖、压纸夹、纬度刻度盘、纬度记号线组成(图 6-6)	知道每个组成部件的作用及如何使用
日照计的安装	(1)安装在终年从日出到日落都能受到太阳光照射的地方，常安装在观测场南面的柱子上或平台上，高度 1.5 m。 (2)底座要水平，日照计暗筒的筒口对准正北。 (3)纬度记号线对准纬度盘的当地纬度	要精确测定子午线的位置，并在底座上做标记，使暗筒的筒口对准正北。 熟知当地的地理纬度
日照时数的测定	(1)涂药。先配药，用柠檬酸铁铵(感光剂)与清水以 3∶10 的比例配成感光液；用赤血盐(铁氰化钾)与清水以 1∶10的比例配成显影液。分别装入褐色瓶中放于暗处保存备用。涂药时取两种药液等量均匀混合，在暗处或红灯光下进行。涂药前，先用脱脂棉把需涂药的日照纸表面擦净，再另用脱脂棉蘸药液薄而均匀地涂在日照纸上，涂后的纸放于暗处阴干。 (2)换纸。每天日落后换纸(阴天也换)，换下日照纸并签好名，将涂有感光药液、填好年、月、日的另一张日照纸放入暗筒内，并将纸上 10 时线对准暗筒正中线，纸孔对准进光孔，压紧纸，盖好盖。 (3)记录。取下日照纸，按感光迹线长短，在其下画铅笔线。然后将感光纸放入足量的清水中浸漂 3～5 min，取出，待阴干后，复验感光迹线与铅笔线是否一致，如感光迹线比铅笔线长，补描上这一段铅笔线，然后按铅笔线长度统计日照时数	(1)配药液时要混合均匀，而且量不可过多，以能涂 10 张日照纸的量为宜，以免日久受光失效。 (2)涂药时，用脱脂棉擦净日照纸表面后弃掉，再用新的脱脂棉涂药，脱脂棉用过后不能再次使用。 (3)不要把药品溅到皮肤和衣服上。 (4)日照纸在换的过程中不能感光，否则将没有感光迹线。 (5)描铅笔线时，注意和感光迹线长度一致，计算时把上午、下午的迹线相加即可。最好连续进行一个月的观测，观测结果列表，并查出该地相同时间内的可照时数，计算日照百分率(表 6-4、表 6-5)
日照计的检查与维护	每月应检查一次日照计，发现问题及时纠正。每天日出前应检查日照计的小孔，有无小虫、尘沙堵塞或被露、霜遮住	每月查看日照计的水平、方位、纬度的安置情况

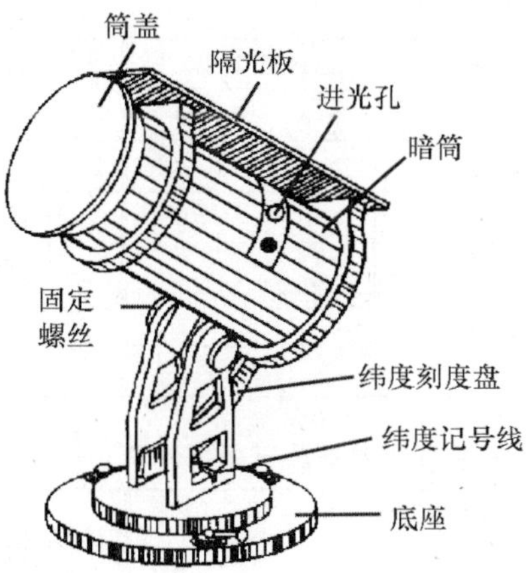

a.外形

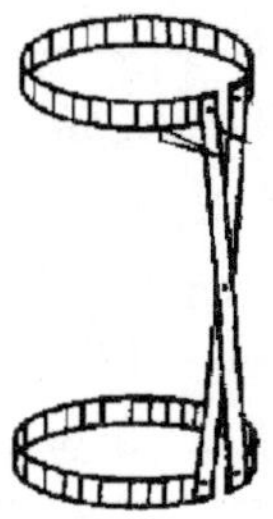

b. 压纸夹

图 6-6　乔唐日照计

5.问题处理

活动结束后,完成以下问题:

(1)根据光照强度测定情况,完成表 6-3,比较四种测点位置的光照强度有何区别?并分析其原因有哪些?

表 6-3　×年×月×日×时光照强度观测记录　　lx

测点	次数	读数	选用量程	光照强度	平均值
阳光直射的位置	1				
	2				
	3				
树林内	1				
	2				
	3				
田间	1				
	2				
	3				
日光温室	1				
	2				
	3				

(2)根据日照时数的测定情况,完成表 6-4、表 6-5。

表 6-4　×月日照时数观测表　　h

日期	日照时数	日期	日照时数	日期	日照时数
1 日		11 日		21 日	
2 日		12 日		22 日	
3 日		13 日		23 日	
4 日		14 日		24 日	

续表 6-4

日期	日照时数	日期	日照时数	日期	日照时数
5 日		15 日		25 日	
6 日		16 日		26 日	
7 日		17 日		27 日	
8 日		18 日		28 日	
9 日		19 日		29 日	
10 日		20 日		30 日	

表 6-5　×月可照时数及日照百分率

日期	可照时数	日照百分率/%	日期	可照时数/h	日照百分率/%	日期	可照时数/h	日照百分率/%
1 日			11 日			21 日		
2 日			12 日			22 日		
3 日			13 日			23 日		
4 日			14 日			24 日		
5 日			15 日			25 日		
6 日			16 日			26 日		
7 日			17 日			27 日		
8 日			18 日			28 日		
9 日			19 日			29 日		
10 日			20 日			30 日		

活动二　一般条件下植物生长的光环境调控

1.活动目标

知识目标：了解叶的适光变态，认识植物对光环境的适应类型；熟悉植物的光合性能与光能利用率。

能力目标：能熟练进行露地条件下光环境的正确调控。

思政素养：总结当地利用光环境调控发展农业优秀案例，学习科技人员的创新发展精神。

2.活动准备

选择当地种植农作物、蔬菜、果树、花卉等地块，调查其光照条件，查阅当地有关改善光环境的资料。

3.相关知识

植物长期生长在一定的光照条件下，在其形态结构及生理特性上表现出一定的适应性，进而形成了与光照条件相适应的不同生态类型。

(1)叶的适光变态　叶片是植物直接接受阳光的器官，在形态结构、生理特征上受光的影响最大，对光有较强的适应性。由于叶长期处于光照强度不同的环境中，其形态结构、生理特征上往往产生适应光的变异，称为叶的适光变态。阳生叶与阴生叶是叶的适光变态的两种类型。一般在全光照或光照充足的环境下生长的叶片属于阳生叶，具有叶片短小，角质层较厚，叶绿素含量较少等特征；而在弱光条件下生长的植物叶片属于阴生叶，表现为叶片排列松散，叶绿素含量较多等特点（表 6-6）。

表 6-6　阳生叶与阴生叶的比较

特征	阳生叶	阴生叶
叶片	厚而小	薄而大
叶面积/体积	小	大
角质层	较厚	较薄
叶脉	密	疏
气孔分布	较密，但开放时间短	较稀，但经常开放
叶绿素	较少	较多
叶肉组织	栅状组织较厚或多层	海绵组织较丰富
分化生理	蒸腾、呼吸、光补偿点、光饱和点均较高	蒸腾、呼吸、光补偿点、光饱和点均较低

(2)植物对光照强度的适应类型　自然界中，有的植物在强光照下生长良好，而有的植物需要在较弱的光环境下才能生存；同样，有的植物在遮阳的情况下生长健壮，而有的植物却不能忍受遮阳。这是植物长期适应不同的光照强度而形成的不同生态习性。通常按照植物对光照强度的适应程度将其划分为三种类型：阳生植物、阴生植物、中生植物。

①阳生植物。在全光照或强光下生长发育良好，在荫蔽或弱光下生长发育不良的植物。阳生植物需光量一般为全日照的 70%以上，多生长在旷野和路边等阳光充足的地方。如桃、杏、枣、扁桃、苹果等绝大多数落叶果树，多数露地一二年生花卉及宿根花卉（如一串红、鸡冠花、一品红、桃花、梅花、月季、米兰、海棠、菊花等），仙人掌科、景天科等多浆植物、茄果类及瓜类等，还有草原和沙漠植物以及先花后叶的植物都属于阳生植物。

②阴生植物。阴生植物指在弱光条件下能正常生长发育，或在弱光下比强光下生长良好的植物。阴生植物需光量一般为全日照的 5%～20%，在自然群落中常处于中、下层或生长在潮湿背阴处，如蕨类植物、兰科、凤梨科、姜科、天南星科及秋海棠科植物等均为阴生植物。

③中生植物。介于阳生植物与阴生植物之间的植物。一般对光的适应幅度较大，在全日照下生长良好，也能忍耐适当的荫蔽，或在生育期间需要较轻度的遮阳，大多数植物属于此类。如桂花、夹竹桃、棕榈、苏铁、樱花、桔梗、白菜、萝卜、甘蓝、葱蒜类等。中生植物中的有些植物随着其年龄和环境条件的差异，常常又表现出不同程度的偏喜光或偏阴生特征。

(3)植物的光合性能　植物的生物产量取决于光合面积、光合强度、光合时间、光合产物的消耗，可表示为：

$$生物产量=光合面积\times光合强度\times光合时间-呼吸消耗$$

植物的经济产量则还应考虑经济系数，即：

$$经济产量=(光合面积\times光合强度\times光合时间-呼吸消耗)\times经济系数$$

①光合面积。光合面积是指植物的绿色面积，主要是叶面积。通常以叶面积指数来表示叶面积的大小。

$$叶面积指数=\frac{该土地上绿叶总面积}{土地面积}$$

谷类植物单片叶的面积可用下式计算：

单叶面积＝长×宽×折算系数(0.83)

在一定范围内，叶面积越大，光合作用积累的有机物质越多，产量也就越高。而当叶面积超过一定范围时必然导致株间光照弱、田间荫蔽、植物倒伏、叶片过早脱落。据研究，各种植物的最大叶面积指数一般不超过5。例如，小麦为5、玉米为5、大豆为3.2、水稻为7。叶面积指数是反映植物群体结构的重要指标之一。

②光合时间。适当延长光合作用的时间，可以提高植物产量。当前主要是采取选用中晚熟品种、间作套种、育苗移栽、地膜覆盖等措施，使植物能更有效地利用生长季节，达到延长光合时间的目的。

多数植物产量的形成，主要在生长发育的中后期。实验证明，小麦籽粒重的2/3～4/5是抽穗后积累的。因此，生产上应重视生长中后期光合作用的正常进行，防止叶片早衰。

(4)光能利用率 一定土地面积上的植物体内有机物贮存的化学能占该土地日光投射辐射能的百分数称为光能利用率。目前作物的光能利用率普遍不高。据测算，只有0.5%～1%的辐射能用于光合作用。低产田作物的光能利用率只有0.1%～0.2%，而丰产田对光能的利用率也只有3%左右。根据一般的理论推算，作物光能利用率可以达到4%～5%，如果生产上真的达到这一数字，则粮食产量可以成倍增长。

当前作物的光能利用率不高的主要原因：一是漏光。植物在幼苗期叶面积小，大部分阳光直射到地面上而损失。有研究表明，稻、麦等作物因漏光损失光能在50%以上。尤其是生产水平低的田块，若植株直到生长后期仍未封行，损失的光能就更多了。二是受光饱和现象的限制。光照强度超过光饱和点以上的部分，植物就不能吸收利用，植物的光能利用率就随着光照强度的增加而下降。当光照强度达到全日照时，光的利用率就会很低。三是环境条件及作物本身生理状况的影响。自然干旱、缺肥、二氧化碳浓度过低、温度过低或过高，以及作物本身生长发育不良，受病虫为害等，都会影响作物对光能的利用。另外，作物本身的呼吸消耗占光合作用的15%～20%。在不良条件下，呼吸消耗可高达30%以上。

4.操作过程

选择当地种植农作物、蔬菜、果树、花卉等地块，观察植物生长情况，并进行以下操作(表6-7)。

表6-7　一般条件下光环境的调控技术

工作环节	操作规程	质量要求
一般条件下光照环境的调控	(1)选育光能利用率高的品种。 (2)合理密植。增大绿叶面积，以截获更多的太阳光，提高作物群体对光能的利用率，还能充分地利用地力。 (3)间套复种。间作套种可以充分利用植物生长季节的太阳光，增加光能利用率；复种则可把空间的生长季节充分加以利用。 (4)加强田间管理。整枝、修剪可以改善植物群体的通风透光条件，减少养料的消耗，调节光合产物的分配。增加空气中的二氧化碳浓度也能提高植物对光能的利用率	(1)光能利用率高的品种特征是：矮秆抗倒伏，叶片分布较为合理，叶片较短并直立，生育期较短，耐阴性强，适于密植。 (2)间套复种还可以使边际效应得到发挥

续表 6-7

工作环节	操作规程	质量要求
通过调控光照时间控制花期	(1)短日照处理。可用短日照处理的花卉有菊花、一品红、叶子花等。在长日照季节里可将此类花卉用黑布、黑纸或草帘等遮暗一定时数,使其有一个较长的暗期,可促使其开花。如菊花和一品红,使其17时至次日8时处于黑暗中,一品红40 d左右即可开花,菊花50～70 d即可开花。 (2)长日照处理。生产上常见的品种唐菖蒲自然开花要求12～16 h的光照时间。我国北方冬季种植唐菖蒲时,欲使其开花,必须人工增加光照时间,每天下午4时以后用200～300 W的白炽灯在1 m左右距离补充光照3 h以上,同时给予较高的温度,经过100～130 d的设施栽培,即可开花。 (3)光暗颠倒处理。昙花对光照的反应不同于其他花卉,其一般在夜间开放,不便于观赏,但如果在其花蕾长6～10 cm时,白天遮光,夜晚给予灯光,则能改变其夜间开花的习性,使之在白天盛开,并可延长开花时间	(1)在短日照处理前,枝条应有一定的长度,并停施氮肥,增施磷、钾肥,见效会更快。 (2)短日照处理时夜间不能撤掉遮光设备,可将遮光物四周下部掀开通风。 (3)处理过程中室温在20 ℃左右,最低不能低于15 ℃

5.问题处理

活动结束后,完成以下问题:

(1)了解一下当地在调控光照环境上有哪些典型经验?

(2)比较一下短日照处理、长日照处理和光暗颠倒处理对花期调控有何差异?

活动三　设施条件下植物生长的光环境调控

1.活动目标

知识目标:了解当地设施条件下的光照条件,熟悉设施条件下光环境调控技术。

能力目标:能熟练进行设施条件下光环境的正确调控。

思政素养:总结当地发展光伏农业优秀案例,学习科技人员的创新发展精神。

2.活动准备

选择当地种植设施蔬菜、果树、花卉等地块,调查光照条件,查阅当地有关改善光环境的资料。

3.相关知识

设施条件下光环境调控技术主要有增加光照和减少光照两种情况。

(1)增加光照　一是选择优型设施和塑料薄膜设施。采用强度大、横断面积小的骨架材料,尽量建成无柱或少柱设施,以减少骨架遮阳面积。采用阶梯式栽培,保持树体前低后高;采用南北行栽植,加大行距,缩小株距或采用主副行栽培,以减少株间遮阳。采果后去冠更新,及时进行夏剪,保持合理的树冠,使树体受光良好。调节好屋面的角度,尽量缩小太阳光线的入射角度。选用强度较大的材料,适当简化建筑结构,以减少骨架遮光。选用透光率高的薄膜,选用无滴薄膜、抗老化膜。

二是适时揭放保温覆盖设备。保温覆盖设备早揭晚放,可以延长光照时数。揭开时间,以揭开后棚室内不降温为原则，通常在日出 1 h 左右早晨阳光洒满整个前屋面时揭开；覆盖时间，要求设施内有较高的温度，以保证设施内夜间最低温不低于植物同时期所需要的温度为准，一般太阳落山前半小时加盖，不宜过晚，否则会使室温下降。

三是清扫薄膜。每天早晨，用笤帚或用布条、旧衣物等捆绑在木杆上，将塑料薄膜自上而下地把尘土和杂物清扫干净。至少每隔两天清扫一次。

四是减少薄膜水滴。选用无滴、多功能或三层复合膜。使用 PVC 和 PE 普通膜的设施应及时清除膜上的露滴，可用 70 g 明矾加 40 g 敌克松，再加 15 kg 水喷洒薄膜表面。

五是涂白和挂反光幕。在建材和墙上涂白，用铝板、铝箔或聚酯镀铝膜作反光幕，可增加光照强度，又能改善光照分布，还可提高气温。挂反光幕，后墙贮热能力下降，加大温差，有利于植物生长发育、增产增收。张挂反光幕时先在后墙、山墙的最高点横拉一细铁丝，把幅宽 2m 的聚酯镀铝膜上端搭在铁丝上，折过来，用透明胶纸黏住，下端卷入竹竿或细绳中。

六是铺反光膜。在地面铺设聚酯镀铝膜，将太阳直射到地面的光反射到植株下部和中部的叶片和果实上。这样光照强度增加，促进了树冠下层叶片的光合作用，使光合产物增加，果实增大，含糖量增加，着色面扩大。铺设反光膜在果实成熟前 30～40 d 进行。

七是人工补光。光照弱时，需强光或加长光照时间，以及连续阴天等要进行人工补光。人工补光一般用电灯，要能模拟自然光源，具有太阳光的连续光谱。为此应将白炽灯（或弧光灯）与日光灯（或气体发光灯）配合使用。补光时，可按每 3.3 m^2 用一个 120 W 灯泡的比例设置。

(2)减少光照 一是覆盖各种遮阳物。初夏中午前后，光照过强，温度过高，超过植物光饱和点，对生育有影响时应进行遮光。遮光材料要求有一定的透光率、较高的反射率和较低的吸收率。覆盖物有遮阳网、苇帘、竹帘等。二是玻璃面涂白。将玻璃面涂成白色可遮光 50%～55%，降低室温 3.5～5.0 ℃。三是屋面流水。在屋面安装管道并保持有水流，可遮光 25%。

4.操作过程

选择当地种植设施，观察植物生长情况，并进行以下操作（表 6-8）。

表 6-8 设施条件下光环境调控技术

工作环节	操作规程	质量要求
设施环境下增加光照	(1)根据当地日光温室情况和材料类型，选择优型设施和塑料薄膜设施。尽量选用透光率高的薄膜，选用无滴薄膜、抗老化膜。 (2)根据当地日光温室等设施情况，考虑天气情况，适时揭放保温覆盖设备。 (3)及时清扫薄膜。至少每隔两天清扫一次。 (4)选用无滴、多功能或三层复合膜。使用 PVC 和 PE 普通膜的设施应及时清除膜上的露滴。 (5)涂白和挂反光幕，铺反光膜。铺设反光膜在果实成熟前 30～40 d 进行。 (6)人工补光。光照弱时，需强光或加长光照时间，以及连续阴天等要进行人工补光	根据当地生产实际，灵活选用调控措施，并总结经验
设施环境下减弱光照（遮光技术）	(1)覆盖各种遮阳物。覆盖物有遮阳网、苇帘、竹帘等。 (2)玻璃面涂白。将玻璃面涂成白色可遮光 50%～55%，降低室温 3.5～5.0 ℃。 (3)屋面流水。屋面安装管道并保持有水流，可遮光 25%	根据当地生产实际，灵活选用调控措施，并总结经验

5. 问题处理

活动结束后，完成以下问题：

(1)了解当地日光温室设施调控光照环境有哪些典型经验。

(2)比较增加光照、减弱光照对植物生长的作用有何差异。

【师生互动】

1. 选择种植农作物、蔬菜、果树、园林植物等 4 种地块，测定其光照强度，比较其光照条件，提出改善光照条件的主要措施。

2. 调查总结当地提高植物光能利用率的典型经验以及如何利用当地的光资源状况调控植物的生长发育？

3. 比较露地环境、日光温室、简易塑料大棚、小拱棚等环境的光照条件，并调查当地改善光照条件的经验，提出 4 种条件下光环境调控技术。

知识拓展

如果同学们想了解更多的知识，可以通过下面的渠道进行学习：

1. 阅读杂志

(1)《气象》

(2)《中国农业气象》

(3)《气象知识》

(4)《中国气象》

(5)《贵州气象》《广东气象》《山东气象》《陕西气象》

2. 浏览网站

(1)农博天气(http://weather.aweb.com.cn/)

(2)中国天气网(http://www.weather.com.cn/)

(3)新气象(http://www.zgqxb.com.cn/)

(4)中国气象台(http://www.nmc.gov.cn/)

(5)××省(市)气象信息网

3. 通过本校图书馆借阅有关气象、农业气象方面的书籍。

考证提示

获得农业技术员、农作物植保员，以及有关涉农企业的 1+X 证书等职业资格证书，需具备以下知识和能力：

1. 植物生长的光环境；

2. 光对植物生长发育的影响；

3. 植物的光合性能与光能利用率；

4. 光照强度、日照时数的观测；

5. 植物生长光环境的调控技术。

学习情境七　温度环境与植物生长

【情境创设】

学习情境七 温度环境与植物生长		活动一　认识植物生长的土壤温度环境 活动二　认识植物生长的空气温度环境 活动三　一般条件下植物生长的温度环境调控 活动四　设施条件下植物生长的温度环境调控
能力目标	专业能力	1.熟练进行土壤温度的观测； 2.熟练进行空气温度的观测； 3.正确地进行一般条件、设施条件下的温度调控
	方法能力	1.具备获取信息、收集资料的能力； 2.具备制订计划、执行计划的能力； 3.具备自主学习、发现问题、解决问题的能力
	社会能力	1.具备良好的团队协作、配合能力； 2.具备良好的与人沟通、协调能力； 3.具备一定的综合、创新能力
知识目标	1.了解土壤温度，熟悉土壤热性质及土壤温度的变化； 2.了解气温对植物生长的影响，熟悉植物生长的温度指标； 3.认识植物的感温性及温周期现象，了解植物对温度环境的适应，熟悉设施增温的主要方式	
思政目标	1.学习党的二十大报告关于“树立大食物观，发展设施农业”的论述，树立绿色生产、食品安全意识； 2.通过参观当地设施农业园区，学习从业人员科学严谨、求真务实的职业精神	
教学条件	多媒体课件、多媒体教室、实验实训室、图书馆、网络	
教学方法	课堂讲授、资料查阅、现场训练、课外活动	
考核评价	学习过程考核	计划制订（20％）、师生释疑（10％）、完成任务（50％）、检查评价（20％）
	拓展能力考核	工作态度（20％）、岗位技能（50％）、拓展能力（20％）、团队合作（10％）
考核方式	教师评价（70％）、小组互评（20％）、学生自评（10％）	

活动一 认识植物生长的土壤温度环境

1.活动目标

知识目标：了解土壤温度；熟悉土壤热性质及土壤温度的变化。

能力目标：能熟练测定土壤温度，并对观测数据进行整理和科学分析。

思政素养：总结当地气象站土壤温度观察活动，学习科技人员精益求精的职业精神。

2.活动准备

根据班级人数，按 2 人一组分为若干组，每组准备以下材料和用具：地面温度表、地面最高温度表、地面最低温度表、曲管地温表、计时表、铁锹、纸和笔。

3.相关知识

植物在整个生命周期中所发生的一切生理生化作用，都是在一定的温度环境中进行的。不同的温度环境决定了植物的种类分布，也对其生长发育的各项活动产生重要影响。

(1)土壤热性质 土壤温度的高低，主要取决于土壤接受的热量和损失的热量，同时受热容量、导热率和导温率等土壤热性质的影响。

①土壤热容量。土壤热容量是指单位质量或容积土壤，温度每升高 1 ℃或降低 1 ℃时所吸收或释放的热量。如以质量计算土壤数量则为质量热容量，单位是 J/(g·℃)，常用 C_m 表示；如以体积计算土壤数量则为容积热容量，单位是 J/(cm³·℃)，常用 C_v 表示。两者的关系如下：

$$容积热容量=质量热容量\times土壤容重$$

不同土壤组成成分的热容量相差很大(表 7-1)。热容量大，则土温变化慢；热容量小，则土温易随环境温度的变化而变化。

表 7-1 不同土壤成分的热容量

土壤成分	土壤空气	土壤水分	沙粒和黏粒	土壤有机质
质量热容量/[J/(g·℃)]	1.0048	4.1868	0.75～0.96	2.01
容积热容量/[J/(cm³·℃)]	0.0013	4.1868	2.05～2.43	2.51

②土壤导热率。土壤导热率指土层厚度 1 cm，两端温度相差 1 ℃时，单位时间内通过单位面积土壤断面的热量，单位是 J/(cm²·s·℃)，常用 λ 表示。土壤不同组分的导热率相差很大(表 7-2)。导热率越高的土壤，其温度越易随环境温度变化而变化，反之，土壤温度相对稳定。

表 7-2 不同土壤成分的导热率和导温率

土壤成分	导热率/ J/(cm²·s·℃)	导温率/(cm²/s)
土壤空气	0.00021～0.00025	0.1615～0.1923
土壤水分	0.0054～0.0059	0.0013～0.0014
矿质土粒	0.0167～0.0209	0.0087～0.0108
土壤有机质	0.0084～0.0126	0.0033～0.0050

③土壤导温率。土壤导温率，也称为导热系数或热扩散率，是指标准状况下，在单位厚度（1 cm）土层中，温差为 1 ℃时，单位时间（1 s）经单位断面面积（1 cm^2）进入的热量使单位体积（1 cm^3）土壤发生的温度变化值，单位是 cm^2/s。不同土壤成分的导温率相差很大（表 7-2）。土壤导温率越高，则土温容易随环境温度的变化而变化；反之，土温变化慢。

土壤热容量和导热率是影响导温率的两个因素，可以用下式表示三者之间的关系：

$$土壤导温率=\frac{土壤导热率}{土壤容积热容量}$$

(2)土壤温度 温度日变化、年变化的特征常用“较差”和“极值”出现时刻来描述。“较差”即振幅，“极值”出现时刻是指最高温度和最低温度出现的时刻。

①土壤温度的日变化。在正常条件下，一日内土壤表面最高温度出现在 13 时左右，最低温度出现在日出之前。土壤温度一日之中最高温度与最低温度之差称之为日较差。一般土表白天接受太阳辐射增热，夜间放射长波辐射冷却，从而引起温度昼夜变化（图 7-1）。土壤温度受太阳高度角、土壤热性质、土壤颜色、地形、天气等因素影响。

②土壤温度的年变化。在北半球中高纬度地区，土壤表面温度年变化的特点是：最高温度在 7 月份或 8 月份，最低温在 1 月份或 2 月份。土壤温度的年变化主要取决于太阳辐射的年变化、土壤的自然覆盖、土壤热性质、地形、天气等。凡是有利于表层土壤增温和冷却的因素，如土壤干燥、无植被、无积雪等都能使极值出现的时间有所提前。反之，则使最低温度与最高温度出现的时间推迟。

③土壤温度的垂直变化。由于土壤中各层热量昼夜不断地进行交换，使得一日中土壤温度的垂直分布有一定的特点。一般土壤温度垂直变化分为 4 种类型，即日射型（受热型或昼型）、辐射型（放热型或夜型）、清晨转变型和傍晚转变型。

辐射型以 1 时为代表，土壤温度随深度增加而升高，热量由下向上输导。日射型以 13 时为代表，土壤温度随深度增加而降低，热量从上向下输导。清晨转变型以 9 时为代表，此时 5 cm 深度以上是日射型，5 cm 以下是辐射型。傍晚转变型以 19 时为代表，即上层为放热型，下层为受热型（图 7-1）。

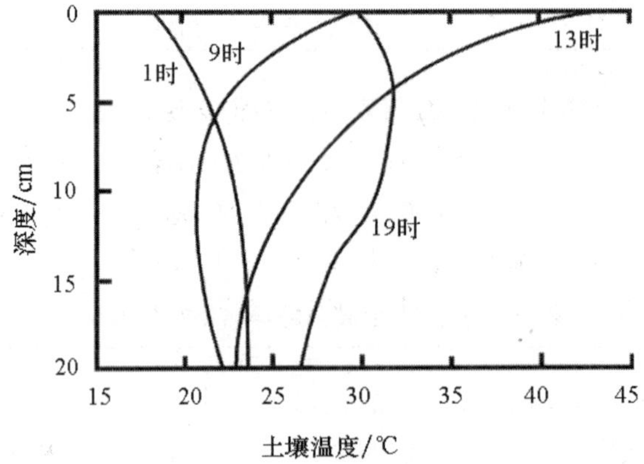

图 7-1 一日中土壤温度的垂直变化

一年中土壤温度的垂直变化可分为放热型（冬季，相当于辐射型）、受热型（夏季，相当于日射型)和过渡型(春季和秋季,相当于上午转变型和傍晚转变型)。

④影响土壤温度变化的因素。影响土壤温度变化的主要因素是太阳辐射,除此之外,土壤湿度等因素也影响着土壤温度变化。

一是土壤湿度。土壤湿度一方面改变土壤的热特性(热容量和导热率);另一方面影响地面辐射收支和热量收支。因此,潮湿土壤与干燥土壤相比,潮湿土壤温度的日变幅和年变幅较小,最高、最低温度出现时间较迟。

二是土壤颜色。土壤颜色可改变地面辐射差额,故深色土壤白天温度高,日较差大;浅色土壤白天温度较低,日较差较小。

三是土壤质地。土壤温度的变化幅度以沙土最大,壤土次之,黏土最小。

四是覆盖。植被、积雪或其他地面覆盖物可截留一部分太阳辐射能,土温不易升高;还可防止土壤热量散失,起保温作用。

五是地形和天气条件。坡向、坡度和地平屏蔽角大等地形因素及阴、晴、干、湿、风力大小等天气条件,或使到达地面的辐射量发生改变,或影响地面热量收支,从而影响土壤温度变化。

六是纬度和海拔。土壤温度随着纬度增加、海拔增高而逐渐降低。

(3)土壤温度与植物生长 土壤温度对植物生长发育的影响主要体现在以下几个方面。

①影响植物对水分、养分的吸收。在植物生长发育过程中,随着土壤温度的增加,根系吸水量也逐渐增加。通常对植物吸水的影响又间接影响了气孔阻力,从而限制了光合作用。低温减少了植物对多数养分的吸收,以 30 ℃和 10 ℃下 48 h 短期处理做比较,低温影响水稻对养分吸收顺序是磷、氮、硫、钾、镁、钙。

②影响植物块茎块根的形成。土壤温度高低直接影响植物地下贮藏器官的形成,如 15.6~22.9 ℃最适于马铃薯块茎形成。土壤温度低,块茎个数多而小。

③影响植物生长发育。土壤温度对植物整个生育期都有一定影响,而且前期影响大于气温。如种子发芽对土壤温度有一定要求,小麦、油菜种子发芽所要求的最低温度为 1~2 ℃,玉米、大豆为 8~10 ℃,水稻则为 10~12 ℃。土壤温度变化还直接影响植物的营养生长和生殖生长,间接影响微生物活性、土壤有机质转化等,最终影响植物的生长发育和产量形成。

④影响地下微生物和昆虫的活动。土壤温度的高低影响土壤微生物的活动、土壤气体的交换、水分的蒸发、各种矿物质的溶解及有机质的分解等。同时土壤温度对昆虫,特别是地下害虫的发生发展有很大影响。如金针虫在 10 cm 土壤温度达到 6 ℃左右时开始活动,达到 17 ℃左右时活动旺盛,并为害种子和幼苗。

4.操作过程

(1)测温仪器认识 一套地温表包含 1 支地面温度表、1 支地面最高温度表、1 支地面最低温度表和 4 支不同的曲管地温表。

地面温度表用于观测地面温度,是一套管式玻璃水银温度表,温度刻度范围较大,为−20~80 ℃,每度间有一短格,表示 0.5 ℃。

地面最高温度表用来测定一段时间内的最高温度。它是一套管式玻璃水银温度表。外形和刻度与地面温度表相似。它的构造特点是在水银球内有一玻璃针,深入毛细管,使球部和毛细管之间形成一窄道(图 7-2)。

土壤温度的测定

地面最低温度表用来测定一段时间内的最低温度。它是一套管式酒精温度表。它的构造特点是毛细管较粗，在透明的酒精柱中有一蓝色哑铃形游标（图 7-3）。

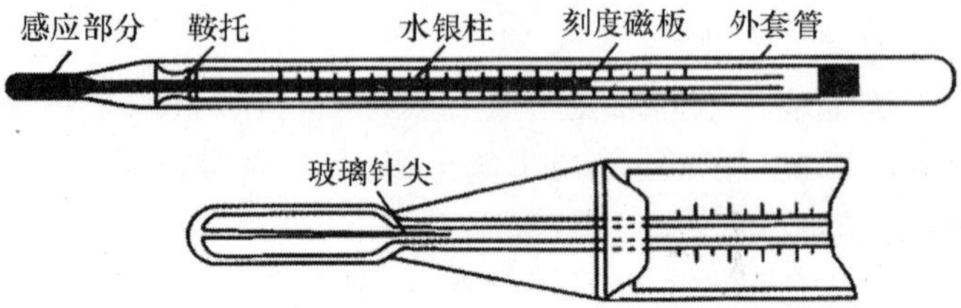

图 7-2　地面最高温度表

曲管地温表是观测土壤耕作层温度用的，共 4 支（图 7-4）。分别用于测定土深 5 cm、10 cm、15 cm、20 cm 的温度。其属于套管式水银温度表，每半度有一短格，因球部与表身弯曲，呈 135°夹角，玻璃套管下部用石棉灰填充以防止套管内空气对流。

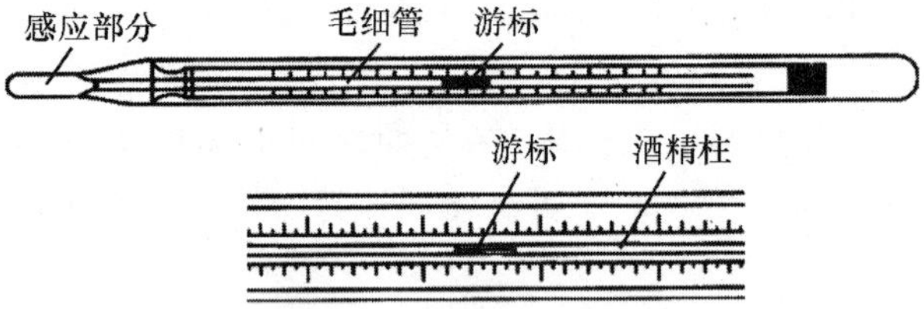

图 7-3　地面最低温度表

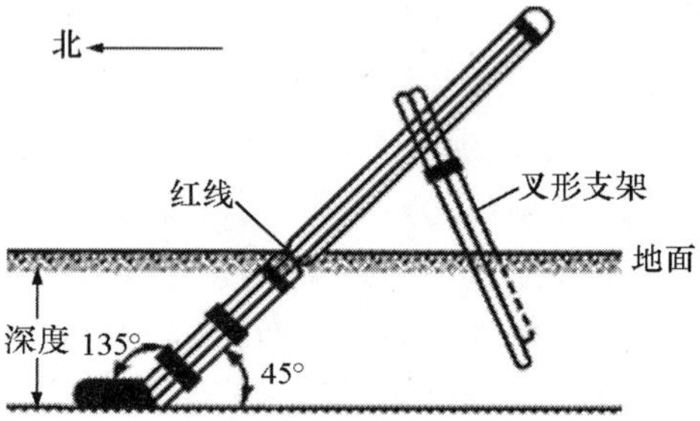

图 7-4　曲管地温表

(2)测定方法　选择当地种植农作物、蔬菜、果树、花卉、园林植物等场所，完成表 7-3 内容。

表 7-3　土壤温度的测定

工作环节	操作规程	质量要求
土壤温度表的安装	(1)地面温度表的安装。在观测前 30 min，将温度表感应部分和表身的一半水平地埋入土中；另一半露出地面，以便观测（图 7-5）。 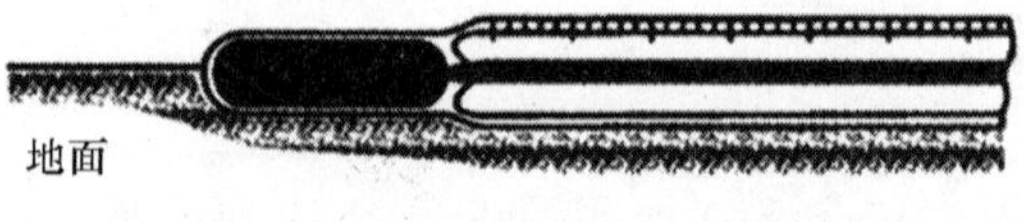 图 7-5　地面温度表安装示意图 (2)曲管地温表的安装。安装前选挖一条与东西方向呈 30°角、宽 25～40 cm、长 40 cm 的直角三角形沟，北壁垂直，东西壁向斜边倾斜。在斜边上垂直量出要测土壤温度的深度即可安装曲管地温表。安装时，从东至西依次安好 5 cm、10 cm、15 cm、20 cm 曲管地温表，按一条直线放置，相距 10 cm。 (3)地面最高温度表的安装。安装方法与地面温度表相同。 (4)地面最低温度表的安装。安装方法与地面温度表相同	(1)曲管地温表应安置在观测场内南部地面上，样方大小为 2 m×4 m。 (2)地表要疏松、平整、无草，与观测场整体地面相平。 (3)曲管地温表按 5 cm、10 cm、15 cm、20 cm 的顺序排列，表间相隔 10 cm。5 cm 曲管地温表距三支地面温度表 20 cm。安置时，感应部分向北，表身与地面呈 45°夹角

续表 7-3

工作环节	操作规程	质量要求
土壤温度的观测	(1)观测的时间和顺序。按照先地面后地中，由浅而深的顺序进行观测。其中 5 cm、10 cm、15 cm、20 cm 土壤温度表于每天北京时间 2 时、8 时、14 时、20 时进行 4 次或 8 时、14 时、20 时 3 次观测。地面最高、最低温度表只在 8 时、20 时各观测 1 次。夏季最低温度可在 8 时观测。 (2)最高温度表调整。用手握住表身中部，球部向下，手臂向外伸出约 30°，用大臂将表前后甩动，使毛细管内的水银落到球部，使示数接近于当时的干球温度。调整时动作应迅速，调整后放回原处时，先放球部，后放表身。 (3)最低温度表调整。将球部抬高，表身倾斜，使游标滑动到酒精的顶端为止，放回时应先放表身，后放球部，以免游标滑向球部一端。 (4)读数和记录。先读小数，后读整数，并应复读	(1)注意土壤温度的观测顺序，应该是地面温度→最高温度→最低温度→各层土壤温度。 (2)最高温度表和最低温度表的调整和放置应注意顺序。 (3)各种温度表读数时，要迅速、准确、避免视觉误差，视线必须和水银柱顶端齐平，最低温度表视线应与酒精柱的凹液面最低处齐平。 (4)读数精确到小数点后一位。若温度在零下，数值前应加上“－”号
仪器和观测地段的维护	(1)各种土壤温度表及其观测地段应经常检查，保持干净和完好状态，发现异常应立即纠正 (2)在可能降雹之前，为防止损坏地面和曲管温度表，应罩上防雹网罩，雹停以后立即去掉	当冬季地面温度降到－36.0 ℃以下时，停止观测地面温度表和最高温度表，并将温度表取回

5.问题处理

根据观测资料，画出定时观测的土壤温度和时间的变化曲线图。结合曲线图描述土壤温度的变化情况并求出日平均温度值。若一天观测 4 次，可用下式求出日平均地面温度：

日平均地面温度＝[(当日地面最低气温＋前一日 20 时地面温度)/2＋8 时、14 时、20 时地面温度之和]÷4

活动结束后，计算当地土壤温度，并进行分析。

活动二　认识植物生长的空气温度环境

1.活动目标

知识目标：了解气温对植物生长的影响；熟悉植物生长的温度指标。

能力目标：能够熟练测定空气温度，并对观测数据进行整理和科学分析。

思政素养：观摩当地气象站气温观察活动，学习科技人员精益求精的职业精神。

2.活动准备

根据班级人数，按 2 人一组分为若干组，每组准备以下材料和用具：干湿球温度表、最高温度表、最低温度表、温度计、百叶箱。气温的观测包括定时的气温、日最高温度、日最低温度以及用温度计做气温的连续记录。

3.相关知识

植物生长发育不仅需要适宜的土壤温度,也需要适宜的空气温度。空气温度简称为气温,一般所说的气温是指距地面1.5 m高的空气温度。

(1)三基点温度 植物生命活动基本温度指标有三种:一是维持生命的温度,一般在−10~50 ℃;二是保证生长的温度,一般在5~40 ℃;三是保证发育的温度,一般在10~35 ℃。但不论是生命活动或生长、发育温度,按其生理过程来说,又都有三个基本点,即最低温度、最适温度和最高温度,称为三基点温度。在最适温度范围内,植物生命活动最强,生长发育最快;在最低温度以下或最高温度以上,植物生长发育停止。

不同植物的三基点温度是不同的(表7-4),高纬度、寒冷地区的植物,三基点温度范围较低;而低纬度、温暖地区的植物,三基点温度范围较高。同一植物不同品种的三基点温度也有差异;同一品种植物不同生育阶段的三基点温度也是不同的,如水稻秧苗生长要求至少13~15 ℃的水温,但到灌浆期则要求达到20 ℃以上。

表7-4 几种作物的三基点温度 ℃

作物种类	最低温度	最适温度	最高温度
小麦	3~4.5	20~22	30~32
玉米	8~10	30~32	40~44
水稻	10~12	30~32	36~38
棉花	13~14	28	35
油菜	4~5	20~25	30~32

三基点温度是最基本的温度指标,用途很广。在确定温度的有效性、作物的种植季节和分布区域,计算植物生长发育速度、生产潜力等方面必须考虑三基点温度。除此之外,还可根据各种作物三基点温度的不同,确定其适应的区域,如C_4作物由于适应较高的温度和较强的光照,故在中纬度地区可能比C_3作物产量高,而在高纬度地区C_3作物则可能比C_4作物产量高。

(2)农业界限温度 对农业生产有指标或临界意义的温度,称为农业指标温度或界限温度。一个地方的作物布局,耕作制度,品种搭配和季节安排等,都与该温度的出现日期、持续日数和持续时期中积温的多少有密切的关系。重要的界限温度有0 ℃、5 ℃、10 ℃、15 ℃、20 ℃等(表7-5)。

表7-5 重要的农业界限温度的含义

界限温度/℃	含义
0	土壤冻结或解冻,农事活动开始或终止,越冬植物停止生长;早春土壤开始解冻,早春植物开始播种。从早春日平均气温通过0 ℃到初冬通过0 ℃期间为"农耕期",低于0 ℃的时期为农闲期
5	春季通过5 ℃,华北的冻土基本化冻,喜凉植物开始生长。多数树木开始生长。深秋通过5 ℃,越冬植物进行抗寒锻炼,土壤开始日消夜冻,多数树木落叶。5 ℃以上持续的日数称为"生长期"或"生长季"
10	春季喜温植物开始播种,喜凉植物开始迅速生长。秋季喜温谷物基本停止灌浆,其他喜温植物也停止生长。大于10 ℃期间为喜温植物生长期,与无霜期大体吻合

续表 7-5

界限温度/℃	含义
15	春季通过 15 ℃，喜温作物积极生长，为水稻适宜移栽期和棉花开始生长期。秋季通过 15 ℃为冬小麦适宜播种期的下限。大于 15 ℃期间为喜温植物的活跃生长期
20	春季通过 20 ℃是水稻安全抽穗、开花的指标，也是热带作物橡胶正常生长、产胶的界限温度；秋季低于 20 ℃对水稻抽穗开花不利，易形成冷害导致空壳。初、终日之间为热带植物的生长期

(3)积温 植物生长发育不仅要有一定的温度，而且通过各生育期或全生育期间需要一定的积累温度。一定时期的积累温度，即温度总和，称为积温。积温能表明植物在生育期内对热量的总要求。在某一个时期内，如果温度较低，达不到植物所需要的积温，生育期就会延长，成熟期推迟。相反，如果温度过高，很快达到植物所需要的积温，生育期会缩短，有时会引起高温逼熟。

①积温的种类。高于生物学下限温度的日平均温度称为活动温度。例如，某天的日平均温度为 15 ℃，生物学下限温度为 10 ℃，则当天对该作物的活动温度就是 15 ℃。活动积温则是植物生育期间的活动温度的总和。各种植物不同生育期的活动积温不同，同一植物的不同品种所需求的活动积温也不相同(表 7-6)。由于大多数植物在 10 ℃以上才能活跃生长，所以大于 10 ℃的活动积温是鉴定一个地区能否满足对某一植物的热量供应的重要指标。

表 7-6 几种植物所需大于 10 ℃的活动积温 ℃

植物	早熟型	中熟型	晚熟型
水稻	2 400～2 500	2 800～3 200	—
棉花	2 600～2 900	3 400～3 600	4 000
冬小麦	—	1 600～2 400	—
玉米	2 100～2 400	2 500～2 700	＞3 000
高粱	2 200～2 400	2 500～2 700	＞2 800
大豆	—	2 500	＞2 900
谷子	1 700～1 800	2 200～2 400	2 400～2 600
马铃薯	1 000	1 400	1 800

活动温度与生物学下限温度之差称为有效温度。如某天的日平均温度为 15 ℃，对生物学下限温度为 10 ℃的作物来说，当天对该作物的有效温度为 15 ℃－10 ℃＝5 ℃。植物生育期内有效温度积累的总和称为有效积温。不同植物或同一植物不同生育期间需要的有效积温也是不同的。

实践证明，某种植物的全部生育期(或某一生育期)所需的积温，特别是所需的有效积温多趋近常数。因此，植物完成其生育期(或某一生育期)所需的日数与其所经历的温度高低呈负相关，即植物各生育期内日温越高，则各生育期持续日数相应减少；反之，日数就相应地增加。有效积温比较稳定，能更确切地反映植物对热量的要求。所以，在植物生产中，应用有效积温比较好。

②积温的应用。积温作为一个重要的热量指标，在植物生产中有着广泛的用途，主要体现在：

一是用来分析农业气候热量资源。通过分析某地的积温大小、季节分配及保证率，可以判断该地区的热量资源状况，作为规划种植制度和发展优质、高产、高效作物的重要依据。

二是作为植物引种的科学依据。所需积温是反映作物品种特性的主要指标之一，依据植物品种所需的积温，对照当地可提供的热量条件，进行引种或推广，可避免盲目性。

三是为农业气象预报服务。作为物候期、收获期、病虫害发生期等预报的重要依据，也可根据杂交育种、制种工作中父母本花期相遇的要求，或农产品上市、交货期的要求，利用积温来推算适宜的播种期。

四是作为农业气候专题分析与区划的重要依据之一。积温是热量资源的主要标志，根据积温多少，确定某作物在某地种植能否正常成熟，预计能否高产、优质。例如，分析积温与某地棉花霜前花比例的关系，既涉及产量又涉及品质。此外，积温还可以为确定各地种植制度（如复种指数、前后茬作物的搭配等）提供依据，并可用积温作为指标之一进行区划。

(4)空气温度与植物生长 空气温度对植物生长的影响主要体现在气温日变化、气温年变化和非周期性变化等方面。

①气温日变化与植物生长发育。植物生长发育在最适温度范围内随温度升高而加快，超过有效温度范围会对植物产生危害。植物的生长和产品品质在有一定昼夜变温的条件下比恒温条件下要好，这种现象称为温周期现象。如我国西北地区的瓜果含糖量高、品质好与气温日较差大有密切关系。在高纬度、温差大的地区，在较低温度下，日较差大有利于种子发芽；在较高温度下，日较差小有利于种子发芽。温度日变化的影响还与高、低温的配合有关。

②气温年变化与植物的生长发育。温度的年变化对植物生长也有很大影响，高温对喜凉植物生长不利，而喜温植物却需要一段相对高温期。如在四季如春的云南高原，由于缺少夏季高温，有些水稻品种不能充分成熟，但其在平均气温相近的湖北却生长良好。

除周期性变化外，温度非周期性变化与植物生长也有密切关系。温度非周期性变化往往造成农业气象灾害。春、秋两季，温度升高不稳，北方冷空气入侵，常常形成早、晚霜冻危害及低温冷害，比如滇中地区就有倒春寒与 8 月低温，造成作物减产；夏末不适时的高温造成长江流域的水稻逼熟而减产。

同时，温度的变化还能引起环境中的其他因子，如湿度、土壤肥力等的变化。环境中这些因子的综合作用又能影响作物的生长发育、农业产量的形成和农产品的质量等。

气温的测定

4.操作过程

选取当地以种植作物为主的田块，准备测定气温的工具和仪器，完成以下操作（表 7-7）。

表 7-7 气温的测定

工作环节	操作规程	质量要求
仪器的安置	(1)在小百叶箱的底板中心，安装一个温度表支架、干球温度表和湿球温度表垂直悬挂在支架两侧，球部向下，干球在东，湿球在西，感应球部距地面 1.5 m 左右，如图 7-6 所示。 (2)在湿度表支架的下端有两对弧形钩，分别放置最高温度表和最低温度表，感应部分向东	(1)湿球下部的下侧方是一个带盖的水杯，杯口离湿球约 3 cm，湿球纱布穿过水杯盖上的狭缝浸入杯内的蒸馏水中。 (2)要注意干湿球的位置，干球在东，湿球在西。 (3)要注意最高、最低温度计的感应部分应向东

续表 7-7

工作环节	操作规程	质量要求
气温的观测	按干球、湿球、最高、最低温度表、自记温度计、自记湿度计的顺序，在每天 2 时、8 时、14 时、20 时进行四次干湿球温度的观测，在每天 20 时观测最高温度和最低温度各一次	读数记录的要点和要求同土壤温度观测
最高和最低温度表调整	最高、最低温度表的调整方法与地温观测相同	调整的要求同土壤温度观测
仪器的维护	各种气温表应经常检查，保持干净和完好状态，发现异常应立即纠正	要求同土壤温度观测

图 7-6　小型百叶箱内仪器的安置

5.问题处理

活动结束后，完成以下问题：

(1)先分组练习，再选代表进行观测操作，并将测量结果(保留小数点后 1 位数字)记入表 7-8。

表 7-8　气温测定记录表

测量项目	干球温度	最高温度	最低温度
读数/℃			

(2)根据观测资料，绘出定时观测空气温度和时间曲线图。从图中可以了解空气温度的变化情况并求出日平均气温值。其计算方法是：

$$日平均气温=\frac{2\text{ 时气温}+8\text{ 时气温}+14\text{ 时气温}+20\text{ 时气温}}{4}$$

如果 2 时气温不观测，可用下式求日平均气温：

$$日平均气温=\frac{\frac{当日最低气温+前一日20时气温}{2}+8时、14时、20时气温之和}{4}$$

活动三　一般条件下植物生长的温度环境调控

1.活动目标

知识目标:认识植物的感温性及温周期现象;了解植物对温度环境的适应。

能力目标:熟悉当地植物生长的温度状况,能正确地进行一般条件下的温度调控。

思政素养:总结当地利用温度调控发展农业优秀案例,学习人民群众的创新发展精神。

2.活动准备

了解当地温和气温的基本变化规律;查阅当地有关极端温度的资料。

3.相关知识

(1)植物的感温性与温周期现象　植物生长环境中的温度是不断变化的,既有规律的周期性变化,又有无规律的变化。如昼夜温度不同、四季温度变化等都是有规律的温度变化,而夏季的热害和冬季的冻害发生时的极端温度变化都是无规律的,没有周期性的。植物会对其所生长的环境温度变化产生一定的适应性或抗性。

①植物的感温性。植物感温性是指植物长期适应环境温度的规律性变化,形成其生长发育对温度的感应特性。不同植物在不同发育阶段对温度的要求不同,大多数植物生长发育过程中需要一定时期的较高温度,在一定的温度范围内随温度升高生长发育速度加快,有些植物或品种在较高温度的刺激下发育加快,即感温性较强。如水稻的感温性,晚稻强于中稻,中稻强于早稻。春化作用也是植物感温性的表现。

②植物的温周期现象。植物的温周期现象是指在自然条件下气温呈周期性变化,许多植物适应温度的这种节律性变化,并通过遗传成为其生物学特性的现象。植物温周期现象主要是指日温周期现象。如热带植物适应昼夜温度高、振幅小的日温周期,而温带植物则适应昼温较高、夜温较低,且振幅大的日温周期。

在一定的温度范围内,昼夜温差较大更有利于植物的生长和产品质量的提高。如在不同昼夜温度下培育的火炬松苗,在昼夜温差最大时(日温 30 ℃、夜温 17 ℃)生长最好,苗高达 32.2 cm;昼夜温度均在 17 ℃时,苗高 10.9 cm,差异十分明显(表 7-9)。温周期对植物生长的有利作用,是由于生长期中白天很少出现极端的、不利于植物生长的温度,白天适当高温有利于光合作用,夜间适当低温减弱呼吸作用,使光合产物消耗减少,净积累相应增多。

表 7-9　不同昼夜温度下火炬松苗高生长量　cm

日温/℃	夜温/℃		
	11	17	23
30	—	32.2	—
23	30.2	24.9	19.9
17	16.8	10.9	15.8

(2)植物对温度适应的生态类型 根据植物对温度的不同要求，一般可将植物分为以下5种类型：

①耐寒的多年生植物。这类植物的地上部分能耐高温，但一到冬季地上部分便枯死，而以地下部分的宿根越冬，一般能耐0 ℃以下的低温。如金针菜、茭白、藕等。

②耐寒的一二年生植物。这类植物能忍受−2～−1 ℃的低温，短期内可耐−10～−5 ℃的低温。如大蒜、大葱、菠菜、白菜等。

③半耐寒植物。这类植物不能长期忍受−2～−1 ℃的低温，在长江流域以南地区可露地越冬，在滇中、滇西以南等地还能冬季露地生长。如豌豆、蚕豆、萝卜、胡萝卜、芹菜、甘蓝等。

④喜温植物。这类植物的最适温度为20～30 ℃，当温度超过40 ℃时，则几乎停止生长；而当温度在10～15 ℃以下时，又会出现授粉不良，导致落蕾落花增加。因此，在长江以南可以春播和秋播，北方则以春播为主。如黄瓜、辣椒、番茄、茄子、菜豆等。

⑤耐热植物。这类植物在30 ℃左右光合作用最旺盛，而西瓜、甜瓜及豇豆等在40 ℃的高温下仍能生长。不论是华南或华北，还是西南地区如云南德宏、西双版纳等地都可春播而夏、秋收获。如西瓜、冬瓜、南瓜、丝瓜、甜瓜、豇豆、刀豆等。

(3)土壤温度的调控技术

①合理耕作。通过耕翻松土、镇压、垄作等措施，改变土壤水、热状况，适当提高或降低地温，满足植物生长。耕翻松土的作用主要有疏松土壤、通气增温、调节水气、保肥保墒等。镇压是松土的相反过程，可以增温、稳温和提墒。垄作的目的在于增大受光面积，提高土温，排除渍水，土松通气。

②地面覆盖。农业生产中常用的覆盖方式有：地膜覆盖、秸秆覆盖、有机肥覆盖、草木灰覆盖、地面铺沙等。地面覆盖的目的在于保温、增温，抑制杂草，减少蒸发，保墒等。

③灌溉排水。一般中纬度地区在小雪前后“日化夜冻”时对越冬植物进行灌溉，这是防止冻害发生的有效措施。灌溉对植物生产有重要意义，除了补充植物需水外，还可以改善农田小气候环境。春季灌水可以抗御干旱，防止低温冷害；夏季灌水可以缓解干旱，降温，减轻干热风危害；秋季灌水可以缓解秋旱，防止寒露风的危害；冬季灌水可为越冬植物的安全越冬创造条件。温暖季节灌溉会引起降温，寒冷季节灌溉可以保温。水分过多的地区，排水可以提高地温。

④增温剂和降温剂的使用：寒冷季节使用增温剂提高地温，高温季节使用降温剂降低地温。

(4)气温的调控技术 生产上在高温季节常常需要降温：

①采用先进灌溉技术。在植物茎、叶生长期间，可通过喷灌、滴灌、雾灌等灌溉技术，进行叶面喷洒降温，并调节茎、叶环境湿度。注意灌水量和时间，并且要注意喷洒均匀。

②遮阳处理。遮阳处理主要用于花卉、食用菌等植物生产对于一些需要遮阳的植物，可采取以下措施：搭建遮阳网；在荫棚四周搭架种植藤蔓作物如南瓜、蒲瓜等，提高遮阳效果；在棚顶安装自动旋转自来水喷头或喷雾管，在每天上午10时至下午4时进行喷水降温。

4.操作过程

选择当地种植农作物、蔬菜、果树、花卉等地块，观察植物生长情况，并进行以下操作(表7-10)。

表 7-10 一般条件下的温度调控技术

工作环节	操作规程	质量要求
地温的调控	(1)合理耕作。通过耕翻松土、镇压、垄作等措施,改变土壤水、热状况,适当提高或降低地温,满足植物生长。 (2)地面覆盖。农业生产中常用覆盖方式有:地膜覆盖、秸秆覆盖、有机肥覆盖、草木灰覆盖、地面铺沙等。 (3)灌溉排水。一般在元旦前后要对越冬植物进行灌溉,防止冻害发生。水分过多的地区,排水可以提高地温。 (4)增温剂和降温剂的使用。寒冷季节使用增温剂提高地温,高温季节使用降温剂降低地温	(1)技术指导人员一定要有长期从事这方面科学研究和技术推广的经验。 (2)农户一定要有长期实践经验。 (3)通过网站、杂志、图书获得资料时要注意资料的真实性、可靠性。 (4)获得的实验资料及数据一定要客观、真实、可靠
气温的调控	(1)采用先进灌溉技术。在植物茎、叶生长期间,可通过喷灌、滴灌、雾灌等灌溉技术,进行叶面喷洒降温,调节茎、叶环境湿度。 (2)遮阳处理。对于一些需要遮阳的植物,可采取搭建遮阳网、荫棚四周搭架种植藤蔓作物、棚顶安装自动旋转自来水喷头或喷雾管进行喷水降温等措施	(1) 注意灌水量和时间,并且要注意喷洒均匀。 (2)遮阳处理主要用于花卉、食用菌等植物生产

5.问题处理

课余时间可选择当地种植农作物、蔬菜、果树、花卉等土质均匀的地块,将其均匀划分成五个小块,对其中四块分别进行镇压、耕翻松土(5～7 cm)、垄作(5～7 cm)、灌溉(约 10 cm)操作,第五块不做处理,作为对照。在各地块的相同位置分别安置地面温度表(3 支)和 5 cm、10 cm 曲管地温表,一天后,分别观测 8 时、14 时、20 时的温度,填入表 7-11。

表 7-11 耕作措施对土壤温度的影响

耕作措施	温度/℃				
	地面	最高	最低	5 cm	10 cm
耕翻					
镇压					
垄作					
灌溉					
对照					

根据表 7-11 数据记录情况,分析 4 种耕作措施对土壤温度有何影响。

活动四 设施条件下植物生长的温度环境调控

1.活动目标

知识目标:熟悉设施增温的主要方式。

能力目标:熟悉当地植物生长的温度状况,能正确地进行设施条件下的温度调控。

思政素养:通过参观当地设施观光农业园区,学习从业人员科学严谨、求真务实的职业精神。

2.活动准备

了解当地地温和气温的基本变化规律;查阅当地有关设施调控温度的资料。

3.相关知识

设施增温是指在不适宜植物生长的寒冷季节,利用增温或防寒设施,人为地创造适于植物生长发育的气候条件的一种生产方式。增温设施主要有智能温室、日光温室和塑料大棚等。

(1)智能温室 智能温室也称为自动化温室,是指配备了由计算机控制的可移动天窗、遮阳系统、保温系统、升温系统、湿窗帘/风扇降温系统、喷滴灌系统或滴灌系统、移动苗床等自动化设施,基于农业温室环境的高科技温室。智能温室的控制一般由信号采集系统、中心计算机、控制系统三大部分组成。

(2)日光温室 日光温室是采用较简易的设施,充分利用太阳能,在寒冷地区一般不加温越冬而生产新鲜植物产品的栽培设施。日光温室具有鲜明的中国特色,是我国独有的设施。各地日光温室的结构不尽相同,分类方法也比较多。按墙体材料分主要有干打垒土温室、砖石结构温室、复合结构温室等。按后屋面长度分,有长后坡温室和短后坡温室;按前屋面形式分,有二折式、三折式、拱圆式、微拱式等。按结构分,有竹木结构、钢木结构、钢筋混凝土结构、全钢结构、全钢筋混凝土结构、悬索结构、热镀锌钢管装配结构。

前坡面夜间用保温被覆盖,东、西、北三面为围护墙体的单坡面塑料温室,统称为日光温室。其雏形是单坡面玻璃温室,前坡面透光覆盖材料用塑料膜代替玻璃即演化为早期的日光温室。日光温室的特点是保温好、投资低、节约能源,非常适合我国经济欠发达地区使用。

(3)塑料大棚 塑料大棚俗称为冷棚,是一种简易实用的保护地栽培设施,由于其建造容易、使用方便、投资较少,随着塑料工业的发展,被世界各国普遍采用。利用竹木、钢材等材料,并覆盖塑料薄膜,搭成拱棚栽培蔬菜,能够提早或延迟供应,提高单位面积产量,有利于防御自然灾害,特别是北方地区能在早春和晚秋淡季供应鲜嫩蔬菜。

塑料大棚充分利用太阳能,有一定的保温作用,并通过卷膜能在一定程度上调节棚内的温度和湿度。因此,塑料大棚在我国北方地区主要是起到春提前、秋延后的保温栽培作用,一般春季可提前 30～35 d,秋季能延后 20～25 d,但不能进行越冬栽培;在我国南方地区,塑料大棚除了冬春季节用于蔬菜、花卉的保温和越冬栽培外,还可更换遮阳网用于夏、秋季节的遮阳降温和防雨、防风、防雹等。

4.操作过程

选择当地种植农作物、蔬菜、花卉等设施,观察植物生长情况,并进行以下操作(表 7-12)。

表 7-12 设施条件下温度调控技术

工作环节	操作规程	质量要求
设施环境中地温调控	(1)保温。在设施周围设置防寒沟,一般宽 30 cm、深 50 cm 即可,沟内填充稻壳、蒿草等材料;冬季减少灌水量、进行地面覆盖。 (2)增温。加温的方法主要有热风采暖、蒸汽采暖、电热采暖、辐射采暖和火炉采暖等	(1)防寒沟保温的原理主要是增大地表热流量。 (2)热风采暖要注意通风,防止缺氧和有害气体积累

续表 7-12

工作环节	操作规程	质量要求
设施环境条件下保温技术	(1)减少贯流放热和通风换气量。主要采用外盖膜、内铺膜、起垄种植再加盖草席、草毡子、纸被或棉被以及建挡风墙等方法来保温。 (2)增大保温比。适当降低设施的高度,缩小夜间保护设施的散热面积,有利于提高设施内昼夜的气温和地温。 (3)增大地表热流量。通过增大保护设施的透光率、减少土壤蒸发以及设置防寒沟等,增加地表热流量	在选用覆盖物时,要注意尽量选用导热率低的材料。其保温原理为:减少向设施内表面的对流传热和辐射传热;减少覆盖材料自身的传导散热;减少设施外表面向大气的对流传热和辐射传热;减少覆盖面漏风而引起的对流传热
设施环境条件下加温技术	加温的方法有酿热加温、电热加温、水暖加温、汽暖加温、暖风加温、太阳能贮存系统加温等,根据作物种类、设施规模和类型选用	酿热加温利用的是酿热物发酵过程中产生的热量
设施环境条件下降温技术	(1)换气降温。打开通风换气口或开启换气扇进行排气降温。 (2)遮光降温。夏天光照太强时,可以用旧薄膜或加草帘、遮阳网等遮盖降温。 (3)屋面洒水降温。在设备顶部设有有孔管道,水分通过管道孔喷于屋面,使得室内降温。 (4)屋内喷雾降温。一种是由设施侧面底部向上喷雾,另一种是由大棚上部向下喷雾,应根据植物的种类选用	当外界气温升高时,为缓解设施内气温的持续升高对植物生长产生不利影响,需采取降温措施

5.问题处理

可选一个中型温室,在温室的中部、两侧距地面 10 cm、50 cm、150 cm 处分别安装干球温度表,次日 8 时、14 时、20 时分别测量,并将结果填入表 7-13。

表 7-13　温室内不同位置温度观测　　℃

时间	左侧			中部			右侧		
	10 cm	50 cm	150 cm	10 cm	50 cm	150 cm	10 cm	50 cm	150 cm
8 时									
14 时									
20 时									

根据表 7-13 数据记录情况,分析日光温室不同位置的空气温度有何变化及对植物生长有何影响。

【师生互动】

1.通过查阅当地气象站有关资料,描述当地土壤温度和空气温度的变化规律。

2.调查当地农业生产中有哪些增温、降温、保温等温度调控经验,并写一篇综述性文章。

知识拓展

如果同学们想了解更多的知识，可以通过下面的渠道进行学习：

1. 阅读杂志

(1)《气象》

(2)《中国农业气象》

(3)《气象知识》

(4)《中国气象》

(5)《贵州气象》《广东气象》《山东气象》《陕西气象》

2. 浏览网站

(1)农博天气(http://weather.aweb.com.cn/)

(2)中国天气网(http://www.weather.com.cn/)

(3)新气象(http://www.zgqxb.com.cn/)

(4)中国气象台(http://www.nmc.gov.cn/)

(5)××省(市)气象信息网

3. 通过本校图书馆借阅有关气象、农业气象方面的书籍。

考证提示

获得农业技术员、农作物植保员，以及有关涉农企业的1+X证书等职业资格证书，需具备以下知识和能力：

1. 土壤温度、空气温度的变化及对植物生长的影响；
2. 植物生长的三基点温度、农业界限温度、积温等温度指标；
3. 土壤温度和空气温度的测定；
4. 能正确进行露地条件和设施条件下的温度调控。

学习情境八　养分环境与植物生长

【情境创设】

学习情境八 养分环境与植物生长		活动一　认识植物生长的营养原理 活动二　植物必需营养元素缺素诊断与补救 活动三　土壤养分状况测试 活动四　合理施肥基本原理
能力目标	专业能力	1.熟练运用根外施肥方法； 2.识别当地植物缺素的典型症状； 3.熟练测定当地土壤的碱解氮、速效磷和速效钾等速效养分含量； 4.熟悉提高根部营养效率的施肥技术
	方法能力	1.具备获取信息、收集资料的能力； 2.具备制订计划、执行计划的能力； 3.具备自主学习、发现问题、解决问题的能力
	社会能力	1.具备良好的团队协作、配合能力； 2.具备良好的与人沟通、协调能力； 3.具备一定的综合、创新能力
知识目标	1.了解植物必需营养元素及其生理作用，认识植物吸收养分的原理； 2.了解土壤养分的来源与形态，认识土壤氮素、磷素及钾素的形态及转化； 3.了解合理施肥的基本原理，熟悉合理施肥的基本技术	
思政目标	1.学习习近平生态文明思想，树立绿色生产意识； 2.总结当地主要作物有机肥替代化肥技术实施情况，提倡“化肥减量，增效提质”发展理念	
教学条件	多媒体课件、多媒体教室、实验实训室、图书馆、网络	
教学方法	课堂讲授、资料查阅、现场训练、课外活动	
考核评价	学习过程考核	计划制订(20%)、师生释疑(10%)、完成任务(50%)、检查评价(20%)
	拓展能力考核	工作态度(20%)、岗位技能(50%)、拓展能力(20%)、团队合作(10%)
考核方式	教师评价(70%)、小组互评(20%)、学生自评(10%)	

活动一 认识植物生长的营养原理

1.活动目标

知识目标:了解植物必需营养元素及其生理作用,掌握植物根系吸收养分与根外营养的基本知识。

能力目标:能正确掌握及运用施肥方法。

思政素养:学习农业绿色发展有关论述,树立化肥减量、减污施用意识。

2.活动准备

根据当地生产实际,选择种植的主要作物,了解当地植物根系营养和根外营养基本情况。

3.相关知识

植物营养是指植物体从外界环境中吸取生长发育和生命活动所需要的物质。营养元素是指植物体所需要的化学元素。植物的组成十分复杂,一般新鲜的植物体含有75%~95%的水分和5%~25%的干物质。在干物质中有机物质占其质量的90%~95%,其组成元素主要是碳、氢、氧和氮等;余下的5%~10%为矿物质,也称为灰分,是由很多种元素组成的,包括磷、钾、钙、镁、硫、铁、锰、锌、铜、钼、硼、氯、硅、钠、钴、铝、镍、钒、硒等。现代分析技术在植物体内可检测出70多种矿质元素,自然界里存在的元素在植物体内几乎都能找到。

(1)植物必需营养元素

①植物必需营养元素的确定标准。植物体内的营养元素并不全部是植物生长发育所必需的。判断某种元素为植物生长发育所必需的营养元素,一般必须符合以下三条标准:一是不可缺少。植物的营养生长和生殖生长必须有这种元素,是植物完成整个生命周期不可缺少的。二是特定的症状。缺少该元素时植物会显示出特殊的、专一的缺素症状,其他营养元素不能代替它的功能,只有补充这种元素后,症状才能减轻或消失。三是直接营养作用。该元素必须对植物起直接的营养作用,而非由于它改善了植物生活条件所产生的间接作用。

某一营养元素只有符合这三条标准,才能被确定为是植物必需的营养元素。到目前为止,已经确定为植物生长发育所必需的营养元素有17种,即碳、氢、氧、氮、磷、钾、钙、镁、硫、铁、锰、硼、铜、锌、钼、氯、镍。这17种植物必需营养元素都是用培养试验的方法确定下来的。

在植物必需的营养元素中,碳、氢、氧三种元素来自空气和水;氮主要是植物通过根系从土壤中吸收的,部分通过根际微生物的联合固氮和根瘤菌的共生固氮作用从土壤空气中吸收;其他灰分元素主要来自土壤(图8-1),氮、磷、钾常被称为"肥料三要素"。

②植物必需营养元素的分组。通常根据植物对17种必需营养元素的需要量可以分为大量营养元素和微量营养元素。大量营养元素一般占植株干物质质量的百分之几十到千分之几,包括碳、氢、氧、氮、磷、钾、钙、镁、硫9种;微量营养元素占植株干物质质量的千分之几到十万分之几,包括铁、硼、锰、铜、锌、钼、氯、镍8种。也有人把钙、镁、硫称为中量营养元素。

③植物必需营养元素的生理作用。不同的植物必需营养元素在植物体内具有独特的生理作用(表8-1)。

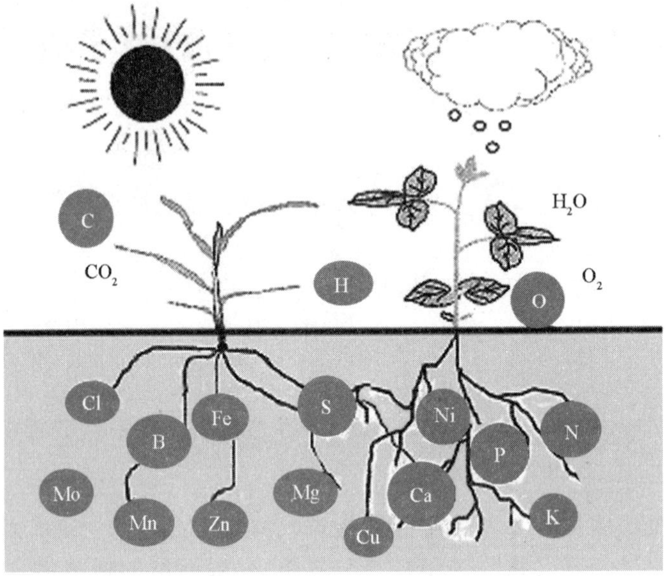

图 8-1 植物生长必需营养元素及其来源

表 8-1 植物必需营养元素的生理作用

元素名称	生理作用
氮	构成蛋白质和核酸的主要成分;叶绿素的组成成分,增强植物光合作用;植物体内许多酶的组成成分,参与植物体内各种代谢活动;植物体内许多维生素、激素等的成分,调控植物的生命活动
磷	磷是植物体许多重要物质(核酸、核蛋白、磷脂、酶等)的成分;在糖代谢、氮素代谢和脂肪代谢中有重要作用;磷能提高植物抗寒、抗旱等抗逆性
钾	植物体内 60 多种酶的活化剂,参与植物代谢过程;能促进叶绿素合成,促进光合作用;呼吸作用过程中酶的活化剂,能促进呼吸作用;增强作物的抗旱、抗高温、抗寒、抗盐、抗病、抗倒伏、抗早衰等能力
钙	构成细胞壁的重要元素,参与形成细胞壁;能稳定生物膜的结构,调节膜的渗透性;能促进细胞伸长,对细胞代谢起调节作用;能调节养分离子的生理平衡,消除某些离子的毒害作用
镁	叶绿素的组成成分,参与光合磷酸化和磷酸化作用;许多酶的活化剂,具有催化作用;参与脂肪、蛋白质和核酸代谢;染色体的组成成分,参与遗传信息的传递
硫	构成蛋白质和许多酶不可缺少的组分;参与合成其他生物活性物质,如维生素、谷胱甘肽、铁氧还蛋白、辅酶 A 等;与叶绿素形成有关,参与固氮作用;合成植物体内挥发性含硫物质,如大蒜油等
铁	许多酶和蛋白质的组分;影响叶绿素的形成,参与光合作用和呼吸作用的电子传递;促进根瘤菌固氮作用
锰	多种酶的组分和活化剂;叶绿体的结构成分;参与脂肪、蛋白质合成,参与呼吸过程中的氧化还原反应;促进光合作用和硝酸还原作用;促进胡萝卜素、维生素、核黄素的形成
铜	多种氧化酶的成分;叶绿体蛋白——质体蓝素的成分;参与蛋白质和糖代谢;影响植物繁殖器官的发育

续表 8-1

元素名称	生理作用
锌	许多酶的成分；参与生长素合成；参与蛋白质代谢和糖类运转；参与植物繁殖器官的发育
钼	固氮酶和硝酸还原酶的组成成分；参与蛋白质代谢；影响生物固氮作用；影响光合作用；对植物受精和胚胎发育有特殊作用
硼	能促进糖类运转；影响酚类化合物和木质素的生物合成；促进花粉萌发和花粉管生长，影响细胞分裂、分化和成熟；参与植物生长素类激素代谢；影响光合作用
氯	能维持细胞膨压，保持电荷平衡；促进光合作用；对植物气孔有调节作用；抑制植物病害发生

④植物必需营养元素的相互关系。植物必需营养元素在植物体内的相互关系主要表现为同等重要和不可代替，即必需营养元素在植物体内不论含量多少都是同等重要的，任何一种营养元素的特殊生理功能都不能被其他元素所代替。

第一，各种营养元素对植物来讲是同等重要的。虽然植物体内各种营养元素的含量不同，但他们在植物营养中的作用并没有重要和不重要之分。缺少大量营养元素固然会影响植物的生长发育，最终影响产量；缺少微量营养元素也同样会影响植物生长发育，也必然影响产量。例如，棉花缺氮时，叶片失绿；缺铁时，叶片也失绿。氮是叶绿素的主要成分，而铁不是叶绿素的成分，但铁对叶绿素的形成也是必需的。没有氮不能形成叶绿素，没有铁同样不能形成叶绿素。所以说铁和氮对植物营养来说是同等重要的。

第二，植物体内必需营养元素是不可代替的。如氮不能代替磷，磷不能代替钾。由于各种营养元素在植物体内的生理功能有其独特性和专一性，即使有些元素能部分地代替另一必需营养元素的作用，也只是部分或暂时性代替，是不可能完全代替的。

第三，植物必需营养元素之间具有以下相互作用(表 8-2)。一是拮抗作用，是指一种营养元素阻碍或抑制另一种元素吸收的生理作用。产生拮抗作用的原因很多。凡离子大小、电荷和配位体结构以及电子排列相类似的元素，其竞争作用大，互相抑制吸收。二是协同作用，是指一种营养元素促进另一种元素吸收的生理效应，即两种元素结合后的效应超过其单独效应之和。显然，协同作用能导致植物体中另外一种元素或多种元素含量的增加，而拮抗作用则使其含量或有效性降低。元素间的相互作用均是以特定的植物、品种以及一定的养分浓度范围为前提的，因此，从植物营养的观点来看，协同作用或者拮抗作用的实际效果均可能包括有利的和不利的两个方面。

表 8-2　植物体中营养元素之间的相互关系

常量元素	拮抗元素	协同元素
Ca	B、Cu、Fe、Mn、Zn、Co、Al、Cd、Cr、Ni、Pb	Cu、Mn、Zn
Mg	Mn、Zn、Cu、Fe、Co、Al、Cr、Ni、F	Al、Zn
P	B、Cu、Fe、Mo、Mn、Zn、Al、As、Cd、Cr、F、Hg、Ni、Pb、Si	Al、B、Cu、Fe、Mo、Mn、Zn
K	B、Mo、Mn、Al、Hg、Cd、Cr、F、Rb	
S	Fe、Mo、Se、As、Pb	F、Fe
N	Cu、B、F	B、Cu、Fe、Mo
Cl	Br、I	B、Cu、Fe、Mo

(2)植物营养两个关键期 植物通过根系从土壤中吸收养分的整个时期称为植物营养期。在植物营养期中,植物对养分的吸收又有明显的阶段性。这主要表现在植物不同生育期中,对养分的种类、数量和比例有不同的要求。在植物营养期中,植物对养分的需求有两个极为关键的时期:一个是植物营养的临界期,另一个是植物营养的最大效率期。

①植物营养的临界期。在植物营养过程中,有一时期对某种养分的要求在绝对数量上不多,但需要十分迫切,此时如缺乏这种养分,植物生长发育和产量都会受到严重影响,即使以后补施该种养分也很难纠正和弥补。这个时期称为植物营养的临界期。植物营养临界期一般出现在植物生长的早期阶段。如水稻磷素营养临界期在三叶期,棉花在二叶、三叶期,油菜在五叶期以前;水稻氮素营养临界期在三叶期和幼穗分化期,棉花在现蕾初期,小麦和玉米一般在分蘖期、幼穗分化期。

②植物营养最大效率期。在植物生长发育过程中还有一个时期,植物需要养分的绝对数量最多,吸收速率最快,这个时期称为植物营养最大效率期。植物营养最大效率期一般出现在植物生长的旺盛时期,或在营养生长与生殖生长并进时期。如玉米氮肥的最大效率期一般在喇叭口期至抽雄初期,棉花的氮、磷肥最大效率期在盛花始铃期。为了获得增产效果,应在植物营养最大效率期进行适当追肥,以满足植物生长发育的需要。

(3)植物根系对养分的吸收 植物对养分的吸收有根部营养和根外营养两种方式。根部营养是指植物根系从环境中吸收养分的过程。

①植物根系吸收养分的部位。根系是植物吸收养分和水分的重要器官。在植物生长发育过程中,根系不断地从土壤中吸收养分和水分。对于活的植物来说,根毛区是根尖吸收养分最活跃的区域。

②植物根系吸收养分的形态。植物根系可吸收离子态和分子态的养分,一般以离子态养分为主,其次为分子态养分。土壤中呈离子态的养分主要有一价、二价、三价阳离子和阴离子,如 K^+、NH_4^+、Ca^{2+}、Mg^{2+}、Cu^{2+}、NO_3^-、$H_2PO_4^-$、SO_4^{2-}、MoO_4^{2-}、$B_4O_7^{2-}$ 等。分子态养分主要是一些小分子有机化合物,如尿素、氨基酸、磷脂、生长素等。大部分有机态养分需要经过微生物分解转变为离子态养分后,才能被植物吸收利用。

③养分向根系迁移的途径。植物根系主要从土壤溶液或土壤颗粒表面吸收矿质养分。分散在土壤各个部位的养分到达根系附近或根表的过程称为土壤养分的迁移。其方式有三种,即截获、扩散和质流。

截获是指植物根系在生长与伸长过程中直接与土壤中养分接触而获得的养分的方式,一般只占植物吸收总量的 0.2%~10%(图 8-2)。

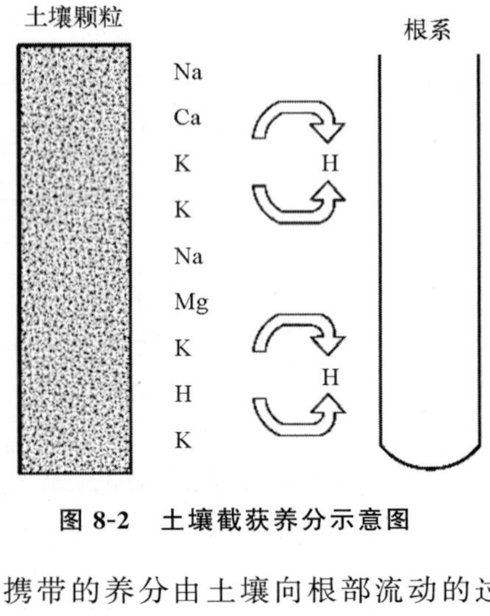

图 8-2 土壤截获养分示意图

扩散是指植物根系吸收养分而使根系附近和离根系较远处的养分离子存在浓度梯度,而引起的土壤中养分的移动的方式。NO_3^-、Cl^-、K^+、Na^+ 等在土壤中的扩散系数大,容易扩散;$H_2PO_4^-$ 扩散系数小,在土壤中扩散慢。

质流是指由于蒸腾作用,植物根系吸水而引起水流中携带的养分由土壤向根部流动的过程。在土壤中容易移动的养分,如 NO_3^-、Cl^-、SO_4^{2-}、Na^+ 等,主要通过质流到达根系表面。

扩散和质流是使土体养分迁移至植物根系表面的两种主要方式。但在不同的情况下，这两个因素对养分的迁移所起的作用却不完全相同。一般认为，在长距离时，质流是补充养分的主要形式；在短距离内，扩散作用则更为重要。

④根系对无机养分的吸收。土壤养分到达植物根系的表面，只是为根系吸收养分准备了条件。大部分养分进入植物体，要经过一系列复杂的过程。养分种类不同，进入细胞的部位不同，其机制也不同。目前比较一致的看法是植物对离子态养分的吸收方式主要有被动吸收和主动吸收两种。

被动吸收是指养分离子通过扩散等不需要消耗能量的方式，通过细胞膜进入细胞质的过程，又称为非代谢吸收。解释被动吸收的机理主要有杜南平衡学说、扩散学说和离子交换学说。

主动吸收，又称为代谢吸收，是一个逆电化学势梯度且消耗能量的有选择性的养分吸收过程。究竟养分是如何进入植物细胞膜内的，到目前为止还不十分清楚，很多学者提出了假说，解释主动吸收的机理主要有载体学说、离子泵学说等。

⑤根对有机养分的吸收。植物根系不仅能吸收无机养分，也能吸收有机养分。有机养分究竟以什么方式进入根细胞，目前还不十分清楚。相关解释机理主要是胞饮作用。胞饮作用是指附在质膜上的含大分子物质的液体微滴或微粒，通过质膜内陷形成小囊泡，逐渐向细胞内移动的主动转运过程。胞饮作用是一种需要能量的过程，也属于主动吸收(图 8-3)。

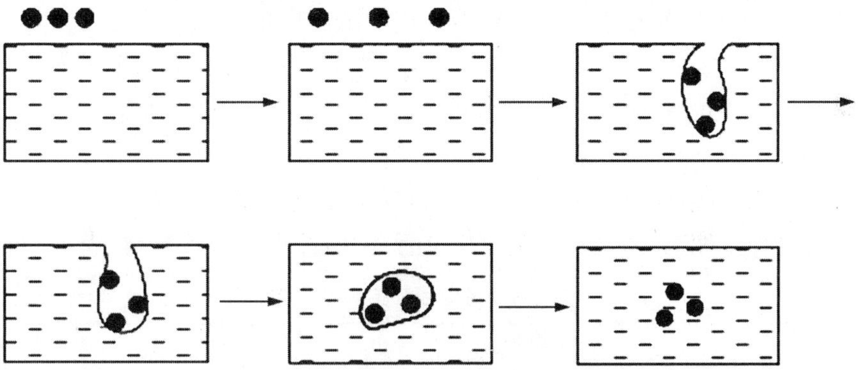

图 8-3 胞饮作用示意图

(4)植物的根外营养 根外营养是植物营养的一种补充方式，特别是在根部营养受阻的情况下，可及时通过叶、茎等吸收营养进行补救。因此，根外营养是补充根部营养的一种辅助方式。

①根外营养的特点。根外营养和根部营养比较起来，一般具有以下特点：

一是直接供给养分，防止养分在土壤中的固定。根外营养直接供给植物吸收养分，可防止养分在土壤中被固定。尤其是易被土壤固定的元素，如铜、铁、锌等，叶部喷施效果较好。

二是吸收速率快，能及时满足植物对养分的需要。叶部对养分的吸收和转化都比根部快，能及时满足植物的需要。根外施肥对消除某种缺素症，及时补救由于自然灾害造成的损失以及补充植物生长后期所需养分等均有重要作用。

三是直接促进植物体内的代谢作用。根外施肥可增加光合作用和呼吸作用的强度，明显提高酶的活性，直接影响植物体内一系列重要的生理机能，同时也改善了植物向根部供应有机养分的状况，增强植物根系吸收水分和养分的能力。

四是节省肥料，经济效益高。根外施肥用肥量小，仅为土壤施肥用量的10%左右。喷施微量元素，不仅节省肥料，还可以避免因土壤施肥不匀和施用量过多所造成的危害。

②提高根外营养施用效果。主要考虑以下因素：

一是注意溶液的组成。喷施的溶液中不同的溶质被叶片吸收的速率是不相同的。钾被叶片吸收速率依次为 $KCl > KNO_3 > K_2HPO_4$，而氮被叶片吸收的速率则为尿素＞硝酸盐＞铵盐。在喷施生理活性物质和微量元素肥料时，加入尿素可提高吸收速率和防止叶片出现暂时黄化。

二是注意溶液的浓度及反应。一般在叶片不受害的情况下，适当提高溶液的浓度和调节其 pH，可促进叶部对养分的吸收。如果主要目的在于供给阳离子时，溶液的 pH 应调至微碱性；当主要目的在于供给阴离子时，溶液的 pH 则应调至弱酸性。

三是延长溶液湿润叶片的时间。喷施时间应选在下午或傍晚，以防止叶面很快变干。如果同时施用"湿润剂"，可降低溶液的表面张力，增大溶液与叶片的接触面积，更能增强叶片对养分的吸收。

四是最好在双子叶植物上施用。双子叶植物叶面积大，叶片角质层较薄，溶液中的养分易被吸收；对单子叶植物应适当加大浓度或增加喷施次数，以保证溶液能很好地被吸收利用。喷施溶液时，应叶片正面、背面一起喷。

五是注意养分在叶内的移动性。各种养分在叶细胞内的移动性顺序为：氮＞钾＞钠＞磷＞氯＞硫＞锌＞铜＞锰＞铁＞钼；不移动的元素有硼、钙等。在喷施比较不易移动的元素时，喷施 2～3 次为宜，且喷施在新叶上效果较好。

4.操作过程

根外营养主要通过植株施肥来满足，其中根外追肥是最常用的方式。在农作物、蔬菜、果树、花卉等植物进行根外追肥时候，组织学生进行参观，并进行施肥实践(表 8-3)。

表 8-3　植物根外追肥的应用

工作环节	操作规程	质量要求
肥料品种的选择	(1)根据肥料性质选择。氮素应优先选用尿素，磷、钾应优先选用磷酸二氢钾，硼素应优先选用八硼酸钠(钾)或硼砂，锌素优先选用硫酸锌，铁素优先选用硫酸亚铁。 (2)根据土壤养分状况选择。主要是根据土壤有效养分含量及土壤酸碱性来确定。一般认为，基肥不足、植物脱肥情况下，可选择氮、磷、钾为主的肥料；基肥充足或缺乏微量元素时，可选择以微量元素为主的肥料。 (3)根据根外追肥目的选择。应根据植物生长的具体情况来选择，生长初期一般选择调节型肥料，植物营养缺乏或生长后期应选择营养型肥料	(1)选用肥料主要考虑叶片吸收速率高的品种。 (2)土壤有效养分含量丰缺指标可查阅当地指标值。 (3)选择根外追肥肥料时，应注意包装标明的肥料类型和功能，使根外追肥的目的与肥料标明的功能一致。 (4)应注意产品有无登记证号及产品标准证号

续表 8-3

工作环节	操作规程	质量要求
确定喷施浓度	(1)应根据植物种类和植物生育期确定喷施浓度。双子叶植物浓度可低些,单子叶植物应加大浓度;苗期浓度适当低些,生育中后期浓度适当高些。 (2)根据植物营养状况确定喷施浓度。生长正常时,浓度应低些;出现脱肥缺素症时,浓度适当高些。 (3)根据喷施营养元素类型确定喷施浓度。微量元素喷施浓度宜低些,常量元素喷施浓度适当高些	(1)叶面喷施时,雾点要匀、细,喷施量以肥液将要从叶面上流下但又未流下最好。 (2)粉剂型肥料要先加水充分搅拌,待完全溶解后方可喷施。 (3)水剂型肥料在稀释时应严格按照说明书的要求进行配制
确定喷施时期	(1)根据植物生育期确定。一般蔬菜为苗期、始花期、中后期;小麦、水稻、玉米等为拔节孕穗、扬花灌浆期;西瓜为坐果期;大豆、油菜、花生等为始花期、结荚期;棉花为花铃期;甘薯、马铃薯为薯块生长期;芝麻为现蕾至始花期。 (2)根据植物种类确定。一般以籽粒为产品的植物以始花期至灌浆期为宜;以茎、叶为产品的植物以上市前 25～30 d 为宜;瓜、果类植物以果实膨大期为宜。 (3)根据肥料的种类确定。含植物生长调节剂的肥料应在生长前期喷施;硼、钼、锌等肥料宜在进入生殖期后喷施;钼肥宜在开花前喷施	(1)多数植物生育前、中期喷施效果要好于后期。一般不宜于花期和幼苗期喷施。 (2)植物遭遇病虫害,土壤过酸或过碱,植物盛果期,植物遭遇气害、热害或冻害后,植物遭遇洪涝灾害后等情况下,根外追肥效果好、收益大
确定喷施时间	喷施肥料的效果易受温度、湿度、光照、风速等因素影响,因此应选择无风的阴天或晴天的上午 9 时以前、露水干后及下午 4 时以后进行叶面喷施	喷施后 3～4 h 内遇大雨,待晴天时应补喷一次,但浓度要适当降低
注意喷施部位	(1)根据植物类型确定。双子叶植物尽量喷施叶背面;单子叶植物正反两面都要喷,并以正面为主。 (2)根据养分的移动性确定。氮、钾可喷施植株的任何部位,且喷施次数可少些;磷着重喷施植株上部或中部叶片;铜、铁、硼、钙等主要喷在上部新叶上,并适当增加喷施次数	果树进行根外追肥时,要着重喷施新梢和上部叶片,既要喷树冠外围,也要喷内膛的枝叶;既要喷上部叶片,也要喷中下部叶片
注意喷施次数	生育期短的植物一般可喷施 1～2 次,生育期长的植物可喷施 2～3 次;两次喷施间隔时间应在 10 d 左右。果树上喷施含铁肥料应喷施 3～4 次,两次喷施间隔时间应在 7 d 左右	如果肥料中含有植物生长调节剂,喷施次数不宜过多,而且每次间隔时间至少 7 d
混合喷施要适当	肥料之间或肥药之间混合可以实现一喷多效,但应注意不能降低肥效或药效,对植物无损害,混合后溶液 pH 应在 7 左右。配制混喷溶液时,应现配现用,一定要搅拌均匀后再喷	肥药混合前,应先将肥料、农药各取少量溶液放入同一容器中,若无混浊、沉淀、冒气泡等现象产生,表明可以混喷
制订某一植物根外追肥方案	根据上述情况,针对当地植物类型,制订一个根外追肥实施方案	方案合理、便于操作、效果优异

5.问题处理

活动结束后,完成以下问题:

调查当地主要作物的根外追肥情况,以“当地主要作物根外追肥现状与效果”为题,写一篇 1 000 字的综述。

活动二 植物必需营养元素缺素诊断与补救

1.活动目标

知识目标：了解主要作物的必需营养元素缺素诊断基本知识。

能力目标：能正确识别当地植物缺素的典型症状，并提出补救措施。

思政素养：学习绿色发展相关论述，树立农业生产健康优质意识。

2.活动准备

根据当地生产实际，选择种植的主要作物，收集资料，制作作物不同营养元素缺素症状图谱。

3.相关知识

植物正常生长发育需要吸收各种必需的营养元素，如果缺乏任何一种营养元素，其生理代谢就会发生障碍，使植物不能正常生长发育，而且根、茎、叶、花或果实在外形上会表现一定的症状，通常称为缺素症。

(1)植物缺素症诊断方法 当营养元素严重缺乏时，植物外部形态表现出一定的缺素症状，故常先用形态鉴别进行诊断，有时也配合使用其他诊断方法。

①形态诊断。包括苗期的死苗、植株矮化、各生育阶段出现的特殊叶片症状、生育期成熟推迟、产量降低、品质低劣等现象。现将植物缺乏营养元素时的一般形态特征汇集整理后列入表8-4、表8-5。

表8-4 植物大量元素的缺素症状

元素名称	缺素症状			
	植株形态	叶	根、茎	生殖器官
氮	生长受到抑制，植株矮小瘦弱。地上部分影响较严重	叶片薄而小，整个叶片呈黄绿色，严重时下部老叶呈黄色，干枯死亡	茎细小、多木质。根瘦，受抑制，较细小。分蘖少（禾本科）或分枝少（双子叶）	花果穗发育迟缓，不正常地早熟。种子少而小，千粒重低
磷	植株矮小，生长缓慢。地下部严重受影响	叶色暗绿，无光泽或呈紫红色。从下部叶开始表现症状至逐渐死亡脱落	茎细小，多木质。根发育不良，主根瘦长，次生根极少或无	花少、果少，果实迟熟。易出现秃尖、脱荚或落花落蕾，种子小而不饱满
钾	植株较小且较柔弱，易感染病虫害	开始从老叶尖端沿叶缘逐渐变黄，严重时干枯死亡。叶缘似烧焦状，有时出现斑点状褐斑，或叶卷曲显皱纹	茎细小，柔弱，节间短，易倒伏	分蘖多但结穗少，果子瘦小。果肉不饱满。有时果实出现畸形，有棱角。籽粒干瘪，皱缩

续表 8-4

元素名称	缺素症状			
	植株形态	叶	根、茎	生殖器官
钙	植株矮小，组织坚硬。病态先发生于根部和地上幼嫩部分，未老先衰	幼叶卷曲，脆弱，叶缘发黄，逐渐枯死，叶尖有枯化现象	茎、根尖的分生组织受损，根尖生长不好。茎软下垂，根尖细胞易腐烂、死亡。有时根部出现枯斑或裂伤	结实不好或很少结实
镁	病态发生在生长后期。黄化，植株大小没有明显变化	首先从下部老叶开始缺绿，但只有叶肉变黄，而叶脉仍保持绿色，以后叶肉组织逐渐变褐而死亡	变化不大	开花受抑制，花的颜色变苍白
硫	植株普遍缺绿，后期生长受抑制	幼叶开始发黄，叶脉先缺绿，严重时老叶变为黄白色，但叶肉仍为绿色	茎细小，很稀疏，支根少。豆科作物根瘤少	开花结实期延迟．果实减少

表 8-5　植物微量元素的缺素症状

元素名称	病症表现
硼	顶端停止生长并逐渐死亡，根系不发达，叶色暗绿，叶片肥厚。皱缩，植株矮化，茎及叶柄易开裂，花发育不全，果穗不实，蕾花易脱落。块根、浆果心腐或坏死。如油菜“花而不实”，棉花“蕾而不花”，小麦“穗而不实”，大豆“缩果病”，甜菜“心腐病”，芹菜“茎裂病”等
锌	叶小、簇生，中下部叶片失绿，主脉两侧出现不规则的棕色斑点，植株矮化，生长缓慢。玉米早期出现“白苗病”，生长后期果穗缺粒秃尖。水稻基部叶片沿主脉出现失绿条纹，继而出现棕色斑点，植株萎缩，造成“矮缩病”。果树顶端叶片呈“莲座”状或簇状，叶片变小，称“小叶病”
钼	生长不良，植株矮小，叶片凋萎或焦枯，叶缘卷曲，叶色褪淡发灰。大豆叶片上出现许多细小的灰褐色斑点，叶片向下卷曲，根瘤发育不良。柑橘呈斑点状失绿，出现“黄斑病”。番茄叶片的边缘向上卷曲，老叶上呈现明显黄斑。甘蓝形成瘦长畸形叶片
锰	症状从新叶开始。叶片脉间失绿，叶脉仍为绿色，叶片上出现褐色或灰色斑点，逐渐连成条状，严重时叶色失绿并坏死。如烟草“花叶病”，燕麦“灰斑病”，甜菜“黄斑病”等
铁	引起“失绿病”，幼叶叶脉间失绿黄化，叶脉仍为绿色。以后完全失绿，有时整个叶片呈黄白色。因铁在体内移动性小，新叶失绿，而老叶仍保持绿色，如果树新梢顶端的叶片变为黄白色，新梢顶叶脱落后，形成“梢枯”现象
铜	多数植物顶端生长停止和顶枯。果树缺铜常产生“顶枯病”，顶部枝条弯曲，顶梢枯死。枝条上形成斑块和瘤状物；树皮变粗出现裂纹，分泌棕色胶液。在新开垦的土地上种植禾本科作物，常出现“开垦病”，表现为叶片尖端失绿、干枯和叶尖卷曲，分蘖很多但不抽穗或很少，不能形成饱满籽粒

②根外喷施诊断。如果形态诊断不能肯定其缺乏某种元素，可采用此法。具体做法是配制一定浓度的含某种元素的溶液，喷到病株叶部或将溶液涂抹在病叶上观察施肥前后叶色、长相、长势等变化，进行确认。

③化学诊断。采用化学分析方法测定土壤和植株中营养元素含量，对照各种营养元素缺

乏的临界值加以判断。有土壤诊断和植株化学诊断等方法。

(2)植物缺素症形态诊断步骤 通过形态诊断了解植物的营养状况是科学施肥的重要依据。生产上如能及时施用含所缺元素的肥料，一般症状可减轻或消失，产量损失也可大大减轻。一般诊断的步骤如下：

①先看症状发生的部位。一般来说，植物缺乏大量营养元素时往往下部的老叶先表现缺素症状；缺乏微量营养元素时，症状最早会出现在植物上部的新生叶片上。

②要看作物变化后的特征。例如，叶片大小、叶色以及是否出现畸形等，如棉花缺氮、硫、铁会引起叶片发黄，缺锌会叶片变小、叶脉间失绿、呈杯状等。熟悉植物缺素症状图谱则更容易判断。

③确定症状后补救。诊断出植物缺乏某种元素后，应该及时补救，正确的做法是对症施肥，可以通过根际追肥、叶面喷肥等途径来补救。

可根据现有的资料从多方面归纳各种营养元素缺素症的种种表现（表 8-6），方便科技人员及种植户及时作出正确判断，及早加以矫正。

表 8-6 植物缺素症的形态比较和鉴别

受影响的部位	全株	大体在老叶上	大体在新叶上
可能缺乏的元素	氮（硫）	钾、镁、磷、钼	钙、硫、铜、铁、锰、锌
植株高度，叶片大小	正常	轻度降低	严重降低
可能缺乏的元素	硫、铁、锰、镁	氮、磷、钾、钙、硼、铜	锌、钼
叶的形状	正常	轻度畸形	严重畸形
可能缺乏的元素	氮、磷、钾、镁、铁	钼、铜	硼、锌
分蘖	正常	少	很少
可能缺乏的元素	镁、钾	锌	磷、氮
叶的结构（组织）	正常	硬化或易碎	高度易碎（非常脆）
可能缺乏的元素	氮、磷、钾、硫、铁	镁、钼	硼
失绿	正常	叶脉间或多斑点	整个叶片
可能缺乏的元素	磷	镁、钾、锰、锌	氮、硫、镁、铜
坏死（枯斑）	无→轻度		严重
可能缺乏的元素	氮、磷、硫、镁、锌、铁、锰		钾、钙、硼
畸形果实	无		果实残缺
可能缺乏的元素	氮、磷、钾、镁、锌、铁、锰		钙、硼、铜
引起病害程度	无	影响不大	影响大
可能缺乏的元素		氮、硫、镁、锌	钾、磷、钙

(3)主要作物缺素症诊断与补救 同一元素在不同作物上的缺素症状虽然大体相同，但也表现出不同症状，因而要采取不同的补救措施。这里以小麦（表 8-7）、番茄（表 8-8）、葡萄（表 8-9）为例列表说明。

表 8-7 小麦缺素症诊断与补救措施

营养元素	缺素症状	补救措施
氮	植株矮小，叶片淡绿，叶尖由下向上变黄，分蘖少，茎秆细弱。	于返青期每亩（1 亩≈667m^2）追施尿素 5～8 kg，拔节期再追施尿素 10～15 kg
磷	植株瘦小，次生根少，分蘖少，新叶暗绿，叶尖紫红色，茎呈紫色，穗小粒少，籽粒不饱满，千粒重下降	每亩追施过磷酸钙 20～25 kg，随水浇施。叶面喷施 5%过磷酸钙溶液，或 0.2%磷酸二氢钾溶液，每 7～10 d 喷 1 次，连喷 2～3 次
钾	先从下部老叶的叶尖、叶缘开始变黄，叶质柔弱，并卷曲，然后逐渐变为褐色。叶脉绿色，茎秆细而柔弱，分蘖不规则，成穗少，造成籽粒不匀实，易倒伏	每亩施硫酸钾或氯化钾 10 kg，并撒施草木灰 100 kg，叶面喷施 0.2%的磷酸二氢钾溶液，每 7～10 d 喷 1 次，连喷 2～3 次
硼	小麦缺硼，分蘖不正常，叶鞘呈紫褐色，有时不抽穗，或者只开花不结实	叶面喷施 0.2%硼砂溶液，每 7～10 d 喷 1 次，连喷 2～3 次
钼	先表现在叶片前部，叶变褐色，接着在心叶下部全展叶上，沿叶脉平行出现细小的黄白斑点，并逐渐连成线状、片状，最后使叶片前部干枯，严重的整叶干枯	叶面喷施 0.5%的钼酸铵溶液，每 7～10 d 喷1 次，连喷 2～3 次
锰	症状同缺钼相似，但病斑发生在叶片的中后部，病叶干枯后便卷曲，叶前部逐渐干枯	叶面喷施 0.2%的硫酸锰溶液，每 5～7 d 喷 1 次，连喷 2～3 次
锌	叶片失绿，心叶白化，节间变短，植株矮小，中部叶缘过早干裂皱缩，根系变黑，空秕粒多，千粒重降低	在拔节期叶面喷施 0.3%的硫酸锌溶液，每 5～7 d 喷 1 次，连喷 2～3 次
铁	主要在新叶发病，叶肉组织黄化，上部叶片可变为黄白色。叶尖和叶缘也会逐渐枯萎并向内扩展	叶面喷施 0.2%的硫酸亚铁溶液，每 7～10 d 喷 1 次，连喷 2～3 次

表 8-8 番茄缺素症诊断及补救措施

营养元素	缺素症状	补救措施
氮	植株生长缓慢，初期老叶呈黄绿色，后期全株呈浅绿色，叶片细小、直立。叶脉由黄绿色变为深紫色。茎秆变硬，果实变小	可将碳酸氢铵或尿素等混入 10～15 倍的腐熟有机肥液中，施于植株两侧后覆土浇水；可叶面喷施 0.2%尿素溶液
磷	早期叶背呈紫红色，叶片上出现褐色斑点，叶片僵硬，叶尖呈黑褐色，枯死。叶脉逐渐变为紫红色。茎细长且富含纤维。结果延迟	可用 0.2%～0.3%磷酸二氢钾溶液叶面喷施 2～3 次
钾	缺钾症初期叶缘出现针尖大小黑褐色点，后茎部也出现黑褐色斑点，叶缘卷曲。根系发育不良。幼果易脱落或多畸形果	可用 0.2%～0.3%磷酸二氢钾溶液或 1%草木灰浸出液叶面喷施2～3 次
钙	植株瘦弱、萎蔫，心叶边缘发黄皱缩，严重时心叶枯死，植株中部叶片形成黑褐色斑，后全株叶片上卷。根系不发达。果实易发生脐腐病及形成空洞果	用 0.3%～0.5%氯化钙水溶液叶面喷施，每 3～4 d 喷 1 次，共喷 2～3 次

续表 8-8

营养元素	缺素症状	补救措施
镁	下部老叶失绿，后向上部叶扩展，形成黄花斑叶。严重的叶缘上卷，叶脉间出现坏死斑，叶片干枯，最后全株变黄	用1%～3%硫酸镁溶液叶面喷施2～3次
硫	叶色淡绿色，向上卷曲，植株呈浅绿色或黄绿色，心叶枯死或结果少	结合缺镁、锌、铜等喷施含硫肥料
锌	从中部叶开始褪色，与健康叶比较，叶脉清晰可见；叶脉间逐渐褪色，叶缘从黄化到变成褐色，叶片卷起变小，甚至丛生。新叶不黄化	用0.1%～0.2%硫酸锌水溶液喷施叶面1～2次
硼	最显著的症状是叶片失绿或变橘红色。生长点发暗，严重时生长点凋萎死亡。茎及叶柄脆弱，易使叶片脱落。根系发育不良，变为褐色。易产生畸形果，果皮上有褐色斑点	用0.1%～0.2%硼砂水溶液叶面喷施，每隔5～7 d喷1次，连喷2～3次
锰	叶片脉间失绿，距主脉较远的地方先发黄，叶脉保持绿色。以后叶片上出现花斑，最后叶片变黄，很多情况下，先在黄斑出现前出现褐色小斑点。严重时，生长受抑制，不开花，不结实	可用1%硫酸锰溶液叶面喷施2～3次
铁	新叶除叶脉均呈黄色，腋芽处长出叶脉间黄化叶片	及时喷施0.1%～0.5%硫酸亚铁水溶液，或用柠檬铁100 mg/kg水溶液每3～4 d喷施1次，连喷3～5次
铜	节间变短，全株呈丛生枝状，初期幼叶变小，老叶脉间失绿，严重时，叶片呈褐色，叶片枯萎，幼叶失绿	叶面喷施0.02%～0.03%硫酸铜溶液2～3次
钼	植株生长势差，幼叶褪绿，叶缘和叶脉间的叶肉呈黄色斑状，叶缘向内部卷曲，叶尖萎缩，常造成植株开花不结果	分别在苗期与开花期每亩喷施50 kg 0.05%～0.1%的钼酸铵水溶液1～2次

表 8-9 葡萄缺素症诊断与补救措施

营养元素	缺素症状	补救办法
氮	发芽早，叶片小而薄，呈黄绿色；枝叶量小，新梢生长弱，停止生长早；叶柄细，花序小，不整齐，落花落果严重；果穗果粒小，品质差	叶面喷施0.3%～0.5%尿素溶液2～3次
磷	新梢生长细弱，叶小、浆果小；叶色由暗绿色转为暗紫色，叶尖、叶缘干枯，叶片变厚变脆；果实发育不良，着色差，果穗变小，落花落果严重，果粒大小不匀	叶面喷施0.3%～0.5%磷酸二氢钾或2.0%过磷酸钙溶液
钾	新梢纤细、节间长、叶片薄、叶色浅，基部叶片叶脉间叶肉变黄，叶缘出现黄色干枯坏死斑；叶缘出现干边，向上翻卷，叶面凹凸不平，叶脉间叶肉呈黄褐色而干枯；果穗少而小，果粒小，着色不均匀，大小不整	叶面喷施1%磷酸二氢钾溶液2～3次；或1%～1.5%硫酸钾溶液2～3次
钙	幼叶叶脉间和边缘失绿，叶脉间有褐色斑点，叶缘干枯；新梢顶端枯死	叶面喷施0.2%～0.3%的氯化钙溶液3～4次

续表 8-9

营养元素	缺素症状	补救办法
镁	多在果实膨大期出现症状，基部老叶叶脉间褪绿，继而脉间发展成带状黄化斑点，最后叶肉组织变褐坏死，仅剩叶脉保持绿色；成熟期推迟，果实着色差，品质差	叶面喷施 3%～4%硫酸镁溶液 3～4 次
铁	新梢顶端叶呈鲜黄色，叶脉两侧呈绿色脉带，严重时叶变成淡黄色或黄白色，后期叶缘、叶尖发生不规则坏死斑，受害新梢生长量小，花穗变黄色，坐果率低，果粒小，有时花蕾全部落光	叶面喷施 0.5%硫酸亚铁溶液，或树干注射 1%～3%的硫酸亚铁溶液 3～4 次
锌	夏初新梢旺盛生长时表现叶斑驳；新梢和副梢生长量小，叶片小，节间短，梢端弯曲，叶片基部裂片发育不良，叶柄洼浅，叶缘无锯齿或少锯齿；坐果率低，果粒大小不一，常出现保持坚硬、绿色、不发育、不成熟的“豆粒”果	叶面喷施 300 mg/kg 环烷酸锌乳剂或 0.2%～0.3%硫酸锌溶液 3～4 次
锰	夏初新梢基部叶片变浅绿，叶脉间组织出现较小的黄色斑点，类似花叶病，黄斑逐渐增多，并为最小的绿色叶脉所限制；新梢、叶片生长缓慢，果实成熟晚	叶面喷施 0.3%硫酸锰溶液 2～3 次
硼	症状最初出现在春天刚抽出的新梢。新梢生长缓慢，节间短、两节之间有一定角度，有时结节状肿胀，然后坏死；新梢上部叶片出现油渍状斑点，梢尖坏死，其附近的卷须呈黑色，有时花序干枯；中后期老叶发黄，并向叶背翻卷，叶肉表现褪绿或坏死；坐果率低、果粒大小不均匀，“豆粒”现象严重	叶面喷施 0.1%～0.2%硼砂或硼酸溶液 2～3 次

4.操作过程

在作物施肥季节，选择有缺素症的田块，完成下列操作(表 8-10)。

表 8-10 当地植物典型缺素症观察

工作环节	操作规程	质量要求
资料准备	准备一些植物缺素症照片或标本，或当地出现缺素症的植株	
形态诊断	(1)看症状出现的部位。一般缺铁、锰、硼、钼、铜、钙、硫时症状首先发生在新生组织上，从新叶、顶芽开始；而缺氮、磷、钾、镁、锌则先在老叶上出现症状。 (2)要看叶片大小和形状。如缺锌时叶片小而窄，枝条向上直立呈簇生状。 (3)要注意叶片失绿部位。如缺锌、镁的叶片只有叶脉间失绿；缺铁时只有叶脉不失绿，其余全部失绿	
根外喷施诊断	(1)配制一定浓度(一般为 0.1%～0.2%)的含某种元素的溶液。 (2)喷到病株叶部或采用浸泡、涂抹等办法，如将病叶浸泡在溶液中 1～2 h 和将溶液涂抹在病叶上。 (3)隔 7～10 d 观察施肥前后叶色、长相、长势等变化，进行确认	根据可能缺素症状和植物种类，合理确定喷施浓度
化学诊断	采用化学分析方法测定土壤和植株中营养元素含量，对照各种营养元素缺乏的临界值加以判断。有土壤诊断和植株化学诊断等方法	一般形态诊断和根外喷施诊断不能确定时，才采用化学诊断

续表 8-10

工作环节	操作规程	质量要求
缺素后快速矫正	发现缺素后，一般叶面喷施含相应养分的肥料是快速矫正的有效措施。 (1)缺氮一般用1%～1.5%尿素溶液叶面喷施。 (2)缺磷一般用1%～1.5%过磷酸钙浸出液叶面喷施。 (3)缺钾一般用0.2%～0.3%磷酸二氢钾或1%～1.5%硫酸钾溶液叶面喷施。 (4)缺钙一般叶面喷施0.3%～0.5%的硝酸钙或0.3%的磷酸二氢钙溶液。 (5)缺镁一般叶面喷施1%～2%的硫酸镁溶液。 (6)缺铁一般叶面喷施0.2%～1%的柠檬酸铁或硫酸亚铁溶液。 (7)缺锌一般叶面喷施0.1%～0.2%的硫酸锌溶液。 (8)缺硼一般叶面喷施0.2%～0.3%的硼砂溶液。 (9)缺锰一般叶面喷施0.3%的硫酸锰溶液。 (10)缺钼一般叶面喷施0.02%～0.05%的钼酸铵溶液。 (11)缺铜一般叶面喷施0.02%～0.04%的硫酸铜溶液	(1)作物出现缺素症，应根据症状确定缺素类型，采取相应措施进行矫正，将因缺素带来的损失降到最低。 (2)叶面喷施时，雾点要匀、细，喷施量以肥液将要从叶面上流下但又未流下时最好。 (3)粉剂型肥料要先加水充分搅拌，待完全溶解后方可喷施。 (4)水剂型肥料在稀释时应严格按照说明书的要求进行浓度配制。喷施后3～4 h内遇大雨，待晴天时应补喷一次，但浓度要适当降低

5.问题处理

活动结束后，完成以下问题：

在实际生产中不同作物同一元素的缺素症状是有差别的，因此应根据实际情况进行预防补救。如主要蔬菜缺硼的症状及补救措施都有所差别(表8-11)。

表8-11 主要蔬菜缺硼症状及补救措施

蔬菜	缺硼症状	补救措施
番茄	最显著的症状是叶片失绿或变橘红色。生长点发暗，严重时生长点凋萎死亡。茎及叶柄脆弱，易使叶片脱落。根系发育不良变褐色。易产生畸形果，果皮上有褐色斑点	一是提前施入含硼肥料；二是发现植株缺硼时，用0.1%～0.2%硼砂水溶液叶面喷施，每5～7 d喷1次，连喷2～3次
茄子	茄子缺硼时，自顶叶黄化、凋萎，顶端茎及叶柄折断，内部变黑，茎上有木栓状龟裂	发现缺硼，及时用0.05%～0.2%硼砂或硼酸溶液叶面喷施
黄瓜	生长点附近的节间明显缩短，上位叶外卷，叶脉呈褐色，叶脉有萎缩现象，果实表皮出现木质化或有污点，叶脉间不黄化	可喷施0.12%～0.25%硼砂或硼酸水溶液
西瓜	新蔓节间变短，蔓梢向上直立，新叶变小，叶面凸凹不平，有叶色不均的斑纹，有时会被误诊为病毒病，因缺乏对症治疗而造成减产	及时用0.1%～0.2%硼砂溶液叶面喷施
大白菜	开始结球时，心叶多皱褶，外部第5～7片幼叶的叶柄内侧生出横的裂伤，维管束呈褐色，随之外叶及球叶叶柄内侧也生裂痕，并在外叶叶柄的中肋内、外侧发生群聚褐色污斑，球叶中肋内侧表皮下发生黑点，呈木栓化，植株矮，叶严重萎缩、粗糙、结球小、坚硬	在大白菜生长期间发生缺硼症，可用0.1%～0.2%的硼砂水溶液进行根际浇施，或用0.2%～0.3%硼砂水溶液进行叶面喷施或用1500倍的20%进口速乐硼喷施，每7 d喷1次，视白菜生长情况连续喷2～3次

续表 8-11

蔬菜	缺硼症状	补救措施
芹菜	会引起茎裂病。初期叶缘出现病斑,同时茎变脆,并在茎表皮上出现褐色纹带,最后茎发生横裂纹,且破损组织向外卷曲,根系变褐,侧根死亡	用 0.12%～0.25%的硼砂或硼酸水溶液喷施叶面
萝卜	茎尖死亡,叶和叶柄脆弱易断,肉质根变色坏死,折断可见其中心变黑	每亩用硼砂 50～100 g,用热水溶解后兑 50 kg 水叶面喷施,每 7～10 d 喷 1 次,连喷 2～3 次
胡萝卜	胡萝卜叶变赤紫色,中心叶黄化萎缩,根颈部生出黑色龟裂,发生丛生叶,有时可见二次发生的小叶,纵切面形成层心部与周围脱离	当出现缺硼症状,应及时对叶面喷施 0.1%～0.2%的硼砂溶液,每 7～10 d 喷 1 次,连续 2～3 次
韭菜	多发生在老茬韭菜上,茬口越老发生越重,发病时间在出苗后的 10 d 左右,发病时整株失绿,发病重时叶片上出现明显的黄白两色相间的长条斑,直至叶片扭曲,组织坏死	根据缺素症发生规律,可在出苗后 10 d 左右喷硼砂 200 倍液,出苗 20 d 左右喷硼砂 200 倍液。在喷施微肥时,在药液中添加 300 倍液的尿素效果更好
菜豆	植株生长点萎缩变褐干枯。新形成的叶芽和叶柄色浅、发硬、易折;上位叶向外侧卷曲,叶缘部分变褐色;当仔细观察上位叶叶脉时,有萎缩现象;荚果表皮出现木质化	土壤缺硼,预先施用硼肥;要适时浇水,防止土壤干燥;多施腐熟的有机肥,提高土壤肥力。也可用 0.12%～0.25%的硼硝或硼酸溶液喷施叶面
花椰菜	变成空洞或花球内部开裂,花上现褐色斑点,带苦味、顶芽死亡,质地硬,失去食用价值	缺硼时每亩施硼砂 1 kg,适时浇水,应急时可喷施 0.1%～0.25%的硼砂溶液

活动三　土壤养分状况测试

1. 活动目标

知识目标:了解土壤养分的来源与形态;认识土壤氮素、磷素及钾素的形态及转化。

能力目标:能熟练测定当地土壤的碱解氮、速效磷和速效钾等速效养分含量,能正确评价土壤养分供应状况,为合理培肥地力提供依据。

思政素养:参观当地"土壤三普"土壤养分测定现场,学习从业人员敬业、仔细、求真的职业素养。

2. 活动准备

将全班按 2 人一组分为若干组,每组准备以下材料和用具:火焰分光光度计或原子吸收分光光度计,天平,分析天平,振荡机,恒温箱,半微量滴定管(1～2 mL 或 5 mL),扩散皿滴定台,玻璃棒,容量瓶,三角瓶,比色管,移液管,塑料瓶,无磷滤纸,滤纸。

3. 相关知识

(1)土壤养分　土壤养分是指存在于土壤中的植物必需的营养元素,是土壤肥力的物质基础,也是评价土壤肥力水平的重要指标之一。土壤养分的来源主要有:土壤矿物质风化所释放的养分;土壤有机质分解释放的养分;土壤微生物的固氮作用;植物根系对养分的集聚作用;大气降水为土壤加入的养分;施用肥料,包括化学肥料和有机肥料中的养分。

土壤养分由于其存在的形态不同,对植物的有效性差异很大。按其对植物的有效程度,土壤养分一般可分为5种类型。

①水溶态养分。水溶态养分是指能溶于水的养分。它们存在于土壤溶液中,极易被植物吸收利用,对植物有效性高。水溶态养分包括大部分无机盐类的离子(如K^+、Ca^{2+}、NO_3^-等)和少部分结构简单、分子量小的有机化合物(如氨基酸、酰胺、尿素、葡萄糖等)。

②交换态养分。交换态养分是指吸附于土壤胶体表面的交换性离子,如NH_4^+、K^+、Ca^{2+}、$H_2PO_4^-$等。土壤溶液中的离子与土壤胶体上的离子可以进行交换,并保持动态平衡,二者没有严格的界限,对植物都是有效的。因此,水溶态养分和交换态养分合称速效养分。

③缓效态养分。缓效态养分是指某些矿物中较易释放的养分。如黏土矿物晶格中固定的钾、伊利石矿物以及部分黑云母中的钾。这部分养分对当季植物的有效性较差,但可作为速效养分的补给来源,在判断土壤潜在肥力时,其含量具有一定的意义。

④难溶态养分。难溶态养分是指存在于土壤原生矿物中且不易分解释放的养分。如氟磷灰石中的磷、正长石中的钾。它们只有在长期的风化过程中释放出来,才可被植物吸收利用。难溶态养分是植物养分的贮备。

⑤有机态养分。有机态养分是指存在于土壤有机质中的养分。它们多数不能被植物吸收利用,需经过分解转化后才能释放出有效养分。但它们的分解释放较矿物态养分容易得多。

土壤中各种形态的养分没有固定的界线。由于土壤条件和环境的变化,土壤中的养分能够发生相互转化。

(2)氮、磷、钾养分形态

①土壤氮素形态。土壤中氮素养分含量受气候条件、植被、地形、土壤、耕作利用方式等因素的影响差别很大。一般来讲,我国农业土壤含氮量在0.5~2.0 g/kg。土壤全氮量高于1.5 g/kg的为高含量,0.5~1.5 g/kg为中含量,低于0.5 g/kg为低含量。

土壤中氮素形态可分有机态氮和无机态氮两种。有机态氮是土壤中氮的主要形态,一般占土壤全氮量的95%以上,主要以蛋白质、氨基酸、酰胺、胡敏酸等形态存在。无机态氮是植物可吸收利用的氮素形态,一般只占土壤全氮量的1.0%~2.0%,最多不超过5%,主要是铵态氮、硝态氮和极少量的亚硝态氮。土壤中的氮素转化主要包括氨化作用、硝化作用、反硝化作用、氨的挥发作用等过程。

②土壤磷素形态及其转化。我国土壤全磷量(P_2O_5)一般在0.3~3.5 g/kg,其中99%以上为迟效磷,供作物当季利用的仅有1%。

土壤中磷素一般以有机磷和无机磷两种形态存在。土壤有机磷主要来源于有机肥料和生物残体,如核蛋白、核酸、磷脂等,占全磷的10%~50%。土壤无机磷占全磷的50%~90%,主要以磷酸盐形式存在,根据磷酸盐的溶解性可将无机磷分为水溶性磷(主要是钾、钠、钙的磷酸盐,能溶于水)、弱酸溶性磷(主要是磷酸二氢钙、磷酸二氢镁,能溶于弱酸)和难溶性磷(主要是磷酸八钙、十钙及磷酸铁、铝盐等)。土壤中磷的转化包括有效磷的固定(化学固定、吸附固定、闭蓄态固定和生物固定)和难溶性磷的释放,它们处于不断的变化过程中。

③土壤钾素形态及其转化。我国土壤全钾为5~25 g/kg,比氮和磷含量高。土壤中钾的形态有三种:速效性钾、缓效性钾和难溶性矿物钾。速效性钾又称有效钾,占全钾的1%~2%,包括水溶性钾和交换性钾。缓效性钾主要是指存在于黏土矿物和一部分易风化的原生矿物中的钾,一般占全钾的2%左右,经过转化可被植物吸收利用,是速效性钾的贮备。难溶性

矿物钾是存在于难风化的原生矿物中的钾，占土壤全钾的 90%～98%，植物很难吸收利用。经过长期风化才能把钾释放出来。钾在土壤中的转化包括两个过程，即钾的释放和钾的固定。

4.操作过程

(1)土壤碱解氮的测定

①测定原理。土壤碱解氮测定是用 1.8 mol/L 氢氧化钠溶液碱解土壤样品，使有效态氮碱解转化为氨气，并不断地扩散逸出，用硼酸吸收，再用标准酸溶液滴定，计算出碱解氮的含量。因旱地土壤中硝态氮含量较高，需加硫酸亚铁还原为铵态氮。由于硫酸亚铁本身会中和部分氢氧化钠，须提高碱的浓度，使加入后碱的浓度保持在 1.2 mol/L。因水田土壤中硝态氮含量极微，故可省去加入硫酸亚铁的步骤，而直接用 1.2 mol/L 氢氧化钠碱解。

②试剂配制。提前进行下列试剂的配制。

1.8 mol/L 氢氧化钠溶液：称取分析纯氢氧化钠 72 g，用水溶解后，冷却定容到 1 000 mL（适用于水田土壤）。

2%硼酸溶液：称取 20 g 硼酸（H_3BO_3，三级），用热蒸馏水（约 60 ℃）溶解，冷却后稀释至 1 000 mL，用稀酸或稀碱调节 pH 至 4.5。

0.01 mol/L 盐酸溶液：取 10%盐酸溶液 8.35 mL，用蒸馏水稀释至 1 000 mL，然后用标准碱或硼砂标定。

定氮混合指示剂：分别称取 0.1 g 甲基红和 0.5 g 溴甲酚绿指示剂，放入玛瑙研钵中，并用 100 mL 95%乙醇研磨溶解，此液应用稀酸或稀碱调节 pH 至 4.5。

特制胶水：阿拉伯胶（称取 10 g 粉状阿拉伯胶，溶于 15 mL 蒸馏水中）10 份，甘油 10 份，饱和碳酸钾 10 份，混合即成。

③测定过程。选择处理好的当地农田、菜园、果园、绿化地土壤分析样品，进行下列全部或部分内容（表 8-12）。

表 8-12　土壤碱解氮含量的测定

工作环节	操作规程	质量要求
称样	称取通过 1 mm 筛风干土样 2 g 和硫酸亚铁粉剂 1 g，均匀铺在扩散皿（图 8-4）外室内，水平地轻轻旋转扩散皿，使样品铺平。同一样品需称两份做平行测定	样品称量精确到 0.01 g；若为水稻土，不需要加还原剂
扩散准备	在扩散皿内室加入 2 mL 2%硼酸溶液，并滴加 1 滴定氮混合指示剂，然后在扩散皿的外室边缘涂上特制胶水，盖上皿盖，并使皿盖上的孔与皿壁上的槽对准，而后用注射器迅速加入 10 mL 1.8 mol/L 氢氧化钠于扩散皿的外室中，立即盖严毛玻璃盖，以防逸失	由于胶水碱性很强，在涂胶和恒温扩散时要特别细心，谨防污染内室
恒温扩散	水平方向轻轻旋转扩散皿，使溶液与土壤充分混匀，然后小心地用两根橡皮筋交叉成"十"字形圈紧固定，随后放入40 ℃恒温箱中保温 24 h	扩散时温度不宜超过 40 ℃。扩散过程中，扩散皿必须盖严，不能漏气
滴定	24 h 后取出扩散皿，去盖，再以 0.01 mol/L 盐酸标准溶液用半微量滴定管滴定内室硼酸吸收的氨（由蓝色滴到微红色）	滴定时应用细玻璃棒搅动内室溶液，不宜摇动扩散皿，以免溢出
空白实验	在样品测定同时做两个空白实验。除不加土样外，其他步骤同样品测定	空白器皿与样品器皿一定要同时保温扩散

续表 8-12

工作环节	操作规程	质量要求
结果计算	碱解氮含量 $= \frac{c(V-V_0)\times 14\times 1\ 000}{m}$ 式中:c 为标准盐酸溶液的浓度,mol/L;V 为滴定样品时用去盐酸体积,mL;V_0 为滴定空白样品时用去盐酸体积,mL;14 代表氮的摩尔质量,g/mol;1 000 是换算系数;m 为烘干样品质量,g	平行测定结果以算术平均值表示,保留整数;平行测定结果允许相对偏差≤10%

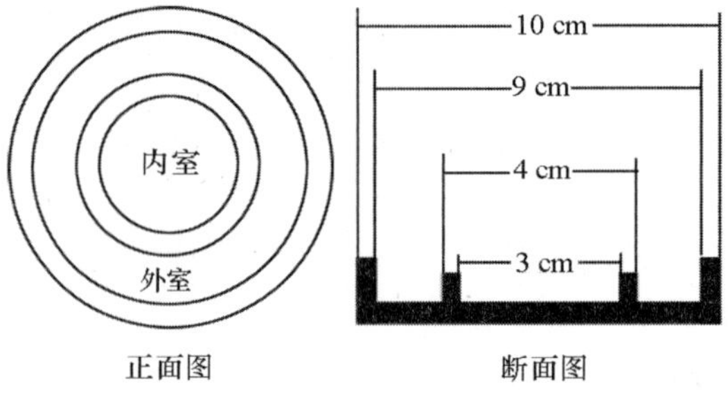

图 8-4 扩散皿示意图

(2)土壤速效磷的测定

①测定原理。针对土壤质地和性质,采用不同的方法提取土壤中的速效磷,提取液用钼锑抗混合显色剂在常温下进行还原,使黄色的锑磷钼杂多酸还原成为磷钼蓝,通过比色计算得到土壤中的速效磷含量。一般情况下,酸性土采用酸性氟化铵或氢氧化钠-草酸钠提取剂测定。中性和石灰性土壤采用碳酸氢钠提取剂,石灰性土壤可用碳酸盐的碱溶液。

②试剂配制。提前进行下列试剂的配制。

无磷活性炭粉:为了除去活性炭中的磷,先用 1∶1 盐酸溶液浸泡 24 h,然后移至平板瓷漏斗抽气过滤,用水淋洗到无 Cl^- 为止(4～5 次),再用碳酸氢钠浸提剂浸泡 24 h,在平板瓷漏斗中抽气过滤,用水洗净碳酸氢钠并检查到无磷为止,烘干备用。

100 g/L 氢氧化钠溶液:称取 10 g 氢氧化钠溶于 100 mL 水中。

0.5 mol/L 碳酸氢钠溶液:称取化学纯碳酸氢钠 42 g 溶于 800 mL 蒸馏水中,冷却后,以 0.5 mol/L氢氧化钠调节 pH 至 8.5,洗入 1 000 mL 容量瓶中,用水定容至刻度,贮存于试剂瓶中。

3 g/L 酒石酸锑钾溶液:称取 0.3 g 酒石酸锑钾溶于水中,稀释至 100 mL。

硫酸钼锑贮备液:称取分析纯钼酸铵 10 g 溶入 300 mL 约 60 ℃的水中,冷却。另取 181 mL 浓硫酸缓缓注入 800 mL 水中,搅匀,冷却。然后将稀硫酸溶液徐徐注入钼酸铵溶液中,搅匀,冷却。再加入 100 mL 3 g/L 酒石酸锑钾溶液,最后用水稀释至 2 L,摇匀,贮于棕色瓶中备用。

硫酸钼锑抗显色剂:称取 0.5 g 左旋抗坏血酸溶于 100 mL 钼锑贮备液中。此试剂有效期 24 h,必须用前配制。

100 μg/mL 磷标准贮备液:准确称取经 105 ℃烘干 2 h 的分析纯磷酸二氢钾 0.439 g 用水溶解,加入 5 mL 浓硫酸,然后加水定容至 1 000 mL。该溶液放入冰箱中可长期使用。

5 μg/mL 磷标准液：吸取 5.00 mL 磷标准贮备液于 100 mL 容量瓶中，定容。该液用时现配。

③测定过程。选择处理好的土壤分析样品，进行下列全部或部分内容(表 8-13)。

表 8-13 土壤速效磷含量的测定

工作环节	操作规程	质量要求
称样	称取通过 1 mm 筛孔的风干土壤样品 2.5 g 置于 250 mL 三角瓶中	样品称量精确到 0.01 g
土壤浸提液制备	准确加入碳酸氢钠溶液 50 mL，再加约 1 g 无磷活性炭，摇匀，用橡皮塞塞紧瓶口，在振荡机上振荡 30 min，立即用无磷滤纸过滤至 150 mL 三角瓶中，弃去最初滤液	用碳酸氢钠浸提有效磷时，温度应控制在(25±1)℃；若滤液不清，重新过滤
加显色剂	吸取滤液 10.00 mL 于 25 mL 比色管中，缓慢加入显色剂 5.00 mL，慢慢摇动，排出二氧化碳后加水定容至刻度，充分摇匀。在室温高于 20 ℃处放置 30 min	若有效磷含量较高，应减少浸提液吸取量，并加浸提剂补足至 10 mL 后显色，以保持显色时溶液的酸度。二氧化碳气泡应完全排出
标准曲线绘制	吸取磷标准液 0、0.5 mL、1.00 mL、1.50 mL、2.00 mL、2.50 mL、3.00 mL 于 25 mL 比色管中，加入浸提剂 10 mL、显色剂 5 mL，慢慢摇动，排出二氧化碳后加水定容至刻度。此系列溶液磷的浓度分别为 0、0.1 μg/mL、0.2 μg/mL、0.3 μg/mL、0.4 μg/mL、0.5 μg/mL、0.6 μg/mL。在室温高于 20 ℃处放置 30 min，然后同待测液一起进行比色，以溶液质量浓度作横坐标，以吸光度作纵坐标(在方格坐标纸上)，绘制标准曲线	标准曲线绘制应与样品制备同时进行，使其和样品显色时间一致。也可通过计算回归方程，代替标准曲线绘制
比色测定	将显色稳定的溶液用 1 cm 比色皿在波长 700 nm 处，测定吸光度	钼锑抗法显色以 20～40 ℃为宜，如室温低于 20 ℃，可放置在 30～40 ℃烘箱中保温 30 min，取出冷却后比色
结果计算	从标准曲线查得待测液的浓度后，可按下式计算： $$土壤速效磷=\rho\times\frac{V_{显}\times V_{提}}{V_{分}\times m}$$ 式中：ρ 为标准曲线上查得的磷的浓度，mg/kg；$V_{显}$ 为在分光光度计上比色的显色液体积，mL；$V_{提}$ 为土壤浸提所得提取液的体积，mL；m 为烘干土壤样品质量，g；$V_{分}$ 为显色时分取的提取液的体积，mL	平行测定结果以算术平均值表示，保留小数点后一位

(3)土壤速效钾的测定

①测定原理。土壤速效钾测定是用 1 mol/L 中性乙酸铵溶液为浸提剂，NH_4^+ 与土壤胶体表面的 K^+ 进行交换，连同水溶性钾一起进入溶液。浸出液中的钾可直接用火焰光度计或原子吸收分光光度计测定。

②试剂配制。提前进行下列试剂的配制。

1 mol/L 乙酸铵溶液：称取 77.08 g 乙酸铵溶于近 1 L 水中。用稀乙酸或氨水(1∶1)调节溶液 pH 为 7.0(绿色)，用水稀释至 1 L。该溶液不宜久放。

100 μg/mL 钾标准溶液：准确称取经 110 ℃烘干 2 h 的氯化钾 0.1907 g，用水溶解后定容至 1 L，贮于塑料瓶中。

③测定过程。选择处理好的当地农田、菜园、果园、绿化地土壤分析样品，进行下列全部或部分内容（表 8-14）。

表 8-14　土壤速效钾含量的测定

工作环节	操作规程	质量要求
称样	称取通过 1 mm 筛孔的风干土壤样品 5.0 g 置于 250 mL 三角瓶中	样品称量精确到 0.01 g
土壤浸提液制备	准确加入乙酸铵溶液 50 mL，塞紧瓶口，摇匀，在 20～25 ℃下，150～180 r/min 振荡 30 min，过滤	若滤液不清，重新过滤
标准曲线绘制	吸取钾标准液 0、3.00 mL、6.00 mL、9.00 mL、12.00 mL、15.00 mL 于 50 mL 容量瓶中，用乙酸铵定容至刻度。此系列溶液钾的浓度分别为 0、6 μg/mL、12 μg/mL、18 μg/mL、24 μg/mL、30 μg/mL	标准曲线绘制应与样品制备同时进行。也可通过计算回归方程，代替标准曲线绘制
空白实验	在样品测定同时进行两个空白实验。除不加土样外，其他步骤同样品测定	
比色测定	以乙酸铵溶液调节仪器零点，滤液直接在火焰光度计上测定或用乙酸铵稀释后在原子吸收分光光度计上测定	若样品浓度过高需要稀释，应采用乙酸铵浸提剂稀释定容，以消除基体效应
结果计算	从标准曲线查得或计算待测液的质量浓度后，按下式计算土壤速效钾含量。 $$土壤速效钾=\frac{\rho\times V_{提}}{m}$$ 式中：ρ 为从标准曲线上查得或计算待测液中钾的质量浓度，mg/kg；$V_{提}$ 为土壤浸提液总体积，mL；m 为风干土样质量，g	平行测定结果以算术平均值表示，结果取整数。平行测定结果的相对偏差≤5%。不同实验室测定结果的相对偏差≤8%

5. 问题处理

活动结束后，完成以下问题：

(1)将土壤碱解氮、速效磷、速效钾等测定结果，分别填入表 8-15、表 8-16 和表 8-17 中，方便计算。

表 8-15　土壤碱解氮测定记录表

土样号	土样重/g	消耗盐酸数量/mL	空白消耗盐酸数量/mL	碱解氮含量/(mg/kg)

表 8-16　土壤速效磷测定记录表

标准液浓度/(μg/mL)	0	0.1	0.2	0.3	0.4	0.5	0.6	待测液 1	待测液 2
吸光度值									

表 8-17　土壤速效钾测定记录表

标准液浓度/(μg/mL)	0	6	12	18	24	30	待测液 1	待测液 2
吸光度值								

(2)结合当地土壤养分丰缺指标，根据测定结果提出合理施用氮肥、磷肥和钾肥的建议。

活动四　合理施肥基本原理

1.活动目标

知识目标：了解合理施肥的基本原理；熟悉合理施肥的时期、用量和方法。

能力目标：了解根部营养的基本规律；熟悉如何提高根部营养的效率。

思政素养：学习绿色发展相关论述，树立化肥减量施用意识。

2.活动准备

了解当地植物生产的主要施肥方法和根外追肥方法的经验。

3.相关知识

(1)合理施肥的基本原理　合理施肥是综合运用现代农业科技成果，根据植物需肥规律、土壤供肥规律及肥料效应，以有机肥为基础，生产前提出各种肥料的适宜用量和比例以及相应的施肥方法的一项综合性科学施肥技术。一般植物的施肥应掌握以下基本原理：

①养分归还学说。植物从土壤中摄取其生活所必需的矿质养分，由于不断地栽培作物，势必引起土壤中矿质养分的消耗，长期不归还这部分养分，会使土壤变得十分贫瘠，甚至寸草不生。轮作倒茬只能减缓土壤中养分的枯竭，但不能彻底地解决问题。为了保持土壤肥力，必须把植物从土壤中摄取的养分以肥料的方式归还给土壤，否则就是掠夺式的农业生产。

②最小养分律。植物生长发育需要多种养分，但决定产量的却是土壤中相对含量最少的那种养分，即养分限制因子，且产量的高低在一定范围内随这个因子的变化而增减。忽视这个养分限制因素，即使继续增加其他养分，也难以提高植物产量。

③报酬递减律。从一定土地上所得到的报酬随着向该土地投入的劳动和资本量的增大而增加，但达到一定限度后，增加单位投入的报酬却逐渐减少。施肥量与植物产量往往呈正相关，但随着施肥量的提高，植物的增产幅度随施肥量的增加而逐渐减少，因而并不是施肥量越大，产量和效益越高。

④因子综合作用律。植物获得高产是综合因素共同作用的结果，除养分外，还受到温度、光照、水分、空气等环境条件与生态因素等的影响和制约。在这些因素中，必然有一个起主导作用的限制因子，产量也在一定程度上受该限制因子的制约，即施肥还要考虑土壤、气候、水文及农业技术条件等因素。

(2)合理施肥的时期　一般来说，施肥包括基肥、种肥和追肥三个时期，只有三个环节掌握得当，肥料用得好，经济效益才能高(表 8-18)。

表 8-18 施肥的三个时期

施肥时期	基肥	种肥	追肥
含义	在播种或定植前以及多年生植物越冬前结合土壤耕作施入的肥料	播种或定植时施入土壤的肥料	在植物生长发育期间施入的肥料
作用	满足整个生育期内植物营养连续性的需求;培肥地力,改良土壤,为植物生长发育创造良好的土壤条件	为种子发芽和幼苗生长发育创造良好的土壤环境	及时补充植物生长发育过程中所需要的养分,有利于产量和品质的形成
肥料种类	以有机肥为主,无机肥为辅;以长效肥料为主,以速效肥料为辅	速效性化学肥料或腐熟的有机肥料	速效性化学肥料或腐熟的有机肥
施肥方法	撒施、条施、分层施肥、穴施、环状和放射状施肥等	拌种、蘸秧根、浸种、条施、穴施、盖种肥等	撒施、条施、随水浇施、根外施肥、环状和放射状施肥等

(3)合理施肥的方法 施肥方法就是将肥料施于土壤和植株的途径与方法,前者称为土壤施肥,后者称为植株施肥。

①土壤施肥。在生产实践中,常用的土壤施肥方法主要有以下几种。

一是撒施。撒施是施用基肥和追肥的一种方法,即把肥料均匀撒于地表,然后翻入土中。凡是施肥量大的或密植的植物如小麦、水稻、蔬菜等封垄后追肥以及根系分布广的植物都可采用撒施法。

二是条施。也是施基肥和追肥的一种方法,即开沟条施肥料后覆土。一般在肥料较少的情况下使用,玉米、棉花及垄栽甘薯多用条施。

三是穴施。穴施是在播种前把肥料施在播种穴中,而后覆土播种。其特点是施肥集中,用肥量少,增产效果较好,果树、林木多用穴施法。

四是分层施肥。将肥料按不同比例施入土壤的不同层次内。例如,河南的超高产麦田将作基肥的 70%的氮肥和 80%的磷钾肥撒于地表随耕地而翻入下层,然后把剩余的 30%的氮肥和 20%的磷钾肥于耙前撒入垡头,通过耙地而进入土表层。

五是环状和放射状施肥。环状施肥常用于果园施肥,是在树冠外围垂直的地面上挖一环状沟,深、宽各 30～60 cm(图 8-5),施肥后覆土踏实。来年再施肥时可在第一年施肥沟的外侧再挖沟施肥,以逐年扩大施肥范围。放射状施肥是在距树木一定距离处,以树干为中心,向树冠外围挖 4～8 条放射状直沟,沟深、宽各 50 cm,沟长与树冠相齐,肥料施在沟内(图 8-6),来年再交错位置挖沟施肥。

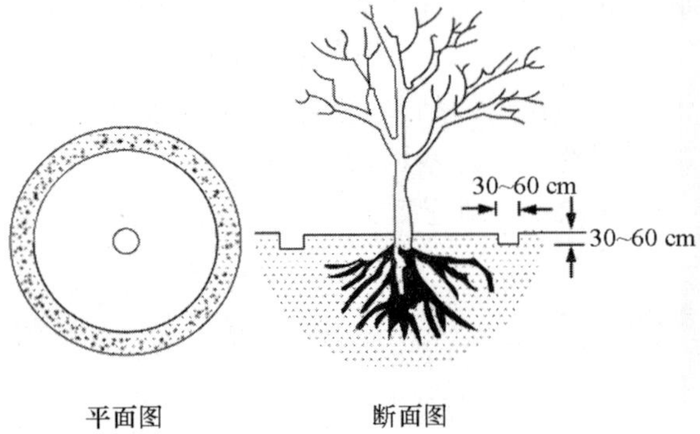

图 8-5 环状施肥示意图

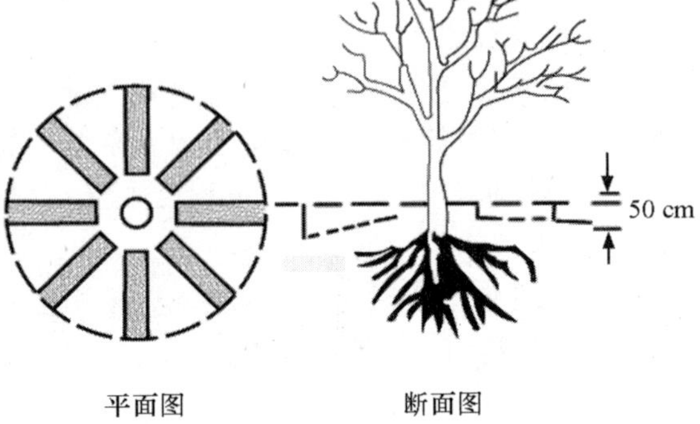

图 8-6 放射状施肥示意图

②植株施肥。在生产实践中，常用的植株施肥方法主要有：

一是根外追肥。把肥料配成一定浓度的溶液，喷洒在植物体上，供植物吸收。此法省肥、效果好，是一种辅助性追肥措施。

二是注射施肥。注射施肥是在树体、根、茎部打孔，在一定的压力下，将营养液通过树体的导管，输送到植株的各个部位。注射施肥又可分为滴注和强力注射。

滴注是将装有营养液的滴注袋垂直悬挂在距地面 1.5m 左右高的树杈上，排出管道中气体，将滴注针头插入预先打好的钻孔中(钻孔深度一般为主干直径的 2/3)，利用虹吸原理，将溶液注入树体中(图 8-7)。强力注射是利用踏板喷雾器等装置加压注射，压强一般为(98.1～147.1)×10^4 Pa，注射结束后注孔用干树枝塞紧，与树皮剪平，并堆土保护(图 8-7)。

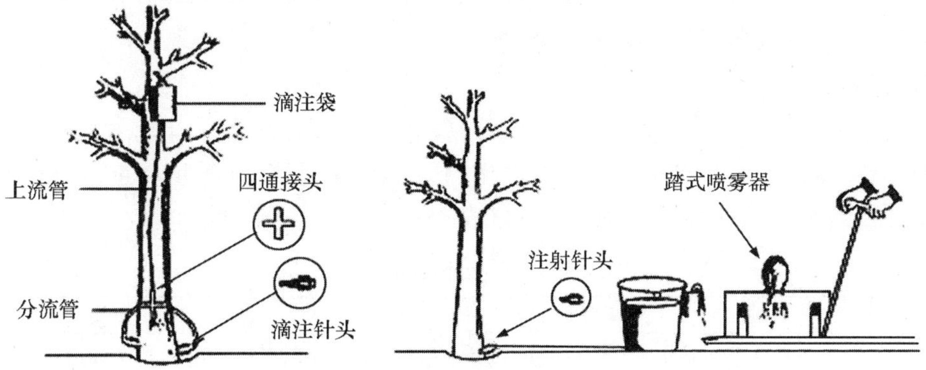

图 8-7　注射施肥示意图

三是打洞填埋法。适合对果树等木本植物施用微量元素肥料，是在果树主干上打洞，将固体肥料填埋于洞中，然后封闭洞口的一种施肥方法。

四是蘸秧根。对移栽植物如水稻等，将磷肥或微生物菌剂配制成一定浓度的悬浊液，浸蘸秧根，然后定植。

五是种子施肥。肥料与种子混合的一种施肥方法，包括拌种、浸种和盖种肥。拌种是将肥料与种子均匀拌和或把肥料配成一定浓度的溶液与种子均匀拌和后一起播入土壤的一种施肥方法；浸种是用一定浓度的肥料溶液来浸泡种子，待一定时间后，取出稍晾干后播种；盖种肥是开沟播种后用充分腐熟的有机肥或草木灰盖在种子上面的施肥方法，具有供给幼苗养分、保墒和保温作用。

(4)合理施肥的用量　施肥量是施肥技术的核心构成要素，确定经济合理的施肥量是合理施肥的中心问题。但确定适宜的施肥量是一项非常复杂的工作，一般应该遵循以下原则：

第一，全面考虑与合理施肥有关的因素。考虑作物施肥量时应该深入了解作物、土壤和肥料三者的关系，还应结合考虑环境条件和相应的农业技术条件。各种条件综合水平高，施肥量可以适当大些，否则应适当减少施肥量。只有综合分析才能避免片面性。

第二，施肥量必须满足作物对养分的需要。为了使作物达到一定的产量，必须要满足它对养分的需求，即通过施肥来补充作物消耗的养分数量，避免土壤养分亏缺，肥力下降，不利于农业生产的可持续性。

第三，施肥量必须保持土壤养分平衡。土壤养分平衡包括土壤中养分总量和有效养分的平衡，也包括各种养分之间的平衡。施肥时，应该考虑适当增加限制作物产量的最小养分的数量，以协调土壤中各种养分的关系，保证养分平衡供应。

第四，应能获得较高的经济效益。在肥料效应符合报酬递减律的情况下，单位面积施肥的经济收益，开始阶段随施肥量的增加而增加，达到最高点后即下降。所以，在肥料充足的情况下，应该以获得单位面积最大利润为原则确定施肥量。

第五，确定施肥量时应考虑前茬作物所施肥料的后效。实验证明，肥料三要素氮、磷、钾中，磷肥后效最长，磷肥的后效与肥料品种有很大关系，如水溶性磷肥和弱酸性磷肥，当季作物收获后，大约还有三分之二留在土壤中，第二季作物收获后，约有三分之一留在土壤中，第三季收获后，大约还有六分之一，第四季收获后，残留很少，不再考虑其后效。钾肥也有后效，一般在第一季作物收获后，大约有二分之一留在土壤中。一般认为，无机氮肥没有后效。

估算施肥用量的方法很多，如养分平衡法、肥料效应函数法、土壤养分校正系数法、土壤肥力指标法等，具体方法在学习情境十一中介绍。

4.操作过程

土壤施肥是将肥料施于土壤中以满足植物营养需要的施肥方法，主要有撒施、条施、穴施、分层施肥、环状施肥和放射状施肥等。在农作物、蔬菜、果树、花卉等植物进行土壤施肥时候，组织学生进行参观，并进行适当的施肥实践(表 8-19)。

表 8-19　土壤施肥应用

工作环节	操作规程	质量要求
撒施肥料	(1)选择准备种植农作物、蔬菜的地块，耕作前进行有机肥料、化学肥料的施用，多为撒施。 (2)选择种植小麦、水稻等需追肥地块，进行氮肥追肥。如小麦返青期追施尿素，撒施后立即灌水；或水稻追肥，以水带氮施肥	(1)撒施是施用基肥和追肥的一种方法，即把肥料均匀撒于地表，然后翻入土中。 (2)凡是施肥量大的或密植植物如小麦、水稻、蔬菜等封垄后追肥以及根系分布广的植物都可采用撒施法
条施肥料	(1)选择种植棉花的地块，耕作后起垄前条施复合肥料或氮肥、磷肥、钾肥等，然后起垄覆膜。 (2)选择小麦返青期等需进行追肥的地块，采用条施方法追施尿素或碳酸氢铵	(1)开沟条施肥料后覆土。 (2)一般在肥料较少的情况下使用
穴施肥料	(1)选择种植玉米的地块，播种时挖深 5～10 cm 的穴，施用磷酸二氢铵后覆土，然后播种。 (2)选择种植番茄的温室，进行追肥时，先在植株旁挖深 5～10 cm 的穴，施用尿素后覆土	(1)穴施是在播种前把肥料施在播种穴中，而后覆土播种。或在植株旁边挖穴追施肥料。 (2)适用于点播或移栽作物，如玉米、棉花、番茄等；果树、林木多用穴施法
分层施肥	将肥料按不同比例施入土壤的不同层次内	比例适当，用量准确
环状施肥	选择栽植苹果树幼苗的果园，在树冠外围垂直的地面上，挖一环状沟，沟宽 20～30 cm，沟深 20～30 cm，施用有机肥料、复合肥料或氮肥、磷肥、钾肥后覆土踏实	施肥后覆土踏实，来年再施肥时可在第一年施肥沟的外侧再挖沟施肥，以逐年扩大施肥范围

续表 8-19

工作环节	操作规程	质量要求
放射状施肥	选择种植梨树的果园，以树体为中心，在树冠周围等距离挖 4～6 条呈放射状的沟。沟宽 30 cm、沟深 20～30 cm，且要求内浅外深，沟长视树体大小而定，一般树冠外缘内外各占 1/2。沟内施入有机肥料、复合肥料或氮肥、磷肥、钾肥后覆土并灌水	主要适用于主要用于长势强、树龄较大的树。再次施肥时要更换位置，此法较环状施肥伤根少
灌溉施肥	以蔬菜滴灌施肥为例。第一步，起垄栽培，每垄种植两行作物。第二步，铺设滴灌管，在高垄中间铺设滴灌管(带)，埋在地下或覆于膜下。第三步，施肥时将尿素等可溶性化肥溶于施肥罐中，随水施入作物根部。施肥后，再用不含肥料的水滴灌 30 min。第四步，滴灌灌溉时，打开主管道堵头，冲洗 3 min，再将堵头装好。第五步，清洗，灌溉一段时间后，过滤器要打开清洗	把肥料溶解在水里，采用微喷、滴灌等方法，灌溉和施肥同时进行，以减少水、肥料、人工、能源投入，在增产、增收、提高水肥利用率方面效果明显

5. 问题处理

活动结束后，完成以下问题：

生产中不同作物采取的土壤施肥方法也不尽相同。课余时间可调查当地主要作物的土壤施肥情况，以“当地主要作物土壤施肥现状与效果”为题，写一篇 1 000 字的综述。

【师生互动】

1. 当地主要有哪些植物进行根外追肥？常用什么肥料？浓度是多少？
2. 选择当地主要植物类型，调查并讨论植物有哪些典型缺素症状，能否及时进行判断。
3. 调查并讨论当地运用根外营养原理补充植物养分有哪些典型经验。
4. 到当地村庄访问农户，调查当地根部营养施肥方法。
5. 结合当地生产实际，讨论如何提高果树、小麦、蔬菜等作物的根外追肥效果。
6. 选择当地 3 种主要植物，调查其追肥时期、肥料种类及用量。

知识拓展

如果同学们想了解更多的知识，可以通过下面的渠道进行学习：

1. 阅读杂志

(1)《中国土壤与肥料》

(2)《土壤通报》

(3)《植物营养与肥料学报》

2. 浏览网站

(1)中国化肥网(http://www.fert.cn/)

(2)中国肥料信息网(http://www.natesc.gov.cn/)

(3)中肥网农资通(http://vip.ferinfo.com/)

(4)中国有机肥料网(http://yjfl.toocle.com/)

3. 通过本校图书馆借阅有关土壤肥料、土壤养分、植物营养等方面的书籍。

考证提示

获得农业技术员、农作物植保员，以及有关涉农企业的 1+X 证书等职业资格证书，需具备以下知识和能力：

1. 植物必需营养元素的类型与作用；
2. 植物吸收养分的基本原理及应用；
3. 作物典型缺素症及其诊断；
4. 合理施肥的基本原理；
5. 合理施肥的时期、用量、方法；
6. 土壤碱解氮含量、速效磷含量、速效钾含量的测定。

学习情境九　化学肥料与植物生长

【情境创设】

<table>
<tr><td colspan="2">学习情境九　化学肥料与植物生长</td><td>活动一　大量元素肥料的合理施用
活动二　中微量元素肥料的合理施用
活动三　复合(混)肥料的合理施用
活动四　新型水溶肥料的合理施用
活动五　新型肥料的合理施用
活动六　常见化学肥料的真假识别</td></tr>
<tr><td rowspan="3">能力目标</td><td>专业能力</td><td>1.熟练进行氮肥、磷肥、钾肥的合理施用；
2.熟练进行中量元素肥料的合理施用；
3.熟练进行微量元素肥料的合理施用；
4.熟练进行复合(混)肥料的合理施用；
5.熟练进行新型水溶肥料的选择与识别；
6.熟练进行新型肥料的合理施用；
7.能准确、迅速识别常用化学肥料</td></tr>
<tr><td>方法能力</td><td>1.具备获取信息、收集资料的能力；
2.具备制订计划、执行计划的能力；
3.具备自主学习、发现问题、解决问题的能力</td></tr>
<tr><td>社会能力</td><td>1.具备良好的团队协作、配合能力；
2.具备良好的与人沟通、协调能力；
3.具备一定的综合、创新能力</td></tr>
<tr><td>知识目标</td><td colspan="2">1.了解化肥基本知识，熟悉各种常见化学肥料的性质与施用方法；
2.熟悉水溶肥料的施用方法；
3.了解新型肥料的施用方法；
4.了解肥料标识和肥料标准有关知识</td></tr>
<tr><td>思政目标</td><td colspan="2">1.阅读《新时代的中国绿色发展》白皮书，树立绿色生产意识；
2.总结当地主要作物化学肥料施用存在问题，培养化肥减量施用意识</td></tr>
<tr><td>教学条件</td><td colspan="2">多媒体课件、多媒体教室、实验实训室、图书馆、网络</td></tr>
<tr><td>教学方法</td><td colspan="2">课堂讲授、资料查阅、现场训练、课外活动</td></tr>
</table>

考核评价	学习过程考核	计划制订(20%)、师生释疑(10%)、完成任务(50%)、检查评价(20%)
	拓展能力考核	工作态度(20%)、岗位技能(50%)、拓展能力(20%)、团队合作(10%)
考核方式	教师评价(70%)、小组互评(20%)、学生自评(10%)	

活动一　大量元素肥料的合理施用

1.活动目标

知识目标:了解化肥的种类、特点和作用;熟悉各种常见氮肥、磷肥、钾肥的性质与施用方法。

能力目标:熟练进行氮肥、磷肥、钾肥的合理施用。

思政素养:了解当地大量元素肥料施用存在的问题,树立化肥减量施用意识。

2.活动准备

准备尿素、碳酸氢铵、氯化铵、硫酸铵、硝酸铵、硝酸钙等氮肥样品少许。

准备过磷酸钙、重过磷酸钙、钙镁磷肥、钢渣磷肥、脱氟磷肥、偏磷酸钙、沉淀磷肥、磷矿粉、骨粉等磷肥样品少许。

准备硫酸钾、氯化钾、草木灰等常见钾肥样品少许。

通过网站、图书馆等查阅相关书籍、期刊,收集关于氮肥、磷肥和钾肥合理施用的文字资料或图片。

3.相关知识

化学肥料,简称化肥,也称无机肥料,是用化学和(或)物理方法人工制成的含有一种或几种作物生长需要的营养元素的肥料。生产中化学肥料常按其所含元素的多少分为单质肥料(如氮肥,包括尿素、硫酸铵、碳酸氢铵等;磷肥,包括过磷酸钙、磷矿粉、钙镁磷肥等;钾肥,包括氯化钾、硫酸钾等)、复合肥料(如磷酸二氢钾、硝酸钾、磷酸铵等)和微量元素肥料(如硫酸亚铁、硼酸、硫酸锌、硫酸锰、钼酸铵等)。

(1)化学肥料是现代农业的物质支撑　化肥是重要的农业生产资料,是粮食的“粮食”。化肥在促进农业生产发展中起了不可替代的作用,但目前也存在化肥过量施用、盲目施用等问题。

①化肥的特性。相对有机肥料,化学肥料的基本特性主要体现在以下几方面。

第一,化肥来自自然界,供应效率高。在一个 10 hm^2 土地上建立的合成氨厂每天可以生产 3 000 吨 N,一年能够满足千万亩农田维持亩产 400～500 kg 的产量,比传统生物固氮效率提高约 100 万倍。化肥让农田从培肥-生产的长周期转变为连续生产的短周期,极大地提高了农田产出效率。

第二,化肥养分浓度高,肥力大,降低了劳动强度。化肥中养分含量一般超过 40%,是传统有机肥的 10 倍以上。传统农业收集、堆沤、运输、施用有机肥需要花费几个月的时间。化肥将农户从繁重的肥料收集、堆沤等劳动中解放出来,极大地提高了农民的劳动生产效率。

第三,化肥肥效快,有利于作物及时吸收。化肥中的养分主要是无机态的,不需要经过微生物转化分解，施入土壤中后会迅速被作物根系吸收。例如，化学氮肥施入土壤后一般 3～15 d就会完全释放，在植物生长旺盛阶段可以迅速满足作物需要。化肥还可以通过灌溉，甚至可以通过叶面喷施的方式施用，极大地提高了作物的养分吸收效率。

第四，化肥本身是无害的。化肥中养分含量高、杂质含量低。例如，尿素中含有 46%的氮素，氮是作物所需要的营养元素，其余的主要是 CO_2，施用到土壤中后会再次释放回到大气中，是无害的。其他的磷肥、钾肥以及中微量元素都是从矿物中提取出来的，基本成分也都是无害的。

第五，化肥是人们吃饱、吃好、吃得健康的重要保障。联合国粮食及农业组织(FAO)统计，20 世纪 60 年代至 80 年代，发展中国家通过施肥提高粮食作物单产 55%～57%，而化肥对于中国来说，意义更加重大。中国粮食产量的一半来自化肥，科学家研究证明，不施化肥和施用化肥的作物单产相差 55%～65%。化肥极大地丰富了农业生产系统中的养分供应，为生产更多人类所需的蛋白、能量、矿物质提供了基础。

第六，化肥提高了土壤肥力。化肥施用可以增加农作物生物量，提高地表覆盖度，减少水土流失。土壤本身也是一个碳汇，可以储存人类活动产生的温室气体，减轻工业化带来的负面影响。此外，通过施用化肥提高作物单产，为城市建设、交通、工业和商业发展提供了广阔的土地空间。

②化肥施用存在的问题。我国是化肥生产和使用大国。当前我国化肥施用存在四个方面的问题：

第一，亩均施用量偏高。我国农作物亩均化肥用量 21.9 kg，远高于世界平均水平(每亩 8 kg)。

第二，施肥不均衡现象突出。东部经济发达地区、长江下游地区和城市郊区施肥量偏高，蔬菜、果树等附加值较高的经济园艺作物过量施肥比较普遍。

第三，有机肥资源利用率低。目前，我国有机肥资源总养分 7 000 多万吨，实际利用率不足 40%。其中，畜禽粪便养分还田率为 50%左右，农作物秸秆养分还田率为 35%左右。

第四，施肥结构不平衡。重化肥、轻有机肥，重大量元素肥料、轻中微量元素肥料，重氮肥、轻磷钾肥的“三重三轻”问题突出。传统人工施肥方式仍然占主导地位，化肥撒施、表施现象比较普遍，机械施肥面积仅占主要农作物种植面积的 30%左右。

(2)常见氮肥的性质与施用 氮肥按氮素化合物的形态可分为铵态氮肥、硝态氮肥和酰胺态氮肥等类型。常见的氮肥品种主要有碳酸氢铵、尿素、氯化铵、硫酸铵、硝酸铵等，其性质、施用及注意事项见表 9-1。

表 9-1 常见氮肥的性质、施用及注意事项

肥料名称	基本性质	施用技术	适用作物与注意事项
碳酸氢铵	简称碳铵，含氮 16.5%～17.5%。白色或微灰色，呈粒状、板状或柱状结晶。易溶于水，化学碱性，容易吸湿结块、挥发，有强烈的刺激性臭味	适于作基肥，也可作追肥，但要深施。旱地作基肥每公顷用碳酸氢铵 450～750 kg，作追肥每公顷用碳酸氢铵 300～600 kg。稻田作基肥每公顷用碳酸氢铵 450～600 kg，作叶面肥每公顷用碳酸氢铵 150～300 kg，作追肥每公顷用碳酸氢铵 450～600 kg	碳酸氢铵是生理中性肥料，适用于各类农作物和各种土壤。碳酸氢铵养分含量低，化学性质不稳定，温度稍高易分解挥发损失。产生的氨气对种子和叶片有腐蚀作用，故不宜作种肥和叶面施肥

续表 9-1

肥料名称	基本性质	施用技术	适用作物与注意事项
尿素	含氮 45%～46%。尿素为白色或浅黄色结晶体，无味无臭，稍有清凉感；易溶于水，水溶液呈中性反应。尿素吸湿性强。肥料级尿素吸湿性明显下降。尿素是生理中性肥料，在土壤中不残留任何有害物质，长期施用没有不良影响	尿素适于作基肥和追肥，也可作种肥。北方小麦基肥用量一般每公顷为 225～300 kg，水田每公顷用量为 225～300 kg。尿素最好不要作种肥。作追肥每公顷用尿素 150～225 kg。旱作农作物可采用沟施或穴施，施肥深度 7～10 cm，施后覆土。水田追肥可采用“以水带氮”深施法。尿素最适宜作根外追肥，一般稻、麦喷施尿素质量分数为 1.5%～2.0%，甘薯、花生喷施尿素质量分数为 0.4%～0.8%	尿素是生理中性肥料，适用于各类农作物和各种土壤。尿素中缩二脲含量超过 1%时不能作种肥、苗肥和叶面肥。尿素易随水流失，水田施尿素时应注意不要灌水太多，并应结合耘田使之与土壤混合，减少尿素流失。尿素作追肥时应提前 4～8 d 施用
硫酸铵	简称硫铵，又称肥田粉，含氮 20%～21%。纯品为白色，因含有杂质，有时呈淡灰、淡绿或淡棕色，吸湿性小，但易受潮结块，故贮存和运输过程中应当注意保持干燥。易溶于水，肥效快。生理酸性肥料	宜作种肥、基肥和追肥。作基肥应当深施覆土；作追肥时，沙土田少量多次，黏土田可减少次数；旱季施用最好结合灌水，水田施用可结合耘田，并应适当排水晒田	适于各种植物尤其是油菜、马铃薯、葱、蒜等喜硫植物。一般用在中性或碱性土壤，酸性土壤谨慎施用。在酸性土壤中长期施用，应配施石灰和钙镁磷肥，以防土壤酸化。水田不宜长期大量施用，以防 H_2S 中毒
氯化铵	简称氯铵，含氮 24%～25%。纯品白色或略带黄色，外观似食盐。其吸湿性比硫酸铵略大。易溶于水，肥效快	可作基肥、追肥，不宜作种肥。作基肥应早施，施后灌水；于石灰性土壤作追肥应深施覆土	适宜禾谷类作物、纤维类作物，不宜在忌氯作物上施用。一般用在中性或碱性土壤，酸性土壤谨慎施用。酸性土壤施用最好配合石灰或有机肥
硝酸铵	简称硝铵，含氮量 34%～35%。白色或浅黄色结晶，有颗粒和粉末状。粉末状硝酸铵，吸湿性强，易结块。颗粒状硝酸铵吸湿性小。易溶于水，易燃烧和爆炸，生理中性肥料	适于作追肥，不宜作种肥和基肥。硝酸铵特别适宜在北方旱地作追肥施用，每公顷可施 150～225 kg。没有浇水的旱地，应开沟或挖穴施用；水浇地施用后，浇水量不宜过大。雨季应采用少量多次方式施用	一般不建议用于稻田。贮存时要防燃烧、爆炸、防潮。在水田中施用效果差，不宜与未腐熟的有机肥混合施用

(3)常见磷肥的性质与施用 按其所含磷酸盐溶解度不同可分为三种类型：一是水溶性磷肥，主要有过磷酸钙和重过磷酸钙等，所含的磷易被植物吸收利用，肥效快，是速效性磷肥。二是枸溶性磷肥，主要有钙镁磷肥、钢渣磷肥、脱氟磷肥、沉淀磷肥和偏磷酸钙等。其肥效较水溶性磷肥要慢。三是难溶性磷肥，主要有磷矿粉、骨粉和磷质海鸟粪等。肥效迟缓而长，为迟效性磷肥。生产中常见的磷肥主要有过磷酸钙、重高磷酸钙和钙镁磷肥等，其性质、施用及注意

事项见表 9-2。

表 9-2 常见磷肥的性质、施用及注意事项

肥料名称	基本性质	施用技术	注意事项
过磷酸钙	主要成分为磷酸一钙和硫酸钙的复合物，其有效磷（P_2O_5）含量为 14%～20%。深灰色、灰白色或淡黄色等粉状物，或制成粒径为 2～4 mm 的颗粒。其水溶液呈酸性，具有腐蚀性，易吸湿结块。贮运过程中要注意防潮	可以作基肥、种肥和追肥，具体施用方法为：旱地以条施、穴施、沟施的效果好，水稻采用塞秧根和蘸秧根。可与有机肥料混合施用，酸性土壤配施石灰。根外追肥质量分数为：水稻、大麦、小麦 1%～2%；棉花、油菜 0.5%～1%	过磷酸钙适宜各种农作物及大多数土壤。过磷酸钙不宜与碱性肥料混用
重过磷酸钙	也称三料磷肥，简称重钙，含磷（P_2O_5）42%～45%。一般为深灰色颗粒或粉状，性质与过磷酸钙类似。粉末状重钙易吸潮、结块；含游离磷酸 4%～8%，呈酸性，腐蚀性强	宜作基肥、追肥和种肥，施用量比过磷酸钙减少一半以上，施用方法同过磷酸钙	适用于各种土壤和植物，但在喜硫作物上施用效果不如过磷酸钙
钙镁磷肥	有效磷（P_2O_5）为 14%～20%。黑绿色、灰绿色粉末，不溶于水，溶于弱酸，物理性状好，呈碱性	多作基肥，施用时要深施、均匀；在酸性土壤上也可作种肥或蘸秧根；与有机肥料混施有较好的效果	适宜各种作物和缺磷的酸性土壤，特别是南方酸性红壤；不能与酸性肥料混用，要与普钙、氮肥分开施用

（4）常见钾肥的性质与施用 生产上常见的钾肥主要有硫酸钾、氯化钾和草木灰等，其性质、施用及注意事项见表 9-3。

表 9-3 常见钾肥的性质、施用及注意事项

肥料名称	基本性质	施用技术	注意事项
硫酸钾	含钾（K_2O）48%～52%。一般呈白色或淡黄色结晶，易溶于水，物理性状好，不易吸湿结块，是化学中性、生理酸性肥料	可作基肥、追肥、种肥和根外追肥。旱田作基肥，应深施覆土，减少钾的固定；作追肥时，应集中条施或穴施到农作物根系较密集的土层；作种肥时，一般每公顷用量 15～22.5 kg。叶面施用时配成 2%～3% 的溶液喷施	适宜各种农作物和土壤，对忌氯作物和喜硫作物（油菜、大蒜等）有较好的效果；酸性土壤、水田上应与有机肥、石灰配合施用，不宜在通气不良的土壤上施用

续表 9-3

肥料名称	基本性质	施用技术	注意事项
氯化钾	含钾(K_2O)50%～60%。一般呈白色、粉红色或淡黄色结晶，易溶于水，物理性状良好，不易吸湿结块，水溶液呈化学中性，属于生理酸性肥料	宜作基肥深施，作追肥要早施，不宜作种肥。作基肥通常要在播种前 10～15 d，结合耕地施入；作早期追肥，一般要求在农作物苗长大后再施	适于大多数作物和土壤，但忌氯植物不宜施用，如茶树、马铃薯、甘薯、甜菜等，幼苗或幼龄期更要少用或不用；盐碱地不宜施用
草木灰	草木灰的成分复杂，含有钾、钙、磷、镁和各种微量元素，含钾(K_2O)5%～15%。不同植物灰分中磷、钾、钙等含量各不相同。草木灰中的钾，以 K_2CO_3 为主，K_2SO_4 次之，KCl 少量，都溶于水，贮存时应防雨淋。颜色灰白至灰黑色。它的水溶液呈碱性，是一种碱性肥料	可作基肥、种肥和追肥，也可用于拌种、盖种或根外追肥。作基肥可沟施或穴施，每公顷用量 750～1025 kg，用湿土拌和均匀，防止被风吹散。作追肥条施或穴施，也可用 1% 草木灰浸出液进行根外喷施	适用于各种作物，尤其是喜钾和忌氯作物，如棉花、蔬菜及烟草、马铃薯等。草木灰不能与铵态氮肥、磷肥、腐熟的有机肥料混合施用，也不宜与人粪尿混存，以免造成氮素损失

4.操作过程

(1)氮肥合理施用 根据当地土壤碱解氮含量测定结果，完成表 9-4 操作。

表 9-4 氮肥的合理施用技术

工作环节	操作规程	质量要求
当地土壤碱解氮含量测定	根据当地土壤类型和植物种植规划，通过采集耕层土样，分析土壤碱解氮含量，评价土壤氮素养分状况，为确定氮肥施用量提供依据	参加土壤样品采集，了解土壤碱解氮含量测定的质量要求
当地常见氮肥的性质与施用要点认识	常见氮肥的种类主要有尿素、碳酸氢铵、氯化铵、硫酸铵、硝酸铵、硝酸钙等。根据当地生产中常用的氮肥品种，抽取样品，熟悉它们的性质和施用要点	要求能准确认识当地常见氮肥品种，并熟悉其含量、化学成分、主要性质和施用要点
根据气候条件合理分配和施用氮肥	(1)氮肥分配上，北方以分配硝态氮肥适宜；南方则应分配铵态氮肥。 (2)施用时，硝态氮肥尽可能施在旱作土壤上，铵态氮肥施于水田	北方干旱少雨，南方气候湿润，因此北方氮肥易挥发损失，南方氮肥易淋溶和反硝化损失
根据植物特性确定施肥量和施肥时期	(1)根据植物种类施用。豆科植物一般只需在生长初期施用一些氮肥；淀粉和糖料植物一般在生长初期需要氮素充足供应；蔬菜则需多次补充氮肥，使得氮素均匀地供给蔬菜。 (2)根据品种特性施用。同一植物的不同品种需氮量也不同，如杂交稻及矮秆水稻品种需氮较常规稻、籼稻和高秆水稻品种多。 (3)根据植物对肥料特殊要求施用。马铃薯最好施用硫酸铵；麻类植物喜硝态氮；甜菜以硝酸钠最好；番茄在苗期以铵态氮较好，结果期以硝态氮较好	(1)叶菜类如大白菜、甘蓝和以叶为收获物的植物需氮较多；禾谷类植物需氮次之；豆科植物能共生固氮。 (2)同一品种植物不同生长期需氮量也不同，一般在生长盛期需要量大

续表 9-4

工作环节	操作规程	质量要求
根据土壤特性施用不同的氮肥品种和控制施肥量	(1)根据土壤质地施用。沙土、沙壤土施氮肥应该少量多次;轻壤土、中壤土可适当多施一些氮肥;黏土可减少施肥次数。 (2)根据土壤酸碱性施用。碱性土壤施用铵态氮肥应深施覆土;酸性土壤宜选择生理碱性肥料或碱性肥料,如施用生理酸性肥料应结合有机肥料和石灰	沙土、沙壤土保肥性能差,氨的挥发比较严重;轻壤土、中壤土有一定的保肥性能;黏土的保肥、供肥性能强
根据氮肥特性合理分配与施用	(1)各种铵态氮肥如氨水、碳酸氢铵、硫酸铵、氯化铵可作基肥,深施覆土;硝态氮肥如硝酸铵宜作旱田追肥;尿素适宜于一切植物和土壤。尿素、碳酸氢铵、氨水、硝酸铵等不宜作种肥,而硫酸铵等可作种肥。 (2)硫酸铵可施用到缺硫土壤和需硫植物上,如大豆、菜豆、花生、烟草等;氯化铵忌施在烟草、茶、西瓜、甜菜、葡萄等植物上,但可施在纤维类植物上,如麻类植物;尿素适宜作根外追肥。 (3)铵态氮肥要深施。氮肥深施的深度以植物根系集中分布范围为宜,如水稻以 10 cm 为宜	氮肥深施能增强土壤对 NH_4^+ 的吸附作用,可以减少氨的直接挥发,随水流失以及反硝化脱氮损失,提高氮肥利用率和增产。氮肥深施还具有前缓、中稳、后长的供肥特点,其肥效长达 60~80 d,能保证植物生长后期对养分的需要。深施有利于促进根系发育,增强植物对养分的吸收能力
氮肥与有机肥料、磷肥、钾肥配合施用	(1)氮肥与有机肥、磷肥、钾肥配合施用,既可满足植物对养分的全面需要,又能培肥土壤,使之供肥平稳,提高氮肥利用率。 (2)应注意微量元素肥料的适当补充	我国土壤普遍缺氮,长期大量的氮肥投入,而磷、钾肥的施用相对不足,造成植物养分供应不均匀
加强水肥综合管理,提高氮肥利用率	(1)水田实施“无水层混施法”(施用基肥)和“以水带氮法”(施用追肥)等水稻节氮水肥综合管理技术。 (2)旱作撒施氮肥随即灌水,有利于降低氮素损失,提高氮肥利用率。如河南省在小麦返青时,撒施尿素或碳酸氢铵,随即灌水	(1)水稻节氮水肥综合管理技术较传统施用法可提高氮肥利用率 12%、增产 11%。 (2)撒施氮肥随即灌水,氮素损失降低 7%,其增产效果接近于深施
施用长效肥料、脲酶抑制剂和硝化抑制剂	(1)推广缓释氮肥、长效氮肥。如脲甲醛、丁烯叉二脲、异丁叉二脲、草酰胺、硫衣尿素、涂层尿素、长效碳酸氢铵等。 (2)施用脲酶抑制剂、硝化抑制剂	(1)施用长效氮肥,有利于植物的缓慢吸收,减少氮素损失和生物固定,降低施用成本。 (2) 施用脲酶抑制剂,可抑制尿素的水解,减少氨的挥发损失。硝化抑制剂的作用是抑制硝化细菌,防止铵态氮向硝态氮转化

(2)磷肥合理施用 根据当地土壤速效磷含量,完成表 9-5 操作。

表 9-5 磷肥的合理施用技术

工作环节	操作规程	质量要求
当地土壤速效磷含量测定	根据当地土壤类型和植物种植规划，通过采集耕层土样，分析土壤速效磷含量，评价土壤磷素养分状况，为确定磷肥施用量提供依据	参加土壤样品采集，了解土壤速效磷含量测定的质量要求
当地常见磷肥的性质与施用要点认识	常见磷肥的种类主要有：过磷酸钙、重过磷酸钙、钙镁磷肥、钢渣磷肥、脱氟磷肥、偏磷酸钙、沉淀磷肥、磷矿粉、骨粉等。根据当地生产中常用的磷肥品种，抽取样品，熟悉它们的性质和施用要点	要求能准确认识当地常见磷肥品种，并熟悉其含量、化学成分、主要性质和施用要点
根据植物特性和轮作制度合理施用磷肥	(1)根据植物种类。油菜、荞麦、肥田萝卜、番茄、豆科植物等施用量大些，可用弱酸溶性磷肥；马铃薯、甘薯等施水溶性磷肥最好。 (2)根据植物吸磷特性。磷肥要早施，一般作底肥深施于土壤中，而后期可通过叶面喷施进行补充。 (3)根据轮作方式。水旱轮作如油-稻、麦-稻轮作中，应本着“旱重水轻”原则分配和施用磷肥。旱地轮作中应本着越冬植物重施、多施；越夏植物早施、巧施原则分配和施用磷肥	(1)不同植物对磷的敏感程度为：豆科和绿肥植物＞糖料植物＞小麦＞棉花＞杂粮(玉米、高粱、谷子)＞早稻＞晚稻。 (2)磷肥具有后效，在轮作周期中，不需要每季都施用磷肥，而应当重点施在最能发挥磷肥效果的茬口上
根据土壤条件合理分配与施用	(1)土壤供磷水平。缺磷土壤要优先施用、足量施用，中度缺磷土壤要适量施用、看苗施用；含磷丰富的土壤要少施、巧施磷肥。 (2)土壤有机质含量。有机质含量高(＞25 g/kg)的土壤，适当少施磷肥，有机质含量低的土壤，适当多施。 (3)土壤酸碱性。酸性土壤可施用碱性磷肥和枸溶性磷肥，石灰性土壤优先施用酸性磷肥和水溶性磷肥	(1)土壤 pH 在 5.5 以下土壤有效磷含量低，pH 在 6.0～7.5，有效磷含量高，pH＞7.5 时有效磷含量又变低。 (2)边远山区多分配和施用高浓度磷肥，城镇附近多分配和施用低浓度磷肥
根据磷肥特性合理分配与施用	(1)普钙、重钙等为水溶性、酸性速效磷肥，适用于大多数植物和土壤，但在石灰性土壤上更适宜，可作基肥、种肥和追肥集中施用。 (2)钙镁磷肥、脱氟磷肥、钢渣磷肥、偏磷酸钙等呈碱性，作基肥最好施在酸性土壤上。 (3)磷矿粉和骨粉最好作基肥施在酸性土壤上	由于磷在土壤中移动性小，宜将磷肥施在活动根层的土壤中；为了满足植物不同生育期对磷的需要，最好采用分层施用和全层施用

续表 9-5

工作环节	操作规程	质量要求
与其他肥料配合施用	(1)与氮肥、钾肥配合施用；在酸性土壤和缺乏微量元素的土壤上，还需要增施石灰和微量元素肥料。 (2)磷肥与有机肥料混合或堆沤施用，可减少土壤对磷的固定作用，促进弱酸溶性磷肥溶解，防止氮素损失，起到“以磷保氮”的作用	只有在协调氮、钾平衡的基础上，合理配施磷肥，才能有明显的增产效果。如小麦，氮、磷、钾配比为 1∶0.4∶0.6，甘蓝为 1∶0.3∶0.3，大麦为 3∶1∶1
合理施用方法	(1)采用条施、穴施、沟施、塞秧根、蘸秧根等集中施用方法。 (2)分层施用、根外追肥也是经济有效的施用磷肥的方法之一。 (3)制成颗粒磷肥。颗粒直径以 3～5 mm 为宜，易于机械化施肥。但密植植物、根系发达植物还是用粉状过磷酸钙好	(1)磷肥应深施于根系密集分布的土层中。 (2)分层施用：2/3 磷肥作基肥深施，其余 1/3 在种植时作叶面肥或种肥施于表层土壤中

(3)钾肥合理施用　根据当地土壤速效钾含量状况，完成表 9-6 操作。

表 9-6　钾肥的合理施用技术

工作环节	操作规程	质量要求
当地土壤速效钾含量测定	根据当地土壤类型和植物种植规划，通过采集耕层土样，分析土壤速效钾含量，评价土壤钾素养分状况，为确定钾肥施用量提供依据	参加土壤样品采集，了解土壤速效钾含量测定的质量要求
当地常见钾肥的性质与施用要点认识	根据当地生产中常用的钾肥品种，抽取样品，熟悉它们的性质和施用要点	能准确认识当地常见钾肥品种，并熟悉其含量、化学成分、主要性质和施用要点
根据土壤条件合理施用钾肥	(1)土壤供钾水平。钾肥应优先施用在缺钾地区和土壤上。土壤速效钾含量小于 80 mg/kg 时应施用钾肥。 (2)土壤质地。质地较黏的土壤钾肥用量应适当增加。沙质土壤上应掌握分次、适量的施肥原则，而且应优先分配和施用在缺钾的沙质土壤上。 (3)土壤水分。干旱地区和土壤，钾肥施用量适当增加。水田、盐土、酸性强的土壤、应适当增加钾肥用量	(1)植物对钾肥的反应首先取决于土壤供钾水平，钾肥的增产效果与土壤供钾水平呈负相关(表 9-7)。 (2)盐碱地应避免施用大量氯化钾，酸性土壤施硫酸钾更好些

续表 9-6

工作环节	操作规程	质量要求
根据植物特性合理施用钾肥	(1)植物种类。钾肥应优先施用在需钾量大的喜钾植物上，而禾谷类植物及禾本科牧草等植物施用钾肥效果不明显。 (2)植物生育期。一般植物苗期对钾较为敏感。但棉花需钾量最大在现蕾至成熟阶段，葡萄则在浆果着色初期。 (3)轮作方式。在绿肥-稻-稻轮作中，钾肥应施到绿肥上；在双季稻和麦-稻轮作中，钾肥应施在后季稻和小麦上；在麦-棉、麦-玉米、麦-花生轮作中，钾肥应重点施在夏季植物(棉花、玉米、花生等)上	(1)喜钾植物主要是：油料植物、薯类植物、糖料植物、棉麻植物、豆科植物以及烟草、果、茶、桑等植物。 (2)水稻矮秆高产品种比高秆品种对钾的反应敏感，粳稻比籼稻敏感，杂交稻优于常规稻。 (3)轮作中钾肥应施用在最需要钾的植物上
采用合理施用方法	(1)钾肥只有在充足供给氮、磷养分的基础上才能更好地发挥作用。因此要与有机肥、氮肥、磷肥配合施用。 (2)钾肥宜深施、早施和相对集中施。施用时掌握重施基肥，看苗早施追肥的原则。对保肥性差的土壤，钾肥应基、追肥兼施和看苗分次追肥。宽行植物(玉米、棉花等)采用条施或穴施都比撒施效果好；而密植植物(小麦、水稻等)采用撒施效果较好	在一定氮肥用量范围内，钾肥肥效随氮肥施用水平提高而提高；磷肥供应不足，钾肥肥效常受影响。有机肥施用量高时会降低钾肥的肥效

表 9-7　土壤供钾水平与钾肥肥效

级别	土壤速效钾/(mg/kg)	肥效反应	每千克 K_2O 增产量/kg	建议每公顷用钾肥量/kg
严重缺钾	<40	极显著	>8	75～120
缺钾	40～80	较显著	5～8	75
含钾中等	80～130	不稳定	3～5	<75
含钾偏高	130～180	很差	<3	不施或少施
含钾丰富	>180	不显效	不增产	不施

5. 问题处理

活动结束后，完成以下问题：

(1)调查当地主要施用哪些氮肥、磷肥、钾肥，存在什么问题，有哪些典型经验。

(2)走访当地农业技术专家、有经验的农户或种植大户，总结当地氮肥、磷肥和钾肥的合理施用技术。

(3)查阅网络、图书，总结常见氮肥、磷肥和钾肥施用要点。

活动二　中微量元素肥料的合理施用

1.活动目标

知识目标:熟悉各种常见中微量元素肥料的性质与施用方法。

能力目标:熟练进行中微量元素肥料的合理施用。

思政素养:了解当地中微量元素肥料施用存在的问题,树立化肥减量施用意识。

2.活动准备

将全班按2人一组分为若干组,每组准备以下材料和用具:石灰、硫酸镁、石膏、硼砂、硼酸、硫酸锌、钼酸铵、硫酸锰、硫酸亚铁、硫酸铜等常见微量元素肥料样品少许。

3.相关知识

(1)中量元素肥料合理施用　在作物生长过程中,需要量仅次于氮、磷、钾,但比微量元素肥料需要量大的营养元素肥料称为中量元素肥料。目前在温室蔬菜生产上已大量施用,主要是含钙、镁、硫等元素的肥料。常用的主要有石膏、石灰、硫酸镁等(表9-8)。

表9-8　常见中量元素肥料的性质、施用及注意事项

肥料名称	基本性质	施用技术	注意事项
石灰	(1)生石灰,主要成分为氧化钙。多为白色粉末或块状,呈强碱性,具吸水性,与水反应产生高热,并转化成粒状的熟石灰。 (2)熟石灰,又称消石灰,主要成分为氢氧化钙。多为白色粉末,溶解度大于石灰石粉,呈碱性反应。施用时不产生热,是常用的石灰。中和土壤酸度能力也很强。 (3)碳酸石灰,主要成分为碳酸钙,由石灰石、白云石或贝壳类磨碎而成的粉末。不易溶于水,但溶于酸,中和土壤酸度能力缓慢而持久	(1)作基肥。在整地时将石灰与农家肥一起施入土壤,也可结合绿肥压青和稻草还田进行。水稻秧田每公顷施熟石灰225～375 kg,本田750～1 500 kg;旱地750～1050 kg。如用于改土,可适当增加用量,每公顷2 250～3 750 kg。在缺钙土壤上种植大豆、花生、块根作物等喜钙作物,每公顷施用石灰225～375 kg,沟施或穴施;白菜、甘薯可在幼苗移栽时用石灰与农家肥混匀穴施。 (2)作追肥。水稻一般在分蘖和幼穗分化期结合中耕每公顷追施石灰375 kg;旱地在作物生育前期可每公顷条施或穴施225 kg左右	适宜酸性土壤和酸性土壤上种植的大多数作物,特别是喜钙作物。石灰施用要注意不应过量,否则会降低土壤肥力,引起土壤板结。石灰还要施用均匀,否则会造成局部土壤石灰过多,影响作物生长。石灰不能与氮、磷、钾、微肥等一起混合施用,一般先施石灰,几天后再施其他肥料。石灰肥料有后效,一般隔3～5年施用一次
硫酸镁	七水硫酸镁($MgSO_4 \cdot 7H_2O$),易溶于水,稍有吸湿性,吸湿后会结块。水溶液为中性,属生理酸性肥料。目前,80%以上用作农肥。	可作基肥、追肥和叶面追肥施用。作基肥、追肥时与铵态氮肥、钾肥、磷肥以及有机肥料混合施用有较好效果。作基肥、追肥时每公顷用量150～225 kg为宜。作叶面追肥喷施时质量分数为1%～2%,一般在苗期喷施效果较好	硫酸镁是一种双养分优质肥料,硫、镁均为作物的中量元素,不仅可以增加作物产量,而且可以改善果实的品质

续表 9-8

肥料名称	基本性质	施用技术	注意事项
石膏	(1)生石膏,即普通石膏,俗称白石膏,主要成分是二水硫酸钙,它由石膏矿直接粉碎而成。呈粉末状,微溶于水,粒细有利于溶解,改土效果也好,通常以过60目筛为宜。 (2)熟石膏,又称雪花石膏,主要成分是半水硫酸钙,由生石膏加热脱水而成。吸湿性强,吸水后又变成生石膏,物理性质变差,施用不便,宜储存在干燥处。 (3)磷石膏,主要成分是 $CaSO_4 \cdot Ca_3(PO_4)_2$,是硫酸分解磷矿石制取磷酸后的残渣,是生产磷酸铵的副产品。其成分因产地而异,一般含硫(S)11.9%、五氧化二磷 2%左右	作为肥料施用,一般水田可结合耕作施用或栽秧后撒施,每公顷用量 75～150 kg 为宜;塞秧根每公顷用量 37.5 kg;作基肥或追肥每公顷用量 75～150 kg 为宜。 旱地作基肥撒施于土表,再结合翻耕,也可条施或穴施,一般基肥用量每公顷 225～375 kg 为宜,种肥每公顷用量 60～75 kg 为宜。花生可在果针入土后 15～30 d 施用石膏,每公顷用量 225～375 kg	石膏主要用于碱性土壤改良或缺钙的沙质土壤、红壤、砖红壤等酸性土壤。施用量要合适,过量施用会降低硼、锌等微量元素的有效性。要配合有机肥料施用,还要考虑钙与其他营养离子间的相互平衡

(2)微量元素肥料合理施用 对于作物来说,含量(按干重计)在 0.2～200 mg/kg 的必需营养元素称为微量营养元素。主要有锌、硼、锰、钼、铜、铁、氯 7 种,由于氯在自然界中比较丰富,未发现作物缺氯症状,一般不用作肥料施入。常见微量元素肥料的性质、施用可参考表 9-9。

表 9-9 常见微量元素肥料的性质、施用及注意事项

肥料名称	基本性质	施用技术	注意事项
硼肥	(1)硼酸,化学分子式 H_3BO_3。外观呈白色结晶,含硼(B)17.5%,冷水中溶解度较低,热水中较易溶解,水溶液呈微酸性。硼酸为速溶性硼肥。 (2)硼砂,化学分子式 $Na_2B_4O_7 \cdot 10H_2O$。外观为白色或无色结晶,含硼(B)11.3%,冷水中溶解度较低,热水中较易溶解	(1)作基肥,一般每公顷施用 7.5～22.5 kg 硼酸或硼砂,一定要施的均匀,防止浓度过高而引起中毒。 (2)作追肥,可在作物苗期每公顷用 7.5 kg 硼酸或硼砂拌干细土 150～225 kg,在离苗 7～10 cm 处开沟或挖穴施入。 (3)作根外追肥,每公顷可用 0.1%～0.2%硼砂或硼酸溶液 750～1125 kg,在作物苗期和由营养生长转入生殖生长时各喷一次	对缺硼最敏感的经济作物有甜菜、油菜;需硼较多的经济作物有棉花等。硼肥当季利用率为 2%～20%,具有后效,施用后可持续 3～5 年不施;轮作中,硼肥尽量用于需硼较多的作物,需硼较少的作物利用后效;条施或撒施不均匀、喷洒浓度过大都有可能产生毒害,应慎重对待

续表 9-9

肥料名称	基本性质	施用技术	注意事项
硫酸锌	一般指七水硫酸锌，俗称皓矾，化学分子式 $ZnSO_4 \cdot 7H_2O$，锌(Zn)质量分数 20%～30%。无色斜方晶体，易溶于水。在干燥环境下会失去结晶水变成白色粉末	(1)作基肥，每公顷施用 15～30 kg 硫酸锌，可与生理酸性肥料混合施用。轻度缺锌地块隔 1～2 年再行施用，中度缺锌地块隔年或于翌年减量施用。 (2)作根外追肥，一般作物喷施质量分数为 0.02%～0.1%的硫酸锌溶液。 (3)作种肥，主要采用浸种或拌种方法，浸种用硫酸锌质量分数为 0.02%～0.05%，浸种 12 h，阴干后播种。拌种时每千克种子用 2～6 g 硫酸锌	对锌敏感的经济作物有果树、甜菜、亚麻、棉花等。作基肥每公顷施用量不要超过 30 kg，喷施浓度不要过高，否则会引起毒害。锌肥不能与碱性肥料、碱性农药混合，否则会降低肥效。锌肥有后效，不需要连年施用，一般隔年施用效果好
硫酸亚铁	又称黑矾、绿矾，化学分子式 $FeSO_4 \cdot 7H_2O$，含铁(Fe)19%～20%，外观为浅绿色或蓝绿色结晶，易溶于水，有一定吸湿性。硫酸亚铁性质不稳定，极易被空气中的氧氧化成棕红色的硫酸铁，因此硫酸亚铁要放置于不透光的密闭容器中，并置于阴凉处存放	(1)作基肥，一般施用硫酸亚铁，每公顷用 22.5～45 kg。 (2)根外追肥，一般选用硫酸亚铁或螯合铁等，一般经济作物喷施浓度为 0.2%～1.0%，每隔 7～10 d 喷 1 次，连喷 3～4 次	对铁敏感的经济作物有大豆、甜菜、花生等。石灰性土壤易发生缺铁失绿症；铁肥在土壤中易转化为无效铁，其后效弱，需要连年施用
硫酸锰	有一水硫酸锰和四水硫酸锰两种，化学分子式分别为 $MnSO_4 \cdot H_2O$、$MnSO_4 \cdot 4H_2O$，含锰(Mn)分别为 31%和 24%，都易溶于水。外观为淡玫瑰红色细小晶体，是目前常用的锰肥，速效	(1)作基肥，一般每公顷用硫酸锰 30～60 kg。 (2)叶面喷施用 0.1%～0.3%硫酸锰溶液在作物不同生长阶段 1 次或多次进行。 (3)种子处理，一般采用浸种，用 0.1%硫酸锰溶液浸种 12～48 h，豆类也可采用拌种，每千克种子用 2～6 g 硫酸锰，以少量水溶解后进行拌种	对锰高度敏感的经济作物有大豆、花生；中度敏感的经济作物有亚麻、棉花等。锰肥应在施足基肥和氮肥、磷肥、钾肥等基础上施用。锰肥后效较差，一般隔年施用
硫酸铜	最常用的是五水硫酸铜，俗称胆矾、铜矾、蓝矾。化学分子式 $CuSO_4 \cdot 5H_2O$，含铜 25%～35%。深蓝色块状结晶或蓝色粉末。有毒、无臭，带金属味。蓝矾常温下不潮解，于干燥空气中风化脱水为白色粉末。能溶于水、醇、甘油及氨液，水溶液呈酸性	(1)作基肥，每公顷用量 3～15 kg，可与细土混合均匀后撒施、条施、穴施。 (2)作种肥，拌种时每千克种子用 0.2～1 g 硫酸铜。浸种时质量分数为 0.01%～0.05%，浸泡 24 h 后捞出阴干即可播种。 (3)叶面喷施，采用 0.1%硫酸铜溶液。叶面喷施时质量分数为 0.02%～0.1%，一般在作物苗期或开花前喷施，每公顷喷液量 750～1125 kg	对铜敏感的经济作物有烟草等。土壤施铜具有明显的长期后效，其后效可维持 6～8 年甚至 12 年，依据施用量与土壤性质，一般每 4～5 年施用 1 次

续表 9-9

肥料名称	基本性质	施用技术	注意事项
钼酸铵	钼酸铵，化学分子式 $(NH_4)_6Mo_7O_{24}\cdot 4H_2O$，含钼 50%～54%。无色或浅黄色，棱形结晶，溶于水、强酸及强碱中，不溶于醇、丙酮。在空气中易风化失去结晶水和部分氨，高温分解形成三氧化钼	(1)作基肥，在播种前每公顷用 150～750 g 钼酸铵与常量元素肥料混合施用，条施或穴施。 (2)作种肥，拌种，每千克种子用 2～6 g 钼酸铵；浸种，质量分数 0.05%～0.1%。 (3)根外追肥，喷施，质量分数为 0.05%～0.1%，每公顷喷液量 750～1125 kg	对钼敏感的经济作物有甜菜、棉花、油菜、大豆等。酸性土壤容易缺钼

4.操作过程

(1)中量元素肥料合理施用　根据当地土壤中量元素丰缺状况，完成表 9-10 操作。

表 9-10　中量元素肥料的合理施用技术

工作环节	操作规程	质量要求
钙肥的合理施用	(1)常见钙肥的性质及施用要点。主要熟悉石灰物质、钙质肥料的含量、性质及施用要点。 (2)钙肥的合理施用。石灰多用作基肥，也可用作追肥。稻田施用石灰多在插秧前整地时施入，也可在分蘖期和幼穗分化期结合中耕除草施用；旱地可结合犁田整地施用石灰，也可采用局部条施或穴施	石灰不能与氮、磷、钾、微肥等一起混合施用，一般先施石灰，几天后再施其他肥料。石灰肥料有后效，一般隔 3～5 年施用 1 次
镁肥的合理施用	(1)常见镁肥的性质及施用要点。主要熟悉硫酸镁、氯化镁、水镁矾、硝酸镁、白云石、钙镁磷肥等镁肥的含量、性质及施用要点。 (2)镁肥的合理施用。酸性土壤缺镁时以施用菱镁粉、白云石粉效果良好；碱性土壤宜施氯化镁或硫酸镁。镁肥可作基肥或追肥，用量因土壤植物而异，一般每公顷以纯镁计为 15～25 kg。硫酸镁、硝酸镁可叶面喷施，在蔬菜上喷施浓度，硫酸镁为 0.5%～1.5%，硝酸镁为 0.5%～1.0%	镁肥肥效与土壤有效镁含量有密切关系，土壤酸性强，质地粗，淋溶性强，母质中含镁少时容易缺镁
硫肥的合理施用	(1)常见硫肥的性质及施用要点。主要熟悉硫石膏、硫黄、硫酸镁、硫酸铵、硫酸钾、过磷酸钙等硫肥的含量、性质及施用要点。 (2)硫肥的合理施用。石膏可作基肥、追肥和种肥。旱地作基肥，每公顷用量为 225～375 kg，将石膏粉碎后撒于地面，结合耕作施于土壤。花生施用石膏可在果针入土后 15～30 d 施用，每公顷用量 225～375 kg；稻田施用石膏，可结合耕地施用，也可栽秧后撒施或塞秧根，每公顷用量为 75～150 kg，若用量较少(每公顷 37.5 kg)可蘸秧根施用。若水稻用硫黄，应作基肥提早施用，一般每公顷 7.5～15 kg，拌合土杂肥或蘸秧根施用。优质小麦和大麦可施用石膏每公顷 225～375 kg 作基肥	(1)排水不良土壤中，SO_4^{2-} 被还原为 H_2S，对植物产生危害，应注意排除。 (2)许多研究表明，十字花科植物如油菜、芥菜、甘蓝等需硫量较高，是硫素敏感植物，施用硫肥有较好的效果

(2)微量元素肥料合理使用 根据当地土壤微量元素丰缺状况,完成表 9-11 操作。

表 9-11 微量元素肥料合理施用技术

工作环节	操作规程	质量要求
当地常见微量元素肥料种类的性质与施用要点认识	根据当地生产中常用的微量元素肥料品种,抽取样品,熟悉它们的性质和施用要点(表 9-12)	要求能准确认识当地常见微量元素肥料品种,并熟悉其含量、化学成分、主要性质和施用要点
针对植物对微量元素的反应施用	微量元素肥料应施在需要量较多、对缺素比较敏感的植物上,发挥其增产作用	各种植物对不同的微量元素有不同的反应,敏感程度也不同,需要量也有差异(表 9-13)
针对土壤中微量元素状况施用	(1)铁、硼、锰、锌、铜等微量元素肥料应施在北方石灰性土壤上,而钼肥应施在酸性土壤上。(2)施用时应针对土壤中微量元素状况(表 9-14)。酸性土壤施用石灰会明显影响许多种微量元素养分的有效性	一般来说缺铁、硼、锰、锌、铜,主要发生在北方石灰性土壤上而缺钼主要发生在酸性土壤上
针对天气状况施用	早春遇低温时,早稻容易缺锌;冬季干旱,会影响根系对硼的吸收,翌年油菜容易出现大面积缺硼;降雨较多的沙性土壤,容易引起土壤铁、锰、钼的淋洗,会促使植物产生缺铁、缺锰和缺钼症;在排水不良的土壤又易发生铁、锰、钼的毒害	生产实际中,应根据当年天气反常情况,及时诊断植物微量元素缺乏情况,及时预防

表 9-12 常见微量元素肥料的施用方法

肥料名称	基肥	拌种	浸种	根外喷施
硼肥	硼泥 225～375 kg/hm^2,硼砂 7.5～11.25 kg/ hm^2,可持续 3～5 年	—	—	硼砂或硼酸浓度 0.1%～0.2%,喷施 2～3 次
锌肥	硫酸锌 15～30 kg/hm^2,可持续 2～3 年	硫酸锌,每千克种子 4 g	硫酸锌浓度为 0.02%～0.05%(水稻 0.1%)	硫酸锌浓度 0.1%～0.2%,喷施 2～4 次
钼肥	钼渣 3.75 kg/hm^2 左右,可持续 2～4 年	钼酸铵,每千克种子 1～2 g	钼酸铵浓度为 0.05%～0.1%	钼酸铵浓度 0.05%～0.1%,喷施 1～2 次
锰肥	硫酸锰 15～45 kg/hm^2,可持续 1～2 年,效果较差	硫酸锰,每千克种子 4～8 g	硫酸锰浓度为 0.1%	硫酸锰浓度 0.1%～0.2%,果树 0.3%,喷施 2～3 次
铁肥	大田植物,硫酸亚铁 30～75 kg/hm^2,果树 75～150 kg/hm^2	—	—	大田植物硫酸亚铁浓度 0.2%～1.0%,果树 0.3%～0.4%,喷 3～4 次
铜肥	硫酸铜 15～30 kg/hm^2,可持续 3～5 年	硫酸铜,每千克种子 4～8 g	硫酸铜浓度为 0.01%～0.05%	硫酸铜浓度为 0.02%～0.04%,喷 1～2 次

表 9-13　主要植物对微量元素需求状况

元素	需要较多	需要中等	需要较少
B	甜菜、苜蓿、萝卜、向日葵、白菜、油菜、苹果等	棉花、花生、马铃薯、番茄、葡萄等	大麦、小麦、柑橘、西瓜、玉米等
Mn	甜菜、马铃薯、烟草、大豆、洋葱、菠菜等	大麦、玉米、萝卜、番茄、芹菜等	苜蓿、花椰菜、包心菜等
Cu	小麦、高粱、菠菜、莴苣等	甘薯、马铃薯、甜菜、苜蓿、黄瓜、番茄等	玉米、大豆、豌豆、油菜等
Zn	玉米、水稻、高粱、大豆、番茄、柑橘、葡萄、桃等	马铃薯、洋葱、甜菜等	小麦、豌豆、胡萝卜等
Mo	大豆、花生、豌豆、蚕豆、绿豆、紫云英、苕子、油菜、花椰菜等	番茄、菠菜等	小麦、玉米等
Fe	蚕豆、花生、马铃薯、苹果、梨、桃、杏、李、柑橘等	玉米、高粱、苜蓿等	大麦、小麦、水稻等

表 9-14　土壤中微量元素的丰缺指标　　mg/kg

元素	有效指标	低	适量	丰富	备注
B	有效硼	0.25～0.5	0.5～1.0	1.0～2.0	
Mn	有效锰	50～100	100～200	200～300	
Zn	有效锌	0.5～1.0	1～2	2～4	中性和石灰性土壤
		1.0～1.5	1.5～3.0	3.0～5.0	酸性土壤
Cu	有效铜	0.1～0.2	0.2～1.0	1.0～1.8	
Mo	有效钼	0.1～0.15	0.15～0.2	0.2～0.3	

5.问题处理

活动结束后，完成以下问题：

(1)调查当地主要施用哪些微量元素肥料，存在什么问题，有哪些典型经验。

(2)走访当地有关农业技术专家、有经验的农户或种植大户，总结当地中量元素肥料的合理施用技术。

(3)查阅网络、图书，总结常见微量元素肥料施用要点。

活动三　复(混)合肥料的合理施用

1.活动目标

知识目标：了解复(混)合肥料的类型及特点；了解混合肥料的混合原则与类型；掌握常见复(混)合肥料的性质和施用要点。

能力目标：熟练进行复(混)合肥料施用。

思政素养：了解当地复（混）合肥料施用存在的问题，树立化肥减量施用意识。

2.活动准备

将全班按2人一组分为若干组，每组准备以下材料和用具：磷酸铵、硝酸磷肥、磷酸二氢钾等肥料样品少许。

3.相关知识

复（混）合肥料是指氮、磷、钾三种养分中，至少有两种养分是标明含量的，由化学方法和（或）掺混方法制成的肥料，简称复混肥料。由化学方法制成的称为复合肥料，由掺混方法制成的称为混合肥料。

(1)复(混)合肥料类型　复（混）合肥料按其制造方法一般可分为化成复合肥料、混成复合肥料和配成复合肥料。化成复（混）合肥料是在一定工艺条件下，利用化学合成或化学提取分离等加工过程制成的具有固定养分含量和配比的肥料，如磷酸氢二铵、硝酸钾、磷酸二氢钾等，一般简称为复合肥。混成复（混）合肥料是根据农艺和农民的需要将两种或两种以上的单质肥料经过掺混而制成的复（混）合肥料，简称为掺混肥料，又称为BB肥。配成复（混）合肥料是采用两种或多种单质肥料在化肥生产厂家经过一定的加工工艺重新制造而成的复（混）合肥料，简称为复混肥料。生产上一般根据植物的需要配成氮、磷、钾比例不同的专用肥，如小麦专用肥、西瓜专用肥、花卉专用肥等。

复（混）合肥料的有效成分，一般用N-P_2O_5-K_2O的含量百分数来表示。如含N 16%、P_2O_5 16%、K_2O 44%的复合肥料，可用16-16-16来表示。有的在K_2O含量后标有S，如17-17-17(S)，表示该复（混）合肥为硫基复（混）合肥；有的在K_2O含量后标有Cl，如17-17-17(Cl)，表示该复（混）合肥为氯基复（混）合肥；有的还在K_2O含量数后并行标出含有某种微量元素及含量，如17-17-17-1.5Zn。

(2)复(混)合肥料的特点　与单质肥料相比，复（混）合肥料具有以下特点：

一是养分齐全，科学配伍。多数复（混）合肥料含有两种或两种以上养分，能比较均衡、较长时间地同时供应植物所需要的多种养分，并能充分发挥营养元素之间互相促进的作用。

二是物理性状好，适合于机械化施肥。复（混）合肥料一般副成分少，比表面积小，不易结块，具有较好的流动性，堆密度小，粒径一般在1～5 mm，因此适宜于机械化施肥。

三是简化施肥，节省劳动力。选用有较强针对性的复（混）合肥料，在施用基肥基础上，只需追施一定量氮肥，因此既可节省劳动力，又可简化施肥程序。

四是效用与功能多样。生产复（混）合肥料时，可加入硝化及脲酶抑制剂、稀土元素、除草剂、农药等成分，增加功效；也可利用包膜技术，生产缓释性复（混）合肥料，应用于草坪、高尔夫球场等，扩展应用范围。

五是养分比例固定，难于满足施肥技术要求。这也是复合肥料的不足之处，因此，可采取多功能与专用型相结合，研制肥效调节型肥料来克服其缺点。

(3)混合肥料　混合肥料是各种基础肥料经二次加工的产品。复混肥料和掺混肥料属于混合肥料。制备混合肥料的基础肥料中单质肥料可用硝酸铵、尿素、硫酸铵、氯化铵、过磷酸钙、重过磷酸钙、钙镁磷肥、氯化钾和硫酸钾等，二元肥料可用磷酸一氢铵、磷酸氢二铵、聚磷酸铵、硝酸磷肥等。

①肥料的混合原则。肥料混合必须遵循的原则是：肥料混合不会造成养分损失或有效性

降低;肥料混合不会产生不良的物理性状;肥料混合有利于提高肥效和工效。根据这 3 条原则,肥料是否适宜混合通常有 3 种情况:可以混合、可以暂混、不能混合。各种肥料混合的适宜性见图 9-1。

②混合肥料的类型。混合肥料的类型主要有两类:一是掺混肥料,基础肥料之间干混,随混随用,通常不发生化学反应;二是复混肥料,基础肥料之间发生某些化学反应。

		1 硫酸铵	2 硝酸铵	3 碳酸氢铵	4 尿素	5 氯化铵	6 过磷酸钙	7 钙镁磷肥	8 磷矿粉	9 硫酸钾	10 氯化钾	11 磷铵	12 硝酸磷肥
1	硫酸铵												
2	硝酸铵	△											
3	碳酸氢铵	×	△										
4	尿素	□	△	×									
5	氯化铵	□	△	×	□								
6	过磷酸钙	□	△	□	□	□							
7	钙镁磷肥	△	△	×	□	×	×						
8	磷矿粉	□	△	×	□	□	△	□					
9	硫酸钾	□	△	×	□	□	□	□	□				
10	氯化钾	□	△	×	□	□	□	□	□	□			
11	磷铵	□	△	×	□	□	□	×	×	□	□		
12	硝酸磷肥	△	△	×	△	△	△	×	△	△	△	△	

△ 可以暂时混合但不宜久置

□ 可以混合

× 不可混合

图 9-1 各种肥料的可混性

BB 肥近年来在我国得到迅速发展,BB 肥有以下特点:生产工艺简单,投资省,能耗少,成本低;养分配方灵活,针对性强,符合农业平衡施肥的需要;能做到养分全面,浓度适宜,达到增产增收;减少施肥对环境的污染。BB 肥除原料肥料的互配性要求外,对颗粒原料肥有特殊的要求,以满足养分均匀性,其影响因素有颗粒原料肥料的粒度、密度和形态,特别是粒度,因此要保证原料肥料的颗粒粒径、密度尽量一致(即匹配性)。

4.操作过程

根据当地土壤养分丰缺状况,结合单质肥料施用情况,完成表 9-15 中操作。

表 9-15 复(混)合肥料的合理施用技术

工作环节	操作规程	质量要求
当地常见复(混)合肥料种类的性质与施用要点认识	常见复(混)合肥料的性质与施用要点见表 9-16。根据当地生产中常用的微量元素肥料品种,抽取样品,熟悉它们的性质和施用要点	要求能准确认识当地常见复(混)合肥料品种,并熟悉其含量、化学成分、主要性质和施用要点

续表 9-15

工作环节	操作规程	质量要求
根据土壤条件合理施用	(1)土壤养分供应情况。在某种养分供应水平较高的土壤上应选用该养分含量低的复混肥料;在某种养分供应水平较低的土壤上则选用该养分含量高的复混肥料。 (2)土壤水分状况。一般水田优先施用尿素磷铵钾、尿素钙镁磷肥钾等品种;旱地则优先施用硝酸磷肥系复混肥料,也可施用尿素磷铵钾、氯磷铵钾、尿素过磷酸钙钾等。 (3)土壤酸碱性。石灰性土壤宜选用酸性复混肥料,如硝酸磷肥系、氯磷铵系等,而不宜选用碱性复混肥料	(1)在速效钾含量较高的土壤上,宜选用高氮、高磷、低钾复混肥料或氮、磷二元复混肥料。 (2)水田不宜施用硝酸磷肥系复混肥料;旱地不宜施用尿素钙镁磷肥钾等品种
根据植物特性合理施用	(1)根据植物种类和营养特点施用适宜的复混肥料。一般粮食植物以提高产量为主,可施用氮、磷复混肥料;豆科植物宜施用磷、钾为主的复混肥料;果树、西瓜等经济植物施用氮、磷、钾三元复混肥料。 (2)根据轮作方式。南方稻-稻轮作制中,在同样缺磷的土壤上磷肥的肥效早稻好于晚稻,而钾肥的肥效则相反。在北方小麦-玉米轮作中,小麦应施用高磷复混肥料,玉米应施用低磷复混肥料	(1)烟草、柑橘等忌氯植物应施用不含氯的三元复混肥料。 (2)在轮作中上、下茬植物施用的复混肥料品种也应有所区别
根据复混肥料的养分形态合理施用	(1)含铵态氮、酰胺态氮的复混肥料在旱地和水田都可施用,但应深施覆土,以减少养分损失;含硝态氮的复混肥料宜施在旱地,在水田和多雨地区肥效较差。 (2)含水溶性磷的复混肥料在各种土壤上均可施用,含弱酸溶性磷的复混肥料更适合在酸性土壤上施用	含氯的复混肥料不宜在忌氯植物和盐碱地上施用
以基肥为主合理施用	(1)复混肥料作基肥要深施覆土,防止氮素损失,施肥深度最好在根系密集层,以利于植物吸收;复混肥料作种肥必须将种子和肥料隔开 5 cm 以上,否则影响出苗而减产。 (2)施肥方式有条施、穴施、全耕层深施等,在中低产土壤上,条施或穴施比全耕层深施效果更好,尤其是以磷、钾为主的复混肥料穴施于植物根系附近,既便于吸收,又减少固定	由于复混肥料一般含有磷或钾,且为颗粒状,养分释放缓慢,所以作基肥或种肥效果较好

表 9-16　常见复合(混)肥料的性质、施用及注意事项

肥料名称	基本性质	施用技术	注意事项
磷酸铵	磷酸一氢铵,含氮 10%～14%、五氧化二磷 42%～44%。外观为灰白色或淡黄色的颗粒或粉末,不易吸潮、结块,易溶于水,其水溶液为酸性,性质稳定,氨不易挥发。 磷酸氢二铵,简称二铵,含氮 18%、五氧化二磷 46%。纯品白色,一般商品外观为灰白色或淡黄色的颗粒或粉末,易溶于水,水溶液中性至偏碱,不易吸潮、结块,相对于磷酸一氢铵,性质不是十分稳定,在湿热条件下,氨易挥发	可用作基肥、种肥,也可以叶面喷施。作基肥一般每公顷用量 225～375 kg,通常在整地前结合耕地将肥料施入土壤;也可在播种后开沟施入。作种肥时,通常将种子和肥料分别播入土壤,每公顷用量 37.5～75 kg	基本适合所有土壤和作物。磷酸铵不能和碱性肥料混合施用。磷酸铵用作种肥时要避免与种子直接接触

续表 9-16

肥料名称	基本性质	施用技术	注意事项
硝酸磷肥	主要成分是磷酸二氢钙、硝酸铵、磷酸一氢铵，另外还含有少量的硝酸钙、磷酸氢二铵。含氮 13%～26%、五氧化二磷 12%～20%。冷冻法生产的硝酸磷肥中有效磷 75%为水溶性磷、25%为弱酸溶性磷；碳化法生产的硝酸磷肥中磷基本都是弱酸溶性磷；硝酸-硫酸法生产的硝酸磷 30%～50%为水溶性磷。硝酸磷肥一般为灰白色颗粒，有一定吸湿性，部分溶于水，水溶液呈酸性	硝酸磷肥主要作基肥和追肥。作基肥条施、深施效果较好，每公顷用量 675～825 kg。一般是在底肥不足情况下，作追肥施用	硝酸磷肥在储存、运输和施用时应远离火源。硝酸磷肥呈酸性，适宜施用在北方石灰质的碱性土壤上，不适宜施用在南方酸性土壤上。硝酸磷肥含硝态氮，容易随水流失
硝酸钾	硝酸钾分子式为 KNO_3。含 N 13%，含 K_2O 46%。纯净的硝酸钾为白色结晶，粗制品略带黄色，有吸湿性，易溶于水，为化学中性、生理中性肥料。在高温下易爆炸，属于易燃易爆物质，在贮运、施用时要注意安全	硝酸钾适作旱地追肥，每公顷用量一般为 75～150 kg，如用于其他作物则应配合单质氮肥以提高肥效。硝酸钾也可作根外追肥，适宜质量分数为 0.6%～1%。在干旱地区还可以与有机肥混合作基肥施用，每公顷用量 150 kg。硝酸钾还可用来拌种、浸种，质量分数为 0.2%	硝酸钾适合各种作物，对烟草、甜菜等喜钾而忌氯的作物具有良好的肥效，在豆科作物上反应也比较好。硝酸钾属于易燃易爆品，生产成本较高，所以用作肥料的密度不大。运输、贮存和施用时要注意防高温，切忌与易燃物接触
磷酸二氢钾	磷酸二氢钾是含磷、钾的二元复肥，分子式为 KH_2PO_4，含五氧化二磷 52%、氧化钾 35%，灰白色粉末，吸湿性小，物理性状好，易溶于水	可作基肥、追肥和种肥。因其价格贵，多用于根外追肥和浸种。喷施用质量分数 0.1%～0.3%，在作物生殖生长期开始时使用；浸种用质量分数为 0.2%	磷酸二氢钾主要用作叶面喷施、拌种和浸种，适宜各种作物。磷酸二氢钾和一些氮素化肥、微肥及农药等做到合理配合，进行混施，可节省劳力，增加肥效和药效
磷酸铵系复合肥料	尿素磷酸盐有尿素磷酸铵、尿素磷酸二铵等。尿素磷酸铵含氮 17.7%、五氧化二磷 44.5%。尿素磷酸二铵养分含量有 37-17-0、29-29-0、25-25-0 等。 硫磷铵含有磷酸一氢铵、磷酸氢二铵和硫酸铵等成分，含氮 16%、五氧化二磷 20%，灰白色颗粒，易溶于水，不吸湿，易贮存，物理性状好。 硝磷铵的主要成分是磷酸一氢铵和硝酸铵，养分含量有 25-25-0、28-14-0 等	可以作基肥、追肥和种肥	适宜于多种作物和土壤

续表 9-16

肥料名称	基本性质	施用技术	注意事项
硝铵-磷铵-钾盐复混肥系列	该系列复混肥可用硝酸铵、磷酸铵或过磷酸钙、硫酸钾或氯化钾等混合制成，也可在硝酸磷肥基础上配入磷酸铵、硫酸钾等进行生产。养分含量有 10-10-10(S)或 15-15-15(Cl)。该系列复混肥呈淡褐色颗粒状，有一定的吸湿性，应注意防潮结块	一般作基肥和早期追肥，每公顷用量 450～750 kg	不含氯离子的该系列肥可作为烟草专用肥施用，效果较好
磷酸铵-硫酸铵-硫酸钾复混肥系列	主要有铵磷钾肥，是用磷酸一氢铵或磷酸氢二铵、硫酸铵、硫酸钾按不同比例混合而生产的三元复混肥料。养分含量有 12-24-12(S)、10-20-15(S)、10-30-10(S)等多种。物理性状良好，易溶于水，易被作物吸收利用	主要用作基肥，也可作早期追肥，每公顷用量 450～600 kg	目前主要用在烟草等忌氯作物上，施用时可根据需要选用一种适宜的比例，或在追肥时用单质肥料进行调节
尿素-过磷酸钙-氯化钾复混肥系列	是用尿素、过磷酸钙、氯化钾为主要原料生产的三元系列复混肥料，总养分质量分数在 28%以上，还含有钙、镁、铁、锌等中量和微量元素。外观为灰色或灰黑色颗粒，不起尘，不结块，便于装卸和施用	一般作基肥和早期追肥，但不能直接接触种子和作物根系。基肥一般每公顷 750～900 kg，追肥一般每公顷 150～225 kg	适用于棉花、油菜、大豆、瓜果等作物
尿素-磷酸铵-硫酸钾复混肥系列	用尿素、磷酸铵、硫酸钾为主要原料生产的三元复混肥料，属于无氯型氮磷钾三元复混肥，其总养分量大于 54%，水溶性磷大于 80%。该产品有粉状和粒状两种。粉状肥料外观为灰白色或灰褐色均匀粉状物，不易结块，除了部分填充料外，其他成分均能在水中溶解。粒状肥料外观为灰白色或黄褐色粒状，pH 5～7，不起尘，不结块，便于装运和施肥	主要作基肥和追肥施用，基肥一般每公顷 600～750 kg，追肥一般每公顷 150～225 kg	可作为烟草等忌氯作物的专用肥料

5.问题处理

活动结束后，完成以下问题：

(1)调查当地主要施用哪些复(混)合肥料，存在什么问题，有哪些典型经验。

(2)走访当地有关农业技术专家、有经验的农户或种植大户，总结当地复(混)合肥料的合理施用技术。

(3)调查当地配方肥料的施用情况。

活动四　新型水溶肥料的合理施用

1.活动目标

知识目标：熟悉施用大量元素水溶肥料、微量元素水溶肥料、中量元素水溶肥料、含氨基酸水溶肥料、含腐植酸水溶肥料等主要技术指标;掌握新型水溶肥料的施用方法。

能力目标:熟练进行新型水溶肥料的识别与选择。

思政素养:了解当地新型水溶肥料施用存在的问题,树立化肥减量施用意识。

2.活动准备

将全班按2人一组分为若干组,每组准备以下材料和用具:大量元素水溶肥料、微量元素水溶肥料、中量元素水溶肥料、含氨基酸水溶肥料、含腐植酸水溶肥料等样品、图片或资料。

3.相关知识

水溶肥料是我国目前大量推广应用的一类新型肥料,多通过叶面喷施或随灌溉施入。可分为营养型水溶肥料和功能型水溶肥料。

(1)营养型水溶性肥料 包括微量元素水溶肥料、大量元素水溶肥料、中量元素水溶肥料等。

①微量元素水溶肥料。微量元素水溶肥料是由铜、铁、锰、锌、硼、钼微量元素按照所需比例制成的或单一微量元素制成的液体或固体水溶肥料。产品标准为NY 1428—2010。外观要求为:均匀的液体;均匀、松散的固体。微量元素水溶肥料产品技术指标应符合表9-17的要求。

表9-17 微量元素水溶肥料技术指标

项目	固体产品	液体产品
微量元素含量	≥10.0%	≥100 g/L
水不溶物含量	≤5.0%	≤50 g/L
pH(1∶250倍稀释)	3.0～10.0	
水分(H_2O)	≤6.0%	—

注:微量元素含量指铜、铁、锰、锌、硼、钼元素含量之和。产品应至少包含一种微量元素。含量不低于0.05%(0.5 g/L)的单一微量元素均应计入微量元素含量中。钼元素含量不高于1.0%(10 g/L)(单质含钼微量元素产品除外)

②大量元素水溶肥料。大量元素水溶肥料是以氮、磷、钾大量元素为主,按照适合植物生长所需比例,添加以铜、铁、锰、锌、硼、钼等微量元素或钙、镁中量元素制成的液体或固体水溶肥料。产品标准为NY 1107—2020。大量元素水溶肥料主要有以下两种类型:

大量元素水溶肥料(中量元素型)。分固体和液体两种剂型。产品技术指标应符合表9-18要求。

表9-18 大量元素水溶肥料(中量元素型)技术指标

项目	固体产品	液体产品
大量元素含量	≥50.0%	≥500 g/L
中量元素含量	≥1.0%	≥10 g/L
水不溶物含量	≤5.0%	≤50 g/L
pH(1∶250倍稀释)	3.0～9.0	
水分(H_2O)	≤3.0%	—

注:①大量元素含量指N、P_2O_5、K_2O含量之和。产品应至少包含两种大量元素。单一大量元素含量不低于4.0%(40 g/L)。②中量元素含量指钙、镁元素含量之和。产品应至少包含一种中量元素。单一中量元素含量不低于0.1%(1 g/L)

大量元素水溶肥料(微量元素型)。分固体和液体两种剂型。产品技术指标应符合表9-19要求。

表 9-19 大量元素水溶肥料(微量元素型)技术指标

项目	固体产品	液体产品
大量元素含量	≥50.0%	≥500 g/L
微量元素含量	≥0.2%～3.0%	≥2～30 g/L
水不溶物含量	≤5.0%	≤5 g/L
pH(1∶250 倍稀释)	3.0～9.0	
水分(H_2O)	≤3.0%	—

注:①大量元素含量指 N、P_2O_5、K_2O 含量之和。产品应至少包含两种大量元素。单一大量元素含量不低于 4.0%(40 g/L)。

②微量元素含量指铜、铁、锰、锌、硼、钼元素含量之和。产品应至少包含一种微量元素。含量不低于 0.05%(0.5 g/L)的单一微量元素均应计入微量元素含量中。钼元素含量不高于 0.5%(5 g/L)(单质含钼微量元素产品除外)。

③中量元素水溶肥料。中量元素水溶肥料是以钙、镁中量元素为主,按照适合植物生长所需比例,或添加以铜、铁、锰、锌、硼、钼等微量元素制成的液体或固体水溶肥料。产品标准为 NY 2266—2012。中量元素水溶肥料产品技术指标应符合表 9-20 要求。

表 9-20 中量元素水溶肥料技术指标

项目	固体产品	液体产品
中量元素含量	≥10.0%	≥100 g/L
水不溶物含量	≤5.0%	≤50 g/L
pH(1∶250 倍稀释)	3.0～9.0	
水分(H_2O)	≤3.0%	—

注:中量元素含量指钙含量、镁含量或钙镁含量之和。含量不低于 1.0%(10 g/L)的钙或镁均应计入中量元素含量中。硫元素含量不计入中量元素含量,仅在标识中标注。

(2)功能型水溶肥料 功能型水溶肥料包括含氨基酸水溶肥料、含腐殖酸水溶肥料、有机水溶肥料等。

①含氨基酸水溶肥料 含氨基酸水溶肥料是以游离氨基酸为主体,按适合植物生长所需比例,添加适量钙、镁中量元素或铜、铁、锰、锌、硼、钼微量元素制成的液体或固体水溶肥料。分微量元素型和中量元素型两种类型。产品标准为 NY 1429—2010。

含氨基酸水溶肥料(中量元素型)。分固体和液体两种剂型。产品技术指标应符合表 9-21 要求。

表 9-21 含氨基酸水溶肥料(中量元素型)技术指标

项目	固体产品	液体产品
游离氨基酸含量	≥10.0%	≥100 g/L
中量元素含量	≥3.0%	≥30 g/L
水不溶物含量	≤5.0%	≤50 g/L
pH(1∶250 倍稀释)	3.0～9.0	
水分(H_2O)	≤4.0%	—

注:中量元素含量指钙、镁元素含量之和。产品应至少包含一种中量元素。含量不低于 0.1%(1 g/L)的单一中量元素均应计入中量元素含量中。

含氨基酸水溶肥料(微量元素型)。分固体和液体两种剂型。产品技术指标应符合表 9-22 要求。

表 9-22　含氨基酸水溶肥料(微量元素型)技术指标

项目	固体产品	液体产品
游离氨基酸含量	≥10.0%	≥100 g/L
微量元素含量	≥2.0%	≥20 g/L
水不溶物含量	≤5.0%	≤50 g/L
pH(1∶250 倍稀释)	3.0～9.0	
水分(H_2O)	≤4.0%	—

注:微量元素含量指铜、铁、锰、锌、硼、钼元素含量之和。产品应至少包含一种微量元素。含量不低于 0.05%(0.5 g/L)的单一微量元素均应计入微量元素含量中。钼元素含量不高于 0.5%(5 g/L)。

②含腐殖酸水溶肥料。含腐殖酸水溶肥料是以适合植物生长所需比例的腐殖酸,添加适量比例的氮、磷、钾大量元素或铜、铁、锰、锌、硼、钼微量元素制成的液体或固体水溶肥料。分大量元素型和微量元素型两种类型。产品标准为 NY 1106—2010。

含腐殖酸水溶肥料(大量元素型)。分固体和液体两种剂型。产品技术指标应符合表 9-23 要求。

表 9-23　含腐殖酸水溶肥料(大量元素型)技术指标

项目	固体产品	液体产品
游离腐殖酸含量	≥3.0%	≥30 g/L
大量元素含量	≥20.0%	≥200 g/L
水不溶物含量	5.0%	50 g/L
pH(1∶250 倍稀释)	4.0～10.0	
水分(H_2O)	≤5.0%	—

注:大量元素含量指总 N、P_2O_5、K_2O 含量之和。产品应至少包含两种大量元素。单一大量元素含量不低于 2.0%(20 g/L)。

含腐殖酸水溶肥料(微量元素型)。只有固体剂型。产品技术指标应符合表 9-24 要求。

表 9-24　含腐殖酸水溶肥料(微量元素型)技术指标

项目	指标
游离腐殖酸含量	≥3.0%
微量元素含量	≥6.0%
水不溶物含量	≤5.0%
pH(1∶250 倍稀释)	4.0～10.0
水分(H_2O)	≤5.0 %

注:微量元素含量指铜、铁、锰、锌、硼、钼元素含量之和。产品应至少包含一种微量元素。含量不低于 0.05%的单一微量元素均应计入微量元素含量中。钼元素含量不高于 0.5%。

③有机水溶肥料。有机水溶肥料是采用有机废弃物原料经过处理后提取有机水溶原料,再与氮、磷、钾大量元素以及钙、镁、锌、硼等中、微量元素复配,研制生产的全水溶、高浓缩、多功能、全营养的增效型水溶肥料产品。产品标准为 NY/T 3831—2021,其活性有机物质一般包括腐殖酸、黄腐酸、氨基酸、海藻酸、甲壳素等。目前,农业农村部登记有 100 多个品种,有机质含量均在 20～500 g/L 及以上,水不溶物小于 20 g/L。

(3)水溶性肥料的施用　水溶性肥料不但配方多样而且使用方法十分灵活,一般有三种:

①灌溉施肥或土壤浇灌。土壤浇水或者灌溉的时候,先行混合在灌溉水中,这样可以让植

物根部全面地接触肥料，通过根的呼吸作物把化学营养元素运输到植株的各个组织中。灌溉施肥或水肥一体化适合用于极度缺水地区、规模化种植的农场，以及高品质、高附加值的作物，是今后现代农业技术发展的重要方向之一。水溶肥料随同滴灌、喷灌施用，是目前生产中最为常见的方法。施用时应注意以下事项：

第一，掐头去尾。先滴清水，等管道充满水后加入肥料，以避免前段无肥；施肥结束后继续滴清水 20～30 min，将管道中残留的肥液全部排出(可用电导率仪监测是否彻底排出)；如不洗管，可能会在滴头处生长青苔、藻类等低等植物或微生物，堵塞滴头，损坏设备。

第二，防止地表盐分积累。大棚或温室长期用滴灌施肥会造成地表盐分累积，影响根系生长。可采用膜下滴灌抑制盐分向表层迁移。

第三，确保均匀。注意施肥的均匀性，滴灌施肥原则上越慢越好。特别是对在土壤中移动性差的元素(如磷)，延长施肥时间，可以极大地提高难移动养分的利用率。在旱季滴灌施肥，建议施肥在 2～3h 完成。

第四，避免过量灌溉。以施肥为主要目的进行灌溉时，达到根层深度湿润即可。不同的作物根层深度差异很大，可以用铲随时挖开土壤了解根层的具体深度。过量灌溉不仅浪费水，还会使养分渗析到根层以下，作物不能吸收，浪费肥料；特别是尿素、硝态氮肥(如硝酸钾、硝酸铵钙、硝酸磷肥及含有硝态氮的水溶性肥)极容易随水流失。

第五，配合施用。水溶肥料为速效肥料，只能作为追肥。特别是在常规的农业生产中，水溶肥不能替代其他常规肥料。因此，在农业生产中要做到基肥与追肥相结合、有机肥与无机肥相结合，水溶肥与常规肥相结合，以便降低成本，发挥各种肥料的优势。

第六，安全施用，防止烧伤叶片和根系。水溶性肥料施用不当，特别是采取随同喷灌和微喷一同施用时，极容易出现烧叶、烧根的现象。其根本原因就是肥料浓度过高。因此，在调配肥料时，要严格按照说明书的浓度进行调配。但是，由于不同地区的水源盐分不同，同样的浓度在个别地区也可能发生烧伤叶片和根系的现象。生产中最保险的办法就是通过肥料浓度试验找到本地区适宜的肥料浓度。

②叶面施肥。把水溶性肥料先行稀释溶解于水中进行叶面喷施，或者与非碱性农药一起溶于水中进行叶面喷施，使其通过叶面气孔进入植株内部。一些幼嫩的植物或者根系不太好的作物出现缺素症状时，叶面施肥是纠正缺素症的最佳选择，极大地提高了肥料吸收利用效率，减少了植物营养元素在植物内部的运输过程。叶面喷施应注意以下几点：

一是喷施浓度。喷施浓度以既不伤害作物叶面，又可节省肥料，提高功效为度。一般可参考肥料包装上的推荐浓度。一般每公顷喷施 600～750 kg 溶液。

二是喷施时期。喷施时期多数在苗期、花蕾期和生长盛期。溶液湿润叶面时间要求能维持 0.5～1 h，一般选择傍晚无风时进行喷施较适宜。

三是喷施部位。应重点喷洒上、中部叶片，尤其是多喷洒叶片反面。若为果树则应重点喷洒新梢和上部叶片。

四是增添助剂。为提高肥液在叶片上的黏附力，延长肥液湿润叶片时间，可在肥料溶液中加入助剂(如中性洗衣粉、肥皂粉等)，提高肥料利用率。

五是混合喷施。为提高喷施效果，可将多种水溶肥料混合或肥料与农药混合喷施，但应注意营养元素之间的关系、肥料与农药之间是否有害作用。

③无土栽培。在一些沙漠地区或者极度缺水的地方，人们往往用滴灌和无土栽培技术来

节约灌溉水并提高劳动生产效率。这时植物所需要的营养可以通过水溶性肥料来获得,即节约了用水,又节省了劳动力。

④浸种蘸根。常用于浸种蘸根的水溶性肥料主要是微量元素水溶肥料、含氨基酸水溶肥料、含腐殖酸水溶肥料。浸种浓度:微量元素水溶肥料为 0.01%~0.1%;含氨基酸水溶肥料、含腐殖酸水溶肥料为 0.01%~0.05%。水稻、甘薯、蔬菜等移栽作物可用含腐殖酸水溶肥料进行浸根、蘸根等,浸根浓度为 0.05%~0.1%;蘸根浓度为 0.1%~0.2%。

4.操作过程

目前市场上水溶肥料品种繁多、鱼目混珠、假冒伪劣产品泛滥,怎样科学选择适合当地作物的水溶肥料,以提高作物产量、增加农户收入,是农户遇到的首要问题。在了解水溶性肥料类型基础上,选择优质的水溶肥料,并根据区域作物效益,结合不同的灌溉方式与作物经济效益,选择合理价位的水溶性肥料产品,进而实现作物全生育期的施肥套餐组合。根据当地水溶肥料资源状况和种植作物等,完成表 9-25 操作。

表 9-25　水溶肥料的科学选择与识别

工作环节	操作规程	质量要求
根据产品包装的规范性进行选择	(1)要看包装袋上大量元素与微量元素养分的含量。对于符合农业农村部登记的水溶肥料,以大量元素水溶肥料为例,依据其登记标准,氮、磷、钾三元素单一养分含量不能低于 4%,三者之和不能低于 50%;微量元素含量指铜、铁、锰、锌、硼、钼元素含量之和,产品应至少包含一种微量元素,含量不低于 0.05%(0.5 g/L)的单一微量元素均应计入微量元素含量中,但微量元素总含量不低于 0.2%(2 g/L),钼含量不高于 0.5%(5 g/L)。符合以上标准的,才是正规产品。对于硝基复合肥产品,其包装上除了标注氮、磷、钾养分含量外,还应标注硝态氮的养分含量指标。 (2)要看包装袋上各种具体养分的标注。高品质的水溶肥料对保证成分标识非常清楚,而且都是单一标注的,这样养分含量明确,可以放心使用。 (3)看产品配方和登记作物。高品质的水溶肥料一般配方种类丰富,从苗期到采收期都能找到适宜的配方。正规肥料的登记作物是一种或几种,对于没有登记的作物需要用经验选择。 (4)要看有无产品执行标准、产品通用名称和肥料登记证号。市场上通常说的"全水溶性肥料",实际上产品通用名称是大量元素水溶肥料,通用的执行标准是 NY 1107—2010,目前尚没有国家标准。另外,可通过农业农村部官网查询肥料登记证号进行判断。 (5)要看有无防伪标志。一般正规厂家生产的全水溶肥料,在包装袋上都有防伪标识,它是肥料的身份证,每包肥料上的防伪标识都是不一样的,刮开后在网上或打电话查询,输入数字后便可知道肥料真假。 (6)要看包装袋上是否标注重金属含量。正规生产厂家生产的水溶肥料,重金属含量都低于农业农村部行业标准,且有明确的标注	(1)微量元素水溶肥料产品标准为 NY 1428—2010。 (2)大量元素水溶肥料产品标准为 NY 1107—2020。 (3)中量元素水溶肥料产品标准为 NY 2266—2012。 (4)含氨基酸水溶肥料产品标准为 NY 1429—2010。 (5)含腐殖酸水溶肥料产品标准为 NY 1106—2010

续表 9-25

工作环节	操作规程	质量要求
根据产品特性进行选择	(1)固体水溶肥料产品选择时，可通过溶解性、颗粒外观及燃烧情况进行判别。通常将肥料放入水中溶解，高品质的水溶肥料产品在水中溶解迅速，溶液澄清且无残渣及沉淀物。质量好的水溶肥料产品，颗粒均匀，呈结晶状。 (2)液体水溶肥料产品选择。目前市场上液体水溶性肥料主要有：含腐殖酸水溶肥料、含氨基酸水溶肥料、大量元素水溶肥料、中量元素水溶肥料、微量元素水溶肥料、有机水溶肥料六种。主要从看、称、闻、冷冻和检验五方面进行判别。一是看产品物理状态。好的液体水溶性肥料澄清透明，洁净无杂质；而悬浮肥料氨基酸、腐殖酸等黑色溶液虽不透明，但仔细观察，好的产品倒置后没有沉淀。二是称产品重量。依据行业标准，每种产品都有最低营养元素含量要求，肥料中每种营养元素含量以"g/L"为单位，因此可用相对密度大小进行衡量。合格的氨基酸、腐殖酸、有机水溶肥料相对密度一般都在1.25以上，大、中、微量元素水溶肥料相对密度一般在1.35以上。三是闻产品气味。好的产品没有明显气味。四是通过冷冻检验产品稳定性。好的产品放置在冰箱里速冻24 h不会分层、结晶。五是检测产品性质。如用pH试纸检测酸度，好的产品pH接近中性或呈弱酸、弱碱性	
考虑市场需求与施肥技术水平	(1)主要种植的作物；主要种植作物在生产中常见的问题、缺素症状；主要作物肥料施用情况；主要作物的经济效益及其栽培过程中农民施用水溶肥料的可能性及施用时期。 (2)对于附加值高的作物，农户舍得投入，可以选择高度复合化的大量元素水溶肥料产品，并根据作物不同生育期养分需求情况，选择高氮、高磷、高钾和平衡型水溶肥料产品。 (3)对于施肥技术水平较高、种植规模较大的农户，应该结合其生产需要，考虑其肥料高效化、施肥机械化、组合专业化、水肥一体化、配方简单化、产品差异化、功能多样化、生态环保化、成本节约化需求，选择提供水溶性基础原料配方产品	

续表 9-25

工作环节	操作规程	质量要求
根据灌溉施肥方式与作物产值进行套餐搭配	(1)水溶肥料主要用于生长期追肥,仅需针对作物生长后期养分调控进行选择,基本原则是以氮定磷、钾,氮在土壤中非常活跃,容易发生淋洗、氨挥发、径流损失、硝化/反硝化、土壤固持等现象,而磷、钾在土壤中比较稳定,因此常常根据基肥种类进行组合搭配(表 9-26)。 (2)确定追肥种类后,需要结合不同作物的灌溉施肥方式进行水溶肥料的选择。如滴灌、喷灌施肥,一般选择大量元素水溶肥料产品;冲施和沟灌施肥,一般选择硝基肥或者水溶性基础原料肥;而对于叶面喷施,一般可以选择含氨基酸、腐殖酸、有机水溶肥料等。在确定好可以选择的肥料产品种类之后,根据作物的产值情况,选择适当价位的肥料产品(表 9-27)	

表 9-26　用作基肥和追肥不同肥料种类

基肥	追肥
生物有机肥/复合微生物肥料	水溶肥料(根外追施、滴灌、冲施)
作物专用肥/缓控释肥	水溶性专用肥/复混肥
有机-无机复混肥	液体有机肥
土壤调理剂	硝基肥
普通有机肥	—

表 9-27　我国主要作物经济效益情况及适用的水溶性肥料品种

肥料品种	适宜作物	公顷产值/万元
水溶性基础原料肥:尿素、硝酸铵钙、磷酸氢二铵、氯化钾等	大田作物:小麦、玉米、甘蔗、甜菜等	≤4.5
	大田作物:马铃薯、棉花等	4.5~9.0
	果树:苹果、葡萄、香蕉、菠萝、蜜柚等	9.0~18.00
	设施园艺作物:番茄、草莓、反季节设施蔬菜	≥18.0
水溶性硝基肥	大田作物:马铃薯、棉花等	4.5~9.0
	果树:苹果、葡萄、香蕉、菠萝、蜜柚等	9.0~18.00
	设施园艺作物:番茄、草莓、反季节设施蔬菜	≥18.0
营养型水溶肥料	果树:苹果、葡萄、香蕉、菠萝、蜜柚等	9.0~18.00
	设施园艺作物:番茄、草莓、反季节设施蔬菜	≥18.0
功能型水溶肥料	大田作物、蔬菜、果树等	—

5.问题处理

活动结束后,完成以下问题:

(1)调查当地主要施用哪类水溶肥料,存在什么问题,有哪些典型经验。

(2)走访当地有关农业技术专家、有经验的农户或种植大户,总结当地水溶肥料的合理施用技术。

活动五　新型肥料的合理施用

1.活动目标

知识目标:了解新型肥料的类型及特点;了解缓释肥料、新型磷肥、长效钾肥、新型复混肥料等新型肥料的性质。

能力目标:熟练进行缓释肥料、新型磷肥、长效钾肥、新型复混肥料等新型肥料的施用。

思政素养:学习绿色发展有关论述,树立化肥减量、绿色生产、推广新型肥料施用意识。

2.活动准备

将全班按2人一组分为若干组,每组准备以下材料和用具:缓释肥料、新型磷肥、长效钾肥、新型复混肥料等样品、图片或资料。

3.相关知识

新型肥料是利用新方法、新工艺生产的,具有复合高效、全营养控释、环境友好等特点的一类肥料的总称。新型肥料作为新开发的产品,它的发展速度快、前景相当广阔。目前,市场上存在多种新型肥料,主要类型有缓/控释氮肥、新型磷肥、长效钾肥、新型水溶肥料、新型复混肥料等。

新型肥料的主要作用:能够直接或间接地为作物提供必需的营养成分;调节土壤酸碱度、改良土壤结构、改善土壤理化性质和生物学性质;调节或改善作物的生长机制;改善肥料品质和性质或能提高肥料的利用率。

(1)缓/控释肥料　国际肥料工业协会对缓释和控释肥料的定义为:缓释和控释肥料是那些所含养分形式在施肥后能缓慢被植物吸收与利用的肥料;所含养分比速效肥料有更长肥效的肥料。

按其缓/控释原理可分为四类:一是生物化学方法,如添加脲酶抑制剂或硝化抑制剂类肥料;二是物理方法,如微囊法(聚合物包膜肥料、硫包膜尿素、包裹型肥料、涂层尿素等)、整体法(扩散控制基质型肥料、营养吸附基质型肥料);三是化学方法,如脲醛类、异丁叉二脲、丁烯叉二脲、草酰胺、脒基硫脲、三聚氰胺、磷酸镁铵、长效硅酸钾肥、节酸磷肥、聚磷酸盐等;四是生物化学-物理包膜相结合方法,如添加抑制剂与物理包膜相结合控释肥料,添加抑制剂、促释剂与物理包膜相结合控释肥料等。

(2)新型水溶肥料　新型水溶肥料是我国目前大量推广应用的一类新型肥料,多为通过叶面喷施或随灌溉施入(又称为冲施肥)的一类水溶肥料。可分为清液型、氨基酸型、腐殖酸型和生长调节剂型等。

①清液型水溶肥料。多种营养元素无机盐类的水溶液,一般可分为微量元素水溶肥料和大量元素水溶肥料两种,一般要求其所含营养元素的总量不少于10%。

②氨基酸型水溶肥料。以氨基酸为络合剂加入各种营养元素制成,要求微生物发酵制成的氨基酸液,其氨基酸含量不低于8%;水解法制成的氨基酸液,其含量不低于10%,二者中微量元素含量均不低于4%。

③腐殖酸型水溶肥料。以黄腐酸为络合剂加入各种微量元素制成,其技术要求同氨基酸

型水溶肥料。

④生长调节剂型水溶肥料。在以上三种水溶肥料基础上加入生长调节剂和叶面展着剂（如烷基苯磺酸铵、有机硅表面活性剂等）制成的水溶肥料。

4.操作过程

根据当地新型肥料资源状况和种植作物、土壤肥力等，完成表 9-28 内容。

表 9-28　新型肥料的合理施用

工作环节	操作规程	质量要求
缓效氮肥的合理施用	(1)脲甲醛，代号为 UF，含脲分子 2～6 个，白色粒状或粉末状的微溶无臭固体，吸湿性很小，含氮量 36%～38%。脲甲醛常作基肥一次性施入。 (2)丁烯叉二脲，代号为 CDU，白色微溶粉末，不具有吸湿性，长期贮存不结块，含氮量 28%～32%。丁烯叉二脲适宜酸性土壤施用，特别适合果树、蔬菜、草坪、糖料植物、马铃薯、烟草、禾谷类植物。常作基肥一次性施入。 (3)异丁叉二脲，代号为 IBDU，是尿素与异丁醛反应的缩合物，白色粉末，不吸湿，水溶性很低，含氮量 32.18%。异丁叉二脲适用于牧草、草坪和观赏植物，不必掺入其他速效氮肥；用于稻、麦、蔬菜时，可掺入一定量的速效氮肥。 (4)草酰胺，代号为 OA，白色粉末，含氮量 31.8%，多以塑料工业的副产品氰酸为原料合成，成本低。常作基肥一次性施入。 (5)硫衣尿素，代号为 SCU，含氮量 34.2%，主要成分为尿素和硫黄，其中尿素约 76%、硫黄 19%、石蜡 3%、煤焦油 0.25%、高岭土 1.5%。其氮素释放机理为微生物分解和渗透压，温暖潮湿条件下释放较快，低温干旱时较慢。因此，冬性植物施用时需补施速效氮肥。 (6)涂层尿素是用海藻胶作为涂层液，再加入适量的微量元素，用高压喷枪将涂层液从造粒塔底部喷至造粒塔上部，使涂层液在尿素的表面形成一层较薄的膜，在尿素表面的余热条件下，水分被蒸发，生产出黄色涂层尿素。涂层尿素施入土壤后，由于海藻胶的作用，可以延缓脲酶对尿素的酶解速度，延长肥效期，提高氮肥利用率	(1)脲甲醛、丁烯叉二脲施在一年生植物上时必须配合施用一些速效氮肥，以避免植物前期因氮素供应不足而生长不良。 (2)日本将异丁叉二脲压制成 34 mm×34 mm×20 mm 的砖形“IB 砖片”肥料，能持续供应养分 3～5 年，主要用于林业、城市绿化以及果树、茶叶等经济植物。 (3)草酰胺施于土壤后易导致 NH_3 挥发损失，造成局部 pH 升高和 NH_4^+ 的浓度增大，施用时应特别注意
新型磷肥的合理施用	(1)聚磷酸盐的主要成分是焦磷酸、三聚磷酸或环状磷酸，含有效磷(P_2O_5)76%～85%，是一种超高浓度磷肥，具有较高的水溶性。聚磷酸盐是一种白色小颗粒，粒径 1.4～2.8mm。在酸性土壤上施用效果与正磷酸盐相等，在中性和碱性土壤上施用优于正磷酸盐，但其具有较长的后效，其后效超过正磷酸盐。常作基肥一次性施入。 (2)磷酸甘油酯是一种有机磷化合物，含有效磷(P_2O_5)41%～46%，溶于水。施用方便，可以撒施，也可以与灌溉水结合施入土壤；在土壤中被磷酸酶水解为正磷酸盐后缓慢供植物利用。 (3)磷脂酰胺是一种具有 N—P 共价键的有机氮、磷化合物，其主要成分为$(C_2H_5O)_2PONH_2$、$[(C_2H_5O)_2N]_2PONH_2$等。其特点是：水解前不易被土壤固定，水解后能不断供给植物氮、磷、钙。但其价格昂贵，目前难以在生产中推广应用	聚磷酸盐特点是可与金属离子形成可溶性络合物，减少磷的固定；制成液体肥料时，加入微量元素后仍呈可溶态；能在土壤中逐步分解为正磷酸盐，一次足量施用可满足植物整个生育期的需要；在酸性土壤上施用不宜被铁、铝固定，在石灰性土壤中易于分解，有效性高

续表 9-28

工作环节	操作规程	质量要求
长效钾肥的合理施用	偏磷酸钾(0-60-40)、聚磷酸钾(0-57-37)是两种主要的长效钾肥，二者均不溶于水，而溶于2%的柠檬酸，在土壤中不易被淋失，可以逐步水解，对植物不产生盐害，其肥效与水溶性钾的含量及粒径大小有关，大体上与氯化钾、硫酸钾相当或略低。常作基肥一次性施入	目前有关长效钾肥的研究较少
新型复混肥料的合理施用	(1)有机无机复混肥。一是作基肥：旱地宜全耕层深施或条施；水田是先将肥料均匀撒在耕翻前的湿润土面，耕翻入土后灌水，耕细耙平。二是作种肥：可采用条施或穴施，将肥料施于种子下方3～5 cm，防止烧苗；如用作拌种，可将肥料与1～2倍细土拌匀，再与种子搅拌，随拌随播。 (2)微生物复混肥。指两种或两种以上的微生物，或一种微生物与其他营养物质复配而成的肥料。每公顷用复合微生物肥料15～30 kg，与有机肥料或细土混匀后沟施、穴施、撒施作基肥；果树或园林树木幼树每棵200 g环状沟施、成年树每棵0.5～1 kg放射状沟施；每公顷用肥15～30 kg兑水3～4倍，移栽时蘸根或栽后灌根；每平方米苗床土用肥200～300 g与之混匀后播种；花卉草坪可用复合微生物肥料10～15 g/kg作基肥；根据不同植物每公顷用15～30 kg复合微生物肥料与化肥混合，用适量水稀释后灌溉时随水冲施。 (3)稀土复混肥。稀土复混肥是将稀土制成固体或液体的调理剂，配入原料而生产的复混肥料。施用稀土复混肥不仅可以起到叶面喷施稀土的作用，还可以对土壤中一些酶的活性有影响，对植物的根生长有一定的促进作用。施用方法同一般复混肥料	微生物复混肥有两种类型：一是菌与菌复合的微生物肥料；二是菌与各种营养元素或添加物、增效剂复合的微生物肥料，如菌与大量元素复合、菌与微量元素复合、菌与稀土元素复合、菌与植物生长激素复合等

5.问题处理

活动结束后，完成以下问题：

(1)调查当地主要施用哪些新型肥料，存在什么问题，有哪些典型经验。

(2)走访当地有关农业技术专家、有经验的农户或种植大户，总结当地新型肥料的合理施用技术。

活动六 常见化学肥料的简易识别

1.活动目标

知识目标：了解肥料标识和肥料标准有关知识。

能力目标：借助少数试剂和简单工具，能准确、迅速地对各种主要化学肥料的特性及其化学组成进行鉴定，以达到识别常用化学肥料的目的。

思政素养：树立化肥减量施用意识，杜绝假冒产品，保障食品安全。

2.活动准备

将全班按2人一组分为若干组，每组准备以下材料和用具：烧杯、试管，酒精灯，石蕊试纸；

10种常见化肥(碳酸氢铵、氨水、尿素、硫酸铵、氯化铵、钾肥、过磷酸钙等),石灰,0.5%硫酸铜溶液,1%硝酸银溶液,2.5%氯化钡溶液,硝酸-钼酸铵溶液,20%亚硝酸钴钠溶液,稀盐酸溶液,10%氢氧化钠溶液。

3.相关知识

(1)化学肥料的简易识别方法 可以简单地将化学肥料的简易识别方法总结为“一看、二闻、三溶、四烧”。

①看。也就是直观识别法就是凭我们的感官对肥料的色、味、态及肥料的包装和标识进行观察、对比,从而做出判断。一是看肥料包装和标识。肥料的包装材料和包装袋上的标识都有明确的规定。国家标准GB 8569—2009规定肥料的包装上必须印有产品的名称、商标、养分含量、净重、厂名、厂址、标准编号、生产许可证号、肥料登记证号等标志。肥料包装上的标识要符合GB 18382—2021的要求。如果没有上述主要标志或标志不完整,就有可能是假冒伪劣肥料。另外,要注意肥料包装是否完好,有无拆封痕迹或重封现象,以防那些使用旧袋充装伪劣肥料的情况。二是看颜色。各种肥料都有其特殊颜色,据此可大体区分肥料和种类。氮肥除石灰氮为黑色,硝酸铵为棕、黄、灰等杂色外,其他品种一般为白色或无色。钾肥有白色和红色两种(磷酸二氢钾为白色)。磷肥大多有色,如灰色、深灰色或黑灰色。硅肥、磷石膏、硅钙钾肥也为灰色,但有冒充磷肥的现象。磷酸氢二铵为半透明、褐色。三是看结晶状况。氮肥除石灰氮外,多为结晶体。钾肥为结晶体。磷酸二氢钾、磷酸二氢钾铵和一些微肥(硼砂、硼酸、硫酸锌、铁、铜肥)均为晶体。磷肥多为块状或粉状、粒状的非晶体。

②闻气味。一些肥料有刺鼻的氨味或强烈的酸味。如碳酸氢铵有强烈氨味,硫酸铵略有酸味,石灰氮有特殊的腥臭味,过磷酸钙有酸味,其他肥料无特殊气味。铵盐与碱性物质反应放出氨气,通过闻味或试纸颜色变化可以判断。

③溶解法。常用的溶解方法如下:一是水溶法。如果外表观察不易认识肥料品种,则可根据肥料在水中的溶解情况加以区别。取肥料样品一小匙,慢慢倒入装有半杯清洁凉开水的玻璃烧杯中,用玻璃棒充分搅动,静置一会儿观察:全部溶解的多为硫酸铵、硝酸铵、氯化铵、尿素、硝酸钾、硫酸钾、磷酸铵等氮肥和钾肥,以及磷酸二氢钾、磷酸二氢钾铵、铜、锌、铁、锰、硼、钼等微量元素单质肥料;部分溶解的多为过磷酸钙、重过磷酸钙、硝酸铵钙等;不溶解或绝大部分不溶解的多为钙镁磷肥、磷矿粉、钢渣磷肥、磷石膏、硅肥、硅钙肥等。绝大部分不溶于水,发生气泡,并闻到有“电石”臭味的为石灰氮。二是醇溶法。大部分肥料都不溶于乙醇,只有硝酸铵、尿素、磷酸钙等少数几个品种可在乙醇中溶解。通过肥料在乙醇中和水中溶解的情况就可以对肥料的成分进行初步判断。

④用烧灼法检验化肥,除需要有酒精灯外,还要准备1个铁片(铁片长15 cm左右、宽2 cm左右,最好装1个隔热的手柄)、吸水纸(最好是滤纸,剪成1 cm宽的纸条)、1块木炭、1把镊子。方法是:取少许肥料放在薄铁片或小刀上,或直接放在烧红的木炭上,观察现象。硫酸铵逐渐熔化并出现“沸腾”状,冒白烟,可闻到氨味,有残烬。碳酸氢铵直接分解,产生大量白烟,有强烈氨味,无残留物。氯化铵直接分解或升华产生大量白烟,有强烈氨味,冒白烟。硫酸钾或氯化钾无变化,但有爆裂声,没有氨味。燃烧并出现黄色火焰的是硝酸钠,出现紫色火焰的为磷酸钾。磷肥无变化(除骨粉有烧焦味外),但磷酸铵类肥料能熔化发烟,并且有氨味。

(2)常见化学肥料的简易识别 根据肥料的4种简易识别方法,将生产中常用的几种化肥的简易识别技术总结如下:

①尿素简易识别技术。一是外观识别。若化肥袋上下流动性好，内容物为白色半透明球状丸粒，外观光洁，无粉末或少有粉末，无味，手感冰凉，就是尿素。二是把肥料放在烧红的木炭或铁板上，其迅速熔化，冒白烟，有氨味，就是尿素。

②碳酸氢铵简易识别技术。常用内衬塑料薄膜加外套塑料袋紧密封装，封口质量好；白色结晶，袋内肥料常结块，流动性差；用小铁片铲取少许肥料在烧红铁片上，会发生大量白烟并有强烈的氨味，铁片上无残留物。可用试纸测试其溶液，呈弱碱性。

③磷酸氢二铵简易识别技术。一是放在手心用力握紧或按压转动，有“油湿感”；二是看外包装袋的字迹是否清楚，缝口部是否整齐、严密，并附带质监部门出具的检验报告；三是颗粒均匀，光滑且有光泽；四是用手研磨不易粉碎，有一定强度。

④过磷酸钙简易识别技术。一是看外观，多为灰色、灰白色或浅黄色疏松状物；二是闻，一般有酸味；三是手感，有一定腐蚀性；四是将肥料放入人粪尿中，粪表面产生大量气泡，俗称“冒泡子的磷肥”。

⑤钙镁磷肥简易识别技术。一是看包装，产品名称、商标、养分及含量、净重、执行标准号、生产许可证号、厂名、厂址等是否齐全，且印刷正规、清晰；二是看颜色及形状，如灰白色、浅绿、墨绿、黑褐色等，粉末状；三是手感，无腐蚀性、不吸潮、不结块、流动性极好；四是闻气味及看水溶性：在烧红的铁片上无变化，没有气味，不溶于水。

⑥硫酸钾简易识别技术。一是灼烧鉴别，在烧红的铁片上显黄紫色火焰；二是溶解，硫酸钾能够少量溶解于水；三是酸碱性，优等品和一等品的硫酸钾呈酸性。

⑦氯化钾简易识别技术。一是看养分，正品或一等品氧化钾质量分数≥60%；二是溶解，真品氯化钾溶解过程中保持原色，不褪色。三是烧灼，在烧红的铁片上，不熔融、无气味、受热产生蹦跳现象，会出现浅黄色火焰；四是看价格，假氯化钾价格明显低于市场价格。

⑧磷酸二氢钾简易识别技术。一是看标识，有些标注“磷酸二氢钾铵”“高效复合肥Ⅰ型”等都是假的；二是溶解，用一个透明的瓶子装满小苏打水，撒入少量磷酸二氢钾，如果有剧烈泡沫而无臭味，就是真品；三是灼烧，将磷酸二氢钾放在铁片上加热，肥料会熔化为透明的液体，冷却后凝固为半透明的玻璃状物质——偏磷酸钾。

⑨农用硫酸锌简易识别技术。一是看标识，正品一般有“农用硫酸锌”字样，含锌复合微肥要有肥料登记证号。如果标注“铁锌肥”“镁锌肥”等肥料，一般主要成分是硫酸亚铁或硫酸镁，锌含量极低。二是看外观，外观为白色或微带颜色的针状结晶。三是溶解，能快速溶于水，水溶液酸性。

⑩进口颗粒硼肥简易识别技术。一是看外观，呈纯白色；二是手捏，进口颗粒硼经造粒后非常坚固，手指捏不散；三是看价格，假的颗粒硼肥价格很低。

⑪农用硫酸铜简易识别技术。一是看外观，纯品为蓝色结晶；二是灼烧，灼烧后失水变成白色，冷却后又变成蓝色，为真品。

⑫复混肥料简易识别技术。一是看包装，双层包装，有肥料登记证号、养分含量、企业名称和地址、生产许可证号等；包装袋内是否有产品合格证。二是手摸，用手抓一把肥料进行揉搓，手上留有一层灰白色粉末并有黏着感，或者摸其颗粒可见细小白色晶体表明质量优良。三是灼烧，放在烧红的铁片上，有氨味说明有氮；出现黄紫色火焰说明有钾，且氨味越浓，黄紫色火焰越紫，表明氮、钾含量越高。四是闻，复混肥料一般无异味。五是溶解，优质复混肥料水溶性好，浸泡在水中绝大部分能溶解，即使有少量沉淀也较细小。

4.操作规程

根据当地农业生产常用的化学肥料品种，从市场上选取若干品种，完成表 9-29 操作。

表 9-29　常见化学肥料的鉴别

工作环节	操作规程	质量要求
外表观察	一般氮肥和钾肥多为结晶体，如碳酸氢铵、硝酸铵、氯化铵、硫酸铵、尿素、氯化钾、硫酸钾等；磷肥多为粉末状，如过磷酸钙、钙镁磷肥、磷矿粉、钢渣磷肥等	样品一定要干燥，保持原状
加水溶解	准备 1 只烧杯或玻璃杯，内放半杯蒸馏水或凉开水，将 1 小勺化肥样品慢慢倒入杯中，并用玻璃棒充分搅拌，静止一会后观察其溶解情况，以鉴别肥料样品。 (1)全部溶解的有：硫酸铵、硝酸铵、氯化铵、尿素、硝酸钠、氯化钾、硫酸钾、磷酸铵、硝酸钾等。 (2)部分溶解的有：过磷酸钙、重过磷酸钙、硝酸铵钙等。 (3)不溶解或绝大部分不溶解的有：钙镁磷肥、沉淀磷肥、钢渣磷肥、脱氟磷肥、磷矿粉等	在用外表观察分辨不出其品种时，采用此法
加碱性物质混合	取样品同石灰或其他碱性物质(如烧碱)混合，如闻到氨臭味，则可确定为铵态氮肥或含铵态氮的复合肥料或混合肥料	注意防止刺激眼睛
灼烧检验	将待测的少量样品直接放在铁片或烧红的木炭上燃烧，观察其熔化、烟色、烟味与残烬等情况 (1)逐渐熔化并出现"沸腾"状，冒白烟，可闻到氨味，有残烬，是硫酸铵。 (2)迅速熔解时冒白烟，有氨味，是尿素。无变化但有爆裂声，没有氨味，是硫酸钾或氯化钾。 (3)不易熔化，但白烟甚浓，又能闻到氨味和盐酸味，是氯化铵。 (4)边熔化边燃烧，冒白烟，有氨味，是硝酸铵。 (5)燃烧出现黄色火焰是硝酸钠，燃烧出现带紫色的火焰是硝酸钾	样品量不宜过多，注意安全
化学检验	(1)取少量样品，放在干净的试管中，将试管放在酒精灯上灼烧，观察识别。 ①结晶在试管中逐渐熔化、分解、能嗅到氨味，使湿的红色石蕊试纸变成蓝色，是硫酸铵。 ②结晶在试管中不熔化，而固体像升华一样，在试管壁冷的部分生成白色薄膜，是氯化铵。 ③结晶在试管中能迅速熔化、沸腾、用湿的红色石蕊试纸在管口试一下，能变成蓝色，但继续加热，试纸则又由蓝色变成红色，是硝酸铵。 ④结晶在试管中加热后，立即熔化，能产生氨臭味，并且很快挥发，在试管中有残渣，是尿素。 (2)取少量肥料样品于试管中，加水 5 mL 待其完全溶解后，用滴管加入 2.5%氯化钡溶液 5 滴，产生白色沉淀：	注意化学试剂使用的安全

续表 9-29

工作环节	操作规程	质量要求
化学检验	①当加入稀盐酸至酸性时，沉淀不溶解，证明含有硫酸根；当化学方法鉴定出含有氨，又经此法确定含有硫酸根，则肥料为硫酸铵。 ②当用灼烧检验方法证明是钾肥，又经此法检验含有硫酸根，则为硫酸钾。 (3)取少量肥料样品放在试管中，加水 5 mL 待其完全溶解后，用滴管加入 1%硝酸银 5 滴，产生白色絮状沉淀，证明含有氯离子： ①当用化学方法鉴定出含有氨，又经此法证明含有氯离子，则为氯化铵。 ②当用灼烧检验方法证明是钾肥，又经此法检验含有氯离子，则为氯化钾。 (4)取极少量肥料样品放在试管中，加水 5 mL 使其溶解，如溶液混浊，则需过滤，取清液鉴定，于滤液中加入钼酸铵-硝酸溶液 2 mL，摇匀后，如出现黄色沉淀，证明是水溶性磷肥。 (5)取少量样品(加碱性物质不产生氨味)放在试管中，加水使其完全溶解，滴加亚硝酸钴钠溶液 3 滴，用玻璃棒搅匀，产生黄色沉淀，证明是含钾化肥。 (6)取肥料样品约 1 g 放在试管中，在酒精灯上加热熔化，稍冷却，加入蒸馏水 2 mL 及 10%氢氧化钠 5 滴，溶解后，再加入 0.5%硫酸铜溶液 3 滴，如出现紫色，证明是尿素	注意化学试剂使用的安全

5.问题处理

根据实验结果，认真填写肥料系统鉴定表(表 9-30)，并掌握其主要内容。

表 9-30　化学肥料系统鉴定表

样品	外表观察	加水溶解	加碱性物质混合	灼烧检验	化学检验	肥料名称
1						
2						
3						
4						
5						
6						
7						
8						
9						
10						

【师生互动】

1. 根据当地环境条件，制订合理施用氮肥、磷肥、钾肥、中量元素肥料、微量元素肥料、复混肥料、水溶肥料等的技术方案；调查当地农户施用这些肥料中存在的主要问题与典型经验。

2.结合实际情况，对当地常用的化学肥料（包括碳酸氢铵、氯化铵、尿素、硫酸钾、氯化钾、过磷酸钙、磷酸铵等肥料品种）进行识别与定性鉴定。

3.走访当地农业企业员工或有经验的农户，进行有效沟通，调查当地推广新型肥料情况。

4.结合实际情况，对当地常用的水溶肥料（包括碳酸氢铵、氯化铵、尿素、硫酸钾、氯化钾、过磷酸钙、磷酸铵等肥料品种）进行识别与定性鉴定。

知识拓展

如果同学们想了解更多的知识，可以通过下面的渠道进行学习：

1.阅读杂志

(1)《中国土壤与肥料》

(2)《土壤通报》

(3)《植物营养与肥料学报》

2.浏览网站

(1)中国化肥网(http://www.fert.cn/)

(2)中国肥料信息网(http://www.natesc.gov.cn/)

(3)中肥网农资通(http://vip.ferinfo.com/)

(4)中国有机肥料网(http://yjfl.toocle.com/)

3.通过本校图书馆借阅有关土壤肥料、肥料等方面的书籍。

考证提示

获得农业技术员、农作物植保员，以及有关涉农企业的1+X证书等职业资格证书，需具备以下知识和能力：

1.常见氮肥、磷肥、钾肥的性质与合理施用技术；

2.常见中量、微量元素肥料的性质与合理施用技术；

3.常见复混肥料的性质与合理施用技术；

4.常见新型水溶肥料的性质与合理施用技术；

5.常见新型肥料的性质与合理施用技术；

6.当地常见化学肥料的识别与鉴定。

学习情境十　有机肥料及微生物肥料与植物生长

【情境创设】

学习情境十 有机肥料及微生物肥料与植物生长		活动一　有机肥料的合理施用 活动二　微生物肥料的合理施用
能力目标	专业能力	1.熟练进行高温堆肥的积制； 2.熟练进行有机物料腐熟剂的施用； 3.能准确、迅速识别常用微生物肥料
	方法能力	1.具备获取信息、收集资料的能力； 2.具备制订计划、执行计划的能力； 3.具备自主学习、发现问题、解决问题的能力
	社会能力	1.具备良好的团队协作、配合能力； 2.具备良好的与人沟通、协调能力； 3.具备一定的综合、创新能力
知识目标	1.了解有机肥料、微生物肥料基本知识； 2.熟悉常见有机肥料和微生物肥料的施用方法	
思政目标	1.学习绿色发展有关论述，树立绿色生产意识； 2.树立化肥减量施用意识，积极推广有机肥料与微生物肥料	
教学条件	多媒体课件、多媒体教室、实验实训室、图书馆、网络	
教学方法	课堂讲授、资料查阅、现场训练、课外活动	
考核评价	学习过程考核	计划制订(20%)、师生释疑(10%)、完成任务(50%)、检查评价(20%)
	拓展能力考核	工作态度(20%)、岗位技能(50%)、拓展能力(20%)、团队合作(10%)
考核方式	教师评价(70%)、小组互评(20%)、学生自评(10%)	

活动一　有机肥料的合理施用

1.活动目标

知识目标：了解有机肥料的种类、特点及生产意义；掌握生产中常用有机肥料的主要类型与性质。

能力目标：能熟练进行常见有机肥料的施用；能熟练进行高温堆肥的积制。

思政素养：了解当地有机肥料施用存在的问题，树立化肥减量、推广使用有机肥的意识。

2.活动准备

查阅有关土壤肥料的书籍、杂志、网站，收集有机肥料的施用知识，总结有机肥料的合理利用情况。将全班按5人一组分为若干组，每组准备以下材料和用具：常见粪尿肥类、堆沤肥类、绿肥类、杂肥类等肥料样品少许。

3.相关知识

有机肥料是指利用各种有机废弃物料加工积制而成的含有有机物质的肥料总称，是农村就地取材、就地积制、就地施用的一类自然肥料，也称作农家肥。目前已有工厂化积制的有机肥料出现，这些有机肥料被称作商品有机肥料。有机肥料除能提供植物养分、维持地力外，在改善农产品品质、保障粮食安全、改善生态环境等方面的作用是化学肥料无法代替的，目前在我国推广化肥减量增效工作中，有机肥替代化肥技术得到了广泛应用。

(1)有机肥料类型　有机肥料按其来源、特性和积制方法一般可分为四类：

①粪尿肥类。主要是动物的排泄物，包括人粪尿、家畜粪尿、家禽粪、海鸟粪、蚕沙以及利用家畜粪便积制的厩肥等。

②堆沤肥类。主要是有机物料经过微生物发酵的产物，包括堆肥（普通堆肥、高温堆肥和工厂化堆肥）、沤肥、沼气池肥（沼气发酵后的池液和池渣）、秸秆直接还田等。

③绿肥类。这类肥料主要是指直接翻压到土壤中作为肥料施用的植物整体和植物残体，包括野生绿肥、栽培绿肥等。

④杂肥类。包括各种能用作肥料的有机废弃物，如泥炭（草炭）和利用泥炭、褐煤、风化煤等为原料加工提取的各种富含腐殖酸的肥料，饼肥（榨油后的油粕）与食用菌的废弃营养基，河泥、湖泥、塘泥、污水、污泥，垃圾肥和其他含有有机物质的工农业废弃物等，也包括以有机肥料为主配制的各种营养土。

(2)有机肥料的作用　有机肥料在农业生产中所起到的作用，可以归纳为以下几个方面。

①为植物生长提供营养。有机肥料几乎含有作物生长发育所需的所有必需营养元素，尤其是微量元素，长期施用有机肥料的土壤，作物是不缺乏微量元素的。此外，有机肥料中还含有少量氨基酸、酰胺、磷脂、可溶性碳水化合物等有机分子，可以直接为作物提供有机碳、氮、磷营养。

②活化土壤养分，提高化肥利用率。施用有机肥料可以有效地增加土壤养分含量，有机肥料中所含的腐殖酸中含有大量的活性基团，可以和许多金属阳离子形成稳定的配位化合物，从而使这些金属阳离子（如锰、钙、铁等）的有效性提高，同时间接提高了土壤中闭蓄态磷的释放，

从而达到活化土壤养分的功效。应当注意的是，有机肥料在活化土壤养分的同时，会与部分微量营养元素形成稳定的配位化合物而降低有效性，如锌、铜等。

③改良土壤理化性质。有机肥料含有大量腐殖质，长期施用可以起到改良土壤理化性质和协调土壤肥力因素状况的作用。有机肥料施入土壤中，所含的腐殖酸可以改良土壤结构，促进土壤团粒结构形成，从而协调土壤孔隙状况，提高土壤的保蓄性能，协调土壤水、气、热的矛盾；还能增强土壤的缓冲性，改善土壤氧化还原状况，平衡土壤养分。

④改善农产品品质和刺激作物生长。施用有机肥料能提高农产品的营养品质、风味品质、外观品质；有机肥料中还含有维生素、激素、酶、生长素和腐殖酸等，他们能促进作物生长和增强作物抗逆性；腐殖酸还能够刺激植物生长。

⑤提高土壤微生物活性和酶的活性。有机肥料给土壤微生物提供了大量的营养和能量，加速了土壤微生物的繁殖，提高了土壤微生物的活性，同时使土壤中一些酶（如脱氢酶、蛋白酶、脲酶等）的活性提高，促进了土壤中有机物的转化，加速了土壤有机物的循环，有利于提高土壤肥力。

⑥提高土壤容量，改善生态环境。施用有机肥料可以降低作物对重金属离子如铜、锌、铅、汞、铬、镉、镍等的吸收，减少了重金属对人体健康的危害。有机肥料中的腐殖质对一部分残留农药（如狄氏剂等）有吸附、降解作用，能有效地消除或减轻农药对食品的污染。

(3)主要有机肥料的类型及性质

①人粪尿。人粪尿是一种养分含量高、肥效快的有机肥料，包括人粪、人尿、人粪尿混合物。

人粪是食物经过消化后未被吸收而排出体外的残渣，混有多种消化液、微生物和寄生虫等物质，含有70%～80%的水分、20%左右的有机物和5%左右的无机物。新鲜人粪一般呈中性。

人尿是食物经过消化吸收，并参加人体代谢后产生的废物和水分，含95%的水分、5%左右的水溶性有机物和无机盐类。新鲜的尿液为淡黄色透明液体，不含有微生物，因含有少量磷酸盐和有机酸而呈弱酸性。

人粪尿的排泄量和其中的养分及有机质的含量因人而异，不同的年龄、饮食状况和健康状况都不相同（表10-1）。

表10-1 人粪尿的养分含量 %

种类	主要成分含量（鲜基）				
	水分	有机物	N	P_2O_5	K_2O
人粪	>70	约20	1.00	0.50	0.37
人尿	>90	约3	0.50	0.13	0.19
人粪尿	>80	5～10	0.5～0.8	0.2～0.4	0.2～0.3

②家畜粪尿。家畜粪尿肥主要指人们饲养的牲畜，如猪、牛、羊、马、驴、骡、兔等的排泄物及鸡、鸭、鹅等禽类排泄的粪便。家畜粪成分较为复杂，主要是纤维素、半纤维素、木质素、蛋白质及其降解物、脂肪、有机酸、酶、大量微生物和无机盐类。家畜尿成分较为简单，全部是水溶性物质，主要为尿素、尿酸、马尿酸和钾、钠、钙、镁的无机盐。不同的家畜排泄物成分略有不

同。各类家畜粪尿的性质可参考表 10-2。

表 10-2　家畜粪尿的性质

家畜粪尿	性质
猪粪	质地较细，含纤维少，C/N 低，养分含量较高，且蜡质含量较多；阳离子交换量较高；含水量较多，纤维分解细菌少，分解较慢，产热少
牛粪	质地细密，C/N 为 21∶1，含水量较高，通气性差，分解较缓慢，释放出的热量较少，为冷性肥料
羊粪	质地细密干燥，有机质和养分含量高，C/N 为 12∶1 分解较快，发热量较大，为热性肥料
马粪	纤维素含量较高，疏松多孔，水分含量低，C/N 为 13∶1，分解较快，释放热量较多，为热性肥料
兔粪	富含有机质和各种养分，C/N 低，易分解，释放热量较多，为热性肥料
禽粪	纤维素较少，粪质细腻，养分含量高于家畜粪，分解速度较快，发热量较低

③厩肥。厩肥是以家畜粪尿为主，与各种垫圈材料(如秸秆、杂草、黄土等)和饲料残渣等混合积制的有机肥料统称。北方称为“土粪”或“圈粪”，南方称为“草粪”或“栏粪”。厩肥中富含丰富的有机质和各种养分，属完全肥料(表 10-3)。

表 10-3　新鲜厩肥的养分含量(鲜基)　　%

种类	水分	有机质	N	P_2O_5	K_2O	CaO	MgO
猪厩肥(圈粪)	72.4	25.0	0.45	0.19	0.40	0.08	0.08
马厩肥	71.9	25.4	0.38	0.28	0.53	0.31	0.11
牛厩肥(栏粪)	77.5	20.3	0.34	0.18	0.40	0.21	0.14
羊厩肥(圈粪)	64.6	31.8	0.83	0.23	0.67	0.33	0.28

厩肥常用的积制方法有 3 种，即深坑圈、平底圈和浅坑圈。

深坑圈：我国北方农村常用的一种养猪积肥方式。圈内设有一个 1 m 左右的深坑作为猪活动和积肥的场所，每日向坑中添加垫圈材料，通过猪的不断践踏，使垫圈材料和猪粪尿充分混合，并在缺氧的条件下就地腐熟，待坑满后一次出圈。出圈后的厩肥，下层已达到腐熟或半腐熟状态，可直接施用，上层未腐熟的厩肥可在圈外堆制，待腐熟后施用。

平底圈：地面多为紧实土底，或采用石板、水泥筑成，无粪坑设置，采用每日垫圈每日或数日清除的方法，将厩肥移至圈外堆制。牛、马、驴、骡等大牲畜常采用这种方法，每日垫圈、每日清除。对于养猪来说，此法适合大型养猪场，或地下水位较高、雨水较充足而不宜采用深坑圈的地区，一般采用每日垫圈、数日清除的方法。平底圈积制的厩肥未经腐熟，需要在圈外堆腐，费时费工，但比较卫生和有利于家畜健康。

浅坑圈：介于深坑圈和平底圈之间，在圈内设 13～17 cm 浅坑，一般采用勤垫勤起的方法，类似于平底圈，厩肥腐熟程度较差，需要在圈外堆腐。

目前，常采用的腐熟方法有冲圈和圈外堆制。冲圈是将家畜粪尿集中于化粪池沤制，或直接冲入沼气发酵池，利用沼气发酵的方法进行腐熟。此种方法多用于大型养殖场和家畜粪便能源化地区。圈外堆制有两种方式，一种是紧密堆积法，将厩肥取出，在圈外另选地方堆成宽 2～3 m，长度不限，高 1.5～2 m 的紧实肥堆，用泥浆或薄膜覆盖，在厌氧条件下堆制 6 个月，待厩肥完全腐熟后再利用。另一种为疏松堆积法，方法与紧密堆积法相似，但肥堆疏松，在好氧条件下腐熟。此法类似于高温堆肥，肥堆温度较高，有利于杀灭病原体、加速厩肥的腐熟。此外，还可以两种堆制方法交替使用，先进行高温堆制，待高温杀灭病原体后，再压紧肥堆，在厌氧条件下腐熟，此法厩肥完全腐熟需要 4～5 个月。

厩肥半腐熟特征可概括为"棕、软、霉"，完全腐熟可概括为"黑、烂、臭"，过分腐熟则为"灰、粉、土"。

④堆肥。堆肥主要是以秸秆、落叶、杂草、垃圾等为原料，再配合定量的含氮丰富的有机物，在不同条件下积制而成的肥料。堆肥的性质和厩肥类似，其养分含量因堆肥原料和堆制方法不同而有差别（表 10-4）。堆肥一般含有丰富的有机质，碳氮比较小，养分多为速效态；堆肥还含有维生素、生长素及微量元素等。

表 10-4 堆肥的养分含量 %

种类	水分	有机质	氮(N)	磷(P_2O_5)	钾(K_2O)	C/N
高温堆肥	—	24～42	1.05～2.00	0.32～0.82	0.47～2.53	9.7～10.7
普通堆肥	60～75	15～25	0.4～0.5	0.18～0.26	0.45～0.70	16～20

堆肥的腐熟是一系列微生物活动的复杂过程。堆肥初期矿化过程占主导，堆肥后期则是腐殖化过程占主导。普通堆肥因加入土多，发酵温度低，腐熟时间较长，需 3～5 个月。高温堆肥以纤维素多的原料为主，加入适量的人、畜粪尿，腐熟时间短，发酵温度高，有明显的高温过程，能杀灭病菌虫卵、草籽等。

其腐熟程度可从颜色、软硬程度及气味等特征来判断。半腐熟的堆肥材料组织变松软易碎，分解程度差，汁液为棕色，有腐烂味，可概括为"棕、软、霉"。腐熟的堆肥，堆肥材料完全变形，呈褐色泥状物，可捏成团，并有臭味，特征是"黑、烂、臭"。

⑤沤肥。沤肥是利用有机物料与泥土在淹水条件下，通过厌氧微生物进行发酵积制的有机肥料。沤肥因积制地区、积制材料和积制方法的不同而名称各异，如江苏的草塘泥、湖南的凼肥、江西和安徽的窖肥、湖北和广西的垱肥、北方地区的坑沤肥等，都属于沤肥。

沤肥是在低温厌氧条件下进行腐熟的，腐熟速度较为缓慢，腐殖质积累较多。沤肥的养分含量因材料配比和积制方法的不同而有较大的差异，一般而言，沤肥的 pH 为 6～7，有机质含量为 3%～12%，全氮含量为 2.1～4.0 g/kg，速效氮含量为 50～248 mg/kg，全磷含量(P_2O_5)为 1.4～2.6 g/kg，速效磷(P_2O_5)含量为 17～278 mg/kg，全钾(K_2O)含量为 3.0～5.0 g/kg，速效钾(K_2O)含量为 68～185 mg/kg。

⑥沼气肥。沼气发酵产生的沼气可以缓解农村能源紧张，协调农牧业的均衡发展，发酵后的废弃物（沼渣和沼液）还是优质的有机肥料，即沼气肥，也称为沼气池肥。

沼液含速效氮 0.03%～0.08%，速效磷 0.02%～0.07%，速效钾 0.05%～1.40%，同时还含有 Ca、Mg、S、Si、Fe、Zn、Cu、Mo 等各种矿质元素，以及各种氨基酸、维生素、酶和生长素等活性物质。沼渣含全氮 5～12.2 g/kg（其中速效氮占全氮的 82%～85%），速效磷 50～300 mg/kg，速效钾 170～320 mg/kg，以及大量的有机质。

⑦绿肥。绿肥是指栽培或野生的植物，利用其植物体的全部或部分作为肥料。绿肥的种类繁多，一般按照来源可分为栽培型（绿肥植物）和野生型；按照种植季节可分为冬季绿肥（如紫云英、毛叶苕子等）、夏季绿肥（如田菁、柽麻、绿豆等）和多年生绿肥（如紫穗槐、沙打旺、多变

小冠花等);按照栽培方式可分为旱生绿肥(如黄花苜蓿、箭筈豌豆、金花菜、沙打旺、黑麦草等)和水生绿肥(如绿萍、水浮莲、水花生、水葫芦等)。此外,还可以将绿肥分为豆科绿肥(如紫云英、毛叶苕子、紫穗槐、沙打旺、黄花苜蓿、箭筈豌豆等)和非豆科绿肥(如绿萍、水浮莲、水花生、水葫芦、肥田萝卜、黑麦草等)。

绿肥适应性强,种植范围比较广,可利用农田、荒山、坡地、池塘、河边等种植,也可间作、套种、单种、轮作等。绿肥产量高,平均每公顷产鲜草 15～22.5 t。绿肥植物含较丰富的有机质,有机质含量一般在 12%～15%(鲜基),而且养分含量较高。种植绿肥可增加土壤养分,提高土壤肥力,改良低产田。绿肥能提供大量新鲜有机质和钙素营养,根系有较强的穿透能力和团聚能力,有利于水稳性团粒结构形成。绿肥还可固沙护坡,防止冲刷,防止水土流失和土壤沙化。绿肥还可作饲料,发展畜牧业。

⑧杂肥类。包括泥炭及腐殖酸类肥料、饼肥或菇渣、城市有机废弃物等,它们的养分含量见表 10-5。

表 10-5　杂肥类有机肥料的养分含量

名称	养分含量
泥炭	含有机质 40%～70%,腐殖酸 20%～40%,全氮 0.49%～3.27%,全磷 0.05%～0.6%,全钾 0.05%～0.25%;多酸性至微酸性
腐殖酸类	主要是腐殖酸铵(游离腐殖酸 15%～20%、含氮 3%～5%)、硝基腐殖酸铵(腐殖酸 40%～50%、含氮 6%)、腐殖酸钾(腐殖酸 50%～60%)等,多黑色或棕色,溶于水
饼肥	主要有大豆饼、菜籽饼、花生饼等,含有机质 75%～85%、全氮 1.1%～7.0%、全磷 0.4%～3.0%、全钾 0.9%～2.1%,以及蛋白质及氨基酸等
菇渣	含有机质 60%～70%、全氮 1.62%、全磷 0.454%、钾 0.9%～2.1%、速效氮 212 mg/kg、速效磷 188 mg/kg,并含丰富微量元素
城市垃圾	处理后垃圾肥含有机质 2.2%～9.0%、全氮 0.18%～0.20%、全磷 0.23%～0.29%、全钾 0.29%～0.48%

⑨商品有机肥料。近年来,化肥的长期过量施用造成了土壤板结、环境污染、农产品品质下降,再加上化肥价格浮动较大,安全、环保、绿色的有机肥料再次引起人们的关注,市场需求不断增加。

与传统有机肥料不同,商品有机肥料有着自己独特的内涵。商品有机肥料是指工厂化生产,经过物料预处理、配方、发酵、干燥、粉碎、造粒、包装等工艺加工生产的有机肥料或有机无机复混肥料。商品有机肥料包括精制有机肥料类、有机无机复混肥料、生物有机肥料。一般说的商品有机肥料是指精制有机肥料类,除了活性商品有机肥料外,还包括一些腐殖酸肥料和氨基酸肥料。

活性有机肥料是以作物秸秆、畜禽粪和农副产品加工下脚料为主要原料,加入发酵微生物进行发酵脱水和无害化处理而成的优质有机肥料。活性商品有机肥料特点主要表现在:一是养分齐全,含有丰富的有机质,可以全面供给作物氮、磷、钾及多种中、微量元素,作物施用商品有机肥后,能明显提高农产品的品质和产量。二是改善地力,施用商品有机肥能改善土壤理化性状,增强土壤的透气、保水、保肥能力,防止土壤板结和酸化,显著降低土壤盐分对作物的不良影响,增强作物的抗逆和抗病虫害能力,缓解连作障碍。

不同种类作物活性商品有机肥料施用量不相同：设施瓜果、蔬菜，如西瓜、草莓、辣椒、番茄、黄瓜等，基肥每季每公顷 4 500～7 500 kg。露地瓜菜，如西瓜、黄瓜、土豆、毛豆及葱蒜类等，基肥每季每公顷 4 500～6 000 kg；青菜等叶菜类，基肥每季每公顷 3 000～4 500 kg；莲子，基肥每公顷 7 500～11 250 kg。粮食作物，如小麦、水稻、玉米等，基肥每季每公顷 3 000～3 750 kg。油料作物，如油菜、花生、大豆等，基肥每季每公顷 4 500～7 500 kg。果树、茶叶、花卉、桑树等，根据树龄大小，基肥每季每公顷 7 500～11 250 kg；新苗木基地，在育苗前每公顷基施 11 250～15 000 kg。对于新平整后的生土田块，3～5 年内每年每公顷增施 11 250～15 000 kg，方可逐渐恢复提高土壤肥力。

活性商品有机肥料施用方法一般以作基（底）肥为主，在作物栽种前将肥料均匀撒施，耕翻入土，如采用条施或沟施，要注意防止肥料集中施用引起烧苗现象，要根据作物田间实际情况确定商品有机肥料的施用量；精制有机肥做追肥使用时，一定要及时浇足水分。

4.操作过程

(1)常见有机肥料的合理施用 根据当地有机肥资源状况和种植作物、土壤肥力等，完成表 10-6 操作。

表 10-6 常见有机肥料的合理施用

工作环节	操作规程	质量要求
人粪尿的合理施用	(1)人粪尿的认识。认识了解人粪尿、人粪、人尿的成分、性质、养分含量等。 (2)人粪尿的贮存。在我国南方常将人粪尿制成水粪贮存，采用加盖粪缸或三格化粪池等。我国北方则采用人粪拌土堆积，或用堆肥、厩肥、草炭制成土粪，或单独积存人尿，也可用干细土垫厕所保存人粪尿中养分。 (3)人粪尿的施用。人粪尿可作基肥和追肥施用，人尿还可以作种肥用来浸种。一般以人粪尿为原料积制的大粪土、堆肥和沼气池渣等肥料宜作基肥。人粪尿在作基肥时，一般每公顷用量为 7 500～15 000 kg，还应配合其他有机肥料和磷、钾肥。人粪尿在作追肥时，应分次施用，并在施用前加水稀释，以防止盐类对作物产生危害	(1)人粪尿腐熟快慢与季节有关，人粪尿混存时，夏季需 6～7 d，其他季节需 10～20 d。 (2)人尿作追肥在苗期施用时要注意，直接施用新鲜人尿有烧苗的可能，需要增大稀释倍数再施用
畜禽粪尿的合理施用	(1)畜禽粪尿的认识。了解猪、牛、马、羊、家禽等的成分、性质、养分含量等。 (2)各类畜禽粪尿的施用。猪粪适宜于各种土壤和植物，可作基肥和追肥。牛粪适宜于有机质缺乏的轻质土壤，作基肥。羊粪适宜于各种土壤，可作基肥。马粪适宜于质地黏重的土壤，多作基肥。兔粪多用于茶、桑、果树、蔬菜、瓜等植物，可作基肥和追肥。禽粪适宜于各种土壤和植物，可作基肥和追肥	各种畜禽粪具有不同特点，在施用时必须加以注意，以充分发挥肥效；并注意施用量

续表 10-6

工作环节	操作规程	质量要求
厩肥的合理施用	(1)厩肥的认识。厩肥的成分依垫圈材料及用量、家畜种类、饲料质量等而不同。 (2)厩肥的积制。厩肥常用的积制方法有三种,即深坑圈、平底圈和浅坑圈。应根据家畜种类进行选择。 (3)厩肥的腐熟。常采用的腐熟方法有冲圈和圈外堆制。冲圈是将家畜粪尿集中于化粪池沤制,或直接冲入沼气发酵池,利用沼气发酵的方法进行腐熟。圈外堆制有两种方式:紧密堆积法和疏松堆积法。 (4)厩肥的施用。未经腐熟的厩肥不宜直接施用,腐熟的厩肥可用作基肥和追肥。厩肥作基肥时,要根据厩肥的质量、土壤肥力、植物种类和气候条件等综合考虑。一般在通透性良好的轻质土壤上,可选择施用半腐熟的厩肥;在温暖湿润的季节和地区,可选择半腐熟的厩肥;在种植生育期较长的植物或多年生植物时,可选择腐熟程度较差的厩肥。而在黏重的土壤上,应选择腐熟程度较高的厩肥;在比较寒冷和干旱的季节和地区,应选择完全腐熟的厩肥;在种植生育期较短的植物时,则需要选择腐熟程度较高的厩肥	(1)养猪采用深坑圈,牛、马、驴、骡等大牲畜和大型养猪场采用平底圈和浅坑圈。 (2)厩肥半腐熟特征可概括为"棕、软、霉",完全腐熟可概括为"黑、烂、臭",腐熟过劲则为"灰、粉、土"。 (3)厩肥在施用时,可根据当地的土壤、气候和作物等条件,选择不同腐熟程度的厩肥
堆肥的合理施用	(1)堆肥的认识。堆肥的性质基本和厩肥类似,其养分含量因堆肥原料和堆制方法不同而有差别。 (2)堆肥的腐熟。堆肥腐熟过程可分为四个阶段,即发热、高温、降温和腐熟阶段。其腐熟程度可从颜色、软硬程度及气味等特征来判断。 (3)堆肥的施用。堆肥主要作基肥,施用量一般为 15 000～30 000 kg/hm^2。堆肥作种肥时常与过磷酸钙等磷肥混匀施用,作追肥时应提早施用	(1)高温堆肥和普通堆肥成分不同。 (2)半腐熟的堆肥可概括为"棕、软、霉"。腐熟的堆肥特征是"黑、烂、臭"
沤肥、沼气肥的合理施用	(1)沤肥的施用。沤肥一般作基肥施用,多用于稻田,也可用于旱地。在旱地上施用时,也应结合耕地作基肥。沤肥的每公顷施用量一般在 30 000～75 000 kg,并注意配合化肥和其他肥料一起施用。 (2)沼气肥的施用。沼液可作追肥施用,一般土壤追肥每公顷施用量为 30 000 kg,并且要深施覆土。沼液还可以作叶面追肥,将沼液和水按 1∶(1～2)稀释,每 7～10 d 喷施一次,可收到很好的效果。沼液还可以用来浸种,可以和沼渣混合作基肥和追肥。沼渣也可以单独作基肥或追肥	(1)沤肥在水田中施用时,应在耕作和灌水前将沤肥均匀施入土壤,然后进行翻耕、耙地,再进行插秧。 (3)沼渣可以和沼液混合施用,作基肥

续表 10-6

工作环节	操作规程	质量要求
秸秆直接还田	秸秆直接还田还可以节省人力、物力。在还田时应注意： (1)秸秆预处理。一般在前茬收获后将秸秆预先切碎或撒施地面后用圆盘耙切碎翻入土中；或前茬留高茬(15～30 cm)，收获后将根茬及秸秆翻入土中。 (2)配施氮、磷化肥。一般每公顷配施碳酸氢氨 150～225 kg 和过磷酸钙 225～300 kg。 (3)耕埋时期和深度。旱地在播种前 30～40 d 还田为好，深度 17～22 cm；水田在插秧前 40～45 d 为好，深度 10～13 cm。 (4)稻草和麦秸的每公顷用量在 2 250～3 000 kg，玉米秸秆可适当增加，也可以将秸秆全部还田。 (5)水分管理。对于旱地土壤，应及时灌溉，保持土壤相对含水量在 60%～80%。水田则要浅水勤灌，干湿交替	(1)秸秆还田在酸性土壤配施适量石灰、水田浅水勤灌和干湿交替，有利于有害物质的及早排出。 (2)染病秸秆和含有害虫虫卵的秸秆一般不能直接还田，应经过堆、沤或沼气发酵等处理后再施用
绿肥的合理施用	(1)绿肥的认识。了解当地经常种植的绿肥种类及其栽培特性。 (2)绿肥的翻压利用。 ①绿肥翻压时期。常见绿肥品种中紫云英应在盛花期；苕子和田菁应在现蕾期至初花期；豌豆应在初花期；柽麻应在初花期至盛花期。翻压绿肥时期应与播种和移栽期有一段间隔，10 d 左右。 ②绿肥压青技术。绿肥翻压量一般每公顷应控制在 15 000～25 000 kg，然后再配合施用适量的其他肥料。绿肥翻压深度大田应控制在 15～20 cm。 ③翻压后，应配合施用磷、钾肥，对于干旱地区和干旱季节还应及时灌溉	(1)可利用农田、荒山、坡地、池塘、河边等种植，也可间作、套种、单种、轮作等。 (2)绿肥可与秸秆、杂草、树叶、粪尿、河塘泥、含有机质的垃圾等有机废弃物配合进行堆肥或沤肥
杂肥的合理施用	(1)泥炭的施用。多作垫圈或堆肥材料、肥料生产原料、营养钵无土栽培基质，一般较少直接施用。 (2)腐殖酸类肥料的施用。可作基肥和追肥，作追肥要早施；液体类可浸种、蘸根、浇根或喷施，浓度 0.01%～0.05%。 (3)饼肥的施用。一般作饲料，不作肥料。若用作肥料，可作基肥和追肥。 (4)菇渣的施用。可作饲料、吸附剂、栽培基质。腐熟后可作基肥和追肥。 (5)城市垃圾的施用。经腐熟并达到无害化后多作基肥施用	饼肥或菇渣要注意腐熟后才能施用

(2)高温堆肥的积制

①堆制原理。利用温度变化和微生物繁殖的变化逐步将秸秆、绿肥或粪便中的粗纤维素、木质素等复杂有机物质分解转化成腐殖质和速效养分。

②训练规程。利用当地作物秸秆等材料，完成表 10-7 操作。

表 10-7　高温堆肥的积制

工作环节	操作规程	质量要求
场地选择和场地规划	(1)根据选择原则在背风、向阳、靠近水源处，或学校基地空闲处，或其他闲置地块，或结合当地农业生产需要选择合适地点。 (2)地点选好后，根据堆肥材料的数量规划场地大小和形状，一般以长方形为佳。规划后，在地面画出相应平面图，以便于材料堆积	应将积肥地面夯实

续表 10-7

工作环节	操作规程	质量要求
备料配料	(1)以秸秆为主的高温堆肥配料。风干作物秸秆 500 kg(需要切碎至 3～5 cm),鲜骡、马粪 300 kg(需破碎),人粪尿 100～200 kg,水 750～1 000 kg。若骡、马粪和人粪尿不足,可用 20%左右的老堆肥和 1%的过磷酸钙、2%的硫铵代替。 (2)以垃圾为原料堆肥的配料。垃圾与粪便之比为 7∶3 混合,或垃圾与污泥之比为 7∶3 混合,或垃圾、粪便与秸秆、杂草按 1∶1∶1 比例混合。 (3)材料的选择可根据当地具体情况考虑。选择好材料后,按上述比例计算材料 C/N,并进行适当调整,以达到堆肥所需的(20～35)∶1	玉米秸秆可碾碎有利于腐熟
材料堆制	(1)将规划出的堆肥场地地面夯实,再将堆肥材料混合均匀,开始在场地中堆积,材料堆积中适当压紧。当堆积物至 18～20 cm 高时,可用直径为 10 cm 的木棍,在堆积物表面搭成“井”字形,并在木棍交叉点向上立木棍,然后再继续堆积材料至完成。 (2)材料堆积完成后,将肥堆表面用泥封好,厚度为 4～8 cm。待泥稍干后,将木棍抽出,形成通气孔。如在堆制过程中没有木棍,也可以用长的玉米秸秆或高粱秸秆捆成直径为 10～15 cm 的秸秆束,代替木棍搭建通气孔,但封堆后秸秆束不用抽出,留在肥堆中作通气孔	也可利用塑料薄膜代替泥封
堆后管理	(1)地面堆肥一般堆制 15～17 d 可进行翻堆。翻堆时可适当补充人粪尿和一定水分,以利于第二次发热。翻堆后仍旧用泥封好肥堆,继续发酵。 (2)10 余天后,可再进行第二次翻堆。全部腐熟时间为 2～3 个月(春冬季节),腐熟的堆肥呈黑褐色,汁液为浅棕色或无色,有 NH_3 的臭味,材料完全腐烂变形,极易拉断,体积减小 30%～50%,即出现“黑、烂、臭”特征,标志肥料已经腐熟	(1)肥堆温度可达 70 ℃,待达到最高温度 10 d 后,肥堆温度开始下降。 (2)腐熟的堆肥特征是“黑、烂、臭”

5. 问题处理

活动结束后,完成以下问题:

(1)调查当地主要施用哪些有机肥料,存在什么问题,有哪些典型经验。

(2)走访当地有关农业技术专家、有经验的农户或种植大户,总结当地有机肥料的合理施用技术。

活动二　微生物肥料的合理施用

1. 活动目标

知识目标:熟悉根瘤菌肥料、固氮菌肥料、磷细菌肥料、钾细菌肥料、抗生菌肥料等常规微生物肥料的性质与使用;了解功能性微生物菌剂主要功效。

能力目标：掌握复合微生物肥料、生物有机肥、有机物料腐熟剂的性质和合理施用；能熟练进行常见生物肥料的施用。

思政素养：了解当地微生物肥料施用情况，树立绿色生产、推广微生物肥料施用意识。

2. 活动准备

查阅有关土壤肥料的书籍、杂志、网站，收集微生物肥料及其施用知识；将全班按 5 人一组分为若干组，每组准备常见微生物肥料样品少许。

3. 相关知识

微生物肥料是指一类含有活微生物的特定制品，应用于农业生产中，能够获得特定的肥料效应，在这种效应的产生中，制品中的活微生物起关键作用，符合上述定义的制品均属于微生物肥料。从微生物肥料登记管理来看，可分为微生物菌剂、复合微生物肥料、生物有机肥、有机物料腐熟剂等。

(1)常规微生物肥料 主要有根瘤菌肥料、固氮菌肥料、磷细菌肥料、钾细菌肥料、抗生菌肥料等。

①根瘤菌肥料。根瘤菌能和豆科作物共生、结瘤、固氮，人工选育出来的高效根瘤菌株经大量繁殖，用载体吸附制成的生物菌剂称为根瘤菌肥料。

根瘤菌肥料按剂型不同分为固体、液体、冻干 3 种。固体根瘤菌肥料的吸附剂多为草炭，为黑褐色或褐色粉末状固体，湿润松散，含水量为 20%～35%，一般菌剂含活菌数 1 亿～2 亿个/g，杂菌数小于 15%，pH 6～7.5。液体根瘤菌肥料应无异臭味，含活菌数 5 亿个～10 亿个/L，杂菌数小于 5%，pH 5.5～7。冻干根瘤菌肥料不加吸附剂，为白色粉末状，含菌量比固体型高几十倍，但生产上应用很少。

根瘤菌肥料多用于拌种，或根据产品说明书施用。拌种时要掌握互接种族关系，选择与作物相对应的根瘤菌肥。作物出苗后，发现结瘤效果差时，可在幼苗附近浇泼兑水的根瘤菌肥料。

②固氮菌肥料。固氮菌肥料是指含有大量好气性自生固氮菌的生物制品。具有自生固氮作用的微生物种类很多，在生产上得到广泛应用的是固氮菌科固氮菌属，以圆褐固氮菌应用较多。

固氮菌肥料的剂型有固体、液体、冻干 3 种。固体剂型多为黑褐色或褐色粉末状，湿润松散，含水量为 20%～35%，一般菌剂含活菌数 1 亿个/g 以上，杂菌数小于 15%，pH 6～7.5。液体剂型为乳白色或淡褐色，混浊，稍有沉淀，无异臭味，含活菌数 5 亿个/L 以上，杂菌数小于 5%，pH 5.5～7。冻干剂型为乳白色结晶，无味，含活菌数 5 亿个/L 以上，杂菌数小于 2%，pH 6.0～7.5。

固氮菌肥料适用于各种作物，可作基肥、追肥和种肥，施用量按说明书确定。也可与有机肥、磷肥、钾肥及微量元素肥料配合施用。作基肥施用时可与有机肥配合沟施或穴施，施后立即覆土。也可蘸秧根或作基肥施在蔬菜苗床上，或与棉花盖种肥混施。作追肥时把菌肥用水调成糊状，施于作物根部，施后覆土，一般在作物开花前施用较好。种肥一般加水混匀后拌种，将种子阴干后即可播种。对于移栽作物，可采取蘸秧根的方法施用。固体固氮菌肥一般每公顷用量 3.75～7.5 kg、液体固氮菌肥每公顷用 1.5 L、冻干剂固氮菌肥每公顷用 7 500 亿～15 000 亿个活菌。

③磷细菌肥料。磷细菌肥料是指含有能强烈分解有机或无机磷化合物的磷细菌的生物制品。

目前国内生产的磷细菌肥料有液体和固体两种剂型。液体剂型的磷细菌肥料外观呈棕褐色，混浊液，含活细菌5亿～15亿个/mL，杂菌数小于5%，含水量20%～35%，有机磷细菌≥1亿个/mL，无机磷细菌≥2亿个/mL，pH 6.0～7.5。颗粒剂型的磷细菌肥料，外观呈褐色，有效活细菌数大于3亿个/g，杂菌数小于20%，含水量小于10%，有机质质量分数≥25%，粒径2.5～4.5mm。

磷细菌肥料可作基肥、追肥和种肥。作基肥可与有机肥、磷矿粉混匀后沟施或穴施，一般每公顷用量为22.5～30.0 kg，施后立即覆土。作追肥可将磷细菌肥料用水稀释后在作物开花前施用，菌液施于根部。作种肥主要是拌种，可先将菌剂加水调成糊状，然后加入种子拌匀，阴干后立即播种，防止阳光直接照射。一般每公顷种子用固体磷细菌肥料15.0～22.5 kg或液体磷细菌肥料4.5～9.0 kg，加水4～5倍稀释。

④钾细菌肥料。钾细菌肥料又名硅酸盐细菌肥料、生物钾肥。钾细菌肥料是指含有能对土壤中云母、长石等含钾的铝硅酸盐及磷灰石进行分解，释放出钾、磷与其他灰分元素，改善作物营养条件的钾细菌的生物制品。

钾细菌肥料产品主要有液体和固体两种剂型。液体剂型外观为浅褐色混浊液，无异臭，有微酸味，有效活菌数大于10亿个/mL，杂菌数小于5%，pH 5.5～7.0。固体剂型是以草炭为载体的粉状吸附剂，外观呈黑褐色或褐色，湿润而松散，无异味，有效活细菌数大于1亿个/g，杂菌数小于20%，含水量小于10%，有机质质量分数≥25%，粒径2.5～4.5 mm，pH 6.9～7.5。

钾细菌肥料可作基肥、追肥、种肥。作基肥，固体剂型与有机肥料混合沟施或穴施，立即覆土，每公顷用量45～60 kg，液体剂型用30～60 kg。果树施用钾细菌肥料，一般在秋末或早春，根据树冠大小，在距树身1.5～2.5m处环树挖沟(深、宽各15 cm)，每公顷用菌剂22.5～37.5 kg混细肥土20 kg，施于沟内后覆土即可。作追肥，按每公顷用菌剂15～30 kg兑水750～1 500 kg混匀后灌根。作种肥，每公顷用22.5～37.5 kg钾细菌肥料与其他种肥混合施用。也可将固体菌剂加适量水制成菌悬液或液体菌剂加适量水稀释，然后喷到种子上拌匀，稍干后立即播种。也可将液体菌剂稀释5～6倍，搅匀后把水稻、蔬菜的根蘸入，蘸后立即插秧或移栽。

⑤抗生菌肥料。抗生菌肥料是利用能分泌抗菌物质和刺激物质的微生物制成的微生物肥料。常用的菌种是放线菌，我国常用的是5406(弗氏链霉菌)，此类制品不仅有肥效作用而且能抑制一些作物病害，促进作物生长。

抗生菌肥料是一种新型多功能微生物肥料，抗生菌在生长繁殖过程中可以产生刺激物质、抗生素，还能转化土壤中的氮、磷、钾元素，具有改进土壤团粒结构等功能。有防病、保苗、肥地、松土以及刺激植物生长等多种作用。抗生菌生长的最适宜温度是28～32 ℃，超过32 ℃或低于26 ℃生长减弱，超过40 ℃或低于12 ℃生长近乎停止；适宜pH 6.5～8.5，适宜含水量在25%左右，要求有充分的通气条件，对营养条件要求较低。

抗生菌肥料适用于棉花、小麦、油菜、甘薯、高粱和玉米等作物，一般用于浸种或拌种，也可用作追肥。作种肥一般每公顷用抗生菌肥料112.5 kg，加入饼粉37.5～75 kg、细土7 500～15 000 kg、过磷酸钙75 kg，拌匀后覆盖在种子上，施用时最好配施有机肥料和化学肥料。浸种时，玉米种用1：(1～4)抗生菌肥料浸出液浸泡12 h，水稻种子浸泡24 h。也可用1：(1～4)抗生菌肥料浸出液浸根或蘸根。也可在作物移栽时每公顷用抗生菌肥料150～375 kg穴施。作追肥，可在作物定植后，在苗附近开沟施用并覆土。也可用抗生菌肥料浸出液进行叶面喷施，主要适用于一些蔬菜和温室作物。

(2)功能性微生物菌剂 近几年来随着光合细菌、地衣芽孢杆菌、纤维分解菌剂、枯草芽孢杆菌等功能性微生物菌剂的应用，功能性微生物菌剂成为当前微生物肥料的发展方向之一。

①农药降解微生物菌剂。果树、蔬菜等作物农药残留已成为社会关注焦点，应用微生物进行生物修复已成为土壤修复的一个重要内容，因此农药的微生物降解菌剂成为研究热点。

常见的降解农药的微生物有细菌(假单胞菌、芽孢杆菌、黄杆菌、产碱菌、不动杆菌、红球菌和棒状杆菌等)、真菌(曲霉菌、青霉菌、根霉菌、木霉菌、白腐真菌和毛霉菌等)、放线菌(诺卡氏菌、链霉菌等)。随着分子生物学的迅猛发展，利用分子克隆技术构建"高效农药降解菌"，提高降解菌降解农药的能力，增加降解菌净化环境的作用，已成为目前微生物降解技术的重点。

目前，降解农药的微生物菌剂主要有：南京农业大学李顺鹏教授研制的"佰绿得"农药残留微生物降解菌剂，共有4种型号：Ⅰ号可降解有机类农药残留、Ⅱ号可降解氯氰菊酯类农药残留、Ⅲ号可降解氰戊菊酯类农药残留、Ⅳ号可降解除草剂残留，目前已在江西、江苏、福建等省的水稻、茶叶、枣、韭菜、蜜橘等作物上进行应用。中国农业科学院范云六院士、伍宁丰研究员从被有机农药污染的土壤中筛选出能够降解多种有机农药残留的细菌，从中克隆出有机磷降解酶的编码基因，并研制出"比亚蔬菜瓜果农药降解酶"产品，已经投放市场。

②光合细菌菌剂。光合细菌是地球上最早出现的具有原始光能合成体系的原核生物，包括两个菌种：紫色细菌和绿硫细菌。光合细菌可有效净化高浓度有机废水，作为饲料添加剂广泛应用于水产养殖、畜禽饲养业中；减少鱼类病害；培养有益藻类等。

光合细菌也是一种优质生物肥料，可以改善植物营养。光合细菌肥料一般为液体，作为基肥、追肥、拌种、叶面喷施、秧菌蘸根等。目前市场上以沼泽红假单胞菌为主，其属于紫色细菌。

③防治土传病害的微生物菌剂。生产上可将多种菌种复配成复合微生物菌剂，通过复合微生物菌群产生的抗菌物质和位点竞争、诱导抗性的作用方式，杀灭和控制土壤中的病原菌，从而有效防治细菌性和真菌性土传病害，可使植物叶部的病害明显减少；同时，复合菌群分泌天然生长素，促进作物吸收根和侧根再生长，强化根系对营养的全面吸收，具有明显的促生长、增产作用。这类微生物菌剂可冲施、灌根、滴灌、喷灌使用，也可结合有机肥作底肥撒施。

目前市场上销售的功能性微生物菌剂产品类型主要见表10-8。

表10-8 功能性微生物菌剂产品及其主要功效

菌剂	主要功效
枯草芽孢杆菌	抑制土壤中病原菌的繁殖和对植物根部的侵袭，减少植物土传病害，预防多种害虫暴发；提高种子的出芽率和保苗率，预防种子自身的遗传病害，提高作物成活率，促进根系生长；改善土壤团粒结构，改良土壤，提高土壤蓄水、蓄能和地温，缓解重茬障碍；抑制生长环境中有害菌的滋生繁殖，降低和预防各种菌类病害的发生；促使土壤中的有机质分解成腐殖质，极大地提高土壤肥效；促进作物生长，成熟，降低成本、增加产量；增强光合作用，提高肥料利用率；平衡土壤pH，有益微生物调节植物根系生态环境，形成优势菌落，防止土传病虫害克服连作障碍；抑制病菌的生长，提高农作物抗病能力，使病菌、昆虫卵在土壤中自然地被除掉，尤其能防治根瘤病、寄生虫病、土壤线虫病等

续表 10-8

菌剂	主要功效
地衣芽孢杆菌	在抗病、杀灭有害菌方面功效显著；改良土壤，施入土壤后迅速繁殖增生，抑制有害病菌的生长，与共生的有益菌种能长期共存，可使土壤微生态平衡。促进生根和快速生长，在代谢过程中能产生大量的植物内源酶，可明显提高作物对氮磷钾及中微量元素等的相互协调和吸收率；调节生命活动，增产增收，可促进作物根系生长，须根增多。菌种代谢产生的植物内源酶和植物生长调节剂经由根系进入植物体内，促进叶片光合作用，调节营养元素往果实流动，膨果增产效果明显。与施用化肥相比，在等价投入的情况下可增产 15%～30%；分解有机质，防止重茬；根际环境保护屏障，在土壤及作物体内能迅速繁殖成为优势菌群，控制根际营养和资源，使病菌丧失生存空间和条件；增强抗逆性：可增强土壤缓冲能力，保水保湿，增强作物抗旱，抗寒，抗涝能力
巨大芽孢杆菌	抑制土壤中病原菌的繁殖和对植物根部的侵袭，减少植物土传病害，预防多种害虫爆发；具有较强的固氮、解磷、解钾作用，减少化肥用量，可减少 80%的氮肥使用量；改善土壤团粒结构，改良土壤，提高土壤蓄水、蓄能能力，有效增高地温，缓解重茬障碍；促进作物生长，提前开花、多开花、增加结果率，增产效果可达 10%～30%；提高作物品质，如提高蛋白质、糖分、维生素等含量
解淀粉 芽孢杆菌	抗病抑菌，广谱高效。对番茄叶霉病菌、灰霉病菌、黄瓜枯萎病菌、炭疽病菌、甜瓜枯萎病菌、辣椒晚疫病菌、小麦水稻纹枯病菌、玉米小斑病菌、大豆根腐病菌等土传病原菌具有显著防效；抗逆防衰，促进生长，能诱导植物快速分泌内源生长素，促进作物快速生根，提高根系发育能力，促进植株健壮生长；改良土壤，增进肥力，能改善作物根际微生态，活化土壤中难溶的磷、钾等潜在养分，改良土壤，疏松板结，遏制土壤退化，提高土壤肥力；降低“农残”，优质增产，可降解土壤及果实中的残留农药，提高果蔬维生素和糖含量，改善农产品品质，提高作物产量，易贮藏运输，提高并延长肥效，减少化学肥料的用量
淡紫紫孢菌	南方根结线虫与白色胞囊线虫卵的有效寄生菌，对南方根结线虫的卵寄生率高达 60%～70%，对多种线虫都有防治效能，其寄主有根结线虫、胞囊线虫、金色线虫、异皮线虫等；属于内寄生性真菌，是一些植物寄生线虫的重要天敌，能够寄生于卵，也能侵染幼虫和雌虫，可明显减轻多种作物根结线虫、胞囊线虫、茎线虫等植物线虫病的危害；与线虫卵囊接触后，在黏性基质中，生防菌菌丝包围整个卵，菌丝末端变粗，由于外源性代谢物和真菌几丁质酶的活动使卵壳表层破裂，随后真菌侵入并取而代之。也能分泌毒素对线虫起毒杀作用；促进植物生长，该菌能产生丰富的衍生物，其一是类似吲哚乙酸产物，它最显著的生理功效是低浓度时促进植物根系与植株的生长，促进植株营养器官的生长，同时对种子的萌发与生长也有促进作用；产生多种酶，几丁质酶能促进线虫卵的孵化，提高拟青霉菌对线虫的寄生率，同时还产生细胞裂解酶、葡聚糖酶与丝蛋白酶，促进作物细胞分裂
哈茨木霉	主要用于防治田间和温室内蔬菜、果树、花卉等农作物的白粉病、灰霉病、霜霉病、叶霉病、叶斑病等叶部真菌性病害；在植物根围生长并形成“保护罩”，以防止根部病原真菌的侵染并保证植株能够健康地成长；改善根系的微环境，增强植物的长势和抗病能力，提高作物的产量和收益
多粘类 芽孢杆菌	可有效防治植物细菌性和真菌性土传病害；对植物具有明显的促生长、增产作用
侧孢短 芽孢杆菌	促进植物根系生长，增强根系吸收能力，从而提高作物产量；抑制植物体内外病原菌繁殖，减轻病虫害，降低农药残留；改良疏松土壤，解决土壤板结现象，从而活化土壤，提高肥料利用率；增强植物新陈代谢，促进光合作用和强化叶片保护膜，抵抗病原菌；增强光合作用，提高化肥利用率，降低硝酸盐含量；固化若干重金属，降低植物体内重金属含量

续表 10-8

菌剂	主要功效
胶质芽孢杆菌	具有溶磷、释钾和固氮功能；由于菌体自身的代谢，生化反应的结果产生有机酸、氨基酸、多糖、激素等有利于植物吸收和利用的物质；增加营养元素的供应量，刺激作物生长，抑制有害微生物的活动，有较强的增产效果；有效抑制各种土传病害的发生，减少农药使用
胶冻样类芽孢杆菌	具有解磷、解钾的功能，能增加土壤速效磷的质量分数（90.5%～110.8%）、增加速效钾的质量分数（20%～35%）；具有活化土壤中硅、钙、镁中量元素作用；具有提高铁、锰、铜、锌、钼、硼等微量元素供应的功效；提高或延长肥效，减少化肥用量，每公顷施用 15 kg 微生物菌剂增产效果与每公顷施 225～300 kg 过磷酸钙、每公顷施 112.5～150 kg 硫酸钾增产效果相当；有效提高作物抗逆性，预防或减轻病害，如小麦的白粉病、棉花立枯病、黄萎病等；增产效果明显
长枝木霉	抑制病原菌的侵染，使植株健康生长；改善根系的微环境，增强植物的长势和抗病能力，提高作物的产量和收益；提高农产品的品质，提高作物的产量；对多种线虫都有防治效能
酿酒酵母	秸秆腐熟剂中使用
绿色木霉	能够拮抗多种病原真菌，尤其对土传病原真菌具有显著的拮抗作用；绿色木霉菌能寄生的植物病原菌即拮抗对象包括丝核菌属、小核菌属、核盘菌属、长蠕孢属、镰刀菌属、毛盘孢属、轮枝孢属、黑星菌属、内座壳属、腐霉属、疫霉属、间座壳属和黑星孢属
乳酸菌	改良土壤性质，提高土壤肥力。加速土壤有机物的分解；抑制有害微生物的生存与繁殖，减轻并逐步消除土传病虫害和连作障碍；增强植物的代谢功能，提高光合作用，促进种子发芽，根系发达，早开花，多结实，成熟期提前 10 d 以上
复合木霉菌	木霉菌对多种重要植物病原真菌有拮抗作用；寄生的同时可产生各种抗生素和溶解酶，降低病原的抗药性，加强抑菌强度；木霉菌的几丁质酶基因可在细菌、真菌和植物中表达，对于防止植物真菌病害、促进农作物生长；可促进植株根部生长。适合与有机肥混拌后使用，也以育苗期开始使用，效果更为显著；有效针对农作物植物、花卉、果树的根腐病、立枯病、猝倒病、枯萎病等土传病害，以及灰霉菌、腐霉菌、丝核菌、炭疽菌、镰刀菌、菌核病
放线菌	分枝状的菌丝体能够产生各种胞外水解酶，降解土壤中的各种不溶性有机物质以获得细胞代谢所需的各种营养，对有机物的矿化有着重要作用，改良土壤；促进植物自身的生长，并增强土壤肥力；对致病菌进行营养和空间的争夺
米曲霉	使秸秆中所含的有机质及磷、钾等元素成为植物生长所需的营养，并产生大量有益微生物，刺激作物生产，提高土壤有机质，改善土壤结构；补充土壤中有益微生物数量，进一步促进土壤中物质和能量转化，腐殖质的形成和分解，提高肥料利用率；产生有益代谢物，抑制和杀死有害菌
黑曲霉	黑曲霉在发酵生长过程中，产生大量草酸和柠檬酸等多种有机酸和植酸酶等多种酶，从而使有机磷和无机磷得以溶解并被作物吸收利用；黑曲霉添加的生物有机肥，可以部分替代磷化肥；能明显抑制土传病菌的传播，提高作物抗病、抗逆性能
沼泽红假单胞菌	作为植物的调理素和菌肥；将土壤中的氢分离出来，并以植物根部的分泌物、土壤中的有机物、有害气体（硫化氢等）及二氧化碳、氮等为基质，合成糖类、氨基酸类、维生素类、氮素化合物和生理性物质，供给植物营养并促进植物生长；光合菌群的代谢物质不仅可以被植物直接吸收，还可以成为其他微生物繁殖的养分，增加土壤中的有益菌；帮助植物进行光合作用，吸收大气和土壤中氮、磷、钾等元素，因而减少农药、化肥的使用和残留，提高农副产品品质，提高经济效益

续表 10-8

菌剂	主要功效
苏云金芽孢杆菌	一种包括许多变种的产晶体芽孢杆菌，可做微生物源低毒杀虫剂，以胃毒作用为主；该菌可产生两大类毒素，即内毒素（伴胞晶体）和外毒素，使害虫停止取食，最后害虫因饥饿而死亡；具有专一、高效和对人畜安全等优点

(3)复合微生物肥料 复合微生物肥料是指两种或两种以上的有益微生物或一种有益微生物与营养物质复配而成，能提供、保持或改善植物的营养，提高农产品产量或改善农产品品质的活体微生物制品。

复合微生物肥料可以增加土壤有机质、改善土壤菌群结构，并通过微生物的代谢物刺激植物生长，抑制有害病原菌。目前按剂型主要有液体、粉剂和颗粒 3 种。粉剂产品应松散；颗粒产品应无明显机械杂质、大小均匀，具有吸水性。复合微生物肥料产品技术指标见表 10-9。

表 10-9 复合微生物肥料产品技术指标(NY/T 798—2015)

项目		液体剂型	固体剂型
有效活菌数①	≥	0.50 亿个/mL	0.20 亿个/g
总养分($N+P_2O_5+K_2O$)②	≥	6.0%～20.0%	8.0%～25.0%
有机质	≥	—	20.0%
杂菌率	≤	15.0%	30.0%
水分	≤	—	30.0%
pH		5.5～8.5	5.5～8.5
细度	≥	—	80.0%
有效期③	≥	3 月	6 月

注：①含两种以上微生物的复合微生物肥料，每一种有效菌的数量不得少于 0.01 亿/g 或 0.01 亿/mL。

②总养分应为规定范围内的某一确定值，其测定值与标明值正负偏差的绝对值不应大于 2.0%；各单一养分值应不少于总养分质量分数的 15.0%。

③此项仅在监督部门或仲裁双方认为有必要时才检测。

复合微生物肥料要选择获得农业农村部登记的产品，选购时要注意产品是否经过严格的检测，并附有产品合格证；还要注意产品的有效期，最好选用当年的产品。复合微生物肥料主要适用于大田作物和果树、蔬菜等。

①作基肥。每公顷用复合微生物肥料 450～750 kg，与有机肥料或细土混匀后沟施、穴施、撒施均可，沟施或穴施后立即覆土；结合整地可撒施，应尽快将肥料翻于土中。对果树或林木施用，幼树每棵 200 g 环状沟施、成年树每棵 0.5～1 kg 放射状沟施。

②蘸根或灌根。每公顷用肥 30～75 kg，兑水 5～20 倍，移栽时蘸根或干栽后适当增加稀释倍数并灌于根部。

③拌苗床土。每平方米苗床土用肥 200～300 g 与之混匀后播种。花卉草坪可用复合微生物肥料按 10～15 g/kg 掺入盆土或作基肥。

④冲施。根据不同作物，每公顷用 75～150 kg 复合微生物肥料与化肥混合，用适量水稀释后灌溉时随水冲施。

(4)生物有机肥 生物有机肥是指特定功能的微生物与经过无害化处理、腐熟的有机物料

（主要是动植物残体，如畜禽粪便、农作物秸秆等）复合而成的一类肥料，兼有微生物肥料和有机肥料效应。

生物有机肥料的技术标准为 NY 884—2012（表 10-10）。生物有机肥根据作物种类选择不同的施肥方法，常用的施肥方法有：

表 10-10　生物有机肥料产品技术要求

项目	粉剂	颗粒
有效活菌数	≥0.20 亿个/g	≥0.20 亿个/g
有机质（以干基计）	≥40.0%	≥40.0%
水分	≤30.0%	≤15.0%
pH	5.5～8.5	5.5～8.5
粪大肠菌群数	≤100 个/g 或 100 个/mL	
蛔虫卵死亡率	≥95%	
有效期	≥6 个月	

①种施法。播种时，将颗粒生物有机肥与少量化肥混匀，随播种施入土壤。一般每公顷施 300～750 kg。

②撒施法。结合深耕或在播种时将生物有机肥均匀地施在根系集中分布的区域和经常保持湿润状态的土层中，做到土肥相融。一般每公顷施 3 000～7 500 kg。

③条状沟施法。条播作物或葡萄等果树，开沟后施肥播种或在距离果树 5 cm 处开沟施肥。一般每公顷施 3 000～7 500 kg。

④环状沟施法。苹果、桃、梨等幼年果树，距树干 20～30 cm，绕树干开一环状沟，施肥后覆土。一般每株施 10～60 kg。

⑤放射状沟施。苹果、桃、梨等成年果树，距树干 30 cm 处，按果树根系伸展情况向四周开 4～5 个 50 cm 长的沟，施肥后覆土。一般每株施 10～60 kg。

⑥穴施法。点播或移栽作物，如玉米、棉花、西红柿等，将肥料施入播种穴，然后播种或移栽。一般每公顷施 450～900 kg。

⑦蘸根法。对移栽作物，如水稻、西红柿等，按 1 份生物有机肥加 5 份水配成肥料悬浊液，浸蘸苗根，然后定植。

⑧盖种肥法。开沟播种后，将生物有机肥均匀地覆盖在种子上面。一般每公顷施用量为 1 500～2 250 kg。

(5)有机物料腐熟剂　有机物料腐熟剂是指能够加速各种有机物料（包括农作物秸秆、畜禽粪便、生活垃圾及城市污泥等）分解、腐熟的微生物活体制剂，如腐秆灵、酵素菌等。按剂型可分为粉状、颗粒状、液体状等。

①腐秆灵。腐秆灵是一种含有分解纤维素、半纤维素、木质素等多种微生物群。用它处理水稻、小麦、玉米和其他作物秸秆，可通过上述微生物的作用，加速茎秆的腐烂，使之转化成优质有机肥。

②CM 菌。CM 菌是指高效有益微生物菌群，主要由光合菌、酵母菌、醋酸杆菌、放线菌、芽孢杆菌等组成。光合菌利用太阳能或紫外线将土壤中的硫氢和碳氢化合物中的氢分离出来，变有害物质为无害物质，并和二氧化碳、氮等合成糖类、氨基酸、纤维素、生物发酵物质等，

进而增肥土壤。醋酸杆菌从光合菌中摄取糖类固定氮，然后将固定的氮一部分供给植物，另一部分还给光合细菌，形成好氧性和厌氧性细菌共生结构。放线菌以光合菌生产的氮素作为基质，数量增加。放线菌产生的抗生物质，可增加植物对病害的抵抗力和免疫力。乳酸菌摄取光合菌生产的物质，分解在常温下不易被分解的木质素和纤维素，使未腐熟的有机物发酵，转化为植物容易吸收的养分。酵母菌可产生促进细胞分裂的生物发酵物质，同时对促进其他有益微生物增殖起重要作用。芽孢杆菌可以产生生理发酵物质，促进作物生长。

③催腐剂。催腐剂是根据微生物中的钾细菌、磷细菌等有益微生物的营养要求，以有机物为主要原料，选用适合有益微生物营养要求的化学药品配制、定量加入氮、磷、钾等营养的化学制剂。将其拌于秸秆等有机物中，能有效地改善有益微生物的生态环境，加速有机物分解腐烂的作用，故名催腐剂。

④酵素菌。酵素菌是一种多功能菌种，由能够产生多种酶的好氧性细菌、酵母菌和霉菌组成的有益微生物群体。酵母菌能产生多种酶，如纤维素酶、淀粉、蛋白、脂酶、氧化还原酶等。它能够在短时间内将有机物分解，尤其能降解木屑等物质中的毒素。酵素菌作用于作物秸秆等有机质材料，利用其产生的水解酶的作用，在短时间内，对有机质成分进行糖化分解和氨化分解，产生低分子的糖、醇、酸，这些物质又成为土壤中有益生物生长繁殖的良好培养基，能够促进堆肥中放线菌的大量繁殖，从而改善土壤的生态环境，创造农作物生长发育所需的良好环境。

4.操作过程

有机物料腐熟剂能快速促进堆料升温，缩短物料腐熟时间；有效杀灭病虫卵、杂草种子、除水、脱臭；腐熟过程中释放部分速效养分，产生大量氨基酸、有机酸、维生素、多糖、酶类、植物激素等多种促进植物生长的物质。选取当地小麦或玉米收获田块，完成表 10-11 操作。

表 10-11　有机物料腐熟剂在秸秆腐熟上应用

工作环节	操作规程	质量要求
选取秸秆种类或腐熟方式	根据当地实际情况，可选取小麦秸秆、玉米秸秆等，直接还田或堆沤腐熟	秸秆类要选取当季收获的
选取有机物料腐熟剂	根据选取的作物秸秆或腐熟方式，选取当前使用较多、效果好的有机物料腐熟剂，并根据还田数量购买足够用量，一般每亩地的秸秆用量为 2～3 kg	(1)有机物料腐熟剂液体剂型有效活菌数≥1.0 亿个/mL；固体剂型有效活菌数≥0.5 亿个/g。 (2)选取时应注意有无农业农村部微生物肥料登记证号。 (3)腐熟剂应放在阴凉干燥处，避免阳光直晒
腐熟剂活化	(1)营养液配制。取 30 ℃左右的温水 20～30 kg、加入 20～30 g 红糖、10～15 g 尿素、10～15 g 磷酸氢二铵溶解混匀。 (2)菌剂活化。将菌剂和营养液按 1∶(10～20)的质量比均匀混合，放置 2～3 h，每小时搅拌 1～2 次	腐熟剂活化要根据秸秆还田时间提前 3 h 进行

续表 10-11

工作环节	操作规程	质量要求
秸秆直接还田腐熟	(1)秸秆处理。作物收获后,将秸秆粉碎成 15～20 cm 长的小段,均匀、不规则地平铺在田间。 (2)营养调节。将每亩畜禽粪便 300～500 kg,或每亩 18～20 kg 尿素、10～15 kg 磷酸氢二铵混合,均匀撒施在秸秆表面。 (3)将已活化好的有机物料腐熟剂,静置 10 min 后取其上部清液,于上午 10 点前或下午 3 点后混匀喷洒在作物秸秆上。或根据还田面积,按产品推荐使用量,将腐熟剂均匀撒施在作物秸秆上 (4)覆土灌水。采用旋耕机及时对处理好的秸秆进行还田,并及时灌水。土壤湿度掌握在田间持水量的 40%～60%为宜。 (5)腐熟效果评价。还田后 3～5 d 秸秆表观颜色变深,物料结构疏松,具有轻微氨味,无恶臭味,即表明秸秆腐熟,可以播种	(1)平铺秸秆时切忌碎草成堆。 (2)拍打秸秆使有机物料腐熟剂和尿素落到秸秆下面。 (3)腐熟剂不能与杀菌剂农药混合施用
秸秆堆沤还田腐熟	(1)地块选择。充分利用田间地头、沟渠或者空地挖坑,作为秸秆堆沤场地。 (2)粉碎秸秆。作物收获后,将秸秆粉碎成 10～15 cm 长的小段。 (3)准备有机物料腐熟剂混合液。按照每 1 000 kg 秸秆,加 2 kg 有机物料腐熟剂、5 kg 尿素兑水 50 倍稀释混合后备用。 (4)堆置秸秆。分层堆置,每层厚度 20 cm 左右,铺完一层秸秆后用水浇透,均匀淋洒有机物料腐熟剂和尿素混合液,再在上面铺一层生泥土,然后依次再铺第二层秸秆,铺 5～6 层后用泥浆封盖或黑塑料布密封。 (5)后期管理。根据当地气候条件及时检查,若秸秆干燥后应立即补水,一般夏天 10～14 d、春冬季 20～15 d,即可腐熟做基肥。 (6)腐熟效果评价。还田后 3～5 d 秸秆表观颜色变深,物料结构疏松,具有轻微氨味,无恶臭味,即表明秸秆腐熟	(1)有条件的地方,可将秸秆粉碎成 5～10 cm 长的小段。 (2)秸秆含水量掌握在 50%～60%为宜,捏之手湿,指缝间有水流出。 (3)有机物料腐熟剂用量可参照产品说明书,也可按照每 1 000 kg 秸秆 2～3 kg 有机物料腐熟剂使用

5.问题处理

活动结束后,完成以下问题:

(1)调查当地主要施用哪些生物肥料,存在什么问题,有哪些典型经验。

(2)走访当地有关农业技术专家、有经验的农户或种植大户,总结当地生物肥料的合理施用技术。

(3)走访当地有关农业技术专家、有经验的农户或种植大户,总结当地作物秸秆、畜禽粪便的使用有机物料腐熟剂情况。

【师生互动】

1. 根据当地环境条件，制订一个合理施用有机肥料的技术方案；调查当地目前推广应用农村清洁能源的典型经验。

2. 根据当地环境条件，制订一个合理施用微生物肥料的技术方案。

3. 结合当地小麦、玉米、水稻等秸秆收获实际情况，制订一个合理施用有机物料腐熟剂的技术方案。

知识拓展

如果同学们想了解更多的知识，可以通过下面的渠道进行学习：

1. 阅读杂志

(1)《中国土壤与肥料》

(2)《土壤通报》

(3)《植物营养与肥料学报》

2. 浏览网站

(1) 中国化肥网(http://www.fert.cn/)

(2) 中国肥料信息网(http://www.natesc.gov.cn/)

(3) 中肥网农资通(http://vip.ferinfo.com/)

(4) 中国有机肥料网(http://yjfl.toocle.com/)

3. 通过本校图书馆借阅有关土壤肥料、肥料等方面的书籍。

考证提示

获得农业技术员、农作物植保员，以及有关涉农企业的1+X证书等职业资格证书，需具备以下知识和能力：

1. 常见有机肥料的性质与合理施用技术；

2. 常见常规微生物菌剂的性质与合理施用技术；

3. 常见功能性微生物菌剂的功效与合理施用技术；

4. 常见复合微生物肥料、生物有机肥的施用技术；

5. 小麦、玉米等秸秆利用有机物料腐熟剂的还田技术。

学习情境十一　作物科学施肥新技术应用

【情境创设】

<table>
<tr><td colspan="2">学习情境十一
作物科学施肥新技术应用</td><td>活动一　作物测土配方施肥技术应用
活动二　作物水肥一体化技术应用
活动三　化肥减量增效新技术应用</td></tr>
<tr><td rowspan="3">能力目标</td><td>专业能力</td><td>1.能根据当地情况，进行主要作物的测土配方施肥技术应用；
2.能根据当地情况，进行主要作物的水肥一体化技术应用；
3.能根据当地情况，进行主要作物的化肥减量增效新技术应用</td></tr>
<tr><td>方法能力</td><td>1.具备获取信息、收集资料的能力；
2.具备制订计划、执行计划的能力；
3.具备自主学习、发现问题、解决问题的能力</td></tr>
<tr><td>社会能力</td><td>1.具备良好的团队协作、配合能力；
2.具备良好的与人沟通、协调能力；
3.具备一定的综合、创新能力</td></tr>
<tr><td>知识目标</td><td colspan="2">1.了解测土配方施肥技术的基本知识；
2.了解作物水肥一体化技术的基本知识；
3.了解作物化肥减量增效新技术的基本知识</td></tr>
<tr><td>思政目标</td><td colspan="2">1.学习绿色发展有关论述，树立绿色生产意识；
2.总结当地主要作物施肥存在的问题，提倡化肥减量施用理念，推广作物科学施肥新技术</td></tr>
<tr><td>教学条件</td><td colspan="2">多媒体课件、多媒体教室、实验实训室、图书馆、网络</td></tr>
<tr><td>教学方法</td><td colspan="2">课堂讲授、资料查阅、现场训练、课外活动</td></tr>
<tr><td rowspan="2">考核评价</td><td>学习过程考核</td><td>计划制订(20%)、师生释疑(10%)、完成任务(50%)、检查评价(20%)</td></tr>
<tr><td>拓展能力考核</td><td>工作态度(20%)、岗位技能(50%)、拓展能力(20%)、团队合作(10%)</td></tr>
<tr><td>考核方式</td><td colspan="2">教师评价(70%)、小组互评(20%)、学生自评(10%)</td></tr>
</table>

活动一　作物测土配方施肥技术应用

1.活动目标

知识目标：了解测土配方施肥技术的目标和基本原则，熟悉测土配方施肥基本方法和主要内容。

能力目标：熟悉当地主要作物测土配方施肥技术。

思政素养：树立化肥减量、绿色生产意识，推广作物测土配方施肥技术。

2.活动准备

将全班按5人一组分为若干组，每组准备以下材料和用具：计算工具、有关测土配方施肥技术的图片或资料。

3.相关知识

测土配方施肥技术是综合运用现代农业科技成果，以肥料田间试验和土壤测试为基础，根据作物需肥规律、土壤供肥性能和肥料效应，在合理施用有机肥料的基础上，科学提出氮、磷、钾及中、微量元素等肥料的施用品种、数量、施肥时期和施用方法的一套施肥技术体系。

(1)测土配方施肥技术的目标　有效全面实施测土配方施肥技术，能够达到5个方面的目标。

一是高产目标。即通过该项技术使作物单产水平在原有水平上有所提高，在当前生产条件下能最大限度地发挥作物的生产潜能。

二是优质目标。即通过该项技术实施均衡作物营养，使作物在产品品质上得到明显改善。

三是高效目标。即做到合理施肥、养分配比平衡、分配科学，提高肥料利用率，降低生产成本，提高产投比，施肥效益明显增加。

四是生态目标。即通过测土配方施肥技术，减少肥料挥发、流失等损失，减轻对地下水、土壤、水源、大气等的污染，从而保护农业生态环境。

五是改土目标。即通过有机肥和化肥配合施用，实现耕地用养平衡，在逐年提高产量的同时，使土壤肥力得到不断提高，达到培肥土壤、提高耕地综合生产能力的目标。

(2)测土配方施肥技术的基本原则

①氮、磷、钾相配合。氮、磷、钾相配合是测土配方施肥技术的重要内容。随着产量的不断提高，在土壤高强度消耗养分的情况下，必须强调氮、磷、钾相互配合，并补充必要的微量元素，才能获得高产稳产。

②有机与无机相结合。实施测土配方施肥技术必须以有机肥料施用为基础。增施有机肥料可以增加土壤有机质含量，改善土壤理化性状，提高土壤保水保肥能力，增强土壤微生物的活性，促进化肥利用率的提高。因此，必须坚持多种形式的有机肥料投入，培肥地力，实现农业可持续发展。

③大量、中量、微量元素配合。各种营养元素的配合是测土配方施肥技术的重要内容，随着产量的不断提高，在耕地高度集约利用的情况下，必须进一步强调氮、磷、钾肥的相互配合，并补充必要的中量、微量元素，才能获得高产稳产。

④用地与养地相结合，投入与产出相平衡。要使作物—土壤—肥料形成物质和能量的良性循环，必须坚持用养结合，投入产出相平衡，维持或提高土壤肥力，增强农业可持续发展能力。

(3)测土配方施肥技术的基本方法 我国测土配方施肥技术的方法归纳为三大类六种：第一类，地力分区(级)配方法；第二类，目标产量配方法，其中包括养分平衡法和地力差减法；第三类，田间试验配方法，其中包括养分丰缺指标法、肥料效应函数法和氮磷钾比例法。在确定施肥量的方法中以养分丰缺指标法、养分平衡法和肥料效应函数法应用较为广泛。

①地力分区(级)配方法。地力分区(级)配方法是根据土壤肥力高低分成若干等级或划出一个肥力相对均等的田块，作为一个配方区，利用土壤普查资料和肥料田间试验成果，结合群众的实践经验估算出这一配方区内比较适宜的肥料种类及施用量。

②目标产量配方法。包括养分平衡法和地力差减法。

a. 养分平衡法。以实现作物目标产量所需养分量与土壤供应养分量的差额作为施肥的依据，以达到养分收支平衡的目的。

$$\text{施肥量}=\frac{(\text{目标产量所需养分总量}-\text{土壤供肥量})}{\text{肥料中养分含量}\times\text{肥料当季利用率}}$$

b. 地力差减法。目标产量减去地力产量就是施肥后增加的产量，肥料需要量可按下列公式计算：

$$\text{肥料需要量}=\frac{\text{作物单位产量养分吸收量}\times(\text{目标产量}-\text{空白田产量})}{\text{肥料中养分含量}\times\text{肥料当季利用率}}$$

③田间试验配方法。包括肥料效应函数法、养分丰缺指标法和氮磷钾比例法。

a. 肥料效应函数法。肥料效应函数法以田间试验为基础，采用先进的回归设计，将不同处理得到的产量和相应的施肥量进行数理统计，求得在供试条件下作物产量与施肥量之间的数量关系，即肥料效应函数或称肥料效应方程式。从肥料效应方程式中不仅可以直观地看出不同肥料的增产效应和两种肥料配合施用的交互效应，而且可以通过它计算出最大施肥量和最佳施肥量，作为配方施肥决策的重要依据。

b. 养分丰缺指标法。在一定区域范围内，土壤速效养分的含量与作物吸收养分的数量之间有良好的相关性，利用这种关系，可以把土壤养分的测定值按照一定的级差划分养分丰缺等级，提出每个等级的施肥量。

c. 氮磷钾比例法。通过田间试验可确定不同地区、不同作物、不同地力水平和产量水平下氮、磷、钾三要素的最适用量，并计算三者比例。实际应用时，只要确定其中一种养分用量，然后按照比例就可确定其他养分用量。

(4)测土配方施肥技术的主要内容 除土壤样品采集农民朋友可自行采集，其余工作环节均需专业技术人员完成。

①野外调查。资料收集整理与野外定点采样调查相结合，典型农户调查与随机抽样调查相结合，通过广泛深入的野外调查和取样地块农户调查，掌握耕地地理位置、自然环境、土壤状况、生产条件、农户施肥情况以及耕作制度等基本信息，以便有的放矢地开展测土配方施肥工作。

②田间试验。田间试验是获得各种作物最佳施肥量、施肥时期、施肥方法的根本途径，也

是筛选、验证土壤养分测试技术、建立施肥指标体系的基本环节。通过田间试验，掌握各个施肥单元不同作物优化施肥量，基肥、追肥分配比例，施肥时期和施肥方法；摸清土壤养分校正系数、土壤供肥量、农作物需肥参数和肥料利用率等基本参数；构建作物施肥模型，作为施肥分区和肥料配方依据。

③土壤测试。土壤测试是肥料配方的重要依据之一，随着我国种植业结构不断调整，高产作物品种不断涌现，施肥结构和数量发生了很大的变化，土壤养分库也发生了明显改变。通过开展土壤氮、磷、钾及中、微量元素养分测试，了解土壤供肥能力状况。

④配方设计。肥料配方设计是测土配方施肥工作的核心。通过总结田间试验、土壤养分数据等，划分不同区域施肥分区；同时，根据气候、地貌、土壤、耕作制度等的相似性和差异性，结合专家经验，提出不同作物的施肥配方。

⑤校正试验。为保证肥料配方的准确性，最大限度地减少配方肥料批量生产和大面积应用的风险，在每个施肥分区单元设置配方施肥、农户习惯施肥、空白施肥 3 个处理，以当地主要作物及其主栽品种为研究对象，对比配方施肥的增产效果，校验施肥参数，验证并完善肥料施用配方，改进测土配方施肥技术参数。

⑥配方加工。配方落实到农户田间是提高和普及测土配方施肥技术的最关键环节。目前不同地区有不同的模式，其中最主要的也是最具有市场前景的运作模式就是市场化运作、工厂化加工、网络化经营。这种模式适应我国农村科技水平低、土地经营规模小、技物分离的现状。

⑦示范推广。为促进测土配方施肥技术落实到田间，既要解决测土配方施肥技术市场化运作的难题，又要让广大农民亲眼看到实际效果，这是限制测土配方施肥技术推广的"瓶颈"。建立测土配方施肥示范区，为农民创建窗口，树立样板，全面展示测土配方施肥技术效果。将测土配方施肥技术转化成产品，打破技术推广"最后一公里"的"坚冰"。

⑧宣传培训。测土配方施肥技术宣传培训是提高农民科学施肥意识，普及技术的重要手段。农民是测土配方施肥技术的最终使用者，迫切需要向农民传授科学施肥方法和模式；同时还要加强对各级技术人员、肥料生产企业、肥料经销商的系统培训，逐步建立和完善技术人员和肥料经销持证上岗制度。

⑨数据库建设。运用计算机技术、地理信息系统和全球卫星定位系统，按照规范化测土配方施肥数据字典，以野外调查、农户施肥状况调查、田间试验和分析化验数据为基础，整理历年土壤肥料田间试验和土壤监测数据资料，建立不同层次、不同区域的测土配方施肥数据库。

⑩效果评价。农民是测土配方施肥技术的执行者，也是最终受益者。检验测土配方施肥的实际效果，及时获得农民的反馈信息，不断完善管理体系、技术体系和服务体系。同时，为科学地评价测土配方施肥的实际效果，必须对一定的区域进行动态调查。

⑪技术创新。技术创新是保证测土配方施肥工作长效性的科技支撑。重点开展田间试验方法、土壤养分测试技术、肥料配制方法、数据处理方法等方面的创新研究工作，不断提升测土配方施肥技术水平。

(5)肥料配方的确定 根据当前我国测土配方施肥技术工作的经验，肥料配方设计的核心是肥料用量的确定。肥料配方设计首先确定氮、磷、钾养分的用量，然后确定相应的肥料组合，通过提供配方肥料或发放配肥通知单，指导农民使用。肥料用量的确定方法主要包括土壤与植株测试推荐施肥方法、肥料效应函数法和养分平衡法。

①土壤与植株测试推荐施肥方法。该技术综合了目标产量法、养分丰缺指标法和作物营

养诊断法的优点。对于大田作物，在综合考虑有机肥、作物秸秆应用和管理措施的基础上，根据氮、磷、钾和中、微量元素养分的不同特征，采取不同的养分优化调控与管理策略。其中，氮素推荐根据土壤供氮状况和作物需氮量，进行实时动态监测和精确调控，包括基肥和追肥的调控；磷、钾肥通过土壤测试和养分平衡进行监控；中、微量元素采用因缺补缺的矫正施肥策略。该方法包括氮素实时监控，磷、钾养分恒量监控和中、微量元素养分矫正施肥技术。

第一，氮素实时监控施肥技术。根据目标产量确定作物需氮量，以需氮量的30%～60%作为基肥用量。具体基施比例根据土壤全氮含量并参照当地丰缺指标来确定，一般在全氮含量偏低时，采用需氮量的50%～60%作为基肥；在全氮含量适中时，采用需氮量的40%～50%作为基肥；在全氮含量偏高时，采用需氮量的30%～40%作为基肥。基肥比例可根据上述方法确定，并通过“3414”田间试验进行校验，建立当地不同作物的施肥指标体系。

氮肥追肥用量推荐以作物关键生育期的营养状况诊断或土壤硝态氮的测试为依据。这是实现氮肥准确推荐的关键环节，也是控制过量施氮或施氮不足、提高氮肥利用率和减少损失的重要措施。测试项目主要是土壤全氮、土壤硝态氮。此外，小麦可以通过诊断拔节期茎基部硝酸盐浓度、玉米最新展开叶叶脉中部硝酸盐浓度来了解氮素情况，水稻则采用叶色卡或叶绿素仪进行叶色诊断。

第二，磷、钾养分恒量监控施肥技术。根据土壤有(速)效磷、钾含量水平，以土壤有(速)效磷、钾养分不成为实现目标产量的限制因子为前提，通过土壤测试和养分平衡监控，使土壤有(速)效磷、钾含量保持在一定范围内。对于磷肥，基本思路是根据土壤有效磷测试结果和养分丰缺指标进行分级，当有效磷水平中等偏上时，可以将目标产量需要量(只包括带出田块的收获物)的100%～110%作为当季磷用量；随着有效磷含量的增加，需要减少磷用量，直至不施；而随着有效磷含量的降低，需要适当增加磷用量；在极缺磷的土壤上，可以施需要量的150%～200%。经2～4年再次测土时，根据土壤有效磷和产量的变化再对磷肥用量进行调整。钾肥首先需要确定施用是否有效，再参照上面方法确定钾肥用量，但需要考虑有机肥和秸秆还田带入的钾。一般大田作物磷、钾肥料全部作基肥。

第三，中、微量元素养分矫正施肥技术。中、微量元素养分的含量变幅大，作物对其需要量也各不相同。这主要与土壤特性(尤其是母质)、作物种类和产量水平等有关。通过土壤测试评价土壤中微量元素养分的丰缺状况，进行有针对性的因缺补缺的矫正施肥。

②肥料效应函数法。肥料效应函数法以田间试验为基础，采用回归分析，对不同处理得到的产量进行数理统计，求得在供试条件下产量与施肥量之间的数量关系，即肥料效应函数或肥料效应方程式。从肥料效应方程式中不仅可以直观地看出不同肥料的增产效应和两种肥料配合施用的交互效应，还可以计算最高产量施肥量(即量大施肥量)和经济施肥量(即最佳施肥量)，作为配方施肥决策的重要依据。

根据“3414”田间试验结果建立当地主要作物的肥料效应函数，直接获得某一区域、某种作物的氮、磷肥料的最佳施用量，为肥料配方和施肥推荐提供依据。其具体操作参照试验设计与统计技术资料。

③养分平衡法。根据作物目标产量所需养分总量与土壤供肥量之差估算目标产量的施肥量，通过施肥补充土壤供应不足的那部分养分。施肥量(kg/hm^2)的计算公式为：

$$\text{施肥量}=\frac{(\text{目标产量所需养分总量}-\text{土壤供肥量})}{\text{肥料中养分含量}\times\text{肥料利用率}}$$

养分平衡法涉及目标产量、作物需肥量、土壤供肥量、肥料利用率和肥料中有效养分含量五大参数。土壤供肥量即为“3414”方案中空白对照的作物养分吸收量。目标产量确定后因土壤供肥量的确定方法不同，形成了地力差减法和土壤有效养分校正系数法。

地力差减法是根据作物目标产量与基础产量之差来计算施肥量的一种方法。其计算公式为：

$$施肥量=\frac{(目标产量-基础产量)\times 单位经济产量养分吸收量}{肥料中养分含量\times 肥料利用率}$$

基础产量即为“3414”方案中空白对照的产量。

土壤有效养分校正系数法是通过测定土壤有效养分含量来计算施肥量。其计算公式为：

$$施肥量=\frac{(作物单位产量养分吸收量-目标测试值)\times 有效养分校正系数}{肥料中养分含量\times 肥料利用率}$$

a. 目标产量。目标产量(kg)可采用平均单产法来确定。平均单产法是利用施肥区前 3 年平均单产和年递增率为基础确定目标产量，其计算公式是：

$$目标产量=(1+年递增率)\times 前 3 年平均单产$$

一般粮食作物的递增率以 10%～15%为宜，蔬菜、果树等经济作物的递增率以 15%为宜。

b. 作物需肥量。通过对正常成熟的农作物全株养分的化学分析，测定各种作物 100 kg 经济产量所需养分量(kg)，即可获得作物需肥量。

$$作物目标产量所需养分量=\frac{目标产量}{100}\times 100\ kg\ 产量所需养分$$

如果没有试验条件，常见作物平均 100 kg 经济产量吸收的养分量也可参考表 11-1、表 11-2、表 11-3 进行确定。

c. 土壤供肥量。土壤供肥量可以通过测定基础产量、土壤有效养分校正系数两种方法估算。

通过基础产量估算(空白对照产量)：不施养分区作物所吸收的养分量作为土壤供肥量(kg)。

$$土壤供肥量=\frac{不施养分区作物产量}{100}\times 100\ kg\ 产量所需养分量$$

通过土壤有效养分校正系数估算：将土壤有效养分测定值乘一个校正系数，以表示土壤“真实”供肥量。该系数称为土壤有效养分校正系数(%)。

$$土壤有效养分校正系数=\frac{缺素区作物地上部分吸收该元素量}{该元素土壤测定值\times 0.15}$$

表 11-1　不同大田作物形成 100 kg 经济产量所需养分　　kg

作物名称	收获物	N	P_2O_5	K_2O
水稻	稻谷	2.1～2.4	1.25	3.13
冬小麦	籽粒	3.00	1.25	2.50
春小麦	籽粒	3.00	1.00	2.50

续表 11-1

作物名称	收获物	N	P_2O_5	K_2O
大麦	籽粒	2.70	0.90	2.20
荞麦	籽粒	3.30	1.60	4.30
玉米	籽粒	2.57	0.86	2.14
谷子	籽粒	2.50	1.25	1.75
高粱	籽粒	2.60	1.30	3.00
甘薯	块根	0.35	0.18	0.55
马铃薯	块茎	0.50	0.20	1.06
大豆	豆粒	7.20	1.80	4.00
豌豆	豆粒	3.09	0.86	2.86
花生	荚果	6.80	1.30	3.80
棉花	籽棉	5.00	1.80	4.00
油菜	菜籽	5.80	2.50	4.30
芝麻	籽粒	8.23	2.07	4.41
烟草	鲜叶	4.10	0.70	1.10
甜菜	块根	0.40	0.15	0.60

表 11-2 不同果树形成 100 kg 经济产量所需养分 kg

果树名称	收获物	N	P_2O_5	K_2O
苹果树	果实	0.30～0.34	0.08～0.11	0.21～0.32
梨树	果实	0.4～0.6	0.1～0.25	0.4～0.6
桃树	果实	0.4～1.0	0.2～0.5	0.6～1.0
枣树	果实	1.5	1.0	1.3
葡萄	果实	0.75	0.42	0.83
猕猴桃	果实	1.31	0.65	1.50
板栗树	果实	1.47	0.70	1.25
杏树	果实	0.53	0.23	0.41
核桃树	果实	1.46	0.19	0.47
李子树	果实	0.15～0.18	0.02～0.03	0.3～0.76
石榴树	果实	0.3～0.6	0.1～0.3	0.3～0.7
樱桃树	果实	1.04	0.14	1.37
柑橘	果实	0.12～0.19	0.02～0.03	0.17～0.26
脐橙	果实	0.45	0.23	0.34
荔枝	果实	1.36～1.89	0.32～0.49	2.08～2.52
龙眼	果实	1.3	0.4	1.1
杧果	果实	0.17	0.02	0.20
枇杷	果实	0.11	0.04	0.32
菠萝	果实	0.38～0.88	0.11～0.19	0.74～1.72
香蕉	果实	0.95～2.15	0.45～0.6	2.12～2.25
西瓜	果实	0.29～0.37	0.08～0.13	0.29～0.37
甜瓜	果实	0.35	0.17	0.68
草莓	果实	0.6～1.0	0.25～0.4	0.9～1.3

表 11-3　不同蔬菜形成 100 kg 经济产量所需养分　kg

收获物	蔬菜名称	N	P_2O_5	K_2O
大白菜	叶球	1.8～2.2	0.4～0.9	2.8～3.7
小油菜	全株	2.8	0.3	2.1
结球甘蓝	叶球	3.1～4.8	0.5～1.2	3.5～5.4
花椰菜	花球	10.8～13.4	2.1～3.9	9.2～12.0
芹菜	全株	1.8～2.6	0.9～1.4	3.7～4.0
菠菜	全株	2.1～3.5	0.6～1.8	3.0～5.3
莴苣	全株	2.1	0.7	3.2
番茄	果实	2.8～4.5	0.5～1.0	3.9～5.0
茄子	果实	3.0～4.3	0.7～1.0	3.1～4.6
辣椒	果实	3.5～5.4	0.8～1.3	5.5～7.2
黄瓜	果实	2.7～4.1	0.8～1.1	3.5～5.5
冬瓜	果实	1.3～2.8	0.5～1.2	1.5～3.0
南瓜	果实	3.7～4.8	1.6～2.2	5.8～7.3
架芸豆	豆荚	3.4～8.1	1.0～2.3	6.0～6.8
豇豆	豆荚	4.1～5.0	2.5～2.7	3.8～6.9
胡萝卜	肉质根	2.4～4.3	0.7～1.7	5.7～11.7
萝卜	肉质根	2.1～3.1	0.8～1.9	3.8～5.1
大蒜	鳞茎	4.5～5.1	1.1～1.3	1.8～4.7
韭菜	全株	3.7～6.0	0.8～2.4	3.1～7.8
大葱	全株	1.8～3.0	0.6～1.2	1.1～4.0
洋葱	鳞茎	2.0～2.7	0.5～1.2	2.3～4.1
生姜	块茎	4.5～5.5	0.9～1.3	5.0～6.2
马铃薯	块茎	4.7	1.2	6.7

d. 肥料利用率。一般通过差减法来计算：利用施肥区作物吸收的养分量减去不施肥区作物吸收的养分量，其差值视为肥料供应的养分量，再除以所用肥料养分量就是肥料利用率。

$$肥料利用率=\frac{施肥区作物吸收养分量-缺素区作物吸收养分量}{肥料施用量\times肥料中养分含量}\times100\%$$

如果没有试验条件，常见肥料的利用率也可参考表 11-4。

表 11-4　肥料当年利用率　%

肥料	利用率	肥料	利用率
堆肥	25～30	尿素	60
一般圈粪	20～30	过磷酸钙	25
硫酸铵	70	钙镁磷肥	25
硝酸铵	65	硫酸钾	50
氯化铵	60	氯化钾	50
碳酸氢铵	55	草木灰	30～40

e. 肥料中养分含量。供施肥料包括无机肥料和有机肥料。无机肥料、商品有机肥料含量按其标明量；不明养分含量的有机肥料，其养分含量可参照当地不同类型有机肥养分平均含量计算。

4.操作规程

(1)测土配方施肥技术施肥量计算 以养分平衡法为例,计算施肥量(表 11-5)。

表 11-5 当地测土配方施肥技术方法调查及施肥量计算

工作环节	操作规程	质量要求
当地测土配方施肥技术方法调查	走访当地农业技术推广站或土壤肥料站,访问负责测土配方施肥技术推广的技术人员,调查当地采用的测土配方施肥技术方法有哪些	调查前了解当地测土配方施肥技术方法
作物目标产量的确定	(1)调查当地主要作物的前 3 年产量,计算平均产量。如某地小麦 2021 年、2022 年、2023 年产量分别为 6 840 kg/hm²、6 970 kg/hm²、7 012 kg/hm²,则其平均产量为 6 940.7 kg/hm² (2)确定当地主要作物的目标产量。根据本例中的目标产量,若增产幅度为 10%～15%,则目标产量范围在 7 634.8～7 981.8 kg/hm²,因此建议确定为 7 700 kg/hm²	目标产量的确定方法主要有以地定产、以水定产、以土壤有机质定产等,在实际中以地定产和参考前 3 年平均产量较常用
作物目标产量需养分量计算	根据种植的作物种类和确定的目标产量,查阅 100 kg 经济产量所需养分,分别计算目标产量所需的氮、磷、钾养分量。 (1)需氮量=(7700÷100)×3.00=231.00 kg (2)需磷量=(7700÷100)×1.25=96.25 kg (3)需钾量=(7700÷100)×2.50=192.50 kg	如果有条件,可自己测定 100 kg 经济产量所需养分,结果更为可靠
土壤供肥量计算	(1)土壤速效养分测定。采取推广用地土壤样品,测定土壤碱解氮、速效磷和速效钾含量。上例中的地块经过取样测定结果为:碱解氮 62.7mg/kg、速效磷 9.8 mg/kg、速效钾 112.3 mg/kg (2)校正系数确定:一般条件下,为计算方便,碱解氮的校正系数为 1、速效磷为 0.5、速效钾为 0.7 (3)土壤供肥量计算。根据计算公式可得: 土壤供氮量=62.7×2.25×1=141.08 kg 土壤供磷量=9.8×2.25×0.5=11.03 kg 土壤供钾量=112.3×2.25×0.7=176.87 kg	如果有试验条件,校正系数可通过空白对照区产量、土壤养分含量测试值确定
肥料利用率确定	生产中如果没有条件,可参考表 11-4。假如本例施用的氮肥为尿素、磷肥为过磷酸钙、钾肥为硫酸钾,则三者的肥料利用率分别为 60%、25%、50%	肥料利用率一般可通过"3414"试验来确定
肥料中养分含量确定	一般购买肥料时,如果产品合格,包装袋上会标有肥料中养分含量,可直接使用。如本例中尿素含氮为 46%,过磷酸钙含五氧化二磷为 20%,硫酸钾含氧化钾为 52%	也可实际测定其养分含量
施肥量确定	根据上述 5 个参数,分别计算氮肥、磷肥和钾肥的用量。 (1)尿素用量=(231.00−141.08)/(46%×60%)=325.80 kg/hm² (2)过磷酸钙用量=(96.25−11.03)/(20%×25%)=1704.40 kg/hm² (3)硫酸钾用量=(192.50−176.87)/(52%×50%)=60.12 kg/hm²	

续表 11-5

工作环节	操作规程	质量要求
考虑有机肥中养分量的计算校正	例如,上例中施用有机肥 30 t/hm²,其中有机肥含氮 0.4%、含磷 0.2%、含钾 0.8%,当季利用率分别为 20%、15%、20%,那么有机肥当季可提供的氮、磷、钾养分为: 有机肥提供的氮量=30000×0.4%×20%=24 kg 有机肥提供的磷量=30000×0.2%×15%=9 kg 有机肥提供的钾量=30000×0.8%×20%=48 kg 那么氮肥、磷肥、有机肥的施用量则分别为: (1)尿素用量=(231.00−141.08−24)/(46%×60%)=238.84 kg/hm² (2)过磷酸钙用量=(96.25−11.03−9)/(20%×25%)=1524.40 kg/hm² (3)硫酸钾用量=(192.50−176.87−48)/(52%×50%)=−124.50 kg/hm² 硫酸钾用量为负值,有机肥提供的钾已经能满足需要,不需要再施化学钾肥	一般推广测土配方施肥技术是在施用有机肥的基础上进行的,因此在计算施肥量时,往往要把有机肥提供的氮、磷、钾养分计算出来,并从化肥用量中减去

(2)测土配方施肥技术实施 测土配方施肥技术包括“测土、配方、配肥、供应、施肥指导”5个核心环节,以及“野外调查、田间试验、土壤测试、配方设计、校正试验、配方加工、示范推广、宣传培训、数据库建设、效果评价、技术创新”11项重点内容。根据当地土壤肥力、种植作物情况,配合当地农业部门技术人员,进行表 11-6 中操作。

表 11-6 测土配方施肥技术的实施

工作环节	操作规程	质量要求
制订计划,收集资料	收集采样区域土壤图、土地利用现状图、行政区划图等资料,绘制样点分布图,制订采样工作计划;准备 GPS、采样工具、采样袋、采样标签等	要做好人员、物资、资金等各方面准备
样品采集与制备	(1)土壤样品的采集与制备。参考县级土壤图做好采样规划;划分采样单元,每个土壤采样单元为 6~15 hm²,采样地块面积为 0.5~5 hm²;确定采样时间,一般在作物收获后或施肥前;采样深度为 0~20 cm;做好样品标记;做好新鲜样品、风干样品的制备和贮存。 (2)植物样品的采集与制备。根据要求分别采集粮食作物、水果样品、蔬菜样品;填好标签;做好植株样品的处理与保存	具体见土壤样品采集与制备要求。植物样品采集应做到有代表性、典型性、适时性等
土壤、植株养分测试	(1)土壤测试。按照相关标准,土壤测试项目有:土壤质地、容重、水分、酸碱度、阳离子交换量、水溶性盐分、氧化还原电位、有机质、全氮、有效氮、全磷、有效磷、全钾、有效钾、交换性钙(镁)、有效硫、有效硅、有效微量元素等。 (2)植株测试。植株测试项目有:全氮、全磷、全钾、水分、粗灰分、全钙、全镁、全硫、微量元素全量等	具体测试原理与要求参见相关标准
田间基本情况调查	调查田间基本情况,开展农户施肥情况调查	完成表 11-7、表 11-8 内容

续表 11-6

工作环节	操作规程	质量要求
田间试验	按照《测土配方施肥技术规范》推荐采用的"3414"试验方案，根据研究目的选择完全实施或部分实施方案	具体要求见《测土配方施肥技术规范》
调查数据的整理和初步分析	(1)作物产量。实际产量以单位面积产量表示，当地平均产量一般采用加权平均数法。产量的分布直接用调查表中产量数据进行分析。 (2)氮、磷、钾养分投入量。施肥明细中各种肥料要进行"折纯"。方法是每种肥料的数量分别乘以其氮、磷、钾含量，然后将有机肥料和化肥中的纯养分量相加。 (3)氮、磷、钾比例。根据氮、磷、钾养分投入量就可以计算氮、磷、钾比例，并分析其比例分布情况。 (4)有机无机肥料养分比例。分别计算有机肥料和无机肥料氮、磷、钾的平均用量，然后进行比较。 (5)施肥时期和底追比例。在计算各种作物施肥量时，可以分别计算底肥和追肥的氮、磷、钾平均用量，然后分析二者比例的合理程度。 (6)肥料品种。将本地区所有农户的该种肥料用量乘以各自面积再加和，除以总面积，即得到该作物上该肥料的加权平均用量；将所有施用该种肥料的农户作物面积相加再除以总调查面积，乘以100%，可得施肥面积比例。 (7)肥料成本。以单位面积成本来表示，计算方法同作物产量	(1)当样本农户作物面积差别不大时，平均产量也可用简单平均数。 (2)要对农户施肥量逐个检查，剔除异常数据。平均值也应采用加权平均数。 (3)所有农户某肥料加权平均用量=施用该肥料农户加权平均用量×施肥面积比例。 (4)要注意数据处理过程的准确性，最好2人完成，1人录入，1人校验
基础数据库的建立	(1)属性数据库，其内容包括田间试验示范数据、土壤与植株测试数据、田间基本情况及农户调查数据等，要求在SQL数据库中建立 (2)空间数据库，内容包括土壤图、土地利用图、行政区划图、采样点位图等，利用GIS软件，采用数字化仪或扫描后屏幕数字化的方式录入。图样比例为1∶50000 (3)施肥指导单元属性数据获取，可由土壤图和土地利用图或行政区划图叠加生成施肥指导单元图	具体要求见《测土配方施肥技术规范》
肥料配方设计	(1)田块的肥料配方设计，首先采用养分平衡法等确定氮、磷、钾养分的用量，然后确定相应的肥料组合，通过提供配方肥料或发放配肥通知单，指导农户使用 (2)施肥分区与肥料配方设计，其步骤为：确定研究区域，GPS定位指导下的土壤样品采集，土壤测试与土壤养分空间数据库的建立，土壤养分分区图的制作，施肥分区和肥料配方的生成，肥料配方的检验	具体要求见《测土配方施肥技术规范》
校正试验	对于上述肥料配方，通过田间试验来校验施肥参数，验证并完善肥料配方，改进测土配方施肥参数	要依据当地土壤类型、土壤肥力校正
配方应用	配方落实到农户田间是提高和普及测土配方施肥技术的最关键环节。根据相关的配方施肥参数，以各种单质或复混肥料为原料，配制配方肥。目前推广上有两种方式：一是农民根据建议卡自行购买各种肥料，配合施用；二是由配肥企业按配方加工配方肥，农民直接购买施用	要结合农户田块的土壤肥力高低、植物种植情况灵活应用

续表 11-6

工作环节	操作规程	质量要求
示范推广	(1)每 667 hm^2 设 2～3 个示范点，进行田间对比示范。设置两个处理：常规施肥对照区和测土配方施肥区，面积不小于 200 m^2。 (2)制订测土配方施肥建议卡，使农民容易接受（表 11-9）	建立测土配方施肥示范区，为农民创建窗口，树立样板，把测土配方施肥技术落实到田间
效果评价	(1)农户（田块）测土配方施肥前后比较　从农户执行测土配方施肥前后的养分投入量、产量、效益进行评价，并计算增产率、增收情况和产投比等进行比较。 增产率 $A=(Y_p-Y_c)/Y_c$ 增收 $I=(Y_p-Y_c)\times P_y-\sum F_i\times P_i$ 产投比 $D=[(Y_p-Y_c)\times P_y-\sum F_i\times P_i]/\sum F_i\times P_i$ 式中：Y_p代表测土施肥产量（kg/hm^2），Y_c代表常规施肥（或实施测土配方施肥前）产量（kg/hm^2），F_i代表肥料用量（kg/hm^2），P_y代表产品价格（元/kg），P_i代表肥料价格（元/kg） (2)测土配方施肥农户（田块）与常规施肥农户（田块）比较　根据对测土配方施肥农户（田块）与常规施肥农户（田块）调查表的汇总分析，对农户执行测土配方施肥前后的养分投入量、产量、效益进行评价，并计算增产率、增收情况和产投比等 (3)测土配方施肥 5 年跟踪调查分析　对农户执行测土配方施肥 5 年中的养分投入量、产量、效益进行评价，并计算增产率、增收情况和产投比等	在测土配方施肥项目区进行动态调查并随机调查农民，征求农民的意见，检验其实际效果，以完善管理体系、技术体系和服务体系
宣传培训	测土配方施肥技术宣传培训是提高农民科学施肥意识，普及技术的重要手段。及时对各级农技人员、肥料生产企业、肥料经销商、农民进行系统培训，有效提高测土配方施肥的实施效果	在农户购肥、施肥前，请技术人员面对农户、村组干部进行技术培训讲座，同时推荐印发测土配方平衡施肥方案，使技术入户到田，指导农户购买和施用优质的适宜的配方肥料
技术创新	在田间试验、土壤测试、肥料配制、数据处理等方面开展创新研究，以不断提升测土配方施肥技术水平	最终形成适合当地的测土配方施肥技术体系

表 11-7　测土配方施肥采样地块基本情况调查表

统一编号：＿＿＿＿＿　调查组号：＿＿＿＿＿　采样序号：＿＿＿＿＿

采样目的：＿＿＿＿＿　采样日期：＿＿＿＿＿　上次采样日期：＿＿＿＿＿

地理位置	省市名称		地市名称		县旗名称	
	乡镇名称		村组名称		邮政编码	
	农户名称		地块名称		电话号码	
	地块位置		距村距离/m		—	—
	纬度		经度		海拔高度/m	

续表 11-7

自然条件	地貌类型		地形部位		—	—
	地面坡度/(°)		田面坡度/(°)		坡向	
	通常地下水位/m		最高地下水位/m		最深地下水位/m	
	常年降水量/mm		常年有效积温/℃		常年无霜期/d	
生产条件	农田基础设施		排水能力		灌溉能力	
	水源条件		输水方式		灌溉方式	
	熟制		典型种植制度		常年产量水平/(kg/hm²)	
土壤情况	土类		亚类		土属	
	土种		俗名		—	—
	成土母质		剖面构型		土壤质地(手测)	
	土壤结构		障碍因素		侵蚀程度	
	耕层厚度/cm		采样深度/cm		—	—
	田块面积/hm^2		代表面积/hm^2		—	—
来年种植情况	茬口	第一季	第二季	第三季	第四季	第五季
	作物名称					
	品种名称					
	目标产量					
采样调查单位	单位名称				联系人	
	地址				邮政编码	
	电话		传真		采样调查人	
	E-mail					

表 11-8　农户施肥情况调查表

施肥相关情况	生长季节			作物名称				品种名称		
	播种季节			收获日期				产量水平		
	生长期内降水次数			生长期内降水总量				—	—	
	生长期内灌水次数			生长期内灌水总量				灾害情况		
推荐施肥情况	是否推荐施肥指导			推荐单位性质			推荐单位名称			
	配方内容	目标产量/(kg/hm²)	推荐肥料成本/(元/hm²)	化肥/(kg/hm²)					有机肥/(kg/hm²)	
				大量元素			其他元素		肥料名称	实物量
				N	P_2O_5	K_2O	名称	用量		
实际施肥总体情况		实际产量/(kg/hm²)	实际肥料成本/(元/hm²)	化肥/(kg/hm²)					有机肥/(kg/hm²)	
				大量元素			其他元素		肥料名称	实物量
				N	P_2O_5	K_2O	名称	用量		

续表 11-8

	汇总											
	施肥明细	施肥序次	施肥时期	项目			施肥情况					
							第一种	第二种	第三种	第四种	第五种	第六种
实际施肥明细		第一次		肥料种类								
				肥料名称								
				养分含量情况/%	大量元素	N						
						P_2O_5						
						K_2O						
					其他元素	名称						
						含量						
				实物量/(kg/hm^2)								
		第二次		肥料种类								
				肥料名称								
				养分含量情况/%	大量元素	N						
						P_2O_5						
						K_2O						
					其他元素	名称						
						含量						
				实物量/(kg/hm^2)								
		第三次		肥料种类								
				肥料名称								
				养分含量情况/%	大量元素	N						
						P_2O_5						
						K_2O						
					其他元素	名称						
						含量						
				实物量/(kg/hm^2)								
		第四次		肥料种类								
				肥料名称								
				养分含量情况/%	大量元素	N						
						P_2O_5						
						K_2O						
					其他元素	名称						
						含量						
				实物量/(kg/hm^2)								

表 11-9 测土配方施肥建议卡

农户姓名：________ ________省______县(市)______乡(镇)______村 编号________

地块面积：________公顷 地块位置：________________________________

<table>
<tr><td rowspan="14">土壤测试数据</td><td rowspan="2">测试项目</td><td rowspan="2">测试值</td><td rowspan="2">丰缺指标</td><td colspan="3">养分水平评价</td></tr>
<tr><td>偏低</td><td>适宜</td><td>偏高</td></tr>
<tr><td>全氮/(g/kg)</td><td></td><td></td><td></td><td></td><td></td></tr>
<tr><td>速效氮/(mg/kg)</td><td></td><td></td><td></td><td></td><td></td></tr>
<tr><td>有效磷/(mg/kg)</td><td></td><td></td><td></td><td></td><td></td></tr>
<tr><td>速效钾/(mg/kg)</td><td></td><td></td><td></td><td></td><td></td></tr>
<tr><td>有机质/(g/kg)</td><td></td><td></td><td></td><td></td><td></td></tr>
<tr><td>pH</td><td></td><td></td><td></td><td></td><td></td></tr>
<tr><td>有效铁/(mg/kg)</td><td></td><td></td><td></td><td></td><td></td></tr>
<tr><td>有效锰/(mg/kg)</td><td></td><td></td><td></td><td></td><td></td></tr>
<tr><td>有效铜/(mg/kg)</td><td></td><td></td><td></td><td></td><td></td></tr>
<tr><td>有效锌/(mg/kg)</td><td></td><td></td><td></td><td></td><td></td></tr>
<tr><td>有效硼/(mg/kg)</td><td></td><td></td><td></td><td></td><td></td></tr>
<tr><td></td><td></td><td></td><td></td><td></td><td></td></tr>
</table>

<table>
<tr><td colspan="2">作物</td><td></td><td colspan="3">目标产量/(kg/hm²)</td><td></td></tr>
<tr><td></td><td></td><td>肥料配方</td><td>用量/(kg/hm²)</td><td>施肥时间</td><td>施肥方式</td><td>施肥方法</td></tr>
<tr><td rowspan="6">推荐方案一</td><td rowspan="3">基肥</td><td></td><td></td><td></td><td></td><td rowspan="3"></td></tr>
<tr><td></td><td></td><td></td><td></td></tr>
<tr><td></td><td></td><td></td><td></td></tr>
<tr><td rowspan="3">追肥</td><td></td><td></td><td></td><td></td><td rowspan="3"></td></tr>
<tr><td></td><td></td><td></td><td></td></tr>
<tr><td></td><td></td><td></td><td></td></tr>
<tr><td rowspan="6">推荐方案二</td><td rowspan="3">基肥</td><td></td><td></td><td></td><td></td><td rowspan="3"></td></tr>
<tr><td></td><td></td><td></td><td></td></tr>
<tr><td></td><td></td><td></td><td></td></tr>
<tr><td rowspan="3">追肥</td><td></td><td></td><td></td><td></td><td rowspan="3"></td></tr>
<tr><td></td><td></td><td></td><td></td></tr>
<tr><td></td><td></td><td></td><td></td></tr>
</table>

技术指导单位：__________ 联系方式：__________ 联系人：________ 日期：________

(3)粮经作物测土配方施肥技术 这里以华北平原地区灌溉冬小麦测土配方施肥技术为例来说明。其他作物可参考有关书籍或当地农业技术部门的资料。

①氮肥总量控制,分期调控。平原灌溉区不同产量水平冬小麦氮肥推荐用量可参考表11-10。

表 11-10 不同产量水平下冬小麦氮肥推荐用量

目标产量/(kg/亩)	土壤肥力	氮肥用量/(kg/亩)	基肥/追肥比例/%
<300	极低	11～13	70/30
	低	10～11	70/30
	中	8～10	60/40
	高	6～8	60/40

续表 11-10

目标产量/(kg/亩)	土壤肥力	氮肥用量/(kg/亩)	基肥/追肥比例/%
300～400	极低	13～15	70/30
	低	11～13	70/30
	中	10～11	60/40
	高	8～10	50/50
400～500	低	14～16	60/40
	中	12～14	50/50
	高	10～12	40/60
	极高	8～10	30/40/30
500～600	低	16～18	60/40
	中	14～16	50/50
	高	12～14	40/60
	极高	10～12	30/40/30
＞600	中	16～18	50/50
	高	14～16	40/60
	极高	12～14	30/40/30

②磷、钾恒量监控技术。该地区多以冬小麦/夏玉米轮作为主，因此，磷、钾管理要将整个轮作体系统筹考虑，将 2/3 的磷肥施在冬小麦季，1/3 的磷肥施在玉米季；将 1/3 的钾肥施在冬小麦季，2/3 的钾肥施在玉米季。磷、钾分级及推荐用量参考表 11-11、表 11-12。

表 11-11　土壤磷素分级及冬小麦磷肥(五氧化二磷)推荐用量

产量水平/(kg/亩)	肥力等级	有效磷/(mg/kg)	磷肥用量/(kg/亩)
＜300	极低	＜7	6～8
	低	7～14	4～6
	中	14～30	2～4
	高	30～40	0～2
	极高	＞40	0
300～400	极低	＜7	7～9
	低	7～14	5～7
	中	14～30	3～5
	高	30～40	1～3
	极高	＞40	0
400～500	极低	＜7	8～10
	低	7～14	6～8
	中	14～30	4～6
	高	30～40	2～4
	极高	＞40	0～2
500～600	低	＜14	8～10
	中	14～30	7～9
	高	30～40	5～7
	极高	＞40	2～5

续表 11-11

产量水平/(kg/亩)	肥力等级	有效磷/(mg/kg)	磷肥用量/(kg/亩)
>600	低	<14	9~11
	中	14~30	8~10
	高	30~40	6~8
	极高	>40	3~6

表 11-12 土壤钾素分级及钾肥(氧化钾)推荐用量

肥力等级	速效钾/(mg/kg)	钾肥用量/(kg/亩)	备注
低	50~90	5~8	连续 3 年以上实行秸秆还田的可酌减;没有实行秸秆还田的适当增加
中	90~120	4~6	
高	120~150	2~5	
极高	>150	0~3	

③微量元素因缺补缺。该地区微量元素丰缺指标及推荐用量见表 11-13。

表 11-13 微量元素丰缺指标及推荐用量

元素	提取方法	临界指标/(mg/kg)	基施用量/(kg/亩)
锌	喷替酸	0.5	硫酸锌 1~2
锰	喷替酸	10	硫酸锰 1~2
硼	沸水	0.5	硼砂 0.5~0.75

④华北平原地区灌溉冬小麦施肥模式。

a. 作物特性。该地区小麦一般在 10 月上、中旬播种,第二年 5 月下旬至 6 月上旬收获,全生育期 230~270 d。通常将小麦生育期划分为出苗、分蘖、越冬、起身、拔节、孕穗、抽穗、开花、灌浆和成熟。生产中基本苗数一般为每亩 10 万~30 万,多穗性品种每亩穗数为 50 万穗,大穗型品种为 30 万穗左右。

b. 施肥原则。针对该地区氮、磷化肥用量普遍偏高,肥料增产效率下降,而有机肥施用不足,微量元素锌和硼缺乏时有发生等问题,提出以下施肥原则:依据土壤肥力条件,适当调减氮、磷化肥用量;增施有机肥,提倡有机、无机配合,实施秸秆还田;依据土壤钾素状况,高效施用钾肥,并注意硼和锌的配合施用;氮肥分期施用,适当增加生育中、后期的氮肥比例;肥料施用应与高产、优质栽培技术相结合。

c. 肥料运筹。若基肥施用了有机肥,可酌情减少化肥用量。单产水平在 400 kg/亩以下时,基肥、追肥可各占一半。单产超过 500 kg/亩时,氮肥总量的 1/3 作基肥施用,2/3 作追肥在拔节期施用。磷肥、钾肥和微量元素肥料全部作基肥施用。

(4)蔬菜测土配方施肥技术 这里以设施番茄测土配方施肥技术为例来说明。其他作物可参考有关书籍或当地农业技术部门的资料。

针对设施番茄主产区施肥现状,在保证有机肥施用的基础上,氮肥推荐采用总量控制分期调控技术,磷、钾肥推荐采取恒量监控技术。

①有机肥。一般根据番茄茬口及目标产量水平来确定有机肥的施用数量(表 11-14)。所有的有机肥在定植前进行基施。对于不同棚龄的菜田而言,新菜田应以畜禽有机肥为主,而老菜田则应以堆肥或秸秆有机肥为主;对于不同茬口来说,秋冬茬和越冬茬的生育期较长,并且

土壤温度逐渐降低，应适当增施有机肥。

表 11-14　设施番茄有机肥推荐用量　　kg/亩

茬口	目标产量					
	<3 330	3 330～5 330	5 330～8 000	8 000～10 660	10 660～13 330	>13 330
冬春茬	800	800～1 000	1 000～1 200	—	—	—
秋冬茬	800～1 000	1 000～1 200	1 200～1 330	1 330～1 500	1 500～1 660	1 660～1 860
越冬长茬	800～1 000	1 000～1 200	1 200～1 330	1 330～1 500	1 500～1 660	1 660～1 860

注：以畜禽有机肥（风干基）为例进行推荐

②氮肥。设施番茄氮肥用量根据土壤硝态氮含量结合目标产含量进行确定（表 11-15）。冬春季番茄的关键施肥时期主要集中在 3 月下旬至 4 月下旬，秋冬季早栽番茄的关键施肥期主要集中在 9 月下旬至 11 月上旬，在此期间根据天气状况，每隔 7～10 d 追肥一次，每次追肥量 4～5 kg(N)为宜；秋冬季晚栽番茄的关键施肥期主要集中在 11 月上中旬至 12 月下旬，越冬长茬番茄关键施肥期主要集中在 11 月上中旬至翌年 2 月，在此期间根据天气状况，每隔 15～20 d 追肥一次，每次追肥量 4～5 kg(N)为宜。

表 11-15　设施番茄氮肥推荐用量　　kg/亩

土壤硝态氮/(mg/kg)		目标产量				
		<3 330	3 330～5 330	5 330～8 000	8 000～10 660	10 660～13 330
<60	极低	9.3	12.7～16.7	16～20	22.7～26.7	29.3～33.3
60～100	低	6.7～9.3	10～12.7	13.3～16	20～22.7	26.7～29.3
100～140	中	4～6.7	7.3～10	10.7～13.3	17.3～20	24～26.7
140～180	高	1.3～4	4.7～7.3	8～10.7	14.7～17.3	21.3～24
>180	极高	0	0～4.7	0～8	0～14.7	0～21.3

③磷肥。设施番茄磷肥用量主要考虑土壤磷素供应水平及目标产量（表 11-16）。当有机肥施用量较低（<20 kg/亩）时，则按照表 11-16 推荐的磷肥用量全部作基肥。当有机肥施用量较高（>20 kg/亩）时，且有效磷含量处于高和极高水平时，则不再施用磷肥；当土壤有效磷含量处于中、低和极低水平时，且目标产量大于 5330 kg/亩时，则按表 11-16 推荐的 2/3 磷肥施用量基施，另外在冬春茬气温较低时酌量追施磷肥。

表 11-16　设施番茄磷肥(P_2O_5)推荐用量　　kg/亩

土壤有效磷/(mg/kg)		目标产量				
		<3 330	3 330～5 330	5 330～8 000	8 000～10 660	10 660～13 330
<30	极低	5～6.7	8～10.7	12～16	16～21.3	20～26.7
30～60	低	3.3～5	5.3～8	8～12	10.7～16	13.3～20
60～100	中	2.7～3.3	4～5.3	6.7～8	7.3～10.7	10.7～13.3
100～150	高	1.7～2.7	2.7～4	4～6.7	5.3～7.3	6.7～10.7
>150	极高	1～1.7	1.7～2.7	2.7～4	3.3～5.3	4～6.7

④钾肥。设施番茄钾肥用量主要考虑土壤钾素供应水平及目标产量（表 11-17）。当有机肥施用量较低（<20 kg/亩）时，土壤交换性钾含量处于中等以下时，钾肥则按照表 11-17 推荐的用量的 20%～30%作基肥，其余在生育期分次追施，尤其是在番茄坐果后应适当增加钾肥

用量。当有机肥施用量较高(>20 kg/亩)时,则不再施用钾肥。

表 11-17　设施番茄钾肥(K_2O)推荐用量　kg/亩

土壤交换性钾/(mg/kg)		目标产量				
		<3 330	3 330~5 330	5 330~8 000	8 000~10 660	10 660~13 330
<80	极低	16~20	25.3~32	36.7~43.3	43.3~50	—
80~100	低	13.3~16	21.3~25.3	32~36.7	36.7~42.7	50~53.3
100~150	中	10.7~13.3	16.7~21.3	26.7~32	33.3~36.7	42.7~50
150~200	高	6.7~10.7	10.7~16.7	16~26.7	21.3~33.3	26.7~42.7
>200	极高	4~6.7	6.7~10.7	10~16	13.3~21.3	16~26.7

⑤中微量元素。设施番茄中微量元素采用因缺补缺的方式施用,对于设施番茄而言特别要注意钙和硼的施用(表 11-18)。

表 11-18　设施番茄中微量元素丰缺指标及对应用肥量

元素	提取方法	临界指标/(mg/kg)	施用量
交换性钙	乙酸铵	800	石灰性土壤在开始进入结球期时喷施 0.3%~0.5% 氯化钙溶液;酸性土壤施石灰 15~41.7 kg/亩
交换性镁	乙酸铵	120	碱性土壤施硫酸镁 6.7~15 kg/亩;酸性土壤施硫酸镁 7~11 kg/亩
硼	沸水	0.5	基施硼砂 0.5~1 kg/亩

⑥设施番茄施肥原则。华北等北方地区多为日光温室,华中、西南地区多为中小拱棚,针对生产中存在氮、磷、钾化肥用量偏高,养分投入比例不合理,土壤氮、磷、钾养分积累明显,过量灌溉导致养分损失严重,土壤酸化现象普遍,土壤钙、镁、硼等元素供应出现障碍,连作障碍等导致土壤质量退化严重,养分吸收效率下降和蔬菜品质下降等问题,提出以下施肥原则:合理施用有机肥,调整氮、磷、钾化肥用量,非石灰性土壤及酸性土壤需补充钙、镁、硼等中微量元素;根据作物产量、茬口及土壤肥力条件合理分配化肥,大部分磷肥基施,氮钾肥追施;生长前期不宜频繁追肥,重视花后和中后期追肥;与滴灌施肥技术结合,采用"少量多次"的原则,合理灌溉施肥;土壤退化的老棚需进行秸秆还田或施用高碳氮比(C/N)的有机肥,少施禽粪肥,增加轮作次数,达到除盐和减轻连作障碍目的;蔬菜地酸化严重时应适量施用石灰等酸性土壤调理剂。

(5)果树测土配方施肥技术　这里以苹果测土配方施肥技术为例来说明。其他作物可参考有关书籍或当地农业技术部门的资料。

针对苹果主产区施肥现状,在保证有机肥施用的基础上,氮肥推荐采用总量控制分期调控技术,磷、钾肥推荐采取恒量监控技术,中、微量元素肥料采取因缺补缺施用。

①有机肥。考虑到果园有机肥水平、产量水平和有机肥种类,苹果树有机肥推荐用量参考表 11-19。

表 11-19　苹果树有机肥推荐用量　kg/hm^2

有机质含量/(g/kg)	产量水平/(t/hm^2)			
	30	45	60	75
>15	15	30	45	60
10~15	30	45	60	75

续表 11-19

有机质含量/(g/kg)	产量水平/(t/hm²)			
	30	45	60	75
5～10	45	60	75	—
<5	60	75	—	—

②氮肥。考虑到土壤供氮能力和苹果产量水平，苹果树氮肥推荐用量参考表 11-20。

表 11-20 苹果树氮肥推荐用量(N) kg/hm²

有机质含量/(g/kg)	产量水平/(t/hm²)			
	30	45	60	75
<7.5	350～500	450～600	—	—
7.5～10	250～400	350～500	450～600	—
10～15	150～300	250～400	350～500	450～600
15～20	50～150	150～300	250～400	350～500
>20	<50	50～150	150～300	250～400

③磷肥。考虑到土壤供磷能力和苹果产量水平，苹果树磷肥推荐用量参考表 11-21。

表 11-21 苹果树磷肥推荐用量(P_2O_5) kg/hm²

土壤速效磷/(mg/kg)	产量水平/(t/hm²)			
	30	45	60	75
<15	120～150	150～195	180～240	—
15～30	90～120	120～165	150～210	180～255
30～50	60～90	90～135	120～180	150～225
50～90	30～60	60～105	90～150	120～195
>90	<30	<60	<90	<120

④钾肥。考虑到土壤供钾能力和苹果产量水平，苹果树钾肥推荐用量参考表 11-22。

表 11-22 苹果树钾肥推荐用量(K_2O) kg/hm²

土壤交换钾/(mg/kg)	产量水平/(t/hm²)			
	30	45	60	75
<50	300～450	350～600	400～650	—
50～100	250～300	300～450	350～600	400～650
100～150	150～200	250～300	300～450	350～600
150～200	100～150	150～200	250～300	300～450
>200	<100	100～150	150～200	250～300

⑤中、微量元素。根据土壤分析结果，对照临界指标，如果缺乏则进行矫正(表 11-23)。

表 11-23 苹果产区中微量元素丰缺指标及对应肥料用量

元素	提取方法	临界指标/(mg/kg)	基施用量/(kg/hm)
锌	喷替酸	0.5	硫酸锌，37.5～75.0
硼	沸水	0.5	硼砂，37.5～75.0
钙	乙酸铵	450	硝酸钙，150～300

⑥施肥建议。化肥分3～6次施用，第一次在果实套袋前后(5月下旬)，氮、磷、钾配合施用，建议施用苹果配方肥(17-10-18)；6月中旬以后建议追肥2～5次；前期以氮、钾肥为主，增加钾肥用量，建议施用配方肥(20-5-20)；后期以钾肥为主，配合少量氮肥。干旱区域建议采用窄沟多沟施肥方法，多雨区域可用放射沟法或撒施。

土壤缺锌、硼和钙的果园，萌芽前后施用硫酸锌15～22.5 kg/hm^2、硼砂7.5～15.0 kg/hm^2、硝酸钙300 kg/hm^2；在花期和幼果期叶面喷施0.3%硼砂、果实套袋前喷3次0.3%的钙肥。土壤酸化的果园，施用石灰2 250～3 000 kg/hm^2或硅钙镁肥750～1 500 kg/hm^2等。

5.问题处理

活动结束后，完成以下问题：

(1)调查当地推广测土配方施肥技术情况，存在什么问题，有哪些典型经验。

(2)走访当地有关农业技术专家、有经验的农户或种植大户，总结当地主要农作物测土配方施肥技术经验。

(3)走访当地有关农业技术专家、有经验的农户或种植大户，总结当地主要蔬菜测土配方施肥技术经验。

(4)走访当地有关农业技术专家、有经验的农户或种植大户，总结当地主要果树测土配方施肥技术经验。

活动二　作物水肥一体化技术应用

1.活动目标

知识目标：了解水肥一体化技术的优缺点和系统组成，熟悉水肥一体化技术的操作。

能力目标：熟悉当地主要作物水肥一体化技术。

思政素养：树立化肥减量、绿色生产意识，推广作物水肥一体化技术。

2.活动准备

将全班按5人一组分为若干组，每组准备以下材料和用具：计算工具、有关作物水肥一体化技术的图片或资料。

3.相关知识

2013年农业部印发《水肥一体化技术指导意见》，把水肥一体化列为“一号技术”加以推广。水肥一体化技术也称为灌溉施肥技术，是借助压力系统(或地形自然落差)，根据土壤养分含量和作物种类的需肥规律及特点，将可溶性固体或液体肥料配制成的肥液，与灌溉水一起，通过可控管道系统均匀、准确地输送到作物根部土壤，浸润作物根系发育生长区域，使主根根系土壤始终保持疏松并有适宜的含水量。通俗地讲，就是将肥料溶于灌溉水中，通过管道在浇水的同时施肥，将水和肥料均匀、准确地输送到作物根部土壤。

(1)水肥一体化技术优缺点　水肥一体化技术与传统地面灌溉和施肥方法相比，具有以下优点：

一是节水效果明显。如保护地栽培条件下，滴灌与畦灌相比，每公顷大棚一季节水

1 200～3 600 m^3，节水率为 30%～40%。

二是节肥增产效果显著。在作物产量相近或相同的情况下，水肥一体化技术与常规施肥技术相比可节省化肥 30%～50%，并增产 10%以上。

三是减轻病虫草害发生。水肥一体化技术可抑制病菌、害虫的产生、繁殖和传播，并抑制杂草生长，与常规施肥相比每公顷农药用量可减少 15%～30%。

四是降低生产成本。水肥一体化技术可明显节省施肥劳动力，减少了用于除草、防治病虫害等的劳动力，大大减轻了水利建设的工程量。

五是改善作物品质。可促进作物增产，提高农产品的外观品质和营养品质；通过水肥的控制可以根据市场需求提早供应市场或延长供应市场。

六是便于农作管理。水肥一体化技术只湿润作物根区，其行间空地保持干燥，因此灌溉的同时可以进行其他农事活动，减少了灌溉与其他操作的相互影响。此外，能改善土壤微生态环境、便于精确施肥和标准化栽培、适应恶劣环境和多种作物。

水肥一体化技术在实施过程中还存在如下缺点：易引起堵塞，系统运行成本高；引起盐分积累，污染水源；限制根系发展，降低作物抵御风灾能力；工程造价高，维护成本高。

(2)水肥一体化技术系统组成 水肥一体化技术系统主要有微灌系统和喷灌系统。这里以常用的微灌为例进行介绍。微灌就是利用专门的灌水设备(滴头、微喷头、渗灌管和微管等)，将有压水流变成细小的水流或水滴，湿润作物根部附近土壤的灌水方法。因其灌水器的流量小而称为微灌，主要包括滴灌、微喷灌、脉冲微喷灌、渗灌等。目前生产实践中应用广泛且具有比较完整理论体系的主要是滴灌和微喷灌技术。微灌系统主要由水源工程、首部枢纽工程、输配水管网、灌水器 4 部分组成(图 11-1)。

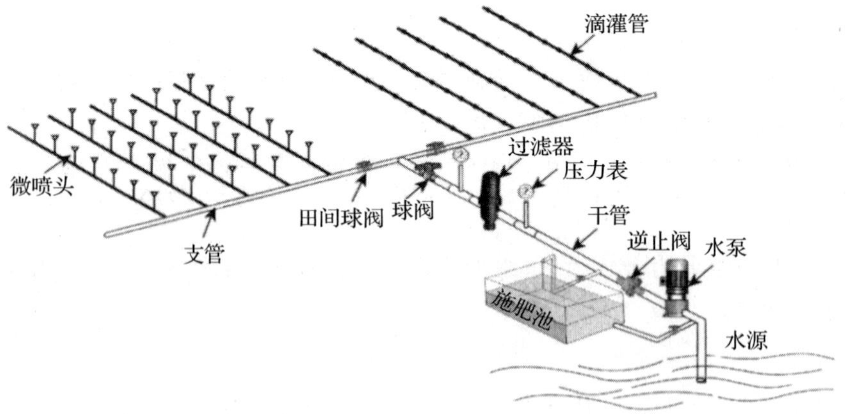

图 11-1 微灌系统组成示意图

①水源工程。生产中可能的水源有河流水、湖泊、水库水、塘堰水、沟渠水、泉水、井水、水窖水等，只要水质符合要求，均可作为微灌的水源，但这些水源经常不能被微灌工程直接利用，或流量不能满足微灌用水量要求，此时需要根据具体情况修建一些相应的引水、蓄水或提水工程，统称为水源工程。

②首部枢纽工程。首部枢纽是整个微灌系统的驱动、检测和控制中枢，主要由水泵及动力机、过滤器等水质净化设备、施肥装置、控制阀门、进排气阀、压力表、流量计等设备组成。其作

用是从水源取水，经加压过滤后输送到输水管网中，并通过压力表、流量计等测量设备监测系统运行情况。

③输配水管网。输配水管网的作用是将首部枢纽处理过的水按照要求输送分配到每个灌水单元和灌水器，包括干管、支管和毛管三级管道。毛管是微灌系统末级管道，其上安装或连接灌水器。

④灌水器。灌水器是微灌系统中最关键的部件，是直接向作物灌水的设备，其作用是消减压力，将水流变为水滴、细流或喷洒状施入土壤，主要有滴头、滴灌带、微喷头、渗灌滴头、渗灌管等。微灌系统的灌水器大多数用塑料注塑成型。

(3)水肥一体化系统操作　水肥一体化系统操作包括运行前的准备、灌溉操作、施肥操作等。

①运行前的准备。运行前的准备工作主要是检查系统是否按设计要求安装到位，检查系统主要设备和仪表是否正常，对损坏或漏水的管段及配件进行修复。

②灌溉操作。水肥一体化系统包括单户系统和组合系统。组合系统需要分组轮灌。系统的简繁不同，灌溉作物和土壤条件不同都会影响灌溉操作。

第一，管道充水试运行。在灌溉季节首次使用时，必须进行管道充水冲洗。充水前应开启排污阀或泄水阀，关闭所有控制阀门，在水泵运行正常后缓慢开启水泵出水管道上的控制阀门，然后从上游至下游逐条冲洗管道，充水中应观察排气装置工作是否正常。管道冲洗后应缓慢关闭泄水阀。

第二，水泵启动。要保证动力机在空载或轻载下启动。启动水泵前，首先关闭总阀门，并打开准备灌水的管道上所有排气阀排气，然后启动水泵向管道内缓慢充水。启动后观察和倾听设备运转是否有异常声音，在确认启动正常的情况下，缓慢开启过滤器及控制田间所需灌溉的轮灌组的田间控制阀门，开始灌溉。

第三，观察压力表和流量表。观察过滤器前后的压力表读数差异是否在规定的范围内，压差读数达到 7 m 水柱，说明过滤器内堵塞严重，应停机冲洗。

第四，冲洗管道。新安装的管道(特别是滴灌管)第一次使用时，要先放开管道末端的堵头，充分放水冲洗各级管道系统，把安装过程中集聚的杂质冲洗干净后，封堵末端堵头，然后才能开始使用。

第五，田间巡查。要到田间巡回检查轮灌区的管道接头和管道是否漏水，各个灌水器是否正常。

③施肥操作。施肥过程是伴随灌溉同时进行的，施肥操作在灌溉进行 20～30 min 再开始，并确保在灌溉结束前 20 min 以上的时间内结束，这样可以保证对灌溉系统的冲洗和尽可能地减少化学物质对灌水器的堵塞。施肥操作前要按照施肥方案将肥料准备好，对于溶解性差的肥料可先将肥料溶解在水中。不同的施肥装置在操作细节上有所不同。

④轮灌组更替。根据水肥一体化灌溉施肥制度，观察水表水量，确定达到要求的灌水量时，更换下一轮灌组地块，注意不要同时打开所有分灌阀。首先打开下一轮灌组的阀门，再关闭第一个轮灌组的阀门，进行下一轮灌组的灌溉，按以上操作步骤重复进行。

⑤结束灌溉。所有地块灌溉施肥结束后，先关闭灌溉系统水泵开关，然后关闭田间的各开关。对过滤器、施肥罐、管路等设备进行全面检查，达到下一次正常运行的标准。注意冬季灌溉结束后要把田间位于主支管道上的排水阀打开，将管道内的水尽量排净，以避免管道留有积

水冻裂管道，此阀门冬季不必关闭。

4.操作规程

(1)粮经作物水肥一体化施肥技术 这里以新疆棉花种植为例来说明水肥一体化技术应用，其他作物可查阅有关图书和咨询当地农业技术部门。

①新疆膜下滴灌棉花测土施肥配方。棉花采用膜下滴灌技术，可以在每次滴灌时分次追肥，能够有效减少氮素损失，且肥料集中施在棉株根部，吸收利用效率很高，可提高肥料利用率。

a.氮素实时监控。基于目标产量和土壤硝态氮含量的棉花氮肥基肥用量见表11-24，棉花氮肥追肥用量见表11-25。

表11-24 棉花氮肥基肥推荐用量 kg/hm^2

土壤硝态氮/(mg/kg)	目标产量				
	1800	2100	2400	2700	3000
90	45.5	60.0	72.0	84.0	96.0
120	40.5	54.0	67.5	81.0	94.5
150	31.5	46.5	60.0	73.5	87.0
180	22.5	37.5	52.5	66.0	81.0
210	12.0	27.0	42.0	58.5	73.5

表11-25 棉花氮肥追肥推荐用量 kg/hm^2

土壤硝态氮/(mg/kg)	目标产量				
	1800	2100	2400	2700	3000
90	185	235	285	335	385
120	160	215	270	325	375
150	125	180	240	290	350
180	90	150	205	265	325
210	50	110	170	230	290

b.磷肥恒量监控。基于目标产量和土壤有效磷含量的棉花膜下滴灌磷肥推荐用量见表11-26。

表11-26 土壤磷素分级及棉花膜下滴灌磷肥(五氧化二磷)推荐用量

产量水平/(kg/hm^2)	肥力等级	有效磷/(mg/kg)	磷肥用量/(kg/hm^2)
1500	极低	<10	120
	低	10～15	110
	中	15～25	95
	高	25～40	85
	极高	>40	70
1950	极低	<10	150
	低	10～15	135
	中	15～25	120
	高	25～40	110
	极高	>40	90

续表 11-26

产量水平/(kg/hm^2)	肥力等级	有效磷/(mg/kg)	磷肥用量/(kg/hm^2)
2400	极低	<10	170
	低	10～15	160
	中	15～25	140
	高	25～40	120
	极高	>40	100

c. 钾肥恒量监控。基于土壤有交换性钾含量的棉花膜下滴灌钾肥推荐用量见表 11-27。

表 11-27 土壤交换性钾含量的棉花膜下滴灌钾肥(氧化钾)推荐用量

肥力等级	交换性钾/(mg/kg)	钾肥用量/(kg/hm^2)
极低	<90	150
低	90～180	90
中	180～250	60
高	250～350	30
极高	>350	0

d. 中、微量元素。主要是锌、硼等微量元素(表 11-28)。

表 11-28 棉花膜下滴灌微量元素丰缺指标及推荐用量

元素	提取方法	临界指标/(mg/kg)	基施用量/(kg/hm^2)
锌	喷替酸	0.5	硫酸锌,15～30
硼	沸水	1	硼砂,7.5～11.25

②棉花水肥一体化技术滴肥方式。采用膜下滴灌技术后,棉花所施化肥,全部随水滴施,实施水肥同步,“少吃多餐”,按棉花生长发育各阶段对养分需要,合理供应,使化肥通过滴灌系统直接进入棉花根区,达到高效利用的目的。施肥在滴灌进行 1 h 以后开始,距滴灌结束半小时前完成。

a. 苗期管理阶段。此期间给水 1～2 次,总定额 300～400 m^3/hm^2(注意:一膜二管灌水原则为少量多次,一膜一管则多量少次)。随水施肥总定额:氮(N)9～12 kg/hm^2,磷(P_2O_5)3～4.5 kg/hm^2,钾(K_2O)4.5～9 kg/hm^2(可折施尿素、磷酸二氢钾,或喷、滴灌专用肥,要保证可溶)。

b. 蕾期管理阶段。蕾期营养体生长较快,干物质积累多,叶面蒸腾加快,因此要加强水肥的供给。此期滴水 2～3 次,总定额 750～900 m^3/hm^2。随水施肥总定额:氮(N)22.5～37.5 kg/hm^2,磷(P_2O_5)9～10.5 kg/hm^2,钾(K_2O)12～18 kg/hm^2。

c. 花铃期管理阶段。此期间棉株正处于营养生殖生长旺盛时期,植株蒸腾快,缩短灌水周期,隔 7～8 d 滴 1 次,共滴水 4～6 次,总定额 1 500～1 800 m^3/hm^2。随水施肥总定额:氮(N)135～165 kg/hm^2,磷(P_2O_5)45～52.5 kg/hm^2,钾(K_2O)90～120 kg/hm^2。

d. 吐絮期管理。此期间棉株吸收养分较少,但为防止早衰,应适时补水补肥,灌水 1～2 次,总定额 225～450 m^3/hm^2。随水施肥总定额:氮(N)3～4.5 kg/hm^2,磷(P_2O_5)6～9 kg/hm^2,钾(K_2O)9～10.5 kg/hm^2。

③水肥一体化技术棉花采收收获　大面积收获棉花基本在每年 9 月 10 日左右,棉花收完

后进行一次茬灌,保证平整土地顺利。在灌结束后将滴灌系统的支管、辅管、闸阀拆收。干支管及配件拆收后及时冲洗干净,盘卷入库以备下次使用。

(2)蔬菜水肥一体化施肥技术 以春早熟设施番茄为例来说明水肥一体化技术应用,其他作物可查阅有关图书和咨询当地农业技术部门。

春早熟番茄设施栽培一般利用塑料大棚和日光温室。利用日光温室栽培多在2月上旬至3月上中旬定植,4月上旬至6月上旬收获;利用塑料大棚一般在2月下旬至3月中旬定植,5月上旬至6月中旬收获。

春早熟番茄设施栽培,可以用滴灌等设备结合灌水进行追肥。如果采取灌溉施肥,生产上常用氮、磷、钾含量总和在50%以上的水溶肥料进行灌溉施肥,适合设施番茄的配方主要有:16-20-14+TE、22-4-24+TE、20-5-25+TE等水溶肥料配方(+TE表示肥料中含微量元素)。不同生育期灌溉施肥次数及用量可参考表11-29。

表11-29 春早熟设施番茄灌溉施肥水肥推荐方案

生育期	养分配方	每次施肥量/(kg/hm²)		施肥次数	生育期总用量/(kg/hm²)		每次灌溉水量/m³	
		滴灌	沟灌		滴灌	沟灌	滴灌	沟灌
开花坐果	16-20-14+TE	195~210	210~225	1	195~210	210~225	180~225	225~300
果实膨大	22-4-24+TE	165~180	180~195	4	660~720	720~780	180~225	225~300
采收初期	22-4-24+TE	90~105	105~120	4	360~420	420~480	180~225	225~300
采收盛期	20-5-25+TE	150~165	165~180	8	1200~1320	1320~1440	180~225	225~300
采收末期	20-5-25+TE	90~105	105~120	2	180~210	210~240	180~225	225~300

应用说明:

①本方案适用于春早熟日光温室越冬番茄栽培,轻壤或中壤土质,土壤pH为5.5~7.6,要求土层深厚,排水条件较好,土壤磷素和钾素含量中等水平。目标产量150 t/hm²。

②定植前施基肥,定植前3~7 d结合整地,撒施或沟施基肥。施生物有机肥6~7.5 t/hm²或无害化处理过的有机肥60~75 t/hm²、番茄有机型专用肥1050~1350 kg/hm²;施生物有机肥6~7.5 t/hm²或无害化处理过的有机肥60~75 t/hm²、尿素225~300 kg/hm²、过磷酸钙750~900 kg/hm²、大粒钾肥300~450 kg/hm²。第一次灌水用沟灌浇透,以促进有机肥的分解和沉实土壤。

③番茄是连续开花和坐果的蔬菜,分别在开花坐果期、果实膨大期、采收期多次进行滴灌施肥。肥料品种也可选用尿素、工业级磷酸一氢铵和氯化钾,需进行折算。

④采收后期可进行叶面追肥。选择晴天傍晚或雨后晴天喷施0.2%~0.3%磷酸二氢钾或尿素溶液。若发生脐腐病可及时喷施0.5%氯化钙溶液,连喷数次,防治效果明显。

⑤参照养分数量,也可以选择其他的肥料品种组合,并换算成具体的肥料数量。

(3)果树水肥一体化施肥技术 以华北地区葡萄为例来说明水肥一体化技术应用,其他作物可查阅有关图书和咨询当地农业技术部门。

①葡萄水肥一体化技术灌溉类型。葡萄最适合采用滴灌施肥系统。近年来,为防止杂草生长、春季保湿,并降低夏季果园的湿度,葡萄膜下滴灌技术被大力推广。当土壤为中壤或黏壤土时,通常一行葡萄铺设一条毛管,毛管间距一般在0.5~1 m。有些葡萄园铺设两条毛管,种植行左右各铺设一条。当土壤为沙壤土,葡萄的根系稀少时,可采用一行铺设两条毛管的方

式。此外，也可考虑在葡萄栽培沟另铺设一条毛管。还有一些葡萄园将毛管固定在离地 1 m 左右的主蔓上，主要的目的是方便除草等田间作业。土壤质地、作物种类及种植间距是决定滴头类型、滴头间距和滴头流量的主要因素。一般沙土要求滴头间距小，壤土和黏土滴头间距大。沙土的滴头间距可设为 30～40 cm，滴头流量为 2～3 L/h 时，壤土和黏土的滴头间距为 50～70 cm，黏土取较大值，滴头流量在 1～2 L/h。滴灌时间一般为 3～4 h。

滴灌施肥灌水器可选择有固定滴头间距的内镶式滴灌管或滴灌带，如迷宫式和边缝式滴灌带。当葡萄树栽植不规则时，一般选择管上式滴头，在安装过程中，根据作物间距确定滴头间距。常用的加肥或注肥设备有文丘里施肥器、压差式施肥管（旁通管）、计量泵等。具体选用哪种注肥设备应根据实际条件，结合注肥设备的特点确定。

②华北地区丘陵坡地葡萄水肥一体化方案。表 11-30 为华北地区丘陵坡地葡萄水肥一体化制度。

表 11-30 华北地区葡萄水肥一体化制度

生育时期	灌溉次数	灌水定额/[m^3/(hm^2·次)]	每次灌溉加入的纯养分量/(kg/hm^2)				备注
			N	P_2O_5	K_2O	$N+P_2O_5+K_2O$	
收获后落叶前	1	450	72.0	90.0	66.0	228.0	沟灌
休眠期	1	225	0	0	0	0	滴灌
萌芽前	1	180	24.0	10.5	24.0	58.5	滴灌
萌芽期	2	150	24.0	10.5	24.0	58.5	滴灌
开花初期	1	150	24.0	10.5	24.0	58.5	滴灌
坐果初期	1	180	34.5	10.5	30.0	75.0	滴灌
幼果至硬核期	1	180	22.5	10.5	30.0	63.0	滴灌
浆果上色前期	1	180	15.0	13.5	54.0	82.5	滴灌
效果上色后期	1	180	0	13.5	54.0	67.5	滴灌
合计	10	1725	240.0	180.0	330.0	750.0	

应用说明：

a. 本方案适用于华北地区丘陵坡地，棕壤性土、沙壤或轻壤土质，土壤 pH 为 5.4～6.5，有机质含量中等，有效磷和速效钾含量低。密度为 6675 株/hm^2，目标产量为 22.5 t/hm^2。

b. 收获后落叶前基施有机肥 15～22.5 t/hm^2，氮(N)72 kg/hm^2，磷(P_2O_5)906 kg/hm^2、钾(K_2O)66 kg/hm^2。钾肥使用硫酸钾。灌溉时采用沟灌，用水量在 450 m^3/hm^2。冬前可根据土壤墒情决定是否浇冻水。浇冻水时采用滴灌，一般不施肥。

c. 萌芽前滴灌 1 次，萌芽期滴灌 3 次，每次加入肥料。可选用尿素 31.5 kg/hm^2、工业级磷酸一氢铵(N 12%，P_2O_5 61%)18 kg/hm^2、硝酸钾(N 13.5%，K_2O 44.5%)54 kg/hm^2。

d. 开花后至浆果上色前期是果树快速生长期，滴灌施肥 2 次。其中，快速生长前期肥料品种可选用尿素 51 kg/hm^2、工业级磷酸一氢铵 18 kg/hm^2、硝酸钾 67.5 kg/hm^2。快速生长后期肥料品种可选用尿素 24 kg/hm^2、工业级磷酸一氢铵 18 kg/hm^2、硝酸钾 67.5 kg/hm^2。

e. 浆果上色前期和后期各滴灌施肥 1 次，其中浆果上色前期肥料可用工业级磷酸一氢铵 22.5 kg/hm^2、硝酸钾 121.5 kg/hm^2。浆果上色后期一般不施氮肥，只施磷、钾肥。

f. 进入雨季后，根据气象预防选择无雨时机注肥灌溉。在遇到连续降雨时，即使土壤含水量没有下降至灌溉始点，也要注肥灌溉，可适当减少灌溉水量。

g.在开花前3～5 d喷施0.2%～0.3%硼砂溶液，提高坐果率。浆果上色期叶面喷施0.3%磷酸二氢钾溶液。

h.参照养分数量，可以选择其他的肥料品种组合，并换算成具体的肥料数量。不要使用含氯化肥。黄土母质或石灰岩风化母质地区参考本方案时可适当降低钾肥用量。

5.问题处理

活动结束后，完成以下问题：

(1)调查当地推广水肥一体化技术情况，存在什么问题，有哪些典型经验。

(2)走访当地有关农业技术专家、有经验的农户或种植大户，总结当地主要农作物水肥一体化技术经验。

(3)走访当地有关农业技术专家、有经验的农户或种植大户，总结当地主要蔬菜水肥一体化技术经验。

(4)走访当地有关农业技术专家、有经验的农户或种植大户，总结当地主要果树水肥一体化技术经验。

活动三　化肥减量增效新技术应用

1.活动目标

知识目标：了解化肥减量增效的目标和基本原则，熟悉化肥减量增效的任务和路径。

能力目标：根据案例能熟悉当地主要作物有机肥替代化肥技术。

思政素养：树立化肥减量、绿色生产意识，推广作物有机肥替代化肥技术。

2.活动准备

将全班按5人一组分为若干组，每组准备以下材料和用具：计算工具、有关作物有机肥替代化肥技术的图片或资料。

3.相关知识

(1)化肥减量增效的总体目标　初步建立科学施肥管理和技术体系，科学施肥水平明显提升。逐步将化肥使用量年增长率控制在1%以内；主要农作物化肥使用量实现零增长。

①施肥结构进一步优化。氮、磷、钾和中、微量元素等养分结构趋于合理，有机肥资源得到合理利用。测土配方施肥技术覆盖率达到90%以上；畜禽粪便养分还田率达到60%、提高10个百分点；农作物秸秆养分还田率达到60%、提高25个百分点。

②施肥方式进一步改进。盲目施肥和过量施肥现象基本得到遏制，传统施肥方式得到改变。机械施肥占主要农作物种植面积的40%以上、提高10个百分点；水肥一体化技术推广面积22.5亿 hm^2、增加1.2亿 hm^2。

③肥料利用率稳步提高。主要农作物肥料利用率平均每年提升1个百分点以上，主要农作物肥料利用率达到40%以上。

(2)化肥减量增效的基本原则　一是保障生产、节本增效。在减少化肥不合理投入的同时，通过转变肥料利用方式，提高肥料利用率，确保粮食稳定增产、农民持续增收、农业可持续发展。二是因地制宜、循序渐进。根据不同区域、不同作物生产实际和施肥需要，加强分类指导，制定分阶段、分区域、分作物控肥目标任务，稳步推动各项措施落实。三是统筹兼顾、综合施策。统筹考虑土肥水种等生产要素和耕作制度，按照农机农艺结合的要求，综合运用行政、经济、技术、法律等手段，有效推进科学施肥。四是政府主导、多方参与。坚持政府主导、农民主体、企业主推、社会参与，创新实施方式，充分调动推广、科研、教学、企业和农民积极性，构建合力推进的长效机制。

(3)化肥减量增效的重点任务

①推进测土配方施肥。一是拓展实施范围。基本实现主要作物测土配方施肥全覆盖。二是强化农企对接。筛选一批信誉好、实力强的企业深入开展合作，推进配方肥进村入户到田。三是创新服务机制。积极探索公益性服务与经营性服务结合、政府购买服务的有效模式，支持专业化、社会化服务组织发展，向农民提供统测、统配、统供、统施"四统一"服务。

②推进施肥方式转变。一是推进机械施肥。按照农艺农机融合、基肥追肥统筹的原则，加快施肥机械研发，因地制宜推进化肥机械深施、机械追肥、种肥同播等技术，减少养分挥发和流失。二是推广水肥一体化。结合高效节水灌溉，示范推广滴灌施肥、喷灌施肥等技术。三是推广适期施肥技术。合理确定基肥施用比例，推广因地、因苗、因水、因时分期施肥技术。因地制宜推广小麦、水稻叶面喷施和果树根外施肥技术。

③推进新肥料新技术应用。一是加强技术研发。组建一批"产学研推"相结合的研发平台，重点开展农作物高产高效施肥技术研究，速效与缓效、大量与中微量元素、有机与无机、养分形态与功能融合的新产品及装备研发。二是加快新产品推广。示范推广缓释肥料、水溶性肥料、液体肥料、叶面肥、生物肥料、土壤调理剂等高效新型肥料，不断提高肥料利用率，推动肥料产业转型升级。三是集成推广高效施肥技术模式。结合高产创建和绿色增产模式攻关，按照土壤养分状况和作物需肥规律，分区域、分作物制定科学施肥指导手册，集成推广一批高产、高效、生态施肥技术模式。

④推进有机肥资源利用。一是推进有机肥资源化利用。支持规模化养殖企业利用畜禽粪便生产有机肥，推广规模化养殖＋沼气＋社会化出渣运肥模式，支持农民积制农家肥，施用商品有机肥。二是推进秸秆养分还田。推广秸秆粉碎还田、快速腐熟还田、过腹还田等技术，研发具有秸秆粉碎、腐熟剂施用、土壤翻耕、土地平整等功能的复式作业机具，使秸秆取之于田、用之于田。三是因地制宜种植绿肥。充分利用南方冬闲田和果茶园土肥水光热资源，推广种植绿肥。在有条件的地区，引导农民施用根瘤菌剂，促进花生、大豆和苜蓿等豆科作物固氮肥田。

⑤提高耕地质量水平。加快高标准农田建设，完善水利配套设施，改善耕地基础条件。实施耕地质量保护与提升行动，改良土壤、培肥地力、控污修复、治理盐碱、改造中低产田，普遍提高耕地地力等级。每年耕地基础地力提高 0.5 个等级以上，土壤有机质质量分数提高 0.2 个百分点，耕地酸化、盐渍化、污染等问题得到有效控制。通过加强耕地质量建设，提高耕地基础生产能力，确保在减少化肥投入的同时，保持粮食和农业生产稳定发展。

(4)化肥减量增效的技术路径 要立足国情，按照"增产施肥、经济施肥、环保施肥"的要求，开展化肥使用量零增长行动，推行"精、调、改、替"四字方针，逐步将过量、不合理施肥的情况改正过来。

①精，即推进精准施肥。根据不同区域土壤条件、作物产量潜力和养分综合管理要求，合理制定各区域、作物单位面积施肥限量标准。大量测土配方施肥试验证明，精确施肥可以实现

每公顷粮食作物减肥 75 kg、增产 5%～8%、增收 1 500 元，而果菜茶等作物可以减肥 300～1 350 kg、增产 10%～20%，增收超过 3 万元。

②调，即调整化肥使用结构。要优化氮、磷、钾配比，增强大量元素与中微量元素的配合增效作用，让土壤作物营养更高效。要针对我国不同土壤条件和作物需要，发展适宜的高效肥料产品，并确保这些产品能用到地里。这就需要肥料工业根据农业需求升级产品、肥料营销系统货真价实服务用户、农业领域深入创新本地化技术。

③改，即改进施肥方式。要加快研发推广适用的施肥设备，推动施肥方式转变。例如，氮肥表施养分挥发会超过 20%，而深施覆土就可以降低到 5%以内。设施蔬菜以及部分大田肥料随水冲施，可逐步改为水肥一体化、叶面喷施等。施肥方式的改变需要肥料产品、农机、农艺、设施的紧密配合。

④替，即有机肥部分替代化肥。通过合理利用有机养分资源，特别是在水果、设施蔬菜、茶叶上用有机肥替代部分化肥，推进有机无机结合，可以在提升耕地基础地力的同时，实现增产增效、提质增效。

4.操作规程

以苹果、柑橘、设施蔬菜（番茄、黄瓜、辣椒）、茶等作物有机肥替代化肥技术为例，其他作物可参考当地农业技术部门有关资料。

(1)苹果有机肥替代化肥技术

①"有机肥＋配方肥"模式

a. 基肥。基肥施用最适宜的时间是 9 月中旬到 10 月中旬，对于红富士等晚熟品种，可在采收后马上进行、越快越好。基肥施肥类型包括有机肥、土壤改良剂、中微有机肥和复合肥等。有机肥的类型及用量为：农家肥（腐熟的羊粪、牛粪等）30 t/hm^2，或优质生物肥 7 500 kg/hm^2，或饼肥 3 000 kg/hm^2，或腐殖酸 1 500 kg/hm^2。土壤改良剂和中微有机肥建议用硅钙镁钾肥 750～1 500 kg/hm^2、硼肥 15 kg/hm^2 左右、锌肥 30 kg/hm^2 左右。复合肥料建议采用平衡型如 15-15-15（或类似配方），用量 750～1 125 kg/hm^2。

基肥施用方法为沟施或穴施。沟施时沟宽 30 cm 左右、长 50～100 cm、深 40 cm 左右，分为环状沟、放射状沟以及株（行）间条沟。穴施时根据树冠大小，每株树 4～6 个穴，穴的直径和深度为 30～40 cm。每年交换位置挖穴，穴的有效期为 3 年。施用时要将有机肥料等与土充分混匀。

b. 追肥。建议追肥 3～4 次，第一次在 3 月中旬至 4 月中旬，建议施 1 次硝酸铵钙（或 25-5-15 硝基复合肥），施肥量 450～900 kg/hm^2；第二次在 6 月中旬，建议施 1 次平衡型复合肥料（15-15-15 或类似配方），施肥量 450～900 kg/hm^2；第三次在 7 月中旬到 8 月中旬，肥料类型以高钾配方为主（10-5-30 或类似配方），施肥量 375～450 kg/hm^2，配方和用量要根据果实大小灵活掌握，如果个头够大则要减少氮素比例和用量，否则可适当增加。

②"果-沼-畜"模式

a. 沼渣沼液发酵。根据沼气发酵技术要求，将畜禽粪便、秸秆、果园落叶、粉碎枝条等物料投入沼气发酵池中，按 1∶10 的比例加水稀释，再加入复合微生物菌剂，对其进行腐熟和无害化处理，充分发酵后经干湿分离，分沼渣和沼液直接施用。

b. 基肥。沼渣施用 45～75 t/hm^2、沼液 750～1 500 m^3/hm^2；苹果专用配方肥选用平衡型

复合肥料(15-15-15 或类似配方),施肥量 750～1 125 kg/hm^2;另外施入硅钙镁钾肥 750 kg/hm^{2}左右、硼肥 15 kg/hm^{2}左右、锌肥 30 kg/hm^{2}左右。秋施基肥最适时间在 9 月中旬到 10 月中旬,对于晚熟品种如富士,建议在采收后马上施肥、越快越好。采用条沟(或环沟)法施肥,施肥深度在 30～40 cm,先将配方肥撒入沟中,然后将沼渣施入,沼液可直接施入或结合灌溉施入。

c. 追肥。追肥建议 3～4 次,第一次在 3 月中旬到 4 月中旬建议施一次硝酸铵钙(或 25-5-15 硝基复合肥),施肥量 450～900 kg/hm^2;第二次在 6 月中旬建议施一次平衡型复合肥料(15-15-15 或类似配方),施肥量 450～900 kg/hm^2;第三次在 7 月中旬到 8 月中旬,以高钾配方为主(10-5-30 或类似配方),施肥量 375～450 kg/hm^2,配方和用量要根据果实大小灵活掌握,如果个头够大则要减少氮素比例和用量,否则可适当增加。

③"有机肥+生草+配方肥+水肥一体化"模式

a. 果园生草。果园生草一般在果树行间进行,可人工种植,也可自然生草后人工管理。人工种草可选择三叶草、小冠花、早熟禾、高羊茅、黑麦草、毛叶苕子和鼠茅草等,播种时间以 8 月中旬到 9 月初最佳,早熟禾、高羊茅和黑麦草也可在春季 3 月初播种。播深为种子直径的 2～3 倍,土壤墒情要好,播后喷水 2～3 次。自然生草果园行间不进行中耕除草,由马唐、稗、光头稗、狗尾草等当地优良野生杂草自然生长,及时拔除豚草、苋菜、藜、苘麻、葎草等恶性杂草。不论人工种草还是自然生草,当草长到 40 cm 左右时要进行刈割,割后保留 10 cm 左右,割下的草覆于树盘下,每年刈割 2～3 次。

b. 基肥。基肥施用最适宜的时间是 9 月中旬到 10 月中旬,对于红富士等晚熟品种,可在采收后马上进行、越快越好,施农家肥(腐熟的羊粪、牛粪等)22.5 t/hm^2,或优质有机生物肥 6 t/hm^2,或饼肥 2 250 kg/hm^2,或腐殖酸 1 500 kg/hm^2。土壤改良剂和中微肥建议用硅钙镁钾肥 750～1 500 kg/hm^2、硼肥 15 kg/hm^{2}左右、锌肥 30 kg/hm^{2}左右。建议采用平衡型复合肥料如 15-15-15(或类似配方),用量 750～1 125 kg/hm^2。

基肥施用方法为沟施或穴施。沟施时沟宽 30 cm 左右、长 50～100 cm、深 40 cm 左右,分为环状沟、放射状沟以及株(行)间条沟。穴施时根据树冠大小,每株树 4～6 个穴,穴的直径和深度为 30～40 cm。每年交换位置挖穴,穴的有效期为 3 年。施用时将有机肥料等与土充分混匀。

c. 水肥一体化。产量 45 t/hm^{2}苹果园水肥一体化追肥量一般为:氮(N)135～225 kg/hm^2,磷(P_2O_5)67.5～112.5 kg/hm^2,钾(K_2O)150～262.5 kg/hm^2,各时期氮、磷、钾施用比例如表 11-31 所示。对黄土高原地区,应采用节水灌溉模式,总灌水定额在 2 250～2 550 m^3/hm^2,另外在雨季如果土壤湿度可以,则用少量水施肥即可。

表 11-31　盛果期苹果树灌溉施肥计划

生育时期	灌水定额/[m^3/(hm^2·次)]	灌溉加入养分占总量比例/%		
		N	P_2O_5	K_2O
萌芽前	375	20	20	0
花前	300	10	10	10
花后 2～4 周	375	15	10	10
花后 6～8 周	375	10	20	20

续表 11-31

生育时期	灌水定额/[m^3/(hm^2·次)]	灌溉加入养分占总量比例/%		
		N	P_2O_5	K_2O
果实膨大期	225	5	0	10
	225	5	0	10
	225	5	0	10
采收前	225	0	0	10
采收后	300	30	40	20
封冻前	450	0	0	0
合计	3075	100	100	100

④"有机肥＋覆草＋配方肥"模式

a. 果园覆草。果园覆草的适宜时期在 3 月中旬到 4 月中旬。覆盖材料因地制宜，作物秸秆、杂草、花生壳等均可采用。覆草前要先整好树盘，浇一遍水，施一次速效氮肥（每公顷约 75 kg）。覆草厚度以常年保持在 15～20 cm 为宜。覆草适用于山丘地、沙土地，土层薄的地块效果尤其明显，黏土地覆草由于易使果园土壤积水、引起旺长或烂根，不宜采用。另外，树干周围 20 cm 左右不覆草，以防积水影响根颈透气。冬季较冷地区深秋覆一次草，可保护根系安全越冬。覆草果园要注意防火。风大地区可零星在草上压土、石块、木棒等防止草被大风吹走。

b. 基肥。基肥施用最适宜的时间是 9 月中旬到 10 月中旬，对于红富士等晚熟品种，可在采收后马上进行、越快越好，施农家肥（腐熟的羊粪、牛粪等）22.5 t/hm^2，或优质生物有机肥 6 t/hm^2，或饼肥 2 250 kg/hm^2，或腐殖酸 1 500 kg/hm^2。土壤改良剂和中微肥建议用硅钙镁钾肥 750～1 500 kg/hm^2、硼肥 15 kg/hm^2 左右、锌肥 30 kg/hm^2 左右。复合肥料建议采用平衡型如 15-15-15（或类似配方），用量 750～1 125 kg/hm^2。

基肥施用方法为沟施或穴施。沟施时沟宽 30 cm 左右、长度 50～100 cm、深 40 cm 左右，分为环状沟、放射状沟以及株（行）间条沟。穴施时根据树冠大小，每株树 4～6 个穴，穴的直径和深度为 30～40 cm。每年交换位置挖穴，穴的有效期为 3 年。施用时要将有机肥料等与土充分混匀。

c. 追肥。追肥建议 3～4 次，第一次在 3 月中旬至 4 月中旬建议施一次硝酸铵钙（或 25-5-15 硝基复合肥料），施肥量 375～750 kg/hm^2；第二次在 6 月中旬建议施一次平衡型复合肥料（15-15-15 或类似配方），施肥量 375～750 kg/hm^2；第三次在 7 月中旬到 8 月中旬，施肥类型以高钾配方为主（10-5-30 或类似配方），施肥量 375～450 kg/hm^2，配方和用量要根据果实大小灵活掌握，如果个头够大则要减少氮素比例和用量，否则可适当增加。

(2)柑橘有机肥替代化肥技术

①"有机肥＋配方肥"模式

a. 秋冬季施肥。目标产量为每 30～45 t/hm^2 的柑橘园，施用商品有机肥（含生物有机肥）4 500～7 500 kg/hm^2，或牛粪、羊粪、猪粪等经过充分腐熟的农家肥 10 500～18 000 kg/hm^2；同时配合施用 45%（14-16-15 或相近配方）的配方肥 450～525 kg/hm^2。赣南—湘南—桂北柑橘带和浙—闽—粤柑橘带注意补充镁、钙肥，施用硅钙镁肥或者钙镁磷肥 450～750 kg/hm^2（或者施用硫酸镁 450 kg/hm^2，同时用石灰改良酸性土）；长江上游柑橘带注意补充锌和硼肥，施用硫酸锌 30 kg/hm^2、硼砂 15 kg/hm^2。于 9 月下旬到 11 月下旬施用（中熟品种采收后施用，晚熟或越冬品种在果实转色期或套袋前后施用），采用条沟或穴施，施肥深度 20～30 cm 或结合深耕施用。

b. 春季施肥。2 月下旬至 3 月下旬施用。建议选用 45%（20-13-12 或相近配方）的高氮中磷中钾型配方肥，施用量 525～600 kg/hm²；施肥方法采用条沟、穴施，施肥深度 10～20 cm。注意补充硼肥。

c. 夏季施肥。在 6～8 月果实膨大期分次施用。建议选择 45%（18-5-22 或相近配方）的配方肥，施用量 600～750 kg/hm²。施肥方法采用条沟、穴施或兑水浇施，施肥深度在 10～20 cm。

②“绿肥＋自然生草”模式

a. 柑橘园生草栽培。秋季在柑橘园播种苕子、山黧豆、箭筈豌豆等豆科绿肥，每公顷播种量 45 kg 左右，于 9 月至 10 月在降雨后土壤湿润的情况下均匀撒播于行间（一般在距离树基 0.5 m 以外种植绿肥），于翌年春季 3～4 月刈割翻压后作为肥料，或者让绿肥自然枯萎覆盖于柑橘园。5～8 月橘园自然生草，当草生长到 40 cm 左右或季节性干旱来临前适时刈割后覆盖在行间和树盘，起到保水、降温、改土培肥等作用。

b. 春季施肥。3 月在绿肥翻压的同时配合施用配方肥。建议选用 45%（20-13-12 或相近配方）的高氮中磷中钾型配方肥，施用量 450 kg/hm² 左右，施肥方法采用条沟、穴施，施肥深度 10～20 cm，注意补充硼肥。

c. 夏季施肥。通常在 6～8 月果实膨大期分次施用。建议选择 45%（18-5-22 或相近配方）的配方肥，施用量 600～750 kg/hm²。施肥方法采用条沟、穴施或兑水浇施，施肥深度 10～20 cm。

d. 秋冬季施肥。于 9 月下旬至 11 月下旬施用，建议选择 45%（14-16-15 或相近配方）的配方肥，施用量 450～525 kg/hm²。种植绿肥鲜草达到 30 t/hm² 以上的柑橘园，可以不施用其他有机肥。绿肥产量较小的柑橘园适量施用有机肥，施用商品有机肥（含生物有机肥）3 000～4 500 kg/hm²，或牛粪、羊粪、猪粪等经过充分腐熟的农家肥 4 500～9 000 kg/hm²。采用条沟或穴施，施肥深度在 20～30 cm，或结合深耕施用。

③“果—沼—畜”模式

a. 沼渣沼液发酵。根据沼气发酵技术要求，将畜禽粪便归集于沼气发酵池中，进行腐熟和无害化处理，后经干湿分离，分沼渣和沼液施用。沼液采用机械化或半机械化灌溉技术直接入园施用，沼渣于秋冬季做基肥施用。

b. 春季施肥。2 月下旬至 3 月下旬施用。建议选用 45%（20-13-12 或相近配方）的高氮中磷中钾型配方肥，施用量 450～600 kg/hm²；采用条沟法施用，施肥深度在 15～20 cm，同时结合灌溉追入沼液 450～600 m³/hm²。

c. 夏季施肥。在 6～8 月果实膨大期分次施用。建议选择 45%（18-5-22 或相近配方）的配方肥，施用量 525～675 kg/hm²。施肥方法采用条沟施用，同时结合灌溉追入沼液 300～450 m³/hm²。

d. 秋冬季施肥。施用沼渣 45～75 t/hm²。同时配合施用 45%（14-16-15 或相近配方）的配方肥 450～525 kg/hm²。于 9 月下旬到 11 月下旬施用，采用条沟或环沟法施肥，施肥深度在 20～30 cm。沼渣施入沟中，再撒入配方肥，混匀后覆土。

④“有机肥＋水肥一体化”模式

a. 秋冬季施肥。施用商品有机肥（含生物有机肥）4 500～7 500 kg/hm²，或牛粪、羊粪、猪粪等经过充分腐熟的农家肥 9～18 t/hm^2；于 9 月下旬到 11 月下旬施用，采用条沟或穴施，施肥深度 20～30 cm 或结合深耕施用。

b.水肥一体化。盛果期柑橘园，肥料供应量主要依据目标产量和土壤肥力而定，水肥一体化通过提高肥料利用率比常规施肥推荐节约肥料，目标产量为 30～45 t/hm^2 的柑橘园，氮、磷、钾肥需求量分别为 N 225～270 kg/hm^2、P_2O_5 120～150 kg/hm^2 和 K_2O 225～270 kg/hm^2。灌溉施肥各时期氮、磷、钾肥施用比例见表 11-32。

表 11-32　盛果期柑橘树灌溉施肥计划

生育时期	灌溉次数	灌水定额/[m^3/(hm^2·次)]	灌溉加入养分占总量比例/%		
			N	P_2O_5	K_2O
萌芽前	1	135	15	20	10
初花期	1	90	10	10	5
幼果期	1	90	5	10	5
夏梢萌动期	1	90	5	5	10
果实膨大期	1	135	15	5	15
	1	135	15	5	15
	1	135	15	5	15
转色期	1	90	5	15	15
采收后	1	135	15	25	10
合计	9	1 035	100	100	100

(3)设施蔬菜有机肥替代化肥技术　这里以设施番茄、黄瓜、辣椒、草莓有机肥替代化肥技术为例，其他蔬菜可查阅有关图书和咨询当地农业技术部门。

①“有机肥＋配方肥”模式

a.设施番茄。基肥：移栽前，基施猪粪、鸡粪、牛粪等经过充分腐熟的优质农家肥 22.5～36 t/hm^2，或商品有机肥(含生物有机肥)4 500～9 000 kg/hm^2，同时基施 45%(18-18-9 或相近配方)的配方肥 450～600 kg/hm^2。

追肥：每次追施 45%(15-5-25 或相近配方)的配方肥 105～150 kg/hm^2，分 7～11 次随水追施。施肥时期为苗期、初花期、坐果期、果实膨大期，根据收获情况，每收获 1～2 次追施 1 次肥。

b.设施黄瓜。基肥：移栽前，基施猪粪、鸡粪、牛粪等经过充分腐熟的优质农家肥 31.5～45 t/hm^2，或施用商品有机肥(含生物有机肥)6 000～12 000 kg/hm^2，同时基施 45%(18-18-9 或相近配方)的配方肥 450～600 kg/hm^2。

追肥：每次追施 45%(17-5-23 或相近配方)的配方肥 150～225 kg/hm^2。追肥时期为三叶期、初瓜期、盛瓜期，初瓜期以控为主，盛瓜期根据收获情况每收获 1～2 次追施 1 次肥。秋冬茬和冬春茬共分 7～9 次追肥，越冬长茬共分 10～14 次追肥。每次追肥控制纯氮用量不超过 60 kg/hm^2。

c.设施辣椒。基肥：移栽前，基施猪粪、鸡粪、牛粪等经过充分腐熟的优质农家肥 18～27 t/hm^2，或施用商品有机肥(含生物有机肥)4 500～7 500 kg/hm^2，同时基施 45%(18-18-9 或相近配方)的配方肥 450～600 kg/hm^2。

追肥：每次追施 45%(15-5-25 或相近配方)的配方肥 150～225 kg/hm^2，分 3～5 次随水追施。追肥时期为苗期、初花期、坐果期、果实膨大期。果实膨大期根据收获情况每收获 1～2 次追施 1 次肥。每次追肥控制纯氮用量不超过 60 kg/hm^2。

d. 设施草莓。基肥：移栽前，基施猪粪、鸡粪、牛粪等经过充分腐熟的优质农家肥 18～27 t/hm^2，或施用商品有机肥（含生物有机肥）4 500～7 500 kg/hm^2，同时基施 45%（14-16-15 或相近的配方）的配方肥 450～600 kg/hm^2。

追肥：苗期和花期每次追施 51%（17-17-17 或相近配方）的配方肥 150～225 kg/hm^2，分 3～4 次随水追施。果期每次追施 45%（15-5-25 或相近配方）的配方肥 120～150 kg/hm^2，分 6～8 次随水追施。

②"菜-沼-畜"模式

a. 沼渣沼液发酵。将畜禽粪便、蔬菜残茬和秸秆等物料投入沼气发酵池中，按 1∶10 的比例加水稀释，再加入复合微生物菌剂，对畜禽粪便、蔬菜残茬和秸秆等进行无害化处理生产沼气，充分发酵后的沼渣、沼液直接作为有机肥施用在设施菜田中。

b. 设施番茄。基肥：施用沼渣 22.5～36 t/hm^2，或用猪粪、鸡粪、牛粪等经过充分腐熟的优质农家肥 22.5～36 t/hm^2，或商品有机肥（含生物有机肥）4 500～9 000 kg/hm^2，同时根据有机肥用量，基施 45%（14-16-15 或相近配方）的配方肥 450～600 kg/hm^2。

追肥：在番茄苗期、初花期，结合灌溉分别冲施沼液 13.5～18 t/hm^2；在坐果期和果实膨大期，结合灌溉将沼液和配方肥分 5～8 次追施。其中沼液每次追施 13.5～18 t/hm^2，45%（15-5-25 或相近配方）的配方肥每次施用 120～150 kg/hm^2。

c. 设施黄瓜。基肥：施用沼渣 27～36 t/hm^2，或用猪粪、鸡粪、牛粪等经过充分腐熟的优质农家肥 31.5～45 t/hm^2，或商品有机肥（含生物有机肥）6 000～12 000 kg/hm^2，同时根据有机肥用量，基施 45%（14-16-15 或相近配方）的配方肥 450～600 kg/hm^2。

追肥：在黄瓜的苗期、初花期，结合灌溉分别冲施沼液 13.5～18 t/hm^2。在初瓜期和盛瓜期，结合灌溉将沼液和配方肥分 8～12 次追施。其中沼液每次追施 13.5～18 t/hm^2，45%（17-5-23 或相近配方）的配方肥每次施用 120～180 kg/hm^2。

d. 设施辣椒。基肥：施用沼渣 22.5～36 t/hm^2，或用猪粪、鸡粪、牛粪等经过充分腐熟的优质农家肥 18～27 t/hm^2，或商品有机肥（含生物有机肥）4 500～7 500 kg/hm^2，同时根据有机肥用量，基施 45%（14-16-15 或相近配方）的配方肥 450～600 kg/hm^2。

追肥：在辣椒苗期、初花期，结合灌溉分别冲施沼液 9～13.5 t/hm^2；在坐果期和果实膨大期，结合灌溉将沼液和配方肥分 4～6 次追施。其中沼液每次追施 13.5～18 t/hm^2，45%（15-5-25 或相近配方）的配方肥每次施用 120～150 kg/hm^2。

e. 设施草莓。基肥：施用沼渣 13.5～22.5 t/hm^2，或用猪粪、鸡粪、牛粪等经过充分腐熟的优质农家肥 18～27 t/hm^2，或商品有机肥（含生物有机肥）4 500～7 500 kg/hm^2，同时根据有机肥用量，基施 45%（14-16-15 或相近的配方）的配方肥 450～600 kg/hm^2。

追肥：在草莓苗期、初花期，结合灌溉冲施沼液 18～22.5 /hm^2，分 3～4 次施用；果实膨大期，结合灌溉将沼液和配方肥分 6～8 次追施，其中沼液每次追施 22.5～27 t/hm^2，45%（15-5-25 或相近配方）的配方肥每次施用 90～120 kg/hm^2。

③"有机肥＋水肥一体化"模式

a. 设施番茄。基肥：移栽前每 667 m^2 基施猪粪、鸡粪、牛粪等经过充分腐熟的优质农家肥 22.5～27 t/hm^2，或商品有机肥（含生物有机肥）用量 4 500～9 000 kg/hm^2，同时根据有机肥用量基施45%(18-18-9或相近配方)的配方肥450～600 kg/hm²。

追肥:定植后前两次只灌水,不施肥,每次灌水量为225～300 m³/hm²。苗期每次推荐施用50%(20-10-20或相近配方)的水溶肥45～75 kg/hm²,每隔5～10 d灌水施肥1次,灌水量为每次150～225 m³/hm²,共3～5次;开花期、坐果期和果实膨大期每次施用54%(19-8-27或相近配方)的水溶肥料45～75 kg/hm²,灌水量为75～225 m³/hm²,每隔7～10 d灌水1次,共10～15次。注意秋冬茬前期(8～9月)灌水施肥频率较高,而冬春茬在果实膨大期(4～5月)灌水施肥频率较高。

b.设施黄瓜。基肥:移栽前,基施猪粪、鸡粪、牛粪等经过充分腐熟的优质农家肥31.5～45 t/hm²,或商品有机肥(含生物有机肥)6 000～12 000 kg/hm²,同时根据有机肥用量基施45%(18-18-9或相近配方)的配方肥450～600 kg/hm²。

追肥:定植后前两次只灌水,不施肥,每次灌水量为225～300 m³/hm²。苗期推荐配方为50%(20-10-20或相近配方)的水溶肥,每次用量为30～45 kg/hm²,每隔5～6 d灌水施肥1次,每次灌水量为150～225 m³/hm²,共3～5次;在开花坐果后,每次采摘结合灌溉施用配方为49%(18-6-25或相近配方)的水溶肥料1次,每次用量为45～75 kg/hm²,每次灌溉量为150～225 m³/hm²,共8～15次。

c.设施辣椒。基肥:移栽前,基施猪粪、鸡粪、牛粪等经过充分腐熟的优质农家肥18～27 t/hm²,或商品有机肥(含生物有机肥)4500～7500 kg/hm²,同时根据有机肥用量基施45%(18-18-9或相近配方)的配方肥450～600 kg/hm²。

追肥:定植后前两次只灌水,不施肥,每次灌水量为225～300 m³/hm²。苗期、开花期推荐配方为55%(21-10-24或相近配方)的水溶肥料,每次用量为45～75 kg/hm²,每隔5～10 d灌水施肥一次,灌水量为150～225 m³/hm²,共2～3次;在坐果期、果实膨大期推荐配方均为51%(16-8-27或相近配方)的大量元素水溶肥料,每次用量为75～120 kg/hm²,每次灌水量为150～225 m³/hm²,共3～5次。

d.设施草莓。基肥:移栽前,基施猪粪、鸡粪、牛粪等经过充分腐熟的优质农家肥18～27 t/hm²,或商品有机肥(含生物有机肥)4 500～7 000 kg/hm²,同时根据有机肥用量基施45%(14-16-15或相近配方)的配方肥450～600 kg/hm²。

追肥:定植后前两次只灌水,不施肥,每次灌水量为30～45 m³/hm²。苗期和花期推荐配方为50%(24-8-18或相近配方)的水溶肥料,每次用量为30～45 kg/hm²,每隔7～10 d灌水施肥1次,每次灌水量为450～675 m³/hm²,共5～7次;在果期推荐配方为55%(18-6-31或相近配方)的水溶肥料,每次用量为450～675 kg/hm²,每隔5～7 d灌水施肥1次,每次灌水量为340～450 m³/hm²,共25～30次。

④"秸秆生物反应堆"模式

a.秸秆生物反应堆构建。操作时间:晚秋、冬季、早春建行下内置式反应堆,如果不受茬口限制,最好在作物定植前10～20 d做好,浇水、打孔待用。晚春和早秋可现建现用。

行下内置式反应堆:在小行(定植行)位置,挖一条略宽于小行宽度(一般70 cm)、深20 cm的沟,把秸秆填入沟内,铺匀、踏实,填放秸秆高度为30 cm,两端让部分秸秆露出地面(以利于往沟里通气),然后把150～200 kg饼肥和用麦麸拌好的菌种均匀地撒在秸秆上,再用铁锨轻拍一遍,让部分菌种漏入下层,覆土18～20 cm。然后在大行内浇大水湿透秸秆,水面高度达到垄高的四分之三。浇水3～4 d后,在垄上用14号钢筋打3行孔,行距20～25 cm,孔距

20 cm，孔深以穿透秸秆层为准，等待定植。

行间内置式反应堆：在大行间，挖一条略窄于小行宽度（一般 50～60 cm）、深 15 cm 的沟，将土培于垄背上，或放两头，把提前准备好的秸秆填入沟内，铺匀、踏实，高度为 25 cm，南北两端让部分秸秆露出地面，然后把用麦麸拌好的菌种均匀地撒在秸秆上，再用铁锨轻拍一遍，让部分菌种漏入下层，覆土 10 cm。浇水湿透秸秆，然后及时打孔即可。

注意事项：一是秸秆用量要和菌种用量搭配好，每 500 kg 秸秆用菌种 1 kg；二是浇水时不冲施化学农药，尤其禁用杀菌剂，仅可在作物上喷农药预防病虫害；三是浇水浇在大管理行，浇水后 4～5 d 及时打孔，用 14 号钢筋每隔 25 cm 打一个孔，打到秸秆底部，浇水后孔被堵死就再打孔，地膜上也打孔。每次打孔要与前次打的孔错位 10 cm，生长期内保持每月打一次孔；四是减少浇水次数，一般常规栽培浇 2～3 次水的，用该项技术只浇 1 次水即可。有条件的，用微灌控水增产效果最好。在第一次浇水湿透秸秆的情况下，定植时不再浇大水，只浇小缓苗水。

b. 设施番茄。基肥：采用 45%（18-18-9 或相近配方）的配方肥，施用量为 450～600 kg/hm^2，施用方式为穴施。

追肥：采用 45%（15-5-25 或相近配方）的配方肥，每次施用 150～300 kg/hm^2，分 7～11 次随水追施。施肥时期为苗期、初花期、初果期、盛果期，盛果期根据收获情况，每收获 1～2 次追施 1 次肥，结果期每次追施氮肥（N）不超过 60 kg/hm^2。

c. 设施黄瓜。基肥：采用 45%（18-18-9 或相近配方）的配方肥，施用量为 450～600 kg/hm^2，施用方式为穴施。

追肥：采用 45%（17-5-23 或相近的配方）的配方肥，每次施用 225～300 kg/hm^2，初花期以控为主，秋冬茬和冬春茬分 7～9 次追肥，越冬长茬分 10～14 次追肥。每次追施氮肥数量不超过 60 kg/hm^2。追肥时期为三叶期、初瓜期、盛瓜期，盛瓜期根据收获情况每收获 1～2 次追施 1 次肥。

d. 设施辣椒。基肥：采用 45%（18-18-9 或相近配方）的配方肥，施用量为 450～600 kg/hm^2，施用方式为穴施。

追肥：采用 45%（15-5-25 或相近的配方）的配方肥，每次施用 225～300 kg/hm^2，分 3～5 次随水追施。追肥时期为苗期、初花期、坐果期、果实膨大期，果实膨大期根据收获情况，每收获 1～2 次追施 1 次肥，每次追施氮肥（N）不超过 60 kg/hm^2。

(4)茶树有机肥替代化肥技术

①“有机肥＋配方肥”模式

a. 名优绿茶茶园。基肥：9 月底至 10 月中旬，腐熟饼肥 1 500～2 250 kg/hm^2 或商品畜禽粪有机肥 2 250～3 000 kg/hm^2、茶树专用肥（18-8-12 或相近配方）450 kg/hm^2，有机肥和专用肥拌匀后开沟 15～20 cm 或结合深耕施用。

第一次追肥：春茶开采前 40～50 d，尿素 120～150 kg/hm^2，开浅沟 5～10 cm 施用，或表面撒施并在施后浅旋耕（5～8 cm）混匀。

第二次追肥：春茶结束重修剪前或 6 月下旬，尿素 120～150 kg/hm^2，开浅沟 5～10 cm 施用，或表面撒施并在施后浅旋耕（5～8 cm）混匀。

b. 大宗绿茶、黑茶。基肥：9 月底至 10 月中旬，商品畜禽粪有机肥 3 000～4 500 kg/hm^2、茶树专用肥（18-8-12 或相近配方）450～750 kg/hm^2，有机肥和专用肥拌匀后开沟 15～

20 cm 施用或结合深耕施用。

第一次追肥：春茶开采前 30～40 d，尿素 120～150 kg/hm^2，开浅沟 5～10 cm 施用，或表面撒施并在施后浅旋耕(5～8 cm)混匀。

第二次追肥：春茶结束后，尿素 120～150 kg/hm^2，开浅沟 5～10 cm 施用，或表面撒施并在施后浅旋耕(5～8 cm)混匀。

第三次追肥：夏茶结束后，尿素 120～150 kg/hm^2，开浅沟 5～10 cm 施用，或表面撒施并在施后浅旋耕(5～8 cm)混匀。

c. 乌龙茶茶园。基肥：10 月中下旬，腐熟饼肥 1 500～3 000 kg/hm^2 或商品畜禽粪有机肥 3 000～4 500 kg/hm^2、茶树专用肥(18-8-12 或相近配方)450 kg/hm^2，有机肥和专用肥拌匀后开沟 15～20 cm 或结合深耕施用。

第一次追肥：春茶开采前 20～30 d，尿素 120～150 kg/hm^2，开浅沟 5～10 cm 施用，或表面撒施并在施后浅旋耕(5～8 cm)混匀。

第二次追肥：春茶结束后，尿素 120～150 kg/hm^2，开浅沟 5～10 cm 施用，或表面撒施并在施后浅旋耕(5～8 cm)混匀。

第三次追肥：夏茶结束后，尿素 120～150 kg/hm^2，开浅沟 5～10 cm 施用，或表面撒施并在施后浅旋耕(5～8 cm)混匀。

d. 红茶茶园。基肥：10 月中下旬，腐熟饼肥 1 500～2 250 kg/hm^2 或商品畜禽粪有机肥 2 250～3 000 kg/hm^2、茶树专用肥(18-8-12 或相近配方)450 kg/hm^2，有机肥和专用肥拌匀后开沟 15～20 cm 或结合深耕施用。

第一次追肥：春茶开采前 30～40 d，尿素 90～120 kg/hm^2，开浅沟 5～10 cm 施用，或表面撒施并在施后浅旋耕(5～8 cm)混匀。

第二次追肥：春茶结束后，尿素 90～120 kg/hm^2，开浅沟 5～10 cm 施用，或表面撒施并在施后浅旋耕(5～8 cm)混匀。

第三次追肥：夏茶结束后，尿素 90～120 kg/hm^2，开浅沟 5～10 cm 施用，或表面撒施并在施后浅旋耕(5～8 cm)混匀。

②“茶—沼—畜”模式

a. 名优绿茶茶园。基肥：9 月底至 10 月中旬，腐熟饼肥 1 500～2 250 kg/hm^2 或商品畜禽粪有机肥 2 250～3 000 kg/hm^2 或沼渣 15～30 t/hm^2，开沟 15～20 cm 或结合深耕施用。

沼液追肥：共浇 4 次，每次沼液 6 000～7 500 kg/hm^2(沼液和水 1∶1 稀释)、掺入尿素 60～75 kg/hm^2，浇入茶树根部，分别在春茶采前 30～40 d、开采前、春茶结束、6 月底或 7 月初。

b. 大宗绿茶、黑茶。基肥：9 月底至 10 月中旬，商品畜禽粪有机肥 3 000～4 500 kg/hm^2 或沼渣 30～45 t/hm^2、茶树专用肥(18-8-12 或相近配方)300～450 kg/hm^2，拌匀后开沟 15～20 cm 或结合深耕施用。

沼液追肥：共浇 6 次，每次沼液 6 000～7 500 kg/hm^2(沼液和水 1∶1 稀释)、掺入尿素 60～75 kg/hm^2，浇入茶树根部，分别在春茶采前 1 个月、开采前、春茶结束、6 月初、7 月初和 8 月初。

c. 乌龙茶茶园。基肥：10 月中下旬，腐熟饼肥 1500～2250 kg/hm^2 或商品畜禽粪有机肥 2 250～3 000 kg/hm^2 或沼渣 15～30 t/hm^2，开沟 15～20 cm 或结合深耕施用。

沼液追肥：共浇 6 次，每次沼液 6 000～7 500 kg/hm^2(沼液和水 1∶1 稀释)、掺入尿素

60～75 kg/hm^2，浇入茶树根部，分别在春茶采前 30 d、开采前、春茶结束、7 月初、8 月初和 9 月初。

d. 红茶茶园。基肥：10 月中下旬，腐熟饼肥 1 500～2 250 kg/hm^2 或商品畜禽粪有机肥 2 250～3 000 kg/hm^2 或沼渣 15～30 t/hm^2，开沟 15～20 cm 或结合深耕施用。

沼液追肥：共浇 6 次，每次沼液 6 000～7 500 kg/hm^2（沼液和水 1：1 稀释）、掺入尿素 45～60 kg/hm^2，浇入茶树根部，分别在春茶采前 30 d、开采前、春茶结束、7 月初、8 月初和 9 月初。

③"有机肥＋水肥一体化"模式

a. 名优绿茶茶园。基肥：9 月底至 10 月中旬，腐熟饼肥 1 500～2 250 kg/hm^2 或商品畜禽粪有机肥 2 250～3 000 kg/hm^2，开沟 15～20 cm 或结合深耕施用。

水肥一体化追肥：分 5～6 次，每次水溶肥料 N、P_2O_5、K_2O 用量分别为 22.5、4.5、6.0 kg/hm^2，分别在春茶采前 30～40 d、开采前、春茶结束、6 月初、7 月初和 8 月初施用。

b. 大宗绿茶、黑茶。基肥：9 月底至 10 月中旬，商品畜禽粪有机肥 3 000～4 500 kg/hm^2，开沟 15～20 cm 或结合深耕施用。

水肥一体化追肥：分 5～6 次，每次水溶肥料 N、P_2O_5、K_2O 用量分别为 34.5、7.5、10.5 kg/hm^2，分别在春茶采前 1 个月、开采前、春茶结束、7 月初、8 月初和 9 月初。

c. 乌龙茶茶园。基肥：10 月中下旬，腐熟饼肥 1 500～3 000 kg/hm^2 或商品畜禽粪有机肥 3 000～4 500 kg/hm^2，开沟 15～20 cm 或结合深耕施用。

水肥一体化追肥：分 5～6 次，每次水溶肥料 N、P_2O_5、K_2O 用量分别为 30.0、4.5、6.0 kg/hm^2，分别在春茶采前 30 d、开采前、春茶结束、7 月初、8 月初和 9 月初。

d. 红茶茶园。基肥：10 月中下旬，腐熟饼肥 1 500～2 250 kg/hm^2 或商品畜禽粪有机肥 2 250～3 000 kg/hm^2，开沟 15～20 cm 或结合深耕施用。

水肥一体化追肥：分 5～6 次，每次水溶肥料 N、P_2O_5、K_2O 用量分别为 22.5、4.5、6.0 kg/hm^2，分别在春茶采前 1 个月、开采前、春茶结束、7 月初、8 月初和 9 月初。

5. 问题处理

活动结束后，完成以下问题：

(1)调查当地推广化肥减量增效新技术情况，存在哪些问题，有哪些典型经验。

(2)走访当地有关农业技术专家、有经验的农户或种植大户，总结当地主要作物有机肥替代化肥技术经验。

【师生互动】

1 当地推广测土配方施肥技术时，有哪些重要内容，其关键环节是什么？

2. 根据当地主要作物的目标产量和土壤养分测试值，利用养分平衡法计算施用尿素、过磷酸钙、氯化钾的用量。

3. 当地主要作物测土配方施肥技术要点是什么？

4. 当地推广水肥一体化技术的操作环节主要什么？

5. 当地主要作物水肥一体化技术要点是什么？

6. 当地推广化肥减量增效新技术中存在哪些问题？

7. 当地主要作物有机肥替代化肥技术要点是什么？

知识拓展

如果同学们想了解更多的知识，可以通过下面的渠道进行学习：

1. 阅读杂志

(1)《中国土壤与肥料》

(2)《土壤通报》

(3)《植物营养与肥料学报》

2. 浏览网站

(1)中国化肥网（http://www.fert.cn/）

(2)中国肥料信息网(http://www.natesc.gov.cn/)

(3)中肥网农资通(http://vip.ferinfo.com/)

3. 通过本校图书馆借阅有关土壤肥料、作物测土配方施肥技术方面的书籍。

考证提示

获得农业技术员、农作物植保员，以及有关涉农企业的 1+X 证书等职业资格证书，需具备以下知识和能力：

1. 测土配方施肥技术的基本原理与实施；

2. 当地主要作物的测土配方施肥技术要点；

3. 当地主要作物水肥一体化技术要点；

4. 当地主要作物有机肥替代化肥技术要点。

学习情境十二　气候环境与植物生长

【情境创设】

学习情境十二　气候环境与植物生长		活动一　植物生长的气象要素观测 活动二　二十四节气的农业生产应用 活动三　植物生长的气候状况 活动四　极端温度灾害及其防御 活动五　旱灾及其防御 活动六　雨涝灾害及其防御 活动七　风雹灾害及其防御
能力目标	专业能力	1. 能熟练进行气压、风、农业小气候的观测； 2. 能熟练根据二十四节气特点指导当地农业生产； 3. 能根据当地气象灾害的发生情况，进行正确防御
	方法能力	1.具备获取信息、收集资料的能力； 2.具备制订计划、执行计划的能力； 3.具备自主学习、发现问题、解决问题的能力
	社会能力	1.具备良好的团队协作、配合能力； 2.具备良好的与人沟通、协调能力； 3.具备一定的综合、创新能力
知识目标	1.认识气压和风等主要气象要素，熟悉二十四节气知识，了解天气系统、农业小气候等知识； 2.了解极端温度、旱灾、湿害及洪涝、风灾等气象灾害的发生、类型及对农作物的危害、对农业生产的影响	
思政目标	1.学习关于"农业防灾减灾"的重要论述，树立农业灾害防重于救、防灾就是减灾的理念； 2.总结当地农业灾害防治经验，明白事物具有两面性，善于从多角度、多维度、多方面去看待问题、解决问题	
教学条件	多媒体课件、多媒体教室、实验实训室、图书馆、网络	
教学方法	课堂讲授、资料查阅、现场训练、课外活动	
考核评价	学习过程考核	计划制订(20%)、师生释疑(10%)、完成任务(50%)、检查评价(20%)
	拓展能力考核	工作态度(20%)、岗位技能(50%)、拓展能力(20%)、团队合作(10%)
考核方式	教师评价(70%)、小组互评(20%)、学生自评(10%)	

活动一　植物生长的气象要素观测

1.活动目标

知识目标：认识气压和风等主要气象要素；了解天气系统。

能力目标：能熟练进行气压和风的观测操作，能够正确使用水银气压表、空盒气压表、电接风向风速计和轻便风向风速表，会目测风向、风力。

思政素养：观摩当地气象站科技人员测定气压和风活动，学习其优秀的职业精神。

2.活动准备

根据班级人数，每2人一组，分为若干组，每组准备以下材料和用具：水银气压表、空盒气压表、气压计、电接风向风速计和轻便风向风速表。

3.相关知识

大气中所发生的各种物理现象（风、雨、雷、电、云、雪、霜、雾、光等）和物理过程（气温的升高或降低，水分的蒸发或凝结等）常用各种定性和定量的特征量来描述，这些特征量被称为气象要素。与农业关系最密切的气象要素主要有：气压、风、云、太阳辐射、土壤温度、空气温度、空气湿度、降水等。这里主要介绍气压和风。

(1)气压　地球周围的大气，在地球重力场和空气的分子运动综合作用下，对处于其中的物体表面产生的压力称为大气压力。被测高度在单位面积上所承受的大气柱的重量称为大气压强，简称为气压。国际上规定，将纬度45°的海平面上，气温为0 ℃时，大气压力为1.01×10^5 Pa称为一个标准大气压。气压单位是帕斯卡（Pa），1 Pa＝1 N/m^2（牛顿/平方米）。工作中，气压单位常用百帕（hPa）和毫米水银柱高（mmHg）表示。两者的关系为：1 hPa＝100 Pa，1 hPa＝0.75 mmHg。一般一个标准大气压等于1 013.25 hPa。

①气压的变化。一是气压随高度变化。在同一时间同一地点，气压随高度升高而减小。当温度一定时，地面气压随海拔高度的升高而降低的速度是不均匀的。据实测，近地层大气中，高度每升高100 m，气压平均降低12.7 hPa，在高层则小于此数值，因此在低空随高度增加，气压很快降低，而在高空的递减较缓慢。气压随高度的变化如表12-1所示。

表12-1　气压随高度的变化(气柱平均温度0 ℃)

海拔高度/km	海平面	1.5	3.0	5.5	11.0	16.0	30.0
气压/hPa	1 000	850	700	500	250	100	12

二是气压随时间变化。由于同一个地方的空气密度决定于气温，气温升高，空气密度减小，则气压降低；气温下降，空气密度增大，则气压升高。因此，一天中一般夜间气压高于白天，上午气压高于下午；一年中，冬季（1月）气压高于夏季（7月）。当暖空气来临时，会引起气压下降；当冷空气来临时，则会使气压升高。

②气压的水平分布。气压随高度增加而降低，由于各地热力和动力条件不同，使得在同一高度水平面上各处气压值也不同，气压在水平方向上的分布，常用等压线或等压面来表示，等压线是指在海拔高度相同的平面上，气压相等的各点的连线；等压面是指空间气压相等的各点

所构成的面。海平面图上等压线的各种组合形式称为气压系统。

气压系统的主要类型有:低压、高压、低压槽、高压脊和鞍形场。低压是由一组闭合等压线构成的中心气压低、四周气压高的区域;其等压面形状类似于凹陷的盆地。高压是由一组闭合等压线构成的中心气压高、四周气压低的区域;其等压面形状类似于凸起的山丘。低压槽是指由低压延伸出的狭长区域;在槽中各等压线弯曲最大处的连线,称为槽线;气压沿槽线向两边递增,槽线附近的空间等压面形如山谷。高压脊是指由高压延伸出的狭长区域;在脊中各条等压线弯曲最大处的连线,称为脊线;气压沿脊线向两边递减,脊线附近的空间等压面形如山脊。鞍形场是指由两个高压和两个低压交错相对而组成的中间区域,其空间分布形如马鞍。

(2)风 空气时刻处于运动状态,空气在水平方向上的运动称为风,它是重要的植物生态因子,直接或间接地影响作物的生长和发育,对热量、水汽和二氧化碳的输送和交换起重要作用。风是矢量,包括风向和风速,具有阵性。风向是指风吹来的方向,风速是单位时间内空气水平移动的距离,单位是 m/s。气象预报中常用风力等级来表示风的大小。通常用 13 个等级表示,如表 12-2 所示。

表 12-2 风力等级表

风力等级	名称	海面和渔船征象	陆上地面物征象	风速/(m/s)	
				范围	中位数
0	无风	静	静,烟直上	0～0.2	0.1
1	软风	有微波,寻常渔船略觉摇动	烟能表示风向,树叶略有摇动	0.3～1.5	0.9
2	轻风	有小波纹,渔船摇动	人面感觉有风,树叶有微响,旌旗开始飘动	1.6～3.3	2.5
3	微风	有小波,渔船渐觉簸动	树叶及小枝摇动不息,旌旗展开	3.4～5.4	4.4
4	和风	浪顶有些白色泡沫,渔船满帆时,可使船身倾于一侧	能吹起地面灰尘和纸张,树枝摇动	5.5～7.9	6.7
5	清风	浪顶白色泡沫较多,渔船缩帆	有叶的小树摇摆,内陆的水面有小波	8.0～10.7	9.4
6	强风	白色泡沫开始被风吹离浪顶,渔船加倍缩帆	大树枝摇动,电线呼呼有声,撑伞困难	10.8～13.8	12.3
7	劲风	白色泡沫离开浪顶被吹成条纹状,渔船停泊港中,在海面下锚	全树摇动,大树枝弯下来,迎风步行感觉不便	13.9～17.1	15.5
8	大风	白色泡沫被吹成明显的条纹状,进港的渔船停留不出	可折毁小树枝,人迎风前行感觉阻力甚大	17.2～20.7	19.0
9	烈风	被风吹起的浪花使水平能见度减小,机帆船航行困难	烟囱及瓦屋屋顶受到损坏,大树枝可折断	20.8～24.4	22.6
10	狂风	被风吹起的浪花使水平能见度明显减小,机帆船航行颇危险	陆地少见,树木可被吹倒,一般建筑物遭破坏	24.5～28.4	26.5

续表 12-2

风力等级	名称	海面和渔船征象	陆上地面物征象	风速/(m/s)	
				范围	中位数
11	暴风	吹起的浪花使水平能见度显著减小,机帆船遇之极危险	陆上很少,大树可被吹倒,一般建筑物遭严重破坏	28.5～32.6	30.6
12	飓风	海浪滔天	陆上绝少,其摧毁力极大	>32.6	>30.6

①风的变化。一是风的日变化。在气压形势稳定时,可以观测到风有明显的日变化。在50～100 m及以下的近地大气层内,日出后风速逐渐增大,午后最大,夜间风速逐渐减小,至清晨为最小;100 m以上的大气中,风速的日变化与下层大气的变化情况正好相反,最大值出现在夜间,最小值出现在午后。

二是风随高度的变化。运动着的空气质点与地面之间、空气与空气之间,都有摩擦作用存在。1 500 m以下的大气层称为摩擦层,在摩擦层中,空气运动受到的摩擦力随海拔高度的升高而减弱,因此,随着海拔高度的升高,风速增大。同理,海洋上空的风速大于陆地上空,沿海的风速大于山区,这都是摩擦力影响不同造成的。

三是风的年变化。风的年变化与气候和地理条件有关,在北半球的中纬度地区,一般风速的最大值出现在冬季,最小值出现在夏季。我国大部分地区春季风速最大,因为春季是冷暖空气交替较为频繁的时期。

四是风的阵性。风的阵性是指摩擦层中,由于空气运动受山脉、丘陵、建筑物或森林等影响,呈涡旋状的乱流,造成风向不定,风速忽大忽小的现象。一日之中,夏季中午前后,风的阵性较大,夜晚阵性较小。一年之中,春季风的阵性较大,冬季风的阵性较小。

②风的类型。风的类型主要有季风和地方性风。

a. 季风。季风是指以一年为周期,随着季节的变化而改变风向的风。冬季大陆冷却快而剧烈,海洋冷却慢且降温小,因此在大陆上因温度下降使气压升高,风从大陆吹向海洋,称为冬季风;夏季则相反,风从海洋吹向大陆,称为夏季风。我国的季风很明显,夏季盛行温暖而潮湿的东南风;冬季盛行寒冷而干燥的西北风。我国的西南地区还受印度洋的影响,夏季吹西南风,冬季吹东北风。

b. 地方性风。地方性风是由于局部自然、地理条件的影响,常形成某些局地性空气环流。常见的地方性风有海陆风、山谷风和焚风。

第一,海陆风。在沿海地区,以一天为周期,随昼夜交替而转换方向的风,称为海陆风。白天,风从海洋吹向陆地,称为海风;夜间,风从陆地吹向海洋,称为陆风。白天,陆地增温比海洋强烈,近地面低层大气中,产生从海洋指向陆地的水平气压梯度力,下层风从海洋吹向陆地形成海风。上层则相反,风从陆地吹向海洋,构成白天的海风环流(图 12-1);夜间,陆地降温比海洋剧烈而迅速,低层大气中,产生了从陆地指向海洋的水平气压梯度力,下层风从陆地吹向海洋形成陆风。高层风则从海洋吹向陆地,构成夜间的陆风环流。

海风给沿海地区带来丰沛的水汽,易在陆地形成云雾,缓和了温度的变化。所以海滨地区夏季比内陆凉爽,冬季比内陆温暖。

第二,山谷风。在山区,风随昼夜交替而转换方向。白天,风从山谷吹向山坡,称为谷风;夜间,风从山坡吹向山谷,称为山风。两者合称为山谷风。白天,靠近山坡的空气温度比同高

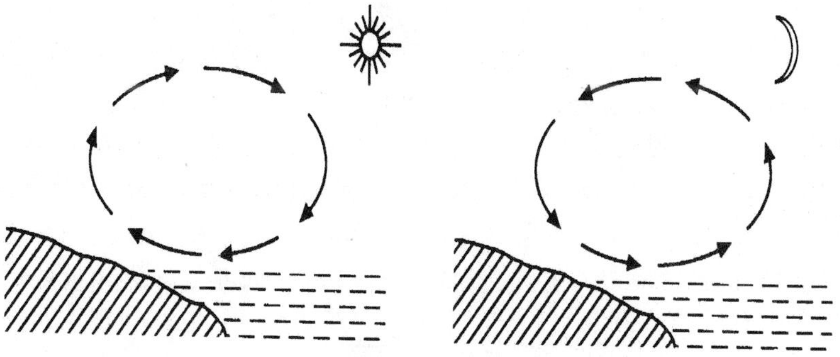

图 12-1　海陆风

度谷地上空的气温要高，其空气密度较小，因此暖空气沿山坡上升到山顶，然后流向谷地上空。谷中气流则下沉补充坡面上升的空气，就形成了谷风环流(图 12-2)；夜晚，山坡由于地面有效辐射强烈使气温比同高度谷地上空气温降低得快，冷而重的空气沿坡下滑，流入山谷，气流在谷地又辐合上升形成了山风环流(图 12-2)。

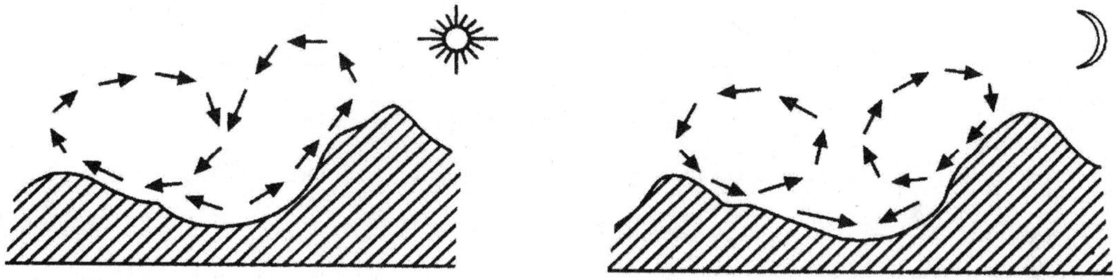

A. 谷风　　B. 山风

图 12-2　山谷风

谷风能把暖空气向山上输送，使山前的物候期、成熟期提前。谷风还可以把谷地水汽带上山顶，在夏季水汽充足时常常成云致雨，对山区林木和作物生长有利。山风可以降低温度，对植物同化产物的积累尤其是在秋季对块根、块茎等贮藏器官的膨大比较有利。山风还可使冷空气聚集在谷地，在寒冷季节造成“霜打洼”现象(图 12-3)。而山腰和坡地中部，由于冷空气不在此沉积，霜冻往往较轻。

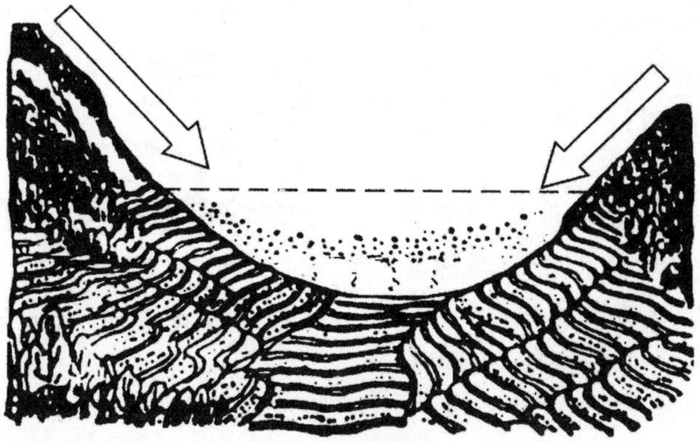

图 12-3　霜打洼示意图

第三，焚风。当气流跨过山脊时，在山的背风坡，由于空气的下沉运动产生一种热而干燥的风，称为焚风。焚风的形成是由于未饱和的暖湿空气在运行途中遇山受阻，在山的迎风坡被迫抬升，温度下降，上升到一定高度后，因气温降低，空气中水汽达到饱和，水汽凝结产生云、雨、雪降落在迎风坡。气流到达山顶之后，由于失去了那部分已凝结降落的水汽而变得干燥了。当气流越过山顶后，就沿背风坡下滑，空气在下沉运动中温度升高，空气相对湿度减小，形成了炎热而干燥的焚风(图 12-4)。不论冬夏昼夜，焚风在山区都可出现。焚风易形成旱灾和森林火灾，也可使初春的冰雪融化，有利于灌溉。夏季的焚风可使谷物和水果提早成熟。

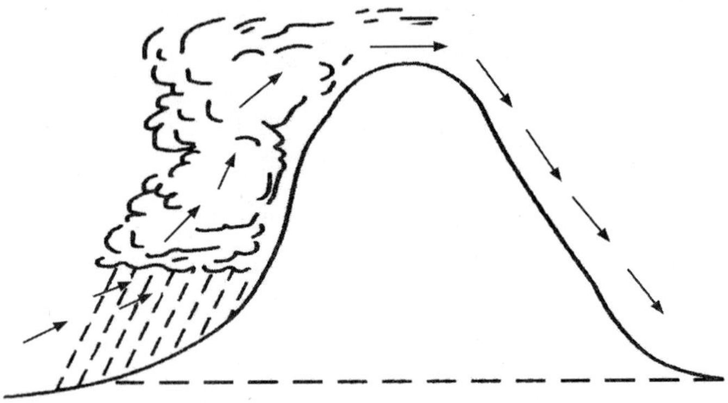

图 12-4 焚风示意图

(3)天气系统 天气是指一定地区气象要素和天气现象表示的一定时段或某时刻的大气状况，如晴、阴、冷、暖、雨、雪、风、霜、雾和雷等。天气系统是表示天气变化及其分布的独立系统。活动在大气里的天气系统种类很多。如气团、锋、气旋、反气旋、高压脊、低压槽等。这些天气系统都与一定的天气相联系。

①气团。气团是占据广大空间的一大块空气，它的物理性质在水平方向上比较均匀，在垂直方向上的变化也比较一致，在它的控制下有大致相同的天气特点。影响我国大范围天气的主要气团有极地大陆气团和热带海洋气团，其次是热带大陆气团和赤道气团。

②锋。冷暖气团的交界面称为锋面。锋面与地面的交线称为锋线，习惯上把锋面和锋线统称为锋。锋的下面是冷气团，上面是暖气团。根据锋的移动方向，可以把锋分为暖锋、冷锋、准静止锋和锢囚锋。由于锋面两侧的气压、风、湿度等气象要素差异比较大，具有突变性，锋面附近常形成云、雨、风等天气，称为锋面天气。

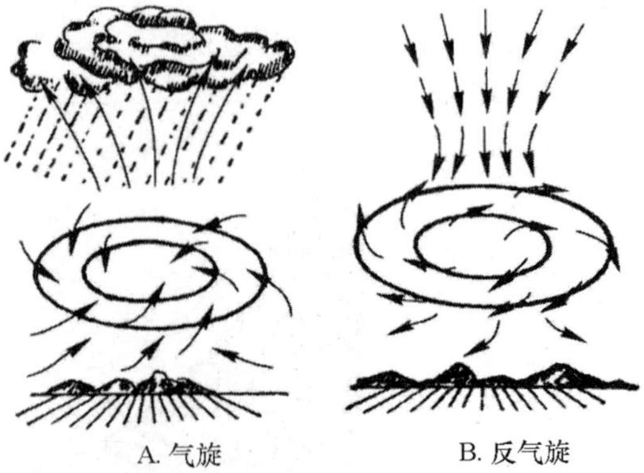

A. 气旋　　B. 反气旋

图 12-5 气旋与反气旋

③气旋和反气旋。气旋是占有三度空间的，在同一高度上中心气压低于四周的大尺度涡旋(图 12-5)。反气旋也称为高压，是中心气压比四周气压高的水平空气涡旋(图 12-5)。影响我国天气的反气旋主要有蒙古高压和西太平洋副热带高压。蒙古高压是一种冷性反气旋即冷高压，是冬半年影响我国的主要天气系统，活动较频繁、势力强大。强冷高压侵

入我国时，带来大量冷空气，气温骤降，出现寒潮天气。西太平洋副热带高压是夏半年影响我国的主要天气系统。

④低压槽和高压脊。大气中不同区域的气压是不均等的，不同气压区交错存在。低压区向高压区突出的部分称为低压槽，低压槽最突出点的连线称为槽线，槽线上任意一点的气压比它两侧的气压都低，槽线附近的空气是辐合上升的，易形成云雨天气(图 12-6)。高压区向低压区突出的部分称为高压脊，高压脊最突出点的连线称为脊线，脊线上任意一点的气压比它两侧的气压都高，脊线附近的空气是下沉运动的，易形成晴朗的好天气(图 12-7)。

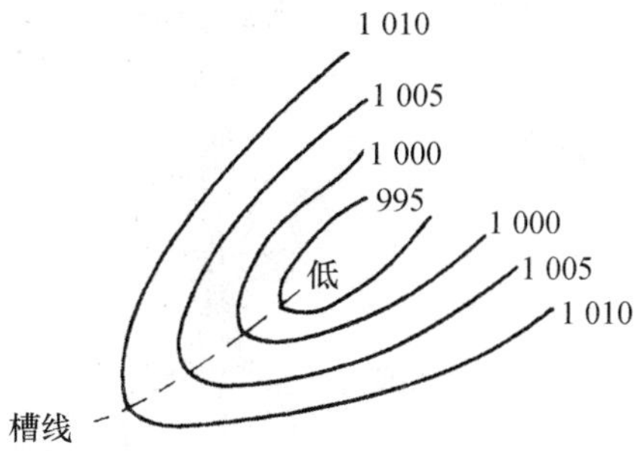

图 12-6　低压槽(单位:hPa)

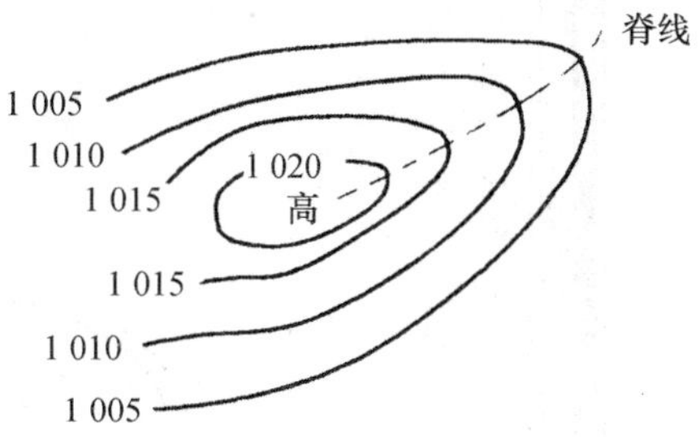

图 12-7　高压脊(单位:hPa)

4.操作过程

(1)测定气压和风的仪器认识

①测定气压的仪器。测定气压的仪器有水银气压表、空盒气压表和气压计等。

第一，水银气压表。水银气压表有动槽式和定槽式两种。动槽式水银气压表是根据水银柱的重量与大气压力相平衡的原理制成的，其结构如图 12-8 所示，主要由内管、外套管、水银槽三部分组成。

第二，空盒气压表。空盒气压表是利用空盒弹力与大气压力相平衡的原理制成的。空盒气压表不如水银气压表准确，但其使用和携带都比较方便，适于野外考察。其结构如图 12-9 所示。空盒气压表以弹性金属做成的薄膜空盒作为感应元件，它将大气压力转换成空盒的弹性位移，通过杠杆和传动机构带动指针。当顺时针方向偏转时，指针就指示出气压升高的变化量，反之，当指针逆时针方向偏转时，指示出气压降低的变化量。当空盒的弹性应力与大气压力相平衡时，指针就停止转动，这时指针所指示的气压值就是当时的大气压力值。

第三，气压计。气压计是连续记录气压变化的自记仪器，其结构和其他自记仪器一样，分为感应、传递放大和自记装置三部分。感应部分是由几个空盒串联而成的，最上的一个空盒与机械部分连接，最下一个空盒的轴固定在一块双金属板上，用以补偿对空盒变形的影响。传递放大部分:由于感应部分的变形很小，常采用两次放大。空盒上的连接片与杠杆相连，此杠杆的支点为第一水平轴，杠杆借另一连接片与第二水平轴的转臂连接。这一部分的作用是将空盒的变化放大后传到自记部分去。这样两次放大能够提高仪器的灵敏度。自记部分与其他自记仪器相同。

②测定风的仪器。风的测定包括风向和风速。常用的测风仪器有电接风向风速计和轻便风向风速表。前者用于台站长期定位观测;后者多用于野外流动观测。在没有测风仪器或仪器出现故障时，可目测风向风力。

第一，EL 型电接风向风速计。此测风仪是由感应器、指示器和记录器组成的有线遥测仪器。

第二，轻便风向风速表。仪器结构如图 12-10 所示，由风向部分(包括风向标、风向指针、方位盘和制动小套)、风速部分(包括十字护架、风杯和风速表主机体)和手柄三个部分组成。

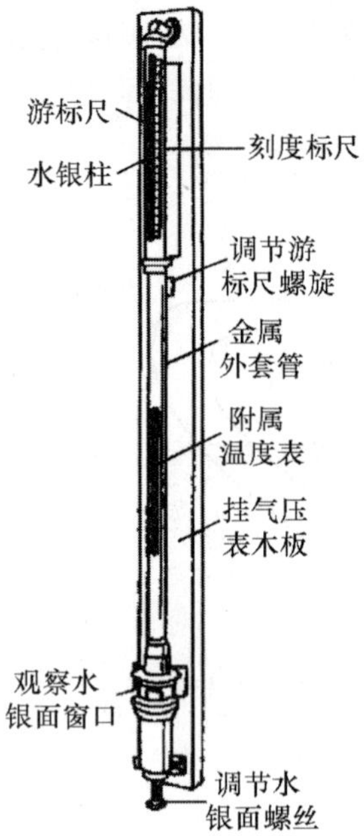

图 12-8　动槽式水银气压表

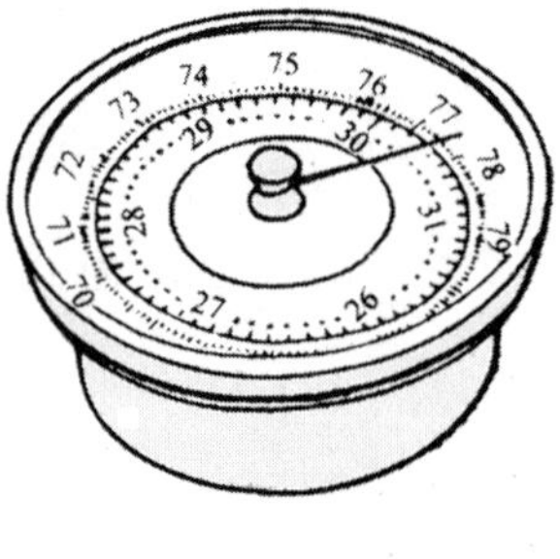

图 12-9　空盒气压表

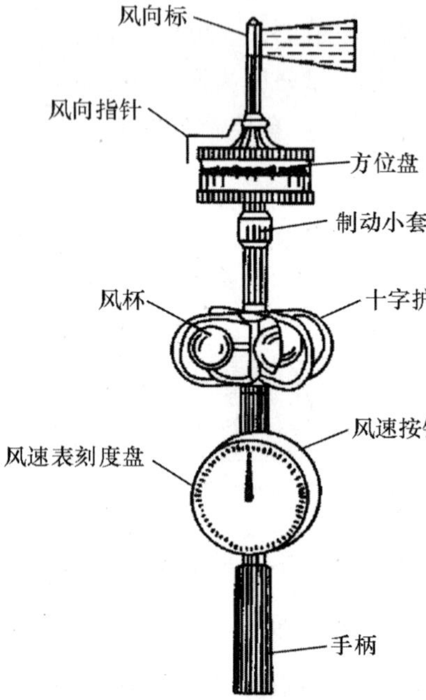

图 12-10　轻便风向风速表

(2)气压和风的观测　根据当地气象条件，选择学校气象站或当地气象观测场观测气压和风(表 12-3)。

表 12-3　气压和风等气象要素的观测

工作环节	操作规程	质量要求
气压观测	(1)水银气压表安装与观测。 ①安装。将气压表安装在温度稳定的气压室内，室内既要保持通风，又无太大的空气流动。 ②观测附属温度表。调整水银槽内的水银面至与象牙针尖恰好相接，完全无空隙；调整游尺，先使游尺稍高于水银柱顶端，然后慢慢下降，直到游尺的下缘恰与水银柱凸面顶点相切。读数后转动调整螺旋使水银面下降。 ③读数并记录。先在刻度标尺上读取整数，然后在游尺上找出一条与标尺上某一刻度相吻合的刻度线，则游尺上这条刻度线的数字就是小数读数。 (2)空盒气压表的安装与观测。观测和记录时先打开盒盖，先读附温；轻击盒面(克服机械摩擦)，待指针静止后再读数；读数时视线应垂直于刻度面，读取指针尖所指刻度示数，精确到 0.1；读数后立即复读，并关好盒盖。空盒气压表上的示度经过刻度校正、温度校正和补充校正，即为本站气压。 (3)气压计的安装与观测。气压计应水平安放，离地高度以便于观测为宜。气压计读数要精确到 0.1 hPa	(1)气压室要求门窗经常关闭，光线要充足，但又要避免太阳光的直接照射。 (2)由于水银气压表的读数常常是在非标准条件下测得的，须经仪器差、温度差、重力差校正后，才是本站气压，未经校正的气压读数仅供参考。 (3)气压计的换纸时间和方法与其他自记仪器相同

续表 12-3

工作环节	操作规程	质量要求
风的观测	(1)EL 型电接风向风速计的安装与观测。 ①仪器安装。将感应器安装在牢固的高杆或塔架上，并附设避雷装置，风速感应器(风杯)中心距地面高度 10～12 m；指示器、记录器平稳地安放在室内桌面上，用电缆与感应器相连接，电源使用交流电 220 V 或干电池 12 V。 ②观测和记录。打开指示器的风向、风速开关，观测 2 min 风速指针摆动的平均位置，读取整数记录。风速小时开关拨到“20”档上，读 0～20 m/s 标尺刻度；风速大时开关拨到“40”档上，读 0～40 m/s 标尺刻度。观测风向指示灯，读取 2 min 的最多风向，用 16 个方位记录。静风时，风速记“0”，风向记“C”；平均风速超过 40 m/s，记为“>40”。 (2)轻便风向风速表的安装与观测。 ①风速测定。在测风速时，待风杯旋转约 0.5 min，按下风速按钮，待 1 min 后指针停止转动，即可从刻度盘上读出风速示值(m/s)，以此值从风速检定曲线中查出实际风速(取一位小数)，即为所测的平均风速。 ②风向测定。观测者应站在仪器的下风向，将方位盘的制动小套管向下拉，并向右转一角度，启动方位盘，使其能自由转动，按磁子午线的方向固定下来，注视风向指针约 2 min，记录其最多的风向，就是所观测的风向。 ③仪器恢复。观测完毕后随手将方位盘自动小套管向左转一小角度，让小套管弹回上方，固定好方位盘。 (3)目测风向风力。根据风对地面或海面物体的影响而引起的各种现象，按风力等级表估计风力，并记录其相应风速的中数值。根据炊烟、旌旗、布条展开的方向及人的感觉，按八个方位估计风向	(1)EL 型电接风向风速计记录器部分的使用方法与温度计基本相同。从自记纸上可知各时风速、各时风向及日最大风速。 (2)用轻便风向风速表观测时，人应保持直立(若是手持仪器，要使仪器高出头部)，风速表刻度盘与当时风向平行。测风速可与测风向同时进行。 (3)目测风向风力时，观测者应站在空旷处，多选几个物体，认真观测，尽量减少主观估计的误差

5.问题处理

活动结束后，完成以下问题：

课余时间到当地气象站进行资料的收集，包括气温、湿度、风向、风速、降水、日照时间等，然后设计表格，进行资料整理(表 12-4)。对整理后的资料进行分析，根据收集到的资料分析温度、湿度、日照等对农业生产的利弊。

表 12-4　当地主要农业气象要素资料整理

月份	1	2	3	4	5	6	7	8	9	10	11	12	年平均值
平均气温													
最高温度													
最低温度													
相对湿度													
降水量													
日照时间													
风速、风向													
有效积温													

活动二　二十四节气的农业生产应用

1.活动目标

知识目标:了解天气系统;熟悉二十四节气知识。

能力目标:能熟练根据二十四节气特点指导当地农业生产。

思政素养:总结当地关于二十四节气的农谚,学习人民群众的智慧结晶。

2.活动准备

将全班按3～5人一组分成若干组,到学校气象站或当地气象站进行资料查阅或收集,或通过有关网站进行查询,也可到图书馆借阅图书、期刊。

3.相关知识

二十四节气的划分是从地球公转所处的相对位置推算出来的。地球围绕太阳转动称为公转,公转轨道为一个椭圆形,太阳位于椭圆的一个焦点上。地球的自转轴称为地轴,地轴与地球公转轨道面不垂直,地球公转时,地轴方向保持不变,因此一年中太阳光线直射地球上的地理纬度是不同的,这是地球上寒暑季节变化和日照长短随纬度、季节而变化的根本原因。地球公转一周需时约365.23 d,公转一周是360°,将地球公转一周均分为24份,每一份间隔15°定一位置,并给一“节气”名称,全年共分二十四节气,每个节气时间大约为15 d(图12-11)。

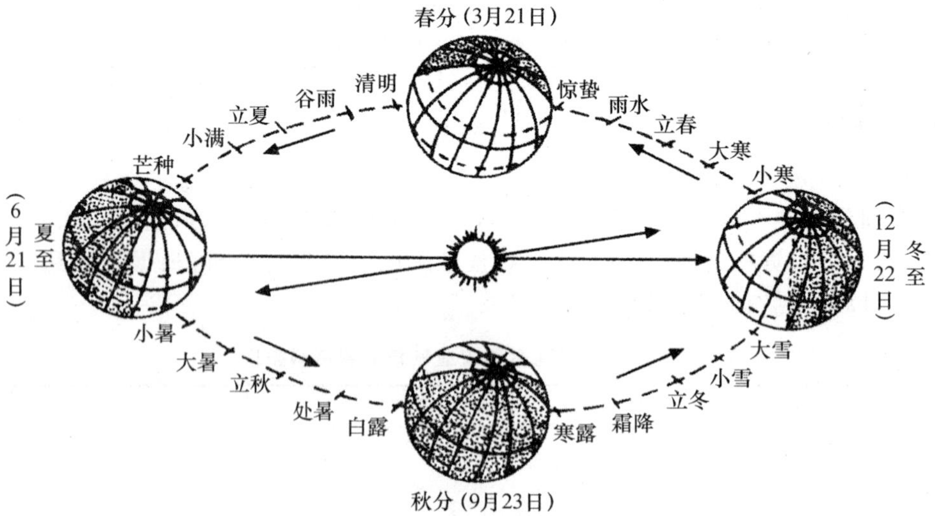

图12-11　地球公转与二十四节气的形成

二十四节气是我国劳动人民几千年来从事农业生产、掌握气候变化规律的经验,为了便于记忆,总结出二十四节气歌:春雨惊春清谷天,夏满芒夏暑相连;秋处露秋寒霜降,冬雪雪冬小大寒;上半年逢六二一,下半年逢八二三;每月两节日期定,最多相差一两天。前四句是二十四节气的顺序,后四句是指每个节气出现的大体日期。按阳历计算,每月有两个节气,上半年一般出现在每月的6日和21日,下半年一般出现在8日和23日,年年如此,最多相差不过一两天(表 12-5)。

表 12-5 二十四节气的含义和农业意义

节气	月份	日期	含义和农业意义
立春	2	4 或 5	春季开始
雨水	2	19 或 20	天气回暖,降水开始以雨的形态出现,或雨量开始逐渐增加
惊蛰	3	6 或 5	开始打雷,土壤解冻,蛰伏的昆虫被惊醒开始活动
春分	3	21 或 20	平分春季的节气,昼夜长短相等
清明	4	5 或 6	气候温和晴朗,草木开始繁茂生长
谷雨	4	20 或 21	春播开始,降雨增加,雨生百谷
立夏	5	6 或 5	夏季开始
小满	5	21 或 22	麦类等夏熟作物的籽粒开始饱满,但尚未成熟
芒种	6	5 或 7	麦类等有芒作物成熟,夏播作物播种
夏至	6	22 或 21	夏季热天来临,白昼最长,夜晚最短
小暑	7	7 或 8	炎热季节开始,尚未达到最热程度
大暑	7	23 或 24	一年中最热时节
立秋	8	8 或 7	秋季开始
处暑	8	23 或 24	炎热的暑天即将过去,渐渐转向凉爽
白露	9	8 或 9	气温降低较快,夜间很凉,露水较重
秋分	9	23 或 24	平分秋季的节气,昼夜长短相等
寒露	10	8 或 9	气温已很低,露水发凉,将要结霜
霜降	10	24 或 23	气候渐冷,开始见霜
立冬	11	8 或 7	冬季开始
小雪	11	23 或 22	开始降雪,但降雪量不大,雪花不大
大雪	12	7 或 8	降雪较多,地面可以积雪
冬至	12	22 或 23	寒冷的冬季来临,白昼最短,夜晚最长
小寒	1	6 或 5	较寒冷的季节,但还未达到最冷程度
大寒	1	20 或 21	一年中最寒冷的节气

从表 12-5 中每个节气的含义可以看出,二十四节气反映了一年中季节、气候、物候等自然现象的特征和变化。立春、立夏、立秋、立冬,这“四立”表示农历四季的开始;春分、夏至、秋分、冬至,这“两分、两至”表示昼夜长短的更换。雨水、谷雨、小雪、大雪,表示降水。小暑、大暑、处暑、小寒、大寒,反映温度变化。白露、寒露、霜降,既反映降水又反映温度变化。而惊蛰、清明、芒种和小满,则反映物候。应该注意的是,二十四节气起源于黄河流域地区,其他地区运用二十四节气时,不能生搬硬套,必须因地制宜地灵活运用。不仅要考虑本地区的特点,还要考虑气候的年际变化和生产发展的需求。

4.操作规程

根据当地气象条件,通过访问有经验农民和气象部门技术人员,并查阅当地气象资料,完成表 12-6 内容。

表 12-6　二十四节气与农事操作

时间	节气	农事操作指导
1 月		
2 月		
3 月		
4 月		
5 月		
6 月		
7 月		
8 月		
9 月		
10 月		
11 月		
12 月		

5.问题处理

活动结束后，完成以下问题：

课余时间汇总当地有关二十四节气的农谚，分析其如何指导当地农业生产（表 12-7）。

表 12-7　当地常见二十四节气农谚

常见农谚	含义	农业生产意义

活动三　植物生长的气候状况

1.活动目标

知识目标：了解农业小气候知识。

能力目标：通过训练，使学生能利用常见的观测仪器进行农田小气候观测，熟练掌握主要的观测方法和农田小气候观测资料的整理和分析方法。

思政素养：观摩当地气象站科技人员测定农田小气候活动，学习其优秀的职业精神。

2.活动准备

根据班级人数,按每2人一组分为若干组,每组准备以下材料和用具:通风干湿表、风向风速表、照度计、地面温度表和曲管地温表;特制纱布、铁锨、测杆、直尺。

3.相关知识

(1)气候 气候是指一个地区多年平均或特有的天气状况,包括平均状态和极端状态,用温度、湿度、风、降水等气象要素的各种统计量来表达。因此气候是天气的统计状况,在一定时期内具有相对的稳定性。

①气候的形成。气候形成的基本因素主要有太阳辐射、大气环流和下垫面性质。不同地区间的气候差异和各地气候的季节交替,主要是太阳辐射在地球表面分布不匀及其随时间变化的结果。季风环流引导气团移动,使各地的热量、水分得以转移和调整,维持着地球的热量和水分平衡;季风环流常使太阳辐射的主导作用减弱,在气候的形成中起着重要作用。下垫面是指地球表面的状况,包括海陆分布、地形地势、植被及土壤等。由于它们的特性不同,因而影响辐射过程和空气的性质。

除上述3个自然因素对气候起重要作用外,人类活动对气候的形成也起着至关重要的作用。目前主要表现在:一是在工农业生产中排放至大气中的温室气体和各种污染物,改变了大气的化学组成;二是在农牧业发展和其他活动中改变下垫面的性质,如城市化、破坏森林和草原植被、海洋污染等。

②气候带和气候型。气候带是指围绕地球表面呈纬向带状分布、气候特征比较一致的地带。划分气候带的方法很多,通常把全球划分成11个气候带(图12-12),即赤道气候带,南、北热带,南、北副热带,南、北暖温带,南、北寒温带,南、北极地气候带。

在同一气候带内或在不同的气候带内,由于下垫面的性质和地理环境相似,往往出现一些特征相似的气候,称为气候型。常见的气候型有:海洋性气候和大陆性气候,季风气候和地中海气候,高原气候和高山气候,草原气候和沙漠气候。

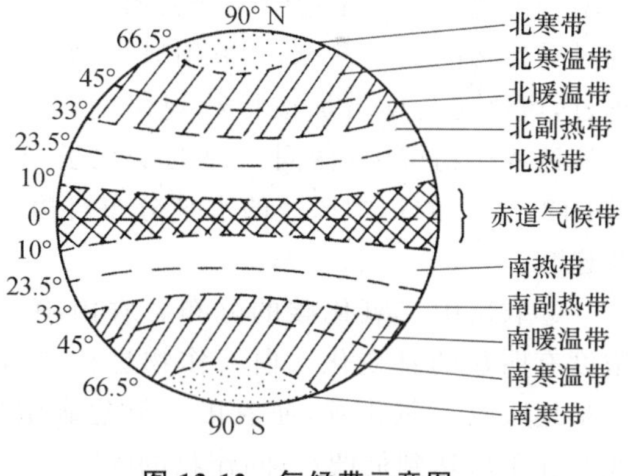

图12-12 气候带示意图

(2)农田小气候 小气候就是指在小范围的地表状况和性质不同的条件下,由于下垫面的辐射特征与空气交换过程的差异而形成的局部气候。小气候的特点主要是"范围小、差异大、很稳定"。近代小气候学在各生产领域得到迅速的发展,如农田小气候、设施小气候、地形小气候、防护林带小气候、果园小气候等。

农田小气候是以农作物为下垫面的小气候,不同的农作物有不同的小气候特征,同一种作物又因不同品种、种植方式、生育期、生长状况,以及田间管理措施等造成不同作物群体,产生相应的小气候特征。

①农田中光的分布。太阳辐射到达农田植被表面后,一部分辐射能被植物叶片吸收,一部分被反射,还有一部分透过枝叶空隙,或透过叶片到达下面各层或地面上。农田植被中,光照

强度由株顶向下逐渐减弱，株顶附近递减较慢，植株中间迅速减弱，再往下又缓慢下来。光照强度在株间的分布直接影响作物对光能的有效利用，植株稀少，漏光严重，单株光合作用强，但群体光能利用不充分；农田密度较大，株间各层光强相差较大，株顶光过强，冠层下部光不足，单株生长不良，易产生倒伏现象。

②农田中温度的分布。作物生育初期，因茎、叶幼小稀疏，不论昼夜，农田的温度分布和变化，白天的最高温度和夜间的最低温度均在地表附近。作物封行以后，进入生长盛期，茎高叶茂，农田外活动面形成，午间活动层附近热量容易保持，温度可达最高。夜间农田放热多，降温快，外活动面的温度达到最低。因此，生育盛期昼夜的最高、最低温度由地表转向作物的外活动面。作物生育后期，茎、叶枯黄脱落，太阳投入株间的光合辐射增多，农田温度分布又接近于生育初期，昼夜的最高和最低温度又出现在地面附近。

③农田中湿度的分布。农田中湿度分布和变化决定于温度、农田蒸发和乱流交换强度的变化。植物生育初期基本相似于裸地，不论白天和夜间，相对湿度都随高度的增加而降低。植物到了生育盛期，白天由于蒸腾作用的结果，外活动面附近相对湿度最大，内活动面较低；夜间由于气温较低，株间相对湿度在所有高度上都比较接近。植物生育后期，白天相对湿度都随高度的增加而降低，夜间因为地表温度较低，相对湿度最大。

④农田中风的分布。作物生长初期，植株矮小，这时农田中风的分布与裸地相似，越接近地面风速越小，风速趋于零的高度在地表附近，随着高度增加风速增大。作物生长旺盛时期，进入农田中的风受作物的阻挡，一部分被抬升由植株冠层顶部越过，风速随高度增加按指数规律增大；另一部分气流进入作物层中，株间风速的变化呈"S"形分布（图 12-13）。农田中风速的水平分布自边行向内不断递减。

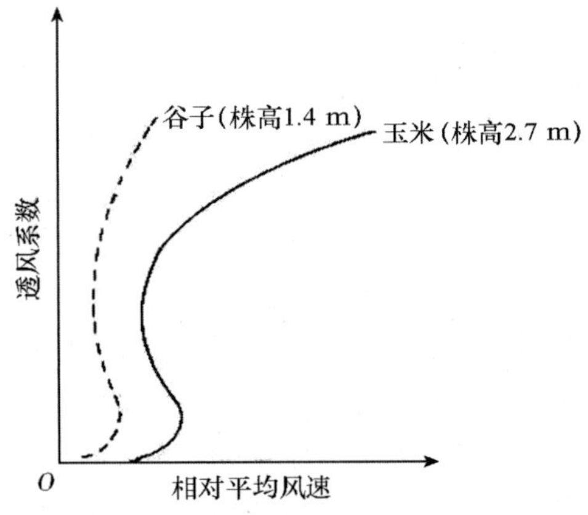

图 12-13　玉米、谷子株间风速的垂直分布示意

⑤农田中二氧化碳的分布。农田中二氧化碳浓度有明显的日变化。白天作物进行光合作用要大量地吸收二氧化碳，使农田二氧化碳浓度降低，通常在午后达到最低；夜间作物的呼吸作用要放出二氧化碳，使农田二氧化碳浓度增高。由于土壤一直是地面二氧化碳的来源，株间二氧化碳浓度常常是贴地层最大。夜间二氧化碳浓度随高度升高而降低，而白天二氧化碳浓度随高度升高而增大。

一般说来，在作物层以上二氧化碳浓度逐渐增加，作物层以内则迅速减少，在叶面积密度最大层附近最低。白天特别是中午，农田的二氧化碳从上向下输送，到地面附近则从地面向上输送。

(3)农田小气候的改良　植物生产中，由于自然和人类活动的结果，特别是一些农业技术措施的影响，各种下垫面的特征常有很大差异，光、热、水、气等要素有不同的分布和组合，形成小范围的性质不同的气候特征称为农业小气候。如农田小气候、果园小气候、防护林小气候等。这里主要介绍一些农业技术措施的小气候效应（表 12-8）。

表 12-8 耕作、栽培措施的小气候效应

措施	小气候效应
耕翻	使土壤疏松，增加透水性和透气性，提高土壤蓄水能力，对下层土壤有保墒效应。使土壤热容量和导热率减小，削弱上下层间热交换，增加土壤表层温度的日较差。低温季节，上层有降温效应，下层有增温效应；高温季节，上层有升温效应，下层有降温效应
垄作	使土壤疏松，小气候效应同耕翻。增加了土表与大气的接触面积，白天增加对太阳辐射的吸收面，热量聚集在土壤表面，温度比平作高；夜间垄上有效辐射大，垄温比平作温度低。蒸发面大，上层土壤有效辐射大，下层土壤湿润；有利于排水防涝；有利于通风透光
间套作	间套作变平面受光为立体受光，增加光能利用率；同时可以延长光合作用时间，增加光合面积，延续、交替合理利用光能，增加复种指数，提高光能利用率。间套作可增加边行效应，改善通风条件，加强株间乱流交换，调节二氧化碳浓度，提高光合效率。上茬植物对下茬植物能起到一定的保护作用
种植行向	改善植物受光时间和辐射强度。若行向与植物生育关键期盛行的风向一致，可调节农田中二氧化碳、温度和湿度
种植密度	适宜的种植密度可增加光合面积和光合能力；调节田间温度和湿度
灌溉	调节田间辐射平衡，由于灌溉的土壤湿润，颜色变暗，一方面使反射率减小；另一方面也使地面温度下降，空气湿度增加，导致有效辐射减小，使辐射平衡增加。调节农田蒸散，在干旱条件下，灌溉使蒸发耗热急剧增大。影响土壤热交换和土壤的热学特性

4.操作过程

(1)小气候观测的仪器认识 小气候观测，要求所用仪器本身不会扰乱测点附近的小气候环境，并有足够的精确度。同时，要求仪器最好体积小，便于携带。观测土壤温度一般用地面温度表、曲管地温表和插入式地温表。观测空气的温度和湿度的主要仪器是通风干湿表（图 12-14）。小气候观测中，用于风速和风向观测的仪器是轻便风向风速表和热球式微风仪。光

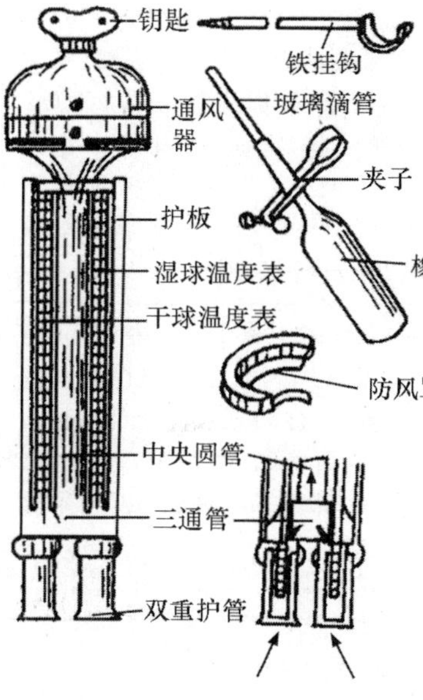

图 12-14 通风干湿球温度表

照强度的测定常用照度计。

(2)农田小气候观测 根据当地农田种植作物情况，选择适当场地，进行小气候观测(表12-9)。

表 12-9 农田小气候观测

工作环节	操作规程	质量要求
测点的选择	农田小气候观测中选择测点时应该掌握以下原则： (1)代表性原则。指选定的测点在自然地理条件、作物种类、作物长势以及农业技术措施等方面要能够代表农田或研究地段的一般情况。 (2)比较性原则。指作为对比因子的观测时间、观测高度等要保持一致。如在进行水稻田小气候效应观测时，水稻田内外两对比点的仪器安置高度、观测时间、观测方法以及使用的仪器型号等要一致。这样所测得的资料才能说明水稻田小气候与外界气候的差异	农田小气候观测点一般分为基本测点和辅助测点两种。 (1)基本测点是主要测点，基本测点应选在观测地段中最有代表性的点上，其观测项目、高度、深度要求比较齐全和完整，观测时间要求固定，观测次数要求多些； (2)辅助测点是为某一特殊项目而设置的测点，目的是补充基本测点的不足和更加完全地了解基本测点的小气候特征，辅助测点可以是流动的，也可以是固定的，重点的观测项目、观测高度和深度应与基本测点一致，辅助测点的多少应根据人力和仪器的条件而定
测点面积的确定	进行多个项目的观测时，仪器要布置在一定面积的地段上。面积过小，仪器间相互影响较大；面积过大时，又可能造成观测时间上的差异，同时也给观测工作带来了很大的不便。因此，确定最小观测面积时，可掌握以下原则：当研究地段的活动面与周围地段的活动面差异大时，观测地段的最小面积要大些；反之，可适当小些。一般情况下，掌握在 10 m×10 m 即可	
观测项目的确定	(1)观测项目。农田小气候的观测项目要根据研究目的和任务来确定。常见的观测项目有：不同高度的空气温湿度、不同深度的土壤温湿度、风速风向、光照强度、地面最高温度、地面最低温度以及观测时的日光状况等。根据需要还可以进行太阳直接辐射、天空反射辐射以及地面反射辐射的观测。 (2)观测位置。空气温度和湿度的农业小气候观测中，一般取 20 cm、150 cm、作用面附近(一般为株高的 2/3 处)和作物层顶处。风的观测通常取 20 cm、作用面和作物层顶以上 1 m 三个高度。光照强度的观测通常取作物层顶、作用面和地面三个高度。土壤温度的观测通常取 0 cm、5 cm、10 cm、15 cm、20 cm 等深度	实际工作当中还应当注意： (1)各观测高度和深度是指一般情况，观测中可以根据研究任务的具体要求进行调整。 (2)需要进行全生育期观测时，由于作物在不断长高，仪器高度也要相应调整，一般作物每长高 20 cm 仪器高度就要调整一次
观测仪器的设置	通风干湿表应离地面、地中温度表距离 1.5 m 左右，其他仪器间隔也要在 1 m 左右；轻便风速表要安装在上风位置上。在农田中，可安装在同一行间或两个行间，若作物行间很窄，地面温度表和地面最高、最低温度表也可排成一线。在垂直方向上，由于越靠近活动面，气象要素的垂直变化就越大	在一个测点上观测不同项目的仪器设置，必须遵循仪器间互不影响、尽量与观测顺序一致的原则。设置的观测高度必须越靠近活动面越密，而不能机械地按等距离分布

续表 12-9

工作环节	操作规程	质量要求
资料的整理	在确定所测数据无误的情况下，将一个测点的原始记录填写在资料整理表中，进行器差校正，并检查记录有无突变现象，根据日光情况和风的变化决定取舍，然后计算读数的平均值、进行湿度查算等工作，再根据报表资料绘制气象要素的时间变化图和空间变化分布图。通过气象要素随时间和空间分布及变化规律，可以总结测点气象要素的变化特点	气象要素的时间分布图，以纵坐标表示要素值，横坐标表示时间，从图中可以得出气象要素随时间变化的特点。气象要素的空间分布图，以纵坐标表示高度（或深度），横坐标表示气象要素值随高度（或深度）的分布情况和变化规律
各测点资料的对比分析	在完成各测点的基本资料整理后，为在各测点的小气候特征中寻找它们的差异，必须根据研究任务，进行测点资料对比分析。如只有同裸地的资料比较，才能显示出农田小气候特征，同其他作物田的小气候资料进行对比，才能发现某一作物的小气候特征	在对比分析时，要特别注意自然地理环境条件以及天气情况的一致性
农田小气候观测报告	当对比分析完成以后，就可以进行书面总结，其中要对测点情况、观测项目、高度（深度）、使用的仪器和天气条件等情况进行说明，对观测过程也要适当介绍，但中心内容是气象要素的定性和定量的对比描述，对产生的现象和特征，必须根据气象学的原理，说明物理本质，用表格和图解来揭示各现象之间的联系，从而得出农田小气候观测的初步结论	报告内容要做到内容简洁、事实确凿、论据充足、结论合理

5.问题处理

活动结束后，完成以下问题：

课余时间到学校气象站或当地气象站进行资料查阅或收集，或通过有关网站进行查询，也可到图书馆借阅图书、期刊。总结出当地常出现的天气以及当地的气候特征（表 12-10），并分析在这种气候条件下可采用的种植制度及适宜生长的树木和作物。

表 12-10　当地天气与气候特征

类型	当地天气	当地气候
特征描述		
对农业生产的影响		
农业小气候描述		

活动四　极端温度灾害及其防御

1.活动目标

知识目标：了解寒潮、霜冻、冻害、冷害、热害的发生、类型及对农作物的危害、对农业生产的影响。

能力目标：能根据当地情况，进行极端温度灾害等气象灾害的防御。

思政素养：树立农业灾害防重于救、防灾就是减灾的理念，做好极端温度灾害防护。

2.活动准备

根据班级人数，每4人一组，分为若干组，每组准备以下材料和用具：温度计，芦苇、草帘、秸秆及塑料薄膜等覆盖物，喷灌设备等。

3.相关知识

温度的变化对农业生产影响很大，过高和过低都会给农业生产带来一定的危害。在农业生产中影响较大的极端温度灾害主要有寒潮、霜冻、冻害、冷害、热害等。

(1)寒潮 寒潮是在冬半年，强冷空气活动引起的大范围剧烈降温的天气过程。冬季寒潮引起的剧烈降温，造成北方越冬作物和果树经常发生大范围冻害，也使江南一带作物遭受严重冻害。同时，冬季强大的寒潮给北方带来暴风雪，常使牧区畜群被大风吹散，草场被大雪掩盖，导致大量牲畜冻饿死亡。春季，寒潮天气常使作物和果树遭受霜冻危害。尤其是晚春时节，当一段温暖时期来临时，作物和果树开始萌芽和生长，如果此时突然有强大的寒潮侵入，常使幼嫩的作物和果树遭受霜冻危害。另外，春季寒潮引起的大风，常给北方带来风沙天气。因为内蒙古、华北一带土壤已解冻，气温升高、地表干燥，一遇大风便尘沙飞扬，摧毁庄稼，吹走肥沃的表土并影响春播。另外，大风带来的风沙淹没农田，造成大面积沙荒。秋季，寒潮天气虽然不如冬春季节那样强烈，但它能引起霜冻，使农作物不能正常成熟而减产。夏季，冷空气的活动已达不到寒潮的标准，但对农业生产也产生不同程度的低温危害。同时这些冷空气的活动对我国东部降水有很大影响。

(2)霜冻 霜冻指在温暖季节(日平均气温在0 ℃以上)土壤表面或植物表面的温度下降到足以引起植物遭到伤害或死亡的短时间低温冻害。

霜冻按季节分类主要有秋霜冻和春霜冻两种。

①秋霜冻。秋季发生的霜冻称为秋霜冻，又称为早霜冻，是秋季作物尚未成熟、陆地蔬菜还未收获时产生的霜冻。秋季发生的第一次霜冻称为初霜冻。秋季初霜冻来临越早，对作物的危害越大。纬度越高，初霜冻日越早，霜冻强度也越大。

②春霜冻。春季发生的霜冻称为春霜冻，又称为晚霜冻，是春播作物苗期、果树花期、越冬作物返青后发生的冻害。春季最后一次霜冻称为终霜冻。春季终霜冻发生越晚，作物抗寒能力越弱，对作物危害就越大。纬度越高，终霜冻日越晚，霜冻强度也越弱。

从终霜冻至初霜冻之间持续的天数称为无霜期。无霜期的长短，是反映一个地区热量资源的重要指标。

当冷空气入侵时，晴朗无风或微风，空气湿度小的天气条件最有利于地面或贴地气层的强烈辐射冷却，容易出现较严重的霜冻。洼地、谷地、盆地等闭塞地形，冷空气容易堆积，容易形成较严重的霜冻，故有“风打山梁霜打洼”之说；此外，霜冻迎风坡比背风坡重，北坡比南坡重，山脚比山坡中段重，缓坡比陡坡重。由于沙土和干松土壤的热容量和导热率较小，所以，易发生霜冻，黏土和坚实土壤则相反，在临近湖泊、水库的地方霜冻较轻，并可以推迟早霜冻的来临、提前结束晚霜冻。

(3)冻害 冻害是指在越冬期间，植物较长时间处于0 ℃以下的强烈低温或剧烈降温条件下，引起体内结冰，停止生理活动，甚至造成死亡的现象。不论何种作物，都可用50%植株死亡的临界致死温度作为其冻害指标。此外也有用冬季负积温、极端最低气温、最冷月平均温度等作为冻害指标的。我国作物的冻害类型主要有三类：一是冬季严寒型，当冬季有2个月以上平均气温比常年偏低2℃以上时，可能发生这种冻害。如果冬季积温偏少，麦苗弱，则受害更重。二是入冬剧烈降温型，是指麦苗停止生长前后因气温骤降而发生的冻害。另外，如播种过早或前期气温偏高，生长过旺，再遇冷空气，更易使冬小麦受害。三是早春融冻型，早春回暖解冻，麦苗开始萌动，这时抗寒力下降，如遇较强冷空气可使麦苗受害。

(4)冷害 冷害是指在作物生育期间遭受到0℃以上(有时在20℃左右)的低温危害，引起作物生育期延迟或使生殖器官的生理活动受阻造成农业减产的低温灾害。春季在长江流域，将冷害称为春季冷害或倒春寒。倒春寒是指春季在天气回暖过程中，出现间歇性的冷空气侵袭，前期气温回升正常或偏高、后期明显偏低而对作物造成损害的一种灾害性天气。

秋季在长江流域及华南地区将冷害称为秋季冷害，在广东、广西称为寒露风。寒露风天气是指寒露节气前后，由于北方强冷空气侵入，使气温剧烈下降，北风(通常可使南方气温连续降低4～5℃)致使双季晚稻受害的一种低温天气。东北地区将6～8月出现的低温危害称为夏季冷害。主要影响水稻孕穗期减数分裂，造成抽穗灌浆后形成大量空粒，对产量影响极大。

根据对农作物危害的特点划分：一是延迟型冷害，是指作物营养生长期(有时生殖生长期)遭受较长时间低温，削弱了作物的生理活性，使作物生育期显著延迟，以至不能在初霜前正常成熟，造成减产。二是障碍型冷害，是指作物生殖生长期(主要是孕穗和抽穗开花期)遭受短时间低温，使生殖器官的生理活动受到破坏，造成颖花不育而减产的冷害。秋后突出表现是空粒增多。三是混合型冷害，是指延迟型冷害与障碍型冷害交混发生的冷害，对作物生育和产量影响更大。

(5)热害 热害是高温对植物生长发育以及产量形成所造成的一种农业气象灾害，包括高温逼熟和日灼。

高温逼熟是高温天气对成熟期作物产生的热害。华北地区的小麦、马铃薯，长江以南的水稻，北方和长江中下游地区的棉花常受其害。形成热害的原因是高温，因为高温使植株叶绿素失去活性，阻滞光合作用的暗反应，降低光合效率，呼吸消耗大大增强；高温使细胞内蛋白质凝聚变性，细胞膜半透性丧失，植物的器官组织受到损伤；高温还能使光合同化物输送到穗和粒的能力下降，酶的活性降低，致使灌浆期缩短，籽粒不饱满，产量下降。

日灼是因强烈太阳辐射所引起的果树枝干、果实伤害，也称为日烧或灼伤。日灼常常在干旱天气条件下产生，主要危害果实和枝条的皮层。由于水分供应不足，植物蒸腾作用减弱。在夏季灼热的阳光下，果实和枝条的向阳面受到强烈辐射，因而遭受伤害。受害果实上出现淡紫色或淡褐色干陷斑，严重时出现裂果，枝条表面出现裂斑。夏季日灼在苹果、桃、梨和葡萄等果树上均有发生，它的实质是干旱失水和高温的综合危害。冬季日灼发生在隆冬和早春，果树的主干和大枝的向阳面白天接受阳光的直接照射，温度升高到0℃以上，使处于休眠状态的细胞解冻；夜间树皮温度又急剧下降到0℃以下，细胞内又发生结冰。冻融交替的结果使树干皮层细胞死亡，树皮表面呈现浅红紫色块状或长条状日烧斑。日灼常常导致树皮脱落、病害寄生和树干朽心。

4.操作过程

根据当地极端温度灾害发生情况，进行适时正确防御(表12-11)。

表 12-11　极端温度灾害的防御

工作环节	操作规程	质量要求
寒潮的防御	(1)牧区防御。在牧区采取定居、半定居的放牧方式，在定居点内发展种植业，搭建塑料棚，以便在寒潮天气引起的暴风雪和严寒来临时，保证牲畜有充足的饲草、饲料和温暖的保护场所，达到防御寒潮的目的。 (2)农业区防御。可采用露天增温、加覆盖物、设风障、搭拱棚等方法保护菜畦、育苗地和葡萄园。对越冬作物除选择优良抗冻品种外，还应加强冬前管理，提高植株抗冻能力。此外还应改善农田生态条件，如冬小麦越冬期间可采用冬灌、耧麦、松土、镇压、盖粪(或盖土)等措施，改善农田生态环境，达到防御寒潮的目的	防御寒潮灾害，必须在寒潮来临前，根据不同情况采取相应的防御措施
霜冻的防御	(1)减慢植株体温下降速度。一是覆盖法，利用芦苇、草帘、秸秆、草木灰、树叶及塑料薄膜等覆盖物，达到保温防霜冻的目的。对于果树采用不传热的材料(如稻草)包裹树干，根部堆草或培土 10～15 cm，也可以起到防霜冻的作用。二是加热法，霜冻来临前在植株间燃烧草、煤等燃料，直接加热近地气层空气。一般用于小面积的果园和菜园。三是烟雾法，利用秸秆、谷壳、杂草、枯枝落叶，按一定距离堆放，上风方向分布要密些，当温度下降到霜冻指标 1 ℃时点火熏烟。一直持续到日出后 1～2 h 气温回升时为止。四是灌溉法，在霜冻来临前 1～2 d 灌水。也可采用喷水法，利用喷灌设备在霜冻前把温度在 10 ℃左右的水喷洒到作物或果树的叶面上。喷水时不能间断，霜冻轻时 15～30 min 喷一次，如霜冻较重 7～8 min 喷一次。五是防护法，在平流辐射型霜冻比较重的地区，采取建立防护林带、设置风障等措施都可以起到防霜冻的作用。 (2)提高作物的抗霜冻能力：选择抗霜冻能力较强的品种；科学栽培管理；北方大田作物多施磷肥，生育后期喷施磷酸二氢钾；在霜冻前 1～2 d 在果园喷施磷、钾肥；在秋季喷施多效唑，翌年 11 月采收时果实抗冻能力大大提高	首先要采取避霜措施，减少灾害损失。一是选择气候适宜的种植地区和适宜的种植地形。二是根据当地无霜期长短选用与之熟期相当的品种和选择适宜的播(栽)期，做到“霜前播种，霜后出苗”。三是用一些化学药剂处理作物或果树，使其推迟开花或萌芽。如用生长抑制剂处理油菜，能推迟抽薹开花；用 2,4-D 或马来酰肼喷洒茶树、桑树，能推迟萌芽，从而避开霜冻，使作物遭受霜冻的危险性降低。四是采取其他避霜技术。如树干涂白，反射阳光，降低体温，推迟萌芽；在地面逆温很强的地区，把葡萄枝条放在高架位上，使花芽远离地面；果树修剪时去掉下部枝条，促使植株高大，从而避开霜冻
冻害的防御	(1)提高植株抗性。选用适宜品种，适时播种。强冬性品种以日平均气温降到 17～18 ℃，或冬前 0 ℃以上的积温 500～600 ℃时播种为宜，弱冬性品种则应在日平均气温 15～16 ℃时播种。此外可采用矮壮素浸种，掌握播种深度使分蘖节达到安全深度，施用有机肥、磷肥和适量氮肥作种肥以利于壮苗，提高抗寒力。 (2)改善农田生态条件。提高播前整地质量，冬前及时松土，冬季耱麦、反复进行镇压，尽量使土达到上虚下实。在日消夜冻初期适时浇上冻水，以稳定地温。停止生长前后适当覆土，加深分蘖节，稳定地温，返青时注意清土。在冬麦种植北界地区，黄土高原旱地、华北平原低产麦田和盐碱地上可采用沟播，不但有利于苗全、苗壮，越冬期间还可以起到代替覆土、加深分蘖节的作用	确定合理的冬小麦种植北界和上限。目前一般以年绝对最低气温 −24～−22 ℃为北界或上限指标；冬春麦兼种地区可根据当地冻害、干热风等灾害的发生频率和经济损失确定合理的冬春麦种植比例；根据当地越冬条件选用抗寒品种，采用适应当地条件的防冻保苗措施

续表 12-11

工作环节	操作规程	质量要求
冷害的防御	通过选择避寒的小气候生态环境，如采用地膜覆盖、以水增温等方法来增强植物抗低温能力；可以针对本地区冷害特点，运用科学方法找出作物适宜的复种指数和最优种植方案；选择耐寒品种，促进早发，合理施肥，促进早熟；加强田间管理，提高栽培技术水平，增强根系活力和叶片的同化能力，使植株健壮，提高冷害防御能力	冷害在我国相当普遍，各地可以根据当地的低温气候规律，因地制宜安排品种搭配和播栽期，以期避过低温的影响；可以利用低温冷害长期趋势预报调整作物布局，及时做出准确的中、短期预报，为采取应急防御措施提供可靠的依据
热害的防御	(1)高温逼熟的防御。改善田间小气候，加强田间管理，改革耕作制度，合理布局，选择抗高温品种。 (2)日灼的防御。夏季可采取灌溉和果园保墒等措施，增加果树的水分供应。满足果树生育所需要的水分；在果面上喷洒波尔多液或石灰水，也可减少日灼病的发生；冬季可采用在树干涂白以缓和树皮温度骤变；修剪时在向阳方向应多留些枝条，以减轻冬季日灼的危害	林木灼伤可采取合理的造林方式，阴性树种与阳性树种混交搭配；对苗木可采取喷水、盖草、搭遮阳棚等办法来防御

5. 问题处理

活动结束后，完成以下问题：

由于各院校所在地区的气候条件、地理条件差异较大，极端温度所引起的灾害发生情况也不完全相同，在防御时一定要因地制宜，及时通过访谈专家和有经验的农户，总结当地典型经验，合理制订防御措施。请总结当地容易发生哪些极端温度灾害，有哪些成功的防御经验。

活动五　旱灾及其防御

1. 活动目标

知识目标：了解干旱及其危害、干旱的类型，掌握干旱的防御措施；了解干热风及其危害、干热风的类型。

能力目标：能根据当地情况，进行干热风、旱灾等气象灾害的防御。

思政素养：树立农业灾害防重于救、防灾就是减灾的理念，做好旱灾防护宣传工作。

2. 活动准备

根据班级人数，每 4 人一组，分为若干组，每组准备以下材料和用具：温度计，防旱资料与设施，预防干热风的资料与设施等。

3. 相关知识

(1) 干旱　因长期无雨或少雨，空气和土壤极度干燥，植物体内水分平衡受到破坏，影响正常生长发育，造成损害或枯萎死亡的现象称为干旱。干旱是气象、地形、土壤条件和人类活动等多种因素综合影响的结果。干旱对作物的危害，就作物生长发育的全过程而言，在下列三个时期危害最大：一是作物播种期，此时干旱，影响作物适时播种或播种后不出苗，造成缺苗断垄。二是作物水分临界期，指作物对水分供应最敏感的时期。对禾谷类作物来说，一般是生殖器官的形成时期。此时干旱会影响结实，对产量影响很大。如玉米水分临界期在抽雄前的大喇叭口期，此时干旱会影响抽雄，群众称之为“卡脖旱”。三是谷类作物灌浆成熟期，此时干旱影响谷类作物灌浆，常造成籽粒不饱满，秕粒增多，千粒重下降而显著减产。

根据干旱的成因分类，可将干旱分为土壤干旱、大气干旱和生理干旱。土壤干旱是指土壤水分亏缺，植物根系不能吸收到足够的水分，致使体内水分平衡失调而受害。大气干旱是由于高温低湿，作物蒸腾强烈而引起的植物水分平衡的破坏而受害。生理干旱是指土壤有足够的水分，但由于其他原因使作物根系的吸水发生障碍，造成体内缺水而受害。

根据干旱发生季节分类，可分为春旱、夏旱、秋旱和冬旱。春旱是春季移动性冷高压常自西北经华北、东北东移入海；在其经过地区，晴朗少云，升温迅速而又多风，蒸发很盛，而产生干旱。夏旱是夏季副热带太平洋高压向北推进，长江流域常在它的控制下，在 7～8 月有时甚至持续一个多月，天晴酷热，蒸发很强，造成干旱。秋旱是秋季副热带太平洋高压南退，西伯利亚高压增强南伸，形成秋高气爽天气，而产生干旱。冬旱是冬季副热带太平洋高压减弱，使得我国华南地区有时被冬季风控制，造成降水稀少，易出现冬旱。

(2)干热风 干热风是指高温、低湿并伴有一定风力的大气干旱现象。主要影响小麦和水稻。北方麦区一般出现在 5～6 月。干热风主要对小麦、水稻生产影响严重。小麦受到干热风危害后，轻者使茎尖干枯、炸芒、颖壳发白、叶片卷曲；重者严重炸芒，顶部小穗、颖壳和叶片大部分干枯呈现灰白色，叶片卷曲，枯黄而死。雨后突然放晴遇到干热风，则使茎秆青枯，麦粒干秕，提前枯死。水稻受到干热风危害后，穗呈灰白色，秕粒率增加，甚至整穗枯死，不结实。小麦受害主要发生在乳熟中、后期，水稻在抽穗和灌浆成熟期。

我国北方麦区干热风主要三种类型：高温低湿型、雨后枯熟型和旱风型。高温低湿型的特点是高温、干旱，地面吹偏南或西南风而加剧干、热的影响；这种天气易使小麦干尖、炸芒、植株枯黄、麦粒干秕而影响产量，是北方麦区干热风的主要类型。雨后枯熟型的特点是雨后高温或猛晴，日晒强烈，热风劲吹，造成小麦青枯或枯熟；多发生在华北和西北地区。旱风型的特点是湿度低、风速大(多在 3～4 级以上)，但日最高气温不一定高于 30 ℃；常见于苏北、皖北地区。

北方小麦干热风指标见表 12-12，水稻干热风指标见表 12-13。

表 12-12 小麦干热风指标

麦类	区域	轻干热风			重干热风		
		T_M/℃	R_{14}/%	V_{14}/(m/s)	T_M/℃	R_{14}/%	V_{14}/(m/s)
冬麦区	黄淮海平原	≥32	≤30	≥2	≥35	≤25	≥3
	旱塬	≥29	≤30	≥3	≥32	≤25	≥4
	汾渭盆地	≥31	≤35	≥2	≥34	≤30	≥3
春麦区	河套与河西走廊东部	≥31	≤30	≥2	≥34	≤25	≥3
	新疆与河西走廊西部	≥34	≤25	≥2	≥36	≤20	≥2

注：T_M是指日平均气温；R_{14}是指 14 时的相对湿度；V_{14}是指 14 时的风速

表 12-13 水稻干热风指标

区域	日平均气温/℃	14 时相对湿度/%	14 时风速/(m/s)
长江中下游	≥30	≤60	≥5

4. 操作过程

根据当地旱灾发生情况，进行适时正确防御(表 12-14)。

表 12-14　旱灾的防御

工作环节	操作规程	质量要求
干旱的防御	(1)建设高产稳产农田。农田基本建设的中心是平整土地，保土、保水；修建各种形式的沟坝地；进行小流域综合治理。 (2)合理耕作蓄水保墒。在我国北方运用耕作措施防御干旱，其中心是伏雨春用，春旱秋防。 (3)兴修水利、节水灌溉。首先要根据当地条件实行节水灌溉，即根据作物的需水规律和适宜的土壤水分指标进行科学灌溉。其次采用先进的喷灌、滴灌和渗灌技术。 (4)地面覆盖栽培，抑制蒸发。利用沙砾、地膜、秸秆等材料覆盖在农田表面，可有效地抑制土壤蒸发，起到很好的蓄水保墒效果。 (5)选育抗旱品种。选用抗旱性强、生育期短和产量相对稳定的作物和品种。 (6)抗旱播种。其方法有抢墒早播、适当深播、垄沟种植、镇压提墒播种、"三湿播种"(即湿种、湿粪、湿地)等。 (7)人工降雨。人工降雨是利用火箭、高炮和飞机等工具把冷却剂(干冰、液氮等)或吸湿性凝结核(碘化银、硫化铜、盐粉、尿素等)送入对流层云中，促使云滴增大而形成降水的过程	(1)小流域综合治理要以小流域为单位，工程措施与生物措施相结合，实行缓坡修梯田，种耐旱作物，陡坡种草种树，坡下筑沟坝地，起到增加降水入渗、遏止地表径流、控制土壤冲刷、集水蓄墒的作用。 (2)耕作保墒的要点是要适时耕作，必须保证耕作的质量，注意耕、耙、耱、压、锄等技术环节的巧妙配合。 (3)尽量要防止大水漫灌，提高灌溉水的利用率。 (4)化学控制措施是防旱抗旱的一种新途径。目前运用的化学控制物质有化学覆盖剂、保水剂和抗旱剂等
干热风的防御	(1)浇麦黄水。在小麦乳熟中、后期至蜡熟初期，适时灌溉，可以改善麦田小气候条件，降低麦田气温和土壤温度对抵御干热风有良好的作用。 (2)药剂浸种。播种前用氯化钙溶液浸种或闷种，能增加小麦植株细胞内钙离子，提高小麦抗高温和抗旱的能力。 (3)调整播期。根据当地干热风发生的规律，适当调整播种期，使最易受害的生育时期与当地干热风发生期错开。 (4)选用抗干热风品种。根据品种特性，选用抗干热风或耐干热风的品种。 (5)根外追肥。在小麦拔节期喷洒草木灰溶液、磷酸二氢钾溶液等。 (6)营造防护林带。可以改善农田小气候，削弱风速，降低气温，提高相对湿度，减少土壤水分蒸发，减轻或防止干热风的危害	防御干热风的根本途径是：第一，改变局部地区气候条件，如植树造林、营造护田林网，改土治水等；第二，综合运用农业技术措施，改变种植方式和作物布局。因此需要当地政府主管部门制定长期规划和措施才能从根本上解决干热风的防御问题

5. 问题处理

活动结束后，完成以下问题：

由于各院校所在地区的气候条件、地理条件差异较大，干旱、干热风等灾害发生情况也不完全相同。调查当地容易发生哪些旱灾，通过访谈专家和有经验的农户，总结当地典型经验，合理制定防御措施。

活动六 湿害与洪涝灾害及其防御

1.活动目标

知识目标：了解湿害及其危害；了解洪涝及其危害、洪涝的类型。

能力目标：能根据当地情况，进行湿害、洪涝等气象灾害的防御。

思政素养：树立农业灾害防重于救、防灾就是减灾的理念，做好湿害、洪涝灾害防护宣传工作。

2.活动准备

根据班级人数，每4人一组，分为若干组，每组准备以下材料和用具：预防湿害的资料与设施，预防洪涝灾害的资料与设施等。

3.相关知识

(1)湿害及其危害 湿害是指土壤水分长期处于饱和状态使作物遭受的损害，又称为渍害。雨水过多，地下水位升高，或水涝发生后排水不良，都会使土壤水分处于饱和状态。土壤水分饱和时，土中缺氧使作物生理活动受到抑制，影响水、肥的吸收，导致根系衰亡，缺氧又会使厌氧过程加强，产生硫化氢，恶化环境。

湿害的危害程度与雨量、连阴雨天数、地形、土壤特性和地下水位等有关，不同作物及不同发育期耐湿害的能力也不同。麦类作物苗期虽较耐湿，但也会有湿害。表现烂根烂种，拔节后遭受湿害，常导致根系早衰，茎、叶早枯，灌浆不良，并且容易感染赤霉病，湿害是南方小麦的主要灾害之一。玉米在土壤水分超过田间持水量的90%以上时，也会因湿害造成严重减产。幼苗期遭受湿害，减产更重，有时甚至绝收；油菜受湿害后，常引起烂根、早衰、倒伏、结实率和千粒重降低，并且容易发生病虫害；棉花受湿害时常引起棉苗烂根、死苗、抗逆性减弱，后期受害引起落铃、烂桃，影响产量和品质。

(2)洪涝及其危害 洪涝是指由于长期阴雨和暴雨，短期的雨量过于集中，河流泛滥，山洪暴发或地表径流大，低洼地积水，农田被淹没造成的灾害。洪涝是我国农业生产中仅次于干旱的一种主要自然灾害，每年都有不同程度的危害。1998年6月、7月，我国长江、嫩江、松花江流域出现了有史以来的特大洪涝灾害，直接经济损失达1 660亿元。

洪涝对农业生产的危害包括物理性破坏、生理性损伤和生态性危害。物理性破坏主要指洪水泛滥引起的机械性破坏。洪水冲坏水利设施，冲毁农田，撕破作物叶片，折断作物茎秆，以至冲走作物等；物理性破坏一般是毁坏性的，当季很难恢复。生理性损伤是指作物被淹后，因土壤水分过多，旱田作物根系的生长及生理机能受到严重影响，进而影响地上部分生长发育；作物被淹后，土壤中缺乏氧气并积累了大量的二氧化碳和有机酸等有毒物质，严重影响作物根系的发育，并引起烂根，影响正常的生命活动，造成生理障碍以至死亡。生态性危害则是在长期阴雨湿涝环境条件下，极易引发病虫害的发生和流行。同时，洪水冲毁水利设施后，使农业生产环境受到破坏，引起土壤条件、植被条件的变化。

根据洪涝发生的季节和危害特点，将洪涝分为春涝、春夏涝、夏涝、夏秋涝和秋涝等几种类型。春涝及春夏涝主要发生在华南及长江中下游一带，多由准静止锋形成的连阴雨造成，引起小麦、油菜烂根、早衰、结实率低、千粒重下降；阴雨高湿还会引起病虫害流行。夏涝主要发生在黄淮海平原、长江中下游、华南、西南和东北；多数由暴雨及连续大雨造成。夏秋涝或秋涝主要发生在西南地区，其次是华南沿海、长江中下游地区及江淮地区；由暴雨和连绵阴雨造成，对水稻、玉米、棉花等作物的产量品质影响很大。

4.操作过程

根据当地雨灾发生情况，进行适时正确防御（表 12-15）。

表 12-15 雨灾的防御

工作环节	操作规程	质量要求
湿害的防御	主要是开沟排水，田内挖深沟与田外排水渠要配套，以降低土壤湿度。在低洼地和土质黏重地块采取深松耕法，使水分向犁底层以下传导，减轻耕层积水	也可采取深耕和大量施用有机肥、调整作物布局等措施进行改善
洪涝的防御	(1)治理江河，修筑水库。通过疏通河道、加筑河堤、修筑水库等措施。治水与治旱相结合是防御洪涝的根本措施。 (2)加强农田基本建设。在易涝地区，田间合理开沟，修筑排水渠，搞好垄、腰、围三沟配套，使地表水、浅层水和地下水能迅速排出。 (3)改良土壤结构，降低涝灾危害程度。实行深耕打破犁底层，消除或减弱犁底层的滞水作用，降低耕层水分。增加有机肥，使土壤疏松。采用秸秆还田或与绿肥作物轮作等措施，减轻洪涝灾害的影响。 (4)调整种植结构，实行防涝栽培。在洪涝灾害多发地区，适当安排种植旱生与水生作物的比例，选种抗涝作物种类和品种。根据当地条件合理布局，适当调整播栽期，使作物易受害时期避开灾害多发期。实行垄作，有利于排水，提高地温，散表墒。 (5)封山育林，增加植被覆盖。植树造林能减少地表径流和水土流失，从而起到防御洪涝灾害的作用	洪灾过后，应加强涝后管理，减轻涝灾危害。洪涝灾害发生后，要及时清除植株表面的泥沙，扶正植株。如农田中大部分植株已死亡，则应补种其他作物。此外，要进行中耕松土，施速效肥，注意防止病虫害，促进作物生长

5.问题处理

活动结束后，完成以下问题：

由于各院校所在地区的气候条件、地理条件差异较大，湿害、洪涝等灾害发生情况也不完全相同。总结当地易发生哪些雨灾，有什么特点，通过访谈专家和有经验的农户，总结当地典型经验，合理制定防御措施。

活动七 风雹灾害及其防御

1.活动目标

知识目标：了解大风的标准和危害；了解台风对农业生产的影响及台风的活动情况；了解龙卷风的形成及危害。

能力目标:能根据当地情况,进行大风等气象灾害的防御。

思政素养:树立农业灾害防重于救、防灾就是减灾的理念,做好风雹灾害防护。

2.活动准备

根据班级人数,每4人一组,分为若干组,每组准备以下材料和用具:预防大风、龙卷风的资料与设施。

3.相关知识

(1)大风的标准及危害 风力大到足以危害人们的生产活动和经济建设的风,称为大风。我国气象部门以平均风力达到或超过6级或瞬间风力达到或超过8级作为发布大风预报的标准。在我国冬春季节,随着冷空气的暴发,大范围的大风常出现在北方各省,以偏北大风为主。夏、秋季节大范围的大风主要由台风造成,常出现在沿海地区。此外,局部强烈对流形成的雷暴大风在夏季也经常出现。

大风是一种常见的灾害性天气,对农业生产的危害很大。主要表现在以下几个方面:一是机械损伤。大风造成作物和林木倒伏、折断、拔根或造成落花、落果、落粒。北方春季大风造成吹走种子吹死幼苗,造成毁种;南方水稻花期前后遇暴风侵袭而倒伏,造成严重减产。秋季大风可使成熟的谷类作物严重落粒或成片倒伏,影响收割而造成减产。大风能使东南沿海的橡胶树折断或倒伏。二是生理危害,干燥的大风能加速植被蒸腾失水,致使林木枯顶,作物萎蔫直至枯萎。北方春季大风可加剧土壤蒸发失墒,引起作物旱害,冬季大风会加剧越冬作物冻害。三是风蚀沙化,在常年多风的干旱半干旱地区,大风使土壤蒸发加剧,吹走地表土壤,形成风蚀,破坏生态环境。在强烈的风蚀作用下,可造成土壤沙化,沙丘迁移,埋没附近的农田、水源和草场。四是影响农牧业生产活动,在牧区大风会破坏牧业设施,造成交通中断,农用能源供应不足,影响牧区畜群采食或吹散牧群。冬季大风可造成牧区大量牲畜受冻饿死亡。

(2)大风的类型 按大风的成因,将影响我国的大风分为下列几种类型:一是冷锋后偏北大风,即寒潮大风,主要由于冷锋(指冷暖气团相遇,冷气团势力较强)后有强冷空气活动而形成。一般风力可达6~8级,最大可达10级以上。可持续2~3 d。春季最多,冬季次之,夏季最少,影响范围几乎遍及全国。二是低压大风,由东北低压、江淮气旋、东海气旋发展加深时形成。风力一般6~8级。如果低压稳定少动,大风常可持续维持几天,以春季最多。在东北及内蒙古东部,河北北部,长江中下游地区最为常见。三是高压后偏南大风,随大陆高压东移入海在其后出现偏南大风。多出现在春季。在我国东北、华北、华东地区最为常见。四是雷暴大风,多出现在强烈的冷锋前面,在发展旺盛的积雨云前部因气压低气流猛烈上升,而云中的下沉气流到达地面时受前部低压吸引,而向前猛冲,形成大风。阵风可达8级以上,破坏力极大,多出现在炎热的夏季,在我国长江流域以北地区常见,内蒙古、河南、河北、江苏等地每年均有出现。

4.操作过程

根据当地风灾发生情况,进行适时正确防御(表12-16)。

表 12-16 风灾的防御

工作环节	操作规程	质量要求
大风的防御	(1)植树造林。营造防风林、防沙林、固沙林、海防林等。扩大绿色覆盖面积,防止风蚀 (2)建造小型防风工程。设防风障、筑防风墙、挖防风坑等。减弱风力,阻拦风沙 (3)保护植被。调整农林牧结构,进行合理开发。在山区实行轮牧养草,禁止陡坡开荒和滥砍滥伐森林,破坏草原植被 (4)营造完整的农田防护林网。农田防护林网可防风固沙,改善农田的生态环境,从而防止大风对作物的危害 (5)农业技术措施。选育抗风品种,播种后及时培土镇压。高秆作物及时培土,将抗风力强的作物或果树种在迎风坡上,并用卵石压土等。此外,加强田间管理,合理施肥等多项措施	防御大风的最根本措施就是植树造林。因此,大风经常发生的地区,要把植树造林作为一项长期措施来进行规划实施,从根本上解决问题
台风、龙卷风、沙尘暴知识了解	通过查阅资料、浏览网站、阅读相关杂志等,收集台风、龙卷风、沙尘暴等资料,增强防御意识	制作预防台风、龙卷风、沙尘暴的宣传小卡片

5.问题处理

活动结束后,完成以下问题:

由于各院校所在地区的气候条件、地理条件差异较大,湿害、洪涝等灾害发生情况也不完全相同。总结当地易发生哪些风灾,有什么特点,通过访谈专家和有经验的农户,总结当地典型经验,合理制定防御措施。

【师生互动】

1.调查当地常发生哪些气象灾害,有哪些规律,如何预防。

2.到当地气象站或访问有关技术人员,总结当地的气候有什么规律,举例说明当地农田小气候、设施小气候的特征是什么。

3.了解近年有关农业气象方面的最新研究进展或新近出现的气象灾害等资料,写一篇综述。

知识拓展

如果同学们想了解更多的知识,可以通过下面的渠道进行学习:

1.阅读杂志

(1)《气象》

(2)《中国农业气象》

(3)《气象知识》

(4)《中国气象》

(5)《贵州气象》《广东气象》《山东气象》《陕西气象》

(6)《气候与环境研究》

(7)《气候变化》

2. 浏览网站：

(1)农博天气(http://weather. aweb. com. cn/)

(2)中国天气网(http://www. weather. com. cn/)

(3)新气象(http://www. zgqxb. com. cn/)

(4)中国气象台(http://www. nmc. gov. cn/)

(5)××省(市)气象信息网

(6)中国气候变化网(http://www. ipcc. cma. gov. cn/)

(7)气候变化及能源(http://www. greenpeace. org/)

3. 通过本校图书馆借阅有关气象、农业气象、气象灾害等方面的书籍。

考证提示

获得农业技术员、农作物植保员，以及有关涉农企业的1+X证书等职业资格证书，需具备以下知识和能力：

1. 主要气象要素、天气系统、二十四节气和农业小气候知识；
2. 我国气候的特征；
3. 我国主要气象灾害的类型与特点；
4. 气压、风、农业小气候观测；
5. 极端温度灾害、旱灾、雨灾、风灾等气象灾害的防御。

参考文献

[1] 宋志伟.植物生长环境.3版.北京:中国农业大学出版社,2015.
[2] 宋志伟.植物生长环境.北京:高等教育出版社,2020.
[3] 宋志伟.植物生长与环境.2版.北京:中国农业出版社,2019.
[4] 黄凌云.植物生长环境.杭州:浙江大学出版社,2012.
[5] 宋志伟.土壤肥料.5版.北京:中国农业出版社,2023.
[6] 邹良栋.植物生长与环境.3版.北京:高等教育出版社,2020.
[7] 鲍士旦.土壤农化分析.3版.北京:中国农业出版社,2000.
[8] 闫凌云.农业气象.5版.北京:中国农业出版社,2019.
[9] 宋志伟.植物生产与环境.4版.北京:高等教育出版社,2020.
[10] 宋志伟.植物生长与环境.北京:高等教育出版社,2023.
[11] 石伟勇.植物营养诊断与施肥.北京:中国农业出版社,2005.
[12] 李建明.设施农业概论.北京:化学工业出版社,2010.
[13] 张乃明.设施农业理论与实践.北京:化学工业出版社,2010.
[14] 张承林,邓兰生.水肥一体化技术.北京:中国农业出版社,2012.
[15] 李有,任中兴,崔日群.农业气象学.北京:化学工业出版社,2012.
[16] 宋志伟.农业节肥节药技术.北京:中国农业出版社,2017.
[17] 宋志伟.粮经作物测土配方与营养配餐施肥技术.北京:中国农业出版社,2016.
[18] 宋志伟.设施蔬菜测土配方与营养配餐施肥技术.北京:中国农业出版社,2016.
[19] 宋志伟.果树测土配方与营养配餐施肥技术.北京:中国农业出版社,2016.
[20] 宋志伟.粮经作物水肥一体化实用技术.北京:化学工业出版社,2018.
[21] 宋志伟.果树水肥一体化实用技术.北京:化学工业出版社,2018.
[22] 宋志伟.蔬菜水肥一体化实用技术.北京:化学工业出版社,2017.
[23] 宋志伟.肥料质量鉴别.北京:机械工业出版社,2019.
[24] 宋志伟.肥料高效安全施用手册.北京:中国农业出版社,2019.
[25] 宋志伟.肥料科学施用技术.北京:机械工业出版社,2023.
[26] 张明丽.植物生长与环境.北京:机械工业出版社,2017.
[27] 米志鹃,陈刚,张秀花.植物生长环境.北京:化学工业出版社,2018.
[28] 包云轩.农业气象.2版.北京:中国农业出版社,2013.
[29] 姜会飞.农业气象.2版.北京:科学出版社,2013.
[30] 姚运生.农业气象.北京:高等教育出版社,2009.